全国水利水电高职教研会
中国高职教研会水利行业协作委员会
规划推荐教材

高职高专土建类专业系列教材

建筑工程测量

（第二版）

主　编　蓝善勇　周小莉
朱　琳　周　波
副主编　曹志勇　王玉振
刘　凯　张　凌
魏垂场

中国水利水电出版社
www.waterpub.com.cn

内 容 提 要

本教材共分15章，第1章至第4章主要介绍测量学的基本知识、测量仪器的基本使用方法和测量的基本工作；第5章介绍全站仪测量；第6章介绍测量误差的基本知识及计算方法；第7章介绍小区域平面和高程控制测量的建立、施测和计算方法；第8章至第10章介绍地形图的基本知识、大比例尺地形图的传统测绘方法与数字测图方法、地籍调查与地籍测量基本方法、纸质地形图应用的基本内容和在工程建设中的应用及数字地形图的应用方法；第11章至第14章介绍施工测量的基本工作、工业与民用建筑施工测量和工程建筑物的变形观测；第15章介绍GPS测量的基本原理、操作和GPS控制测量的要求、布网的形式及RTK－GPS测量方法。

本教材可作为建筑工程、建筑结构、环境工程、土地管理、工程造价、工程管理、给排水工程等专业的工程测量教学用书，也可供城市建设、管理等专业技术人员参考。

图书在版编目（CIP）数据

建筑工程测量 / 蓝善勇等主编. -- 2版. -- 北京 : 中国水利水电出版社, 2015.7（2022.2重印）
高职高专土建类专业系列教材
ISBN 978-7-5170-3281-6

Ⅰ. ①建… Ⅱ. ①蓝… Ⅲ. ①建筑测量－高等职业教育－教材 Ⅳ. ①TU198

中国版本图书馆CIP数据核字(2015)第138682号

书　　名	高职高专土建类专业系列教材 全国水利水电高职教研会 中国高职教研会水利行业协作委员会 规划推荐教材 **建筑工程测量（第二版）**
作　　者	主编 蓝善勇 周小莉 朱林 周波
出版发行	中国水利水电出版社 （北京市海淀区玉渊潭南路1号D座 100038） 网址：www.waterpub.com.cn E-mail：sales@waterpub.com.cn 电话：（010）68367658（营销中心）
经　　售	北京科水图书销售中心（零售） 电话：（010）88383994、63202643、68545874 全国各地新华书店和相关出版物销售网点
排　　版	中国水利水电出版社微机排版中心
印　　刷	天津嘉恒印务有限公司
规　　格	184mm×260mm 16开本 22印张 522千字
版　　次	2007年3月第1版 2007年3月第1次印刷 2015年7月第2版 2022年2月第3次印刷
印　　数	2501—5500册
定　　价	**63.00**元

凡购买我社图书，如有缺页、倒页、脱页的，本社营销中心负责调换

第二版前言

本教材是在中国水利水电出版社 2007 年出版的《建筑工程测量》的基础上，对内容进行了修改后编写而成的。

2012 年 7 月，全国水利水电高职教研会建筑工程类专业组会议在成都召开，这次会议对过去几年出版的相关教材，认真地总结了经验与教训。会议认为随着现代科学技术的飞速发展，原来编写的教材有些内容已不再适应时代的要求，本次会议启动了第二轮“土建专业系列规划教材”的编写计划。本教材在编写中力求做到，在内容安排上更多地体现近年来的科学技术新成就、新技术、新工艺、新规范的应用；结合高职、高专学生的培养目标和学生的特点，在教学方法上，通过理论与实际相结合，以实现教、学、做一体化。本教材内容新颖、图文并茂，遵循由浅到深、由易到难、由简单到复杂这样一个循序渐进的普遍规律，用更多具体的案例去阐述理论问题，用具体的任务训练学生的能力，以便于学生学习与教师组织教学，有利于学生掌握测量理论知识和全面提高学生的实践能力。

本教材由蓝善勇、周小莉、朱林、周波担任主编，曹志勇、王玉振、刘凯、张凌、魏垂场担任副主编。具体分工是：广西水利电力职业技术学院蓝善勇编写第 2 章；四川水利职业技术学院周小莉编写第 13 章和第 14 章并对全书进行校核；安徽水利水电职业技术学院朱林编写第 9 章；杨凌职业技术学院周波编写第 10 章；河北技术高等专科学校曹志勇编写第 11 章；河南水利与环境职业学院王玉振编写第 12 章；广西水利电力职业技术学院刘凯编写第 6 章；湖南水利水电职业技术学院张凌编写第 15 章；福建水利电力职业技术学院魏垂场编写第 8 章；山西水利职业技术学院张艳华编写第 1 章；杨凌职业技术学院杨旭江编写第 3 章；黄河水利职业技术学院杨峰编写第 7 章；安徽水利水电职业技术学院王丽娟编写第 5 章；广西水利电力职业技术学院蒋喆编写第 4 章。全书由蓝善勇统一审核修改定稿。

全国水利水电高职教研会建筑工程类专业组的张迪教授、王付全教授、满广生教授及中国水利水电出版社教育分社领导对教材的编写给予了具体的指导，全国水利职业院校的同行专家也提出了许多宝贵的修改意见，在此谨对他们以及教材中参考文献的作者表示衷心的感谢。

由于科学技术的发展，高职、高专教学改革的不断深入，以及编者水平有限，不妥和不足之处在所难免，热忱希望使用本教材的各院校教师和读者提出宝贵意见，对书中的缺点和错误给予批评指正。

编　者

2015 年 6 月

第一版前言

本教材根据2005年昆明“全国高职高专水利水电建筑类精品规划教材编审会议”的安排和要求，以及教学大纲编写出教材编写大纲，并在2006年长沙会议上各校教师进行充分讨论和交流的基础上进行编写。在编写中注意到高职高专教学的特点，在内容安排上力求理论与实际相结合，避免冗长的公式推导过程，并简要地介绍了电子水准仪、电子全站仪和GPS测量新技术。

本教材由广西水利电力职业技术学院蓝善勇担任主编，黄河水利职业技术学院靳祥升和福建水利电力职业技术学院徐启杨担任副主编。山西水利职业技术学院张艳华编写第1章和第9章；广西水利水电职业技术学院蓝善勇编写第2章和第4章；杨凌职业技术学院杨旭江编写第3章；黄河水利职业技术学院靳祥升编写第5章和第6章；福建水利电力职业技术学院徐启杨编写第7章和第8章；四川水利职业技术学院汪中银编写第10章和第13章；华北水电学院职业学院王郑睿编写第11章；安徽水利水电职业技术学院张晓战编写第12章和第14章；湖南水利水电职业技术学院刘天林编写第15章。全书由蓝善勇统稿。

随着高职高专教学改革的不断深入，测绘科学技术的迅猛发展，对高职高专学生的培养要求不断提高，编写一本完全适应社会发展要求的高职高专教材，难度较大。由于编者的水平有限，热忱希望使用本教材的教师和读者提出宝贵意见，对书中的缺点和错误给予批评指正。

编　者

2006年12月

目 录

第 1 章　测量的基本知识

学习目标：

通过本章的学习，了解测量学的研究对象及建筑工程测量的任务、用水平面代替水准面的限度；理解测量工作的基准面与基准线、测量的基本工作与测量工作必须遵守的原则；熟悉常见计量单位及其换算关系；掌握地面点位的表示方法、坐标系统和高程系统。

1.1　测量学的研究对象及建筑工程测量的任务

1.1.1　测量学研究对象

测量学是研究整个地球的形状及大小和确定地球表面点位关系的一门学科。其研究的对象主要是地球和地球表面上的各种物体，包括它们的几何形状及其空间位置关系，目的是为人们的日常生活服务，并为人们认识自然和改造自然提供有效的工具。

实际上，随着测量工具及数据处理方法的改进，测量的研究范围已远远超过地球表面这一范畴，20 世纪 60 年代人类已经对太阳系的行星及其所属卫星的形状、大小进行了制图方面的研究。测量学的服务范围也从单纯的工程建设扩大到地壳的变化、高大建筑物的监测、交通事故的分析、大型粒子加速器的安装等。

1.1.2　测量学的学科分类

测量学是一门综合性的学科，根据其研究对象和工作任务的不同可以分为大地测量学、地形测量学、摄影测量学与遥感、工程测量学以及制图学等学科分支。

研究对象若是较大范围的区域，甚至整个地球，就需要考虑地球曲率。这种以广大地区为研究对象的学科称为大地测量学。大地测量学的主要任务是研究地球及外层星体的形状、大小、重力场及其随时间变化的理论和方法，与地球科学和天文学有紧密的联系。

地形测量的研究对象是小范围的区域，由于地球半径很大，就可以把球面当成平面而不考虑地球曲率。地形测量的主要任务是研究较小区域的测绘技术、理论方法、成图与应用等。

摄影测量学与遥感是利用摄影或遥感技术来研究地表的形状和大小的一门学科。其主要任务是测制各种比例尺的地形图，建立地形数据库并为各种地理信息系统和土地信息系统提供基础数据。

工程测量学是研究各种工程在规划设计、施工建设和运营管理阶段所进行的各种测量工作的学科。其主要任务包括这三个阶段所进行的各种测量工作。

制图学是利用测量所得的资料，研究如何编绘成图以及地图制作的理论、方法和应用等方面的科学。

测量学各门分支学科之间相互渗透、相互补充、相辅相成。本课程主要讲述地形测量学与工程测量学的部分内容。主要介绍工业与民用建筑工程中常用的测量仪器的构造与使用方法，小区域大比例尺地形图的测绘及应用，建筑物和管道工程的施工测量、高大建筑物变形监测，以及测量新技术的介绍。

1.1.3 测量学的发展概况

我国是世界文明古国，由于生活和生产的需要，测量工作开始得很早。春秋战国时编制了四分历，一年为365.25日，与罗马人采用的儒略历相同，但比其早四五百年。南北朝时祖冲之所测的朔望月为29.530588日，与现今采用的数值只差0.3s。宋代杨忠辅编制的《统天历》，一年为365.2425日，与现代值相比，只有26s误差。之所以能取得这样的准确数据，在于公元前4世纪就已创制了浑天仪，用它来测定天体的坐标入宿度和去极度。汉代张衡改进了浑天仪，并著有《浑天仪图注》。元代郭守敬改进浑天仪为简仪。用于天文观测的仪器还有圭、表和复矩。用以计时的仪器有漏壶和日晷等。在地图测绘方面，由于行军作战的需要，历代统治者都很重视。目前见于记载最早的古地图是西周初年的洛邑城址附近的地形图。周代地图使用很普遍，管理地图的官员分工很细。现在能见到的最早的古地图是长沙马王堆三号墓出土的公元前168年陪葬的古长沙国地图和驻军图，图上有山脉、河流、居民地、道路和军事要素。西晋时裴秀编制了《禹贡地域图》和《方丈图》，并创立了地图编制理论——《制图六体》。此后历代都编制过多种地图，其中比较著名的有：南北朝时谢庄创制的《木方丈图》；唐代贾耽编制的《关中陇右及山南九州等图》及《海内华夷图》；北宋时的《淳化天下图》；南宋时石刻的《华夷图》和《禹迹图》（现保存在西安碑林）；元代朱思本绘制的《舆地图》；明代罗洪先绘制的《广舆图》；明代郑和下西洋绘制的《郑和航海图》；清代康熙年间绘制的《皇舆全览图》；1934年，上海申报馆出版的《中华民国新地图》等。我国历代能绘制出较高水平的地图，是与测量技术的发展有关联的。我国古代测量长度的工具有丈杆、测绳（常见的有地笆、云笆和均高）、步车和记里鼓车；测量高程的仪器工具有矩和水平（水准仪）；测量方向的仪器有望筒和指南针（战国时期利用天然磁石制成指南工具——司南，宋代出现人工磁铁制成的指南针）。测量技术的发展与数理知识紧密关联。公元前问世的《周髀算经》和《九章算术》都有利用相似三角形进行测量的记载。三国时魏人刘徽所著的《海岛算经》，介绍利用丈杆进行两次、三次甚至四次测量（称重差术），求解山高、河宽的实例，大大促进了测量技术的发展。我国古代的测绘成就，除编制历法和测绘地图外，还有唐代在僧一行的主持下，实量了从河南白马，经过浚仪、扶沟到上蔡的距离和北极高度，得出子午线一度的弧长为132.31km，为人类正确认识地球作出了贡献。北宋时沈括在《梦溪笔谈》中记载了磁偏角的发现。元代郭守敬在测绘黄河流域地形图时，“以海面较京师至汴梁地形高下之差”，是历史上最早使用“海拔”观念的人。清代为统一尺度，规定二百里合地球上经线1°的弧长，即每尺合经线上百分之一秒，一尺等于0.317m。

中华人民共和国成立后，我国测绘事业有了很大的发展。建立和统一了全国坐标系统和高程系统；建立了遍及全国的大地控制网、国家水准网、基本重力网和卫星多普勒网；完成了国家大地网和水准网的整体平差；完成了国家基本图的测绘工作；完成了珠穆朗玛峰和南极长城站的地理位置和高程的测量；配合国民经济建设进行了大量的测绘工作，例如进行了南京长江大桥、葛洲坝水电站、宝山钢铁厂、北京正负电子对撞机等工程的精确放样和设备安装测量。出版发行了地图1600多种，发行量超过11亿册。在测绘仪器制造方面，从无到有，现在不仅能生产系列的光学测量仪器，还研制成功了各种测程的光电测距仪、卫星激光测距仪和解析测图仪等先进仪器。测绘人才培养方面，已培养出各类测绘技术人员数万名，大大提高了我国测绘科技水平。特别是近年来，我国测绘科技发展更快，例如由我国自主研发、独立运行的北斗卫星导航系统，现已全面提供连续导航定位与授时服务；地理信息系统方面，我国第一套实用电子地图系统（全称为国务院国情地理信息系统）已在国务院常务会议室建成并投入使用。这说明我国目前的测绘科技水平，虽与国际先进水平相比，还有一定的差距，但只要发愤图强、励精图治，是能迅速赶上和超过国际测绘科技水平的。

1.1.4 建筑工程各阶段的测量任务

建筑工程测量是测量学的一个组成部分。它是研究建筑工程在勘测设计、施工建设和运营管理阶段所进行的各种测量工作的理论、技术和方法的学科。

1. 测绘大比例尺地形图

民用建筑、工业厂房及各种市政工程在勘测设计、施工和运营管理各阶段都需要用到地形图和其他测量工作。例如在居民住宅小区勘测设计阶段，首先测绘该地区大比例尺地形图，然后设计人员在大比例尺现状图上进行拟建建筑物、道路、管线等的初步设计与详细设计。

2. 施工放样与竣工测量

施工放样的任务是将图纸上设计的建筑物、构筑物的平面位置与高程按设计要求，以一定的精度在实地标定出来，作为施工的依据。对于相当多的工程，施工规范中没有具体的测量精度的规定，必须根据建筑物、构筑物的施工允许误差的大小来确定测量精度。工程完工后，还需要进行大比例尺规划验收竣工测量。竣工测量主要是实测建设工程的现状地形图，建筑物的长度、宽度、高度、建筑面积，在现状地形图上标注建筑物与规划控制条件地物的距离，标注建筑物与道路红线、规划红线、用地界线等关系。

3. 建筑物的变形监测

在工程的运营管理阶段，主要的测量工作是对工程建筑物或构筑物进行变形观测，了解建筑物或构筑物的安全和运营情况，验证设计理论的正确性，需要定期地对工程建筑物进行位移、沉降、倾斜、裂缝、挠度等方面的变形监测。反过来，变形监测的数据也可以指导进行下一个相似工程的设计。

可见测量工作贯穿于工程建设的整个过程，测量工作的质量直接关系到工程建设的速度和质量。所以，每一位从事工程建设的人员，都必须掌握必要的测量知识和技能，而且要有高度的责任心。

1.2 测量工作的基准面和基准线

1.2.1 地球的形状和大小

人们对地球的形状有一个漫长的认识过程。古代东西方人由于受到生产力水平的限制，视野比较狭窄，所以认为天是圆的地是方的，即所谓的“天圆地方”。

公元前古希腊时期，有人提出地球是一个圆球。公元1522年，麦哲伦及其伙伴完成

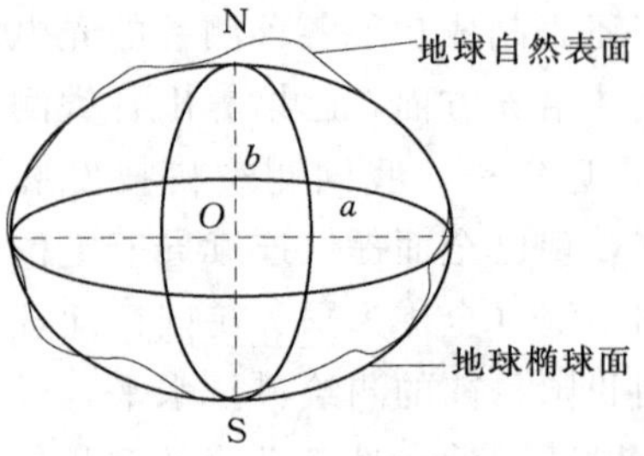

图 1.2.1　地球椭球体

绕地球一周以后，才确立了地球为球体的认识。17 世纪末，牛顿研究了地球自转对地球形态的影响，从理论上推测地球不是一个很圆的球形，而是一个赤道处略为隆起、两极略为扁平的椭球体，如图 1.2.1 所示。

测量工作是在地球表面进行的，然而这个表面是起伏不平的，有 20000m 的高度悬殊。其中我国西藏与尼泊尔交界处的珠穆朗玛峰高达 8844.43m，而在太平洋西部的马里亚纳海沟深达 11022m。尽管有这样大的高低起伏，但相对于庞大的球体来说有些情况下仍可以忽略不计。

1.2.2　基准面和基准线

经过长期的考察和测量，了解到地球的 71% 被海洋所覆盖，因此人们把地球形状看成是被海水包围的球体。可以把球面设想成一个静止的海水面向陆地延伸而形成的一个封闭的曲面。这个处于静止状态的海水面就叫做水准面。由于海水有潮汐，所以取其平均的海水面作为地球的形状和大小的标准。在测量上把这个平均海水面称为大地水准面，即测量工作的基准面，测量工作就是在这个面上进行的。大地水准面所包围的形体叫做地体。

静止的水准面要受到重力的作用，所以水准面的特性就是处处与铅垂线正交。由于地球内部不同密度物质的分布不均匀，铅垂线的方向是不规则的，因此，大地水准面也是不规则的曲面。测量工作获得铅垂线方向通常是用悬挂垂球的方法，而这条垂线方向即为测量工作的基准线。大地水准面是个不规则的曲面，在这个面上是不便于建立坐标系和进行计算的，所以要寻求一个规则的曲面来代替大地水准面。经过长期的测量实践证明，大地体与一个以椭圆的短轴为旋转轴的旋转椭球的形状十分相似，而旋转椭球是可以用公式来表达的。这个旋转椭球可作为地球的参考形状和大小，故称为参考椭球体。

我国目前所采用的参考椭球体坐标原点在陕西省泾阳县永乐镇，称为国家大地原点。其基本元素是：

长半轴 $a=6378140$m，短半轴 $b=6356755$m，扁率 $\alpha=(a-b)/a=1/298.257$。

几个世纪以来，许多学者分别测算出了许多椭球体元素值，表 1.2.1 列出了几个著名的椭球体。我国的 1954 年北京坐标系采用的是克拉索夫斯基椭球，1980 年国家大地坐标系采用的是 1975 国际椭球。

表 1.2.1　　几 个 常 用 椭 球 参 数

椭球名称	长半轴 a /m	短半轴 b /m	扁率 α	计算年代和国家	备　注
贝塞尔	6377397	6356079	1：299.152	1841 年，德国	
海福特	6378388	6356912	1：297.0	1910 年，美国	1942 年国际第一个推荐值
克拉索夫斯基	6378245	6356863	1：298.3	1940 年，前苏联	中国 1954 年北京坐标系采用
1975 国际椭球	6378140	6356755	1：298.257	1975 年，国际第三个推荐值	中国 1980 年国家大地坐标系采用
WGS-84	6378137	6356752	1：298.257	1979 年，国际第四个推荐值	美国 GPS 采用

由于参考椭球的扁率很小，在小区域的普通测量中可将地（椭）球看作圆球，其半径 $R=6371\text{km}$。

1.3 地面点位置的表示方法

1.3.1 地面点的坐标

坐标系的种类有很多，下面介绍几种工程测量中常用的坐标系。

1.3.1.1 地面点的地理坐标

在图 1.3.1 中，NS 为椭球的旋转轴，N 表示北极，S 表示南极。通过椭球旋转轴的平面称为子午面，而其中通过格林尼治天文台的子午面称为起始子午面。子午面与椭球面的交线称为子午圈。通过椭球中心且与椭球旋转轴正交的平面称为赤道。其他平面与椭球旋转轴正交，但不通过球心，这些平面与椭球面相截所得的曲线称为纬圈。

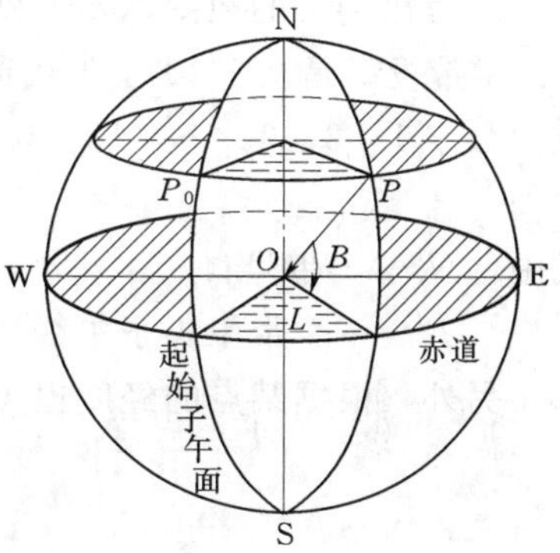

图 1.3.1 大地坐标系

在测量工作中，点在椭球面上的位置用大地经度 L 和大地纬度 B 表示。所谓大地经度，就是通过该点的子午面与起始子午面的夹角；大地纬度是指过某点的法线与赤道面的交角。以大地经度 L 和大地纬度 B 表示某点位置的坐标系称为大地坐标系。

比如北京的地理坐标可表示为东经 116°28′、北纬 39°54′。

1.3.1.2 地面点的平面直角坐标

1. 地面点的高斯平面直角坐标

当测区范围较大时，不能把球面的投影面看成平面，必须采用投影的方法来解决这个问题。投影的方法有很多种，测量工作中常采用的是高斯投影。它是假想一个椭圆柱横套在地球椭球体上，使其与某一条经线相切，用解析法将椭球面上的经纬线投影到椭圆柱面上，然后将椭圆柱展开成平面，即获得投影后的图形，其中的经纬线互相垂直。

（1）高斯投影的分带。高斯投影将地球分成很多带，然后将每一带投影到平面上，目的是为了限制变形。带的宽度一般分为 6°、3°和 1.5°等几种，简称 6°带、3°带、1.5°带，如图 1.3.2 所示。

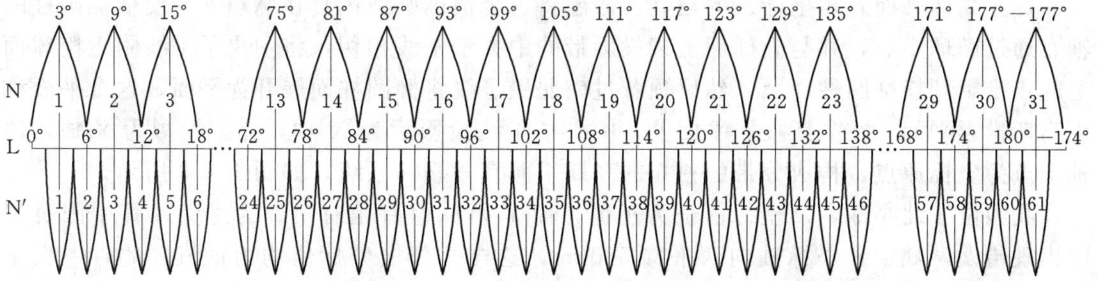

图 1.3.2 高斯平面分带示意图

6°带投影是从零度子午线起，由西向东，每6°为一带，全球共分60带，分别用阿拉伯数字1、2、3、…、60编号表示。位于各带中央的子午线称为该带的中央子午线。每带的中央子午线的经度与带号有如下关系：

$$L=6°N-3 \tag{1.3.1}$$

式中　N——带号；

L——6°带中央子午线的经度。

因高斯投影的最大变形在赤道上，并随经度的增大而增大，6°带的投影只能满足1∶2.5万比例尺的地图，要得到更大比例尺的地图，必须限制投影带的经度范围。

3°带投影是从1°30′子午线起，由西向东，每3°为一带，全球共分120带，分别用阿拉伯数字1、2、3、…、120编号表示。3°带的中央子午线的经度与带号有如下关系：

$$L'=3°N' \tag{1.3.2}$$

式中　N'——带号；

L'——3°带中央子午线的经度。

另外，根据某点的经度也可以计算其所在的6°带和3°带的带号，公式为

$$N=[L/6]+1 \tag{1.3.3}$$

$$N'=[L/3+0.5] \tag{1.3.4}$$

式中　N、N'——6°和3°带的带号；

L——某点的经度，(°)；

[　]——取整。

【例1.3.1】　我国某点A地理坐标为东经118.6°、北纬56.5°，求该点分别在6°和3°带中的带号和中央子午线的经度。

解：1. 计算6°带带号及中央子午线经度：

$$N=[L/6]+1=[118.6/6]+1=20(\text{带})$$

$$L=6°N-3=6°\times21-3=117°$$

2. 计算3°带带号及中央子午线经度：

$$N'=[L'/3+0.5]=40(\text{带})$$

$$L'=3°N'=120°$$

即A点所在6°带号为20，其中央子午线经度为117°；所在3°带的带号为40，中央子午线的经度是120°。

(2) 高斯平面直角坐标系的建立。假想将一个横椭圆柱体套在椭球外，使横椭圆柱的轴心通过椭球中心，并与椭球面上某投影带的中央子午线相切，将中央子午线附近椭球面上的点投影到横椭圆柱面上，然后顺着过南北极母线将椭圆柱面展开为平面，这个平面称为高斯投影平面。在高斯投影平面上，中央子午线投影后为X轴，赤道投影为Y轴，两轴交点为坐标原点，构成分带的独立的高斯平面直角坐标系统，如图1.3.3所示。

我国位于北半球，X坐标值全为正值，而Y坐标值有正有负。为避免计算中因负值而出现错误，规定纵坐标轴向西平移500km，这样全部横坐标值均为正值。此时中央子午线的Y值不是0而是500km。

例如，第17投影带中的某点，横坐标为－148478.6m。横坐标轴向西平移500km

后，则 Y 值为 $-148478.6+500000=351521.4(m)$。实际上则写为 17351521.4，最前面的 17 代表带号，就能区别它位于哪个带内。

我国国土范围在东西方向上大致分布在东经 70°到东经 135°间，因此，6°带在 12～23 带内，3°带在 24～45 带内。

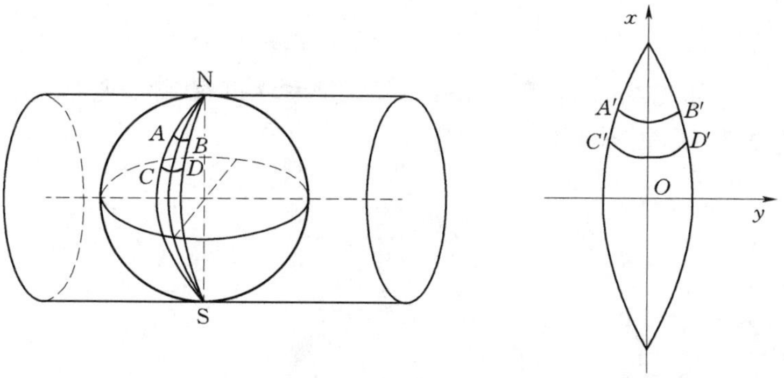

图 1.3.3 高斯平面直角坐标系

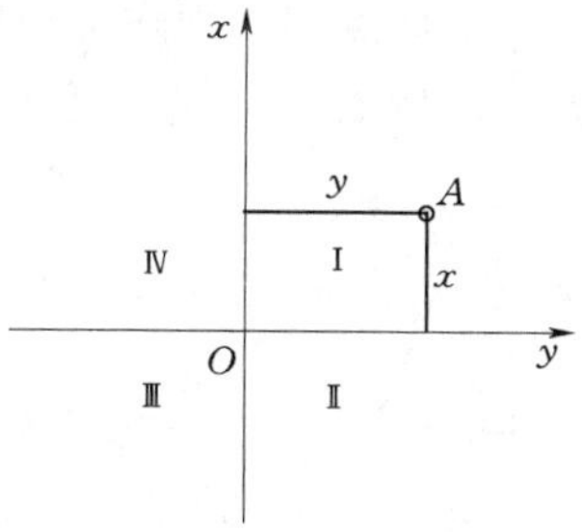

图 1.3.4 平面直角坐标系

2. 地面点的独立平面直角坐标

在小区域内进行测量工作若采用地理坐标来表示地面点的位置是不方便的，通常采用平面直角坐标（图 1.3.4）。

当研究小范围地面形状和大小时，可把球面的投影面看成平面。测量工作中所用的平面直角坐标与解析几何中所介绍的基本相同，只是测量工作以 X 轴为纵轴，用来表示南北方向。这是由于在测量工作中表示方向时以北方向为标准按顺时针方向计算角度。此外，为使平面三角函数公式都同样能在测量计算中应用，象限是按顺时针方向编号的。

为使用方便，测量上的坐标原点有时是假设的，通常坐标原点选在测区的西南角，使各点坐标为正值。

1.3.1.3 CGCS2000

新中国成立以来，我国于 20 世纪 50 年代和 80 年代分别建立了 1954 年北京坐标系和 1980 西安坐标系，测制了各种比例尺地形图，在国民经济、社会发展和科学研究中发挥了重要作用。这两个坐标系都是根据与局部大地水准面最为拟合的参考椭球定位的参心大地坐标系。限于当时的技术条件，中国大地坐标系基本上是依赖于传统技术手段实现的，精度还偏低，无法满足当前与今后空间技术的发展要求。近年来，伴随全球卫星定位系统等现代空间大地测量技术的迅猛发展，国际上定位技术与方法的迅速变革，地心坐标系及其框架正逐渐取代非地心大地坐标系统及其框架。2008 年 7 月，我国正式启动了 2000 国家大地坐标系，即 CGCS2000 坐标系，它标志着我国大地基准迈入了现代大地坐标系行列。

CGCS2000 坐标系的原点在地心，是包括海洋和大气的整个地球的质量中心，初始定向由 1984.0 时国际时间局定向给定，Z 轴为国际地球旋转局（IERS）参考极方向，X 轴为 IERS 的参考子午面与垂直于 Z 轴的赤道面的交线，Y 轴与 Z 轴和 X 轴构成右手正交坐标系。

参考椭球采用 2000 参考椭球，其定义常数如下：

长半轴：$a=6378137\text{m}$。

地球（包括大气）引力常数：$GM=3.986004418\times10^{14}\text{m}^3/\text{s}^2$。

地球动力形状因子：$J2=0.001082629832258$。

地球旋转速度：$\omega=7.292115\times10^{-5}\text{rad/s}$。

1.3.2 地面点的高程

1.3.2.1 地面点的绝对高程

地面点到大地水准面的铅垂距称为绝对高程，简称高程，亦称为正常高，通常用 H 表示。例如 A 点的高程通常表示为 H_A（图 1.3.5）。

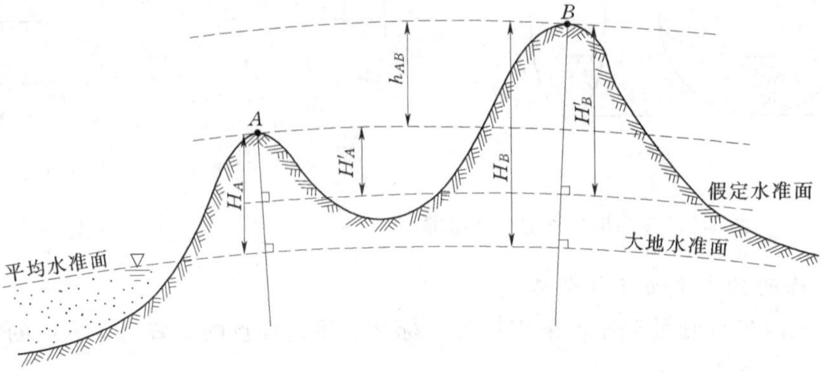

图 1.3.5 高程与高差

1949 年之前，我国没有统一的高程起算基准面，平均海水面有很多种标准，致使高程不统一，相互使用困难。中华人民共和国成立后，测绘事业蓬勃发展，继建立 1954 年北京坐标系后，又建立了国家统一的高程系统起算点，即水准原点。我国的绝对高程是由黄海平均海水面起算的，该面上各点的高程为零。水准原点建立在青岛市观象山上，如图 1.3.6 所示。

(a) 水准原点上建筑物　　(b) 水准原点玛瑙石标志

图 1.3.6 青岛观象山国家水准原点

根据青岛验潮站连续 7 年（1950—1956 年）的水位观测资料，确定了我国大地水准面的位置，并由此推算大地水准原点高程为 72.289m，以此为基准建立的高程系统称为“1956 黄海高程系”。然而，验潮站的工作并没有结束，后来根据验潮站 1952—1979 年的水位观测资料，重新确定了黄海平均海水面的位置，由此推算到大地水准原点的高程为 72.260m，如图 1.3.7 所示。此高程基准称为“1985 国家高程基准”。

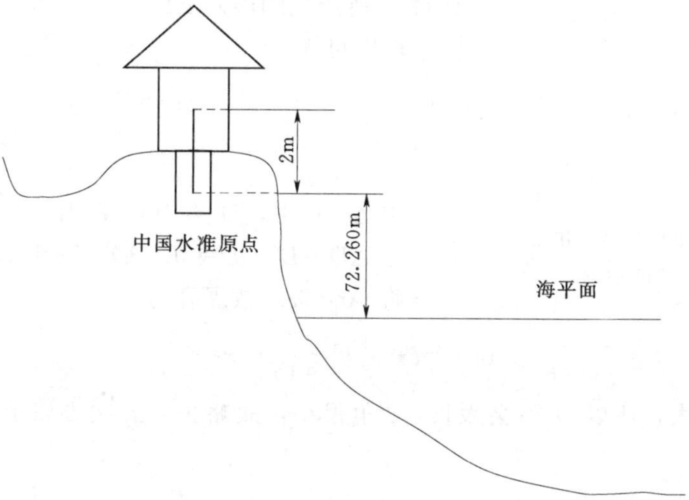

图 1.3.7　水准原点至 1985 国家高程基准“零海平面”的高程

1.3.2.2　地面点的相对高程

在全国范围内利用水准测量的方法布设的一些高程控制点称为水准点，以保证尽可能多的地方高程能得到统一。尽管如此，仍有某些建设工程远离已知高程的国家控制点。这时可以用假定水准面，在测区范围内指定一固定点并假设其高程。像这种点的高程是地面点到假定水准面的铅垂距，称为相对高程。例如 A 点的相对高程通常用 H'_A 来表示。

1.3.2.3　地面点间的高差

高差是指地面两点之间高程或相对高程的差值，用 h 来表示。例如 AB 两点间的高差通常表示为 h_{AB}。

根据图 1.3.5 可知：

$$h_{AB}=H_B-H_A=H'_B-H'_A \tag{1.3.5}$$

可见，地面两点之间的高差与高程的起算面无关，只与两点的位置有关。

1.4　在测量工作中用水平面代替水准面的限度

根据 1.3 内容可知，在普通测量工作中是将大地水准面近似地当成圆球看待的。一般测绘产品通常是以平面图纸为介质的。因此就需要先把地面点投影到圆球面上，然后再投影到平面图纸上，需要进行两次投影。在实际测量时，若测区范围面积不大，往往以水平面直接代替水准面，就是把球面上的点直接投影到平面上，不考虑地球曲率。但是到底多大面积范围内容许以平面投影代替球面，本节主要来讨论这个问题。

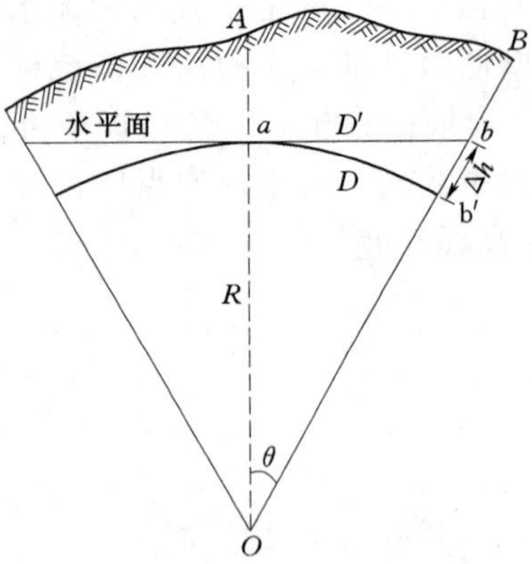

图 1.4.1　水平面代替水准面对水平距离的影响

1.4.1　对水平距离的影响

如图 1.4.1 所示，地面两点 A、B，投影到水平面上分别为 a、b，在大地水准面上的投影为 a、b'，则 D、D'分别为地面点在大地水准面上与水平面上的距离。研究水平面代替水准面对距离的影响，即为用 D'代替 D 所产生的误差 ΔD。

由图可知：

$$\Delta D = D' - D$$

因

$$D = R\theta$$

在 ΔaOb 中，$D' = R\tan\theta$，则

$$\Delta D = D' - D = R\tan\theta - R\theta = R(\tan\theta - \theta)$$

将 $\tan\theta$ 按级数展开为

$$\tan\theta = \theta + \frac{1}{3}\theta^3 + \frac{2}{15}\theta^5 + \cdots \tag{1.4.1}$$

因为面积不大，所以 D'不会太长，θ 角很小，故略去 θ 五次方以上各项，并代入式（1.4.1）得

$$\Delta D = \frac{1}{3}R\theta^3 \tag{1.4.2}$$

因为 $\theta = \frac{D}{R}$，代入式（1.4.2）得

$$\Delta D = \frac{D^3}{3R^2} \tag{1.4.3}$$

【例 1.4.1】 设有两点水平距离为 1000m，求其用水平距离代替水准面长度产生的误差是多少？

解： 根据式（1.4.3），得

$$\Delta D = \frac{D^3}{3R^2} = \frac{1000^3}{3 \times 6371000^2} = 0.000008(\text{m}) = 0.008(\text{mm})$$

距离相对误差：

$$K = \frac{\Delta D}{D} = \frac{0.008}{1000000} = \frac{1}{125000000} = 1/12500\ 万$$

以 $R = 6371\text{km}$ 和不同的 D 值代入式（1.4.3），算得相应的 ΔD 及 $\Delta D/D$ 值见表 1.4.1。

表 1.4.1　　**地球曲率对水平距离的影响**

距离 D	距离误差 ΔD/mm	距离相对误差 $\Delta D/D$	距离 D	距离误差 ΔD/mm	距离相对误差 $\Delta D/D$
100m	0.000008	1/1250000 万	10km	8.2	1/120 万
1km	0.008	1/12500 万	25km	128.3	1/20 万
5km	1.0	1/500 万	50km	1026	1/4 万

从表 1.4.1 可以看出，当地面距离为 10km 时，用水平面代替水准面所产生的距离误差仅为 8.2mm，其相对误差为 1/120 万。而实际测量距离时，大地测量中使用的精密电磁波测距仪的测距精度为 1/100 万（相对误差），地形测量中普通钢尺的量距精度约为 1/2000。所以，只有在大范围内进行精密测距时，才考虑地球曲率的影响。而在一般地形测量中测量距离时，可不必考虑这种误差的影响。

1.4.2　对高程的影响

我们知道，高程的起算面是大地水准面，如果以水平面代替水准面进行高程测量，则所测得的高程必然含有因地球弯曲而产生的高程误差的影响。如图 1.4.1 所示，a 点和 b' 点在同一水准面上，其高程应当是相等的，当以水平面代替水准面时，b 点升到 b' 点，bb'，即 Δh 就是产生的高程误差。由于地球半径很大，距离 D 和 θ 角一般很小，所以 Δh 可以近似地用半径为 D、圆心角为 $\theta/2$ 所对应的弧长来表示，即

$$\Delta h=\frac{\theta}{2}D \tag{1.4.4}$$

因为 $\theta=\frac{D}{R}$，代入式（1.4.4）得

$$\Delta h=\frac{D^2}{2R} \tag{1.4.5}$$

【例 1.4.2】 设有两点水平距离为 1000m，计算用水平面代替水准面对高程的影响是多少？

解：根据式（1.4.5），得

$$\Delta h=\frac{D^2}{2R}=\frac{1000^2}{2\times 6371000}=0.0785(\text{m})=78.5(\text{mm})$$

用不同的距离 D 值代入式（1.4.5），便得到地球曲率对高程的影响，见表 1.4.2。

表 1.4.2　　地球曲率对高程的影响

D/km	0.1	0.2	0.3	0.4	0.5	1.0	2.0	3.0	4.0
Δh/mm	0.8	3.1	7.1	12.6	19.6	78.5	313.9	706.3	1255.7

从表 1.4.2 中可以看出，用水平面代替水准面对高程的影响是很大的。距离为 0.1km 时，就有 0.8mm 的高程误差，这在高程测量中是不允许的。因此，进行高程测量，即使距离很短，都应顾及地球曲率对高程的影响。

1.4.3　对水平角度的影响

从球面三角学可知，同一空间多边形在球面上投影 $A'B'C'$ 的各内角之和，较其在平面上投影 ABC 的各内角之和大一个球面角超值 ε 的数值，如图 1.4.2 所示。其公式为

$$\varepsilon=\rho''\frac{P}{R^2} \tag{1.4.6}$$

式中　ε——球面角超值，（″）；

P——球面多边形的面积，km^2；

R——地球半径，km；

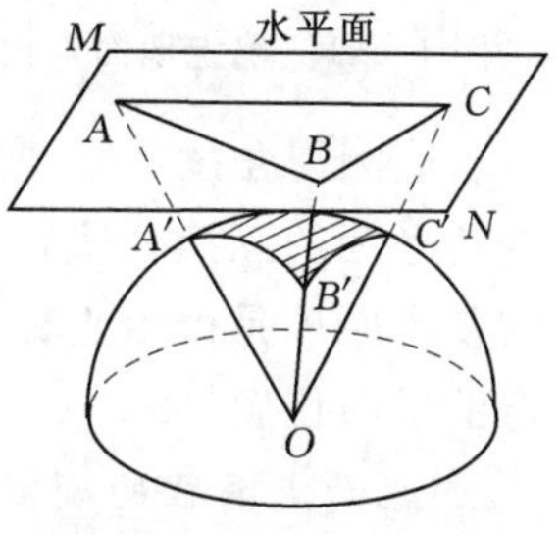

图 1.4.2　水平面代替水准面对水平角度的影响

ρ''——以秒计的弧度。

【例 1.4.3】 设地面上某三角形实测面积为 50km²，计算用水平面代替水准面引起的角度误差是多少？

解： 根据式（1.4.6）得

$$\varepsilon=\rho''\frac{P}{R^2}=206265''\times\frac{50}{6371^2}=0.25''$$

以不同的面积 P 代入式（1.4.6），可求出球面角超值，见表 1.4.3。

表 1.4.3　　地球曲率对水平角度的影响

球面多边形面积 P/km²	球面角超值 ε/(″)
10	0.05
50	0.25
100	0.51
300	1.52

这些计算表明，对于面积在 100km² 以内的多边形，地球曲率对水平角的影响只有在最精密的测量中才需要考虑，一般的测量工作是不必考虑的。

由此可得如下结论：在面积为 100km² 范围内，不论是进行水平距离还是水平角度测量，都可以不顾及地球曲率的影响，在精度要求较低的情况下，这个范围还可以相应扩大；但是，对于高程的测量，任何情况下都不能忽视地球曲率的影响。

1.5　测 量 工 作 概 述

1.5.1　测量的基本工作

地面点的空间位置用坐标和高程来表示。

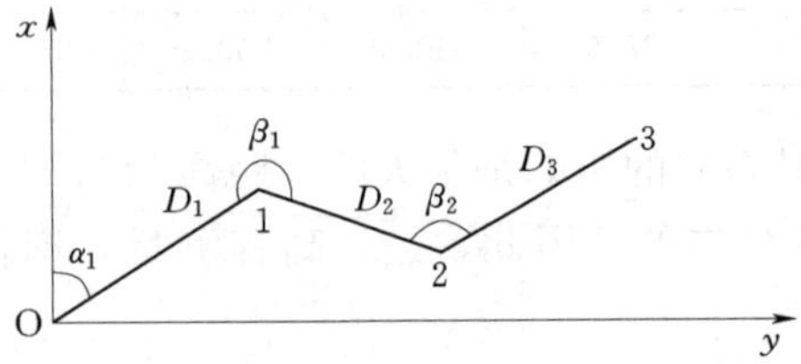

图 1.5.1　确定地面点位的测量工作

1. 地面点平面位置的确定

地面点平面位置一般不是直接测定的，而是通过测量水平角和水平距离计算而求得的。如图 1.5.1 所示，在平面直角坐标系中，若要测定原点 O 附近点 1 的位置，只需测得角度 α_1（称为方位角）及距离 D_1，用三角公式即可算出点 1 的坐标：$x_1=D_1\cos\alpha_1$，$y_1=D_1\sin\alpha_1$。

若能测得角度 α_1、β_1、β_2、…，并测得距离 D_1、D_2、D_3、…，则利用数学中极坐标和直角坐标的互换公式，可以推算 2、3、…点的坐标值。由此可见，测定地面点平面位置的基本原理是：由坐标原点开始，逐点测得水平角和水平距离，逐点递推算出坐标。地面点的平面位置（x，y）的测量方法将在第 6 章作详细介绍。

2. 地面点高程的确定

地面点高程测定的基本原理是从高程原点开始，逐点测得两点之间的高差，进而推算出点的高程。地面点的高程 H 的测量与计算方法将在第 2 章、第 6 章作详细的介绍。

综上所述，距离、角度和高差是确定地面点位置的三个基本要素，而距离测量、角度测量、高差测量是测量的三项基本工作。

1.5.2 测量工作的基本原则

测量工作中将地球表面的形态分为地物和地貌两类：地面上的河流、道路、房屋等称为地物；地面高低起伏的山峰、沟、谷等称为地貌。地物和地貌总称为地形。测量学的主要任务是测绘地形图和施工放样。

将测区的范围按一定比例尺缩小成地形图时，通常不能在一张图纸上表示出来。测图时，要求在一个测站点（安置测量仪器测绘地物、地貌的点）上将该测区的所有重要地物、地貌测绘出来也是不可能的。因此，在进行地形测图时，只能连续地逐个测站施测，然后拼接出一幅完整的地形图。当一幅图不能包括该地区全部的面积时，必须先在该地区建立一系列的测站点，再利用这些点将测区分成若干幅图，并分别施测，最后拼接该测区的整个地形图。

这种先在测区范围建立一系列测站点，然后分别施测地物、地貌的方法，就是先整体后局部的原则。这些测站点的位置必须先进行整体布置，反之，若一开始就从测区某一点起连续进行测量，则前面测站的误差必将传递给后面的测站，如此逐站积累，最后测站的本身位置以及根据它测绘的地物、地貌的位置误差积累就会很大，这样将得不到一张合格的地形图。一幅图如此，就整个测区而言就更难保证精度。因此，必须先整体布置测站点。测站点起着控制地物、地貌的作用，所以又称为“从控制到碎部”。

为此，在地形测图中，先选择一些具有控制意义的点，如图 1.5.2 中的 A、B、C、…点。用比较精密的仪器和方法把它们的位置测定出来，这些点就是上述的测站点，在地形测量中称为地形控制点，或称为图根控制点。然后再根据它们测定道路、房屋、草地、水系的轮廓点，这些轮廓点称为碎部点。这样从精度上来讲就是从高级到低级。

遵循“由整体到局部”“先控制后碎部”“从高级到低级”的原则，就可以使测量误差的分布比较均匀，保证测图精度，而且可以分幅测绘，加快测图速度，从而使整个测区连成一体，获得整个地区的地形图，如图 1.5.2 所示。

图 1.5.2 测量工作原则示意图

在测设工作中，同样必须遵循这样的工作原则。如图 1.5.3 所示，欲把图纸上设计好的建筑物 P'、R'、G'在实地放样出来，作为施工的依据，就必须先进行高精度的控制测量，然后安置仪器于控制点 A'进行建筑物的放样。

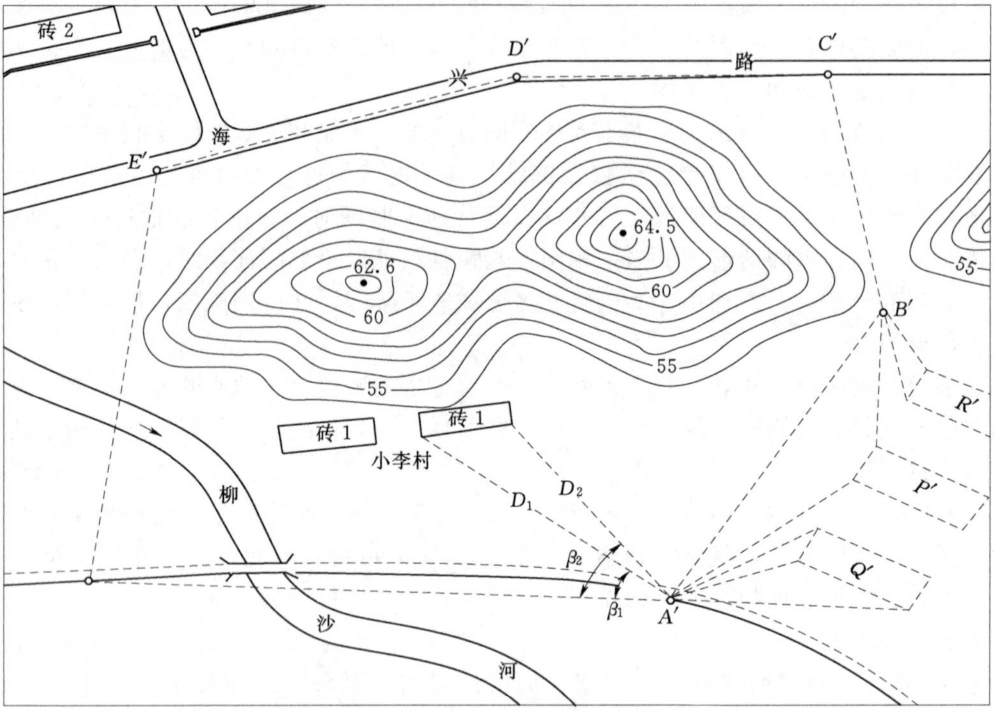

图 1.5.3　地形图及测设工作原则示意图

1.6　测量工作常用计量单位

测量中用到的单位主要有长度单位、角度单位、面积单位和体积单位。

1.6.1　长度单位

在测量工作中，常用的长度单位米（m）、千米（km）等，公制长度单位与我国传统的长度单位及英制长度单位换算关系见表 1.6.1。

表 1.6.1　　　　　　　　**长 度 单 位 及 其 换 算**

常用公制长度单位及其换算	我国传统的长度单位及换算	英制长度单位及换算
1km(千米)＝1000m	1km＝2 里	1mile(英里)＝1760yard(码)＝5280ft(英尺)＝1.609344km
1hm(百米)＝100m(米)	1 里＝150 丈	
1m(米)＝ 10dm(分米)	1 丈＝10 尺	1yard＝3ft＝0.9144m
1dm(分米)＝10cm(厘米)	1 尺＝10 寸	1ft＝12in(英寸)＝30.48cm
1cm(厘米)＝10mm(毫米)	1 丈＝3.33 米	1in＝2.54cm
1μm(微米)＝1×10^{-6}m	1 尺＝3.33 分米	
1nm(纳米)＝1×10^{-9}m	1 寸＝3.33 厘米	

1.6.2 角度单位

测量工作中常用的角度度量制有三种：60 进制的度、分、秒制，弧度制和 100 进制的新度制。

1. 度、分、秒制

1 圆周＝360°（度），1°＝60′（分），1′＝60″（秒）。

2. 新度制

1 圆周＝400g（新度），1g＝100c（新分），1c＝100cc（新秒）。

3. 弧度制

1 圆周＝360°＝2π rad（弧度），1°＝（π/180）rad（弧度），

1′＝（π/10800）rad（弧度），1″＝（π/648000）rad（弧度）。

一弧度所对应的度、分、秒角值为

1rad＝180°/π≈57.3°＝（180°/π）×60′≈3438′＝（180°/π）×3600″≈206265″。

【例 1.6.1】 知道半径为 100m 的圆的一弧长所对圆心角为 25″，求该圆心角所对的弧长是多少？

解：设圆心角所对弧长为 ΔL，则得

$$\Delta L=\frac{25''}{\rho''}\times 100=0.012\text{m}$$

1.6.3 面积单位

物体的表面或围成的平面图形的大小，叫做它们的面积。面积的计量单位主要包括平方千米、平方米、亩、公亩、公顷等单位，它们的换算关系如下：

1m^2(平方米)＝100dm^2(平方分米)＝10 000cm^2(平方厘米)＝1000 000mm^2(平方毫米)

1hm^2(公顷)＝10000m^2＝15 亩，1 亩＝10 分＝100 厘＝666.667m^2

1km^2(平方千米)＝100(公顷)＝1500mu(亩)，1are(公亩)＝100m^2＝0.15 亩

1.6.4 体积单位

在测量中有时计算水库的库容或计算填挖土（石）方时要用到体积。体积，也称容积、容量，是指物件占有多少空间的量。体积的国际单位制是立方米（m^3），简称立方或方。

实 训 与 习 题

1. 测量学的研究对象及建筑工程测量的任务是什么？
2. 什么叫水准面和大地水准面？有何区别？有什么特性？
3. 什么叫参考椭球面和参考椭球体？
4. 什么是测量外业和内业所依据的基准面和基准线？
5. 如何理解高斯平面直角坐标和平面直角坐标的区别？
6. 什么叫绝对高程和相对高程？高差的大小与高程起算的基准面有关系吗？
7. 如何理解水平面代替水准面的限度问题？在多大范围面积内测量距离和高程可以不考虑地球曲率的影响？
8. 测量的基本工作和必须遵守的基本原则是什么？测量为什么要遵守这样的基本

原则？

9. 试将 267°34′42″化成弧度单位。

10. 设有边长为 250m 长的正方形场地，其面积是多少平方千米（km^2）？合多少亩和多少公顷？

第2章 水准仪及水准测量

学习目标：

通过本章的学习，了解水准仪的基本构造、水准点和水准路线、自动安平水准仪和精密水准仪的特点；理解水准测量原理；掌握水准仪的使用、普通水准测量的观测、记录、内业成果计算及水准仪的检验和校正方法、水准测量误差及其消减方法。具有图根水准点高程测量的外业观测与内业成果计算的能力。

测定地面点高程的测量工作，称为高程测量。高程测量的方法主要有水准测量、三角高程测量和GPS测量等，水准测量是精密测定地面点高程的主要方法。

2.1 水准测量原理

2.1.1 水准测量概念

水准测量是用水准仪所提供的水平视线，测定已知点和未知点之间的高差，根据已知点的高程和两点间的测量高差，求出未知点高程的一种方法。

2.1.2 测定两点高差的方法

在图2.1.1中，设已知A点高程为H_A，欲求B点高程H_B。在A、B两点竖立水准尺，利用水准仪提供的水平视线在水准尺上分别读数a和b，则A、B两点间高差为

$$h_{AB}=a-b \qquad (2.1.1)$$

设水准测量由已知点A向未知点B方向进行，规定A点为后视点，其水准尺读数a为后视读数；B点为前视点，其水准尺读数b为前视读数。

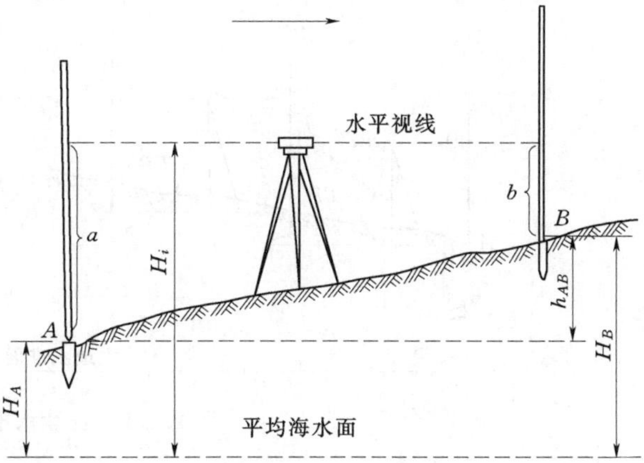

图2.1.1 水准测量原理

从式（2.1.1）中知道，两点间的高差，等于后视读数减前视读数。即

$$高差(h_{AB})=后视读数(a)-前视读数(b)$$

高差有正负之分，若后视读数a大于前视读数b，则高差h_{AB}为正值，表示B点比A点高；若后视读数a小于前视读数b，则高差h_{AB}为负值，表示B点比A点低。

测得A、B点间的高差后，可求得B点的高程。求B点的高程有两种方法。

1. *高差法*

高差法是用已知点高程加上高差计算待求点高程的方法，即

$$H_B = H_A + h_{AB} \tag{2.1.2}$$

2. 视线高法

视线高法是用视线高减去前视读数计算待求点高程的方法，即

$$H_B = (H_A + a) - b = H_i - b \tag{2.1.3}$$

式中 H_i——视线高程，简称视线高，它等于已知 A 点的高程 H_A 加 A 点尺上的后视读数 a。

用高差法计算待求点的高程，主要用于高程控制测量；而用视线高法计算待求点高程，主要用于工程测量。

当 A、B 两点间距离较远或高差较大时，必须设置多个测站才能测定出高差 h_{AB}。由图 2.1.2 可知：

$$h_1 = a_1 - b_1$$

$$h_2 = a_2 - b_2$$

$$\vdots$$

$$h_n = a_n - b_n$$

$$h_{AB} = h_1 + h_2 + \cdots + h_n = \sum_{i=1}^{n} h_i = \sum_{i=1}^{n} a_i - \sum_{i=1}^{n} b_i \tag{2.1.4}$$

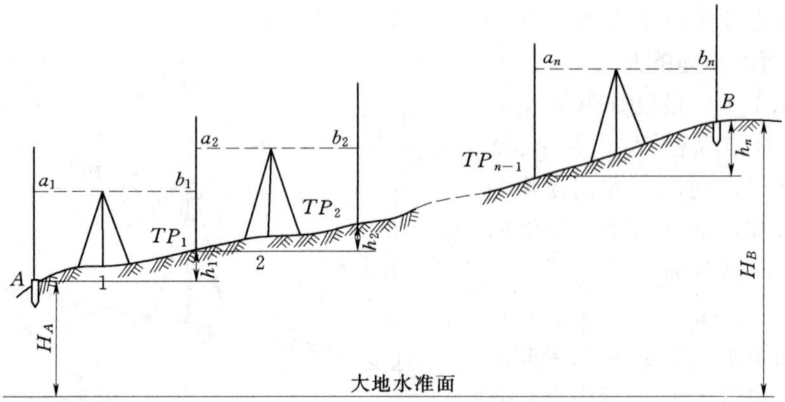

图 2.1.2 连续水准测量

图中的立尺点 TP_1、TP_2、…、TP_{n-1} 称为转点，转点是具有前、后读数的临时立尺点，是在测量过程中临时选定的，在确定 B 点的高程工作中，转点起到传递高程的作用。此时 B 点高程为

$$H_B = H_A + h_{AB} = H_A + \sum a - \sum b \tag{2.1.5}$$

式（2.1.5）中 $\sum a$、$\sum b$ 分别为后视读数和前视读数的总和。

2.2 水准测量的仪器和工具

进行水准测量时所使用的仪器是水准仪，使用的测量工具有水准尺和尺垫。

2.2.1　水准仪系列及适用

水准仪按测量精度分为$DS_{0.5}$、DS_1、DS_3等。其中“D”“S”分别是“大地测量”“水准仪”的汉语拼音的第一个字母。下标数字表示这些型号的仪器每公里往返测高差中数的中误差，以毫米为单位。$DS_{0.5}$、DS_1型属于精密水准仪，$DS_{0.5}$型主要用于国家一、二等水准和精密工程测量；DS_1型主要用于国家二等水准和精密工程测量；DS_3型为普通水准仪，可用于一般工程建设测量，国家三、四等水准测量，是目前工程上使用最普遍的一种仪器。

按水准仪结构分类，目前主要有微倾式水准仪、自动安平水准仪和电子水准仪3种。本节介绍DS_3型微倾式水准仪的基本构造。

2.2.2　DS_3水准仪构造及各部件作用

DS_3水准仪主要由望远镜、水准器、基座三部分组成。仪器主要部件的名称如图2.2.1所示。

1. 望远镜

望远镜是用来精确瞄准目标和读数的设备。望远镜主要由物镜、目镜、物镜调焦透镜和十字丝等构成（图2.2.2）。

物镜和目镜采用多块透镜组合而成，对光透镜由单块透镜或多块透镜组合而成。转动物镜对光螺旋即可带动对光透镜在望远镜筒内前后移动，使所照准的目标清晰。转动目镜对光螺旋，使十字丝清晰。

十字丝分划板安置在物镜和目镜之间，如图2.2.2（b）所示。十字丝是用来照准目标的。十字丝中竖直的一根称为纵丝（又称竖丝），中间长的称为横丝（又称为中丝），横丝上、下两根对称的短丝是测距时用的称为视距丝，分上、下丝。十字丝刻在一块圆形的玻璃片上，称为十字丝分划板，它装在十字丝环上，再用螺丝固定在望远镜筒内。十字丝交点与物镜光心的连线称为视准轴（图2.2.2的$C-C$轴）。视准轴的延长线为视线，它是瞄准目标的依据。

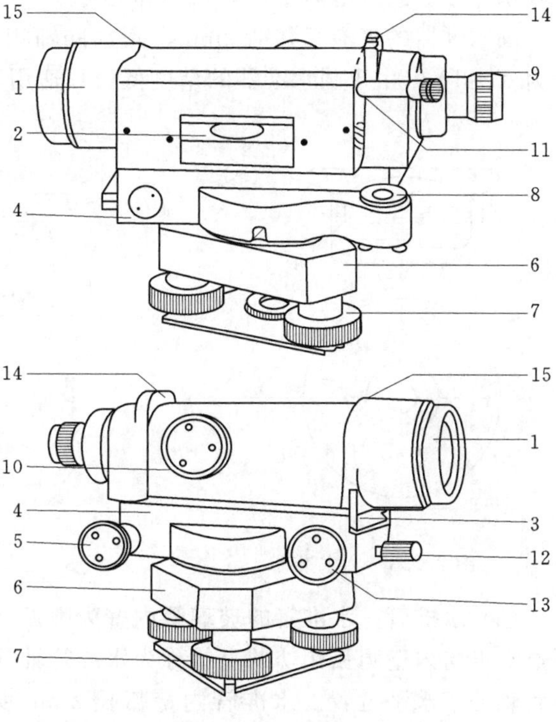

图2.2.1　DS_3型微倾水准仪

1—望远镜物镜；2—水准管；3—簧片；4—支架；5—微倾螺旋；6—基座；7—脚螺旋；8—圆水准器；9—望远镜目镜；10—物镜对光螺旋；11—水准管气泡观测窗；12—水平制动螺旋；13—水平微动螺旋；14—缺口；15—准星

望远镜可以沿水平方向左、右转动。为了准确对准目标，水准仪有一套水平制动和微动螺旋，当大致对准目标时即拧紧制动螺旋，望远镜就不能转动，再旋转微动螺旋，望远镜可沿水平方向做微小的转动，这样就能对准目标。当制动螺旋放松时，转动微动螺旋是

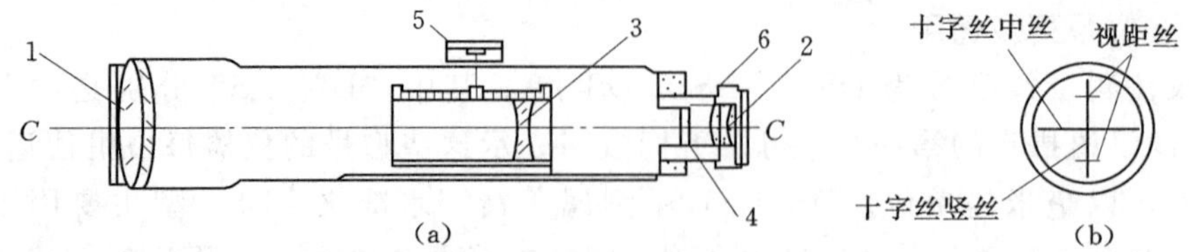

图 2.2.2 望远镜的构造

1—物镜；2—目镜；3—物镜调焦透镜；4—十字丝分划板；5—物镜对光螺旋；6—目镜调焦螺旋

不起作用的，只有拧紧制动螺旋，转动微动螺旋才有效。

2. 水准器

水准器的作用是保证水准仪提供一条水平视线。水准器分为圆水准器和水准管两种。

(1) 圆水准器。如图 2.2.3 所示，圆水准器是一封闭的玻璃圆盒，顶面的玻璃内表面研磨成球面，球面的正中刻画有圆圈。圆圈的中心称为零点，通过零点的法线 $L'L'$，称为圆水准轴。当气泡居中时，圆水准轴就处于铅垂位置。指示仪器的竖轴也处于铅垂位置。圆水准器的气泡每移动 2mm，圆水准轴相应倾斜的角度，称为圆水准器分划值，一般为 $8'$～$10'$。由于圆水准器的精度低，只适用于仪器粗略整平之用。

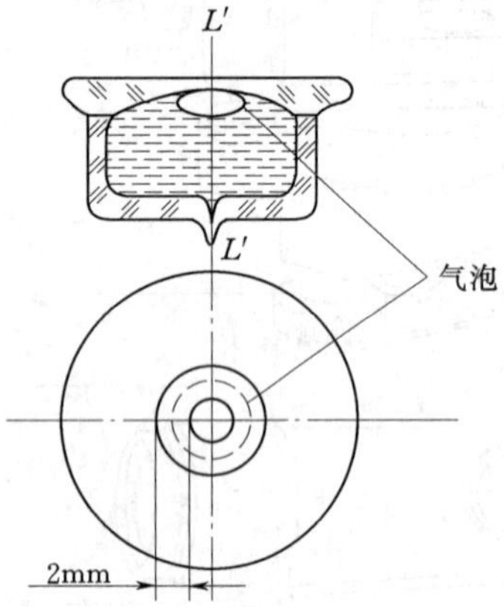

图 2.2.3 圆水准器

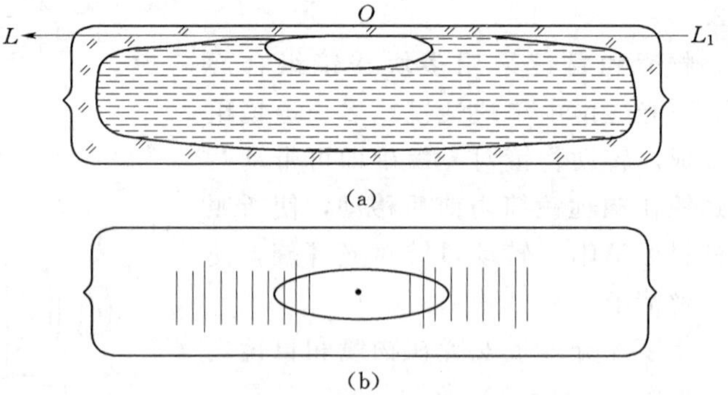

图 2.2.4 水准管

(2) 水准管。水准管的玻璃管内壁为圆弧（图 2.2.4），圆弧中点称为水准管的零点，通过零点与内壁圆弧相切的直线称为水准管轴（图中 LL_1 轴线）。水准管气泡居中时，水准管轴处于水平位置。水准管内壁弧长 2mm 所对的圆心角值 τ，称为水准管的分划值。设水准管的内壁弧半径为 R，则水准管的分划值（τ）用下式表示：

$$\tau=\frac{2}{R}\rho''$$

式中 τ——水准管分划值；

ρ''——一弧度的秒数，206265″。

DS_3 级水准仪的水准管分划值为 20″。水准管分划值越小，水准管的灵敏度越高。因此，水准管的精度比圆水准器的精度高，适用于仪器精确整平。

为了提高判别水准管气泡居中的准确度，在水准管的上方设置一组符合棱镜（图 2.2.5），借棱镜组的反射将气泡两端的半像反映在望远镜旁边的观察窗内。如图 2.2.6

（b）是水准管气泡不居中影像，水准管两端的影像错开，这时可转动微倾螺旋（右手大拇指旋转微倾螺旋方向与左侧半气泡影像的移动方向一致），以使水准管连同望远镜沿竖向做微小转动达到水准管气泡居中，此时两端的影像吻合，如图 2.2.6（a）所示。这种设有微倾螺旋的水准仪称为微倾式水准仪。

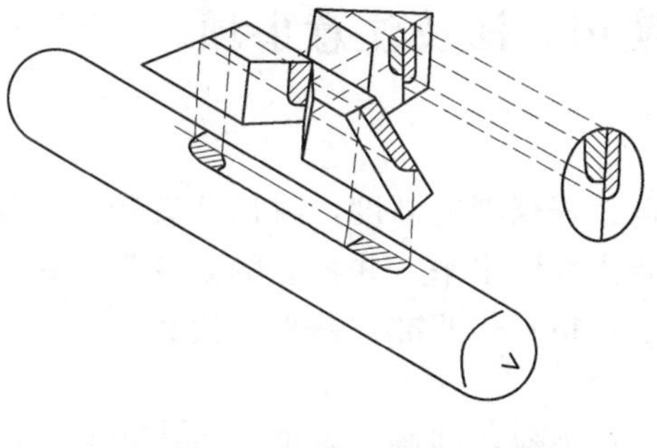

图 2.2.5　水准管与符合水准器

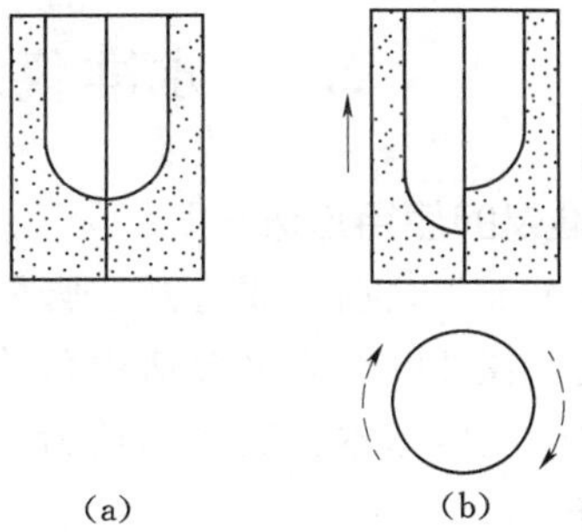

图 2.2.6　符合水准器影像

（3）基座。基座由轴座、脚螺旋和连接板组成。仪器上部通过竖轴插入轴座内，由基座承托，旋紧中心螺旋，使仪器与三脚架相连接。三脚架由木质（或金属）制成，脚架一般可伸缩，便于携带及调整仪器高度。

2.2.3　水准尺

水准尺是水准测量的重要工具（图 2.2.7），它是用优质木料或塑料制成的。水准尺的零点在尺的底部，尺的刻划是黑（红）白相间，每格是 1cm 或 0.5cm，每分米处有明显标志，且均注有数字。如 15 则表示 1.5m。

水准尺一般分为双面水准尺和塔尺、折尺 3 种。双面尺的尺长 3m，一面为黑面分划，黑白相间，尺底为零；另一面为红面分划，红白相间，尺底为一常数（如 4.687m 或 4.787m）。普通水准测量用黑面读数，如图 2.2.7 所示。三、四等水准测量用黑、红面尺读数进行校核。塔尺可以伸缩，尺长一般为 5m，适用于普通水准测量。

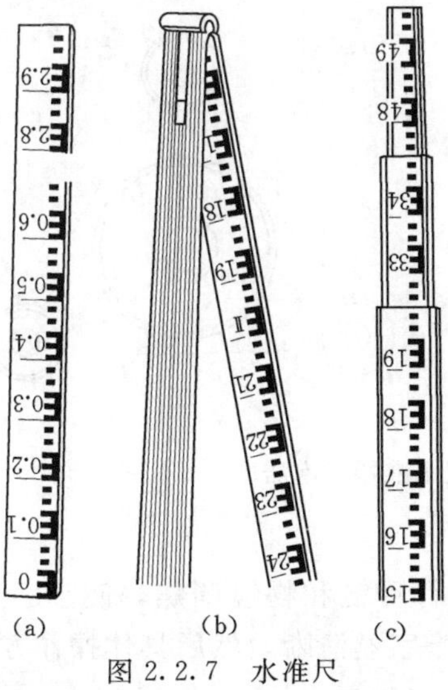

图 2.2.7　水准尺

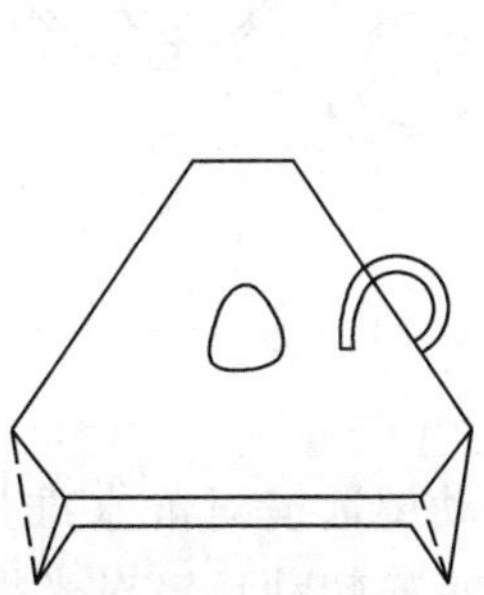

图 2.2.8　尺垫

2.2.4　尺垫

尺垫顶面是三角形或圆形，用生铁铸成或铁板压成，中央有突起的半圆顶（图 2.2.8）。使用时将尺垫压入土中，在其顶部放置水准尺。应用尺垫的目的是作为临时标志，并避免土壤下沉和立尺点位置变动而影响读数。特别注意在水准点上不能放置尺垫。

2.3　水准仪的使用方法及注意事项

2.3.1　水准仪的使用方法

在安置水准仪之前，要打开三脚架，调整好仪器的高度，将仪器安置在三脚架上，旋紧中心螺旋。仪器安置高度要适中，三脚架头大致水平，并将三脚架的脚尖踩入土中。微倾式水准仪使用的基本方法可归纳为八个字：粗平—照准—精平—读数。

1. 粗平

粗平是使仪器圆水准器气泡居中，水准仪视线达到概略水平，简称粗平。要使圆气泡居中，首先要了解气泡移动方向的规律，气泡移动方向的规律总是往高处移动。气泡移动的方向与左手大拇指转动脚螺旋的方向一致。顺时针转动螺旋，该螺旋端升高，逆时针转动螺旋，该螺旋端降低。使仪器圆气泡居中有两种方法。

第一种方法是将仪器安置在架头上，转动脚螺旋使气泡居中，如图 2.3.1 所示，当气泡偏离如图 2.3.1（a）的位置时，可转动 1、2 两个脚螺旋或其中一个螺旋，转动螺旋方向按图中箭头所示方向进行，使气泡从图 2.3.1（a）所示位置转至图 2.3.1（b）所示位置。然后按箭头方向转动另一个脚螺旋 3 使气泡向中心移动使气泡居中。

第二种方法是将仪器安置在架头上，先移动一个脚架使圆气泡大概居中，然后再用脚螺旋按第一种方法使气泡居中。此种方法的操作是：先将圆气泡位置与要移动的脚架上下对好，然后左右或前后移动脚架（气泡移动方向和脚架移动方向的规律：左右方向移动脚架，气泡移动方向相同，前后移动脚架，气泡移动方向相反），使圆气泡大概居中，然后再用脚螺旋使气泡居中。这种方法非常适合水泥地板，10 多秒钟就能使圆气泡居中。

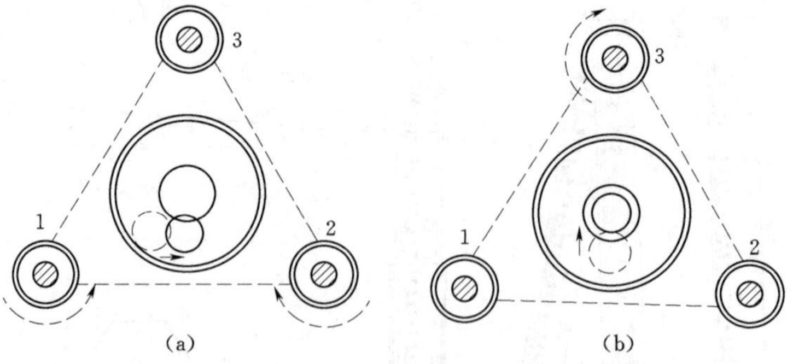

图 2.3.1　使圆水准器气泡居中

2. 照准

照准是指转动望远镜对准水准尺，并进行目镜和物镜调焦，使十字丝和水准尺像清晰，消除视差。首先转动目镜对光螺旋，使十字丝清晰，然后具体操作方法如下：

（1）初步照准。松开水平制动螺旋，转动望远镜，利用望远镜上部的准星与缺口照准目标，旋紧制动螺旋。

（2）看清目标。转动物镜对光螺旋，使目标（水准尺）的像清晰。

（3）照准目标。转动微动螺旋，使十字丝的竖丝在水准尺的中间位置。

（4）消除视差。如图 2.3.2（a）所示，在读数之前，将眼睛在目镜端上下微小移动，若发现十字丝和物像有相对移动，眼睛分别位于 b、a、c 位置时，看到十字丝交点相应对着物像的 a_1、b_1、c_1 点，出现这种现象称为视差。产生视差的原因是由于对光工作没有做好，目标（水准尺）像平面不与十字丝分划板平面重合。消除视差的方法是慢慢地转动物镜对光螺旋再次进行物镜对光，当眼睛在上下移动时，十字丝的读数不再变化，即尺像平面与十字丝分划板平面重合，消除了视差。如图 2.3.2（b）所示。

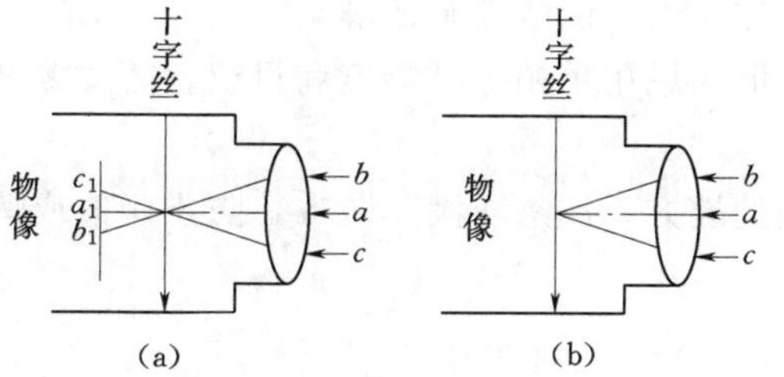

图 2.3.2　视差及消除

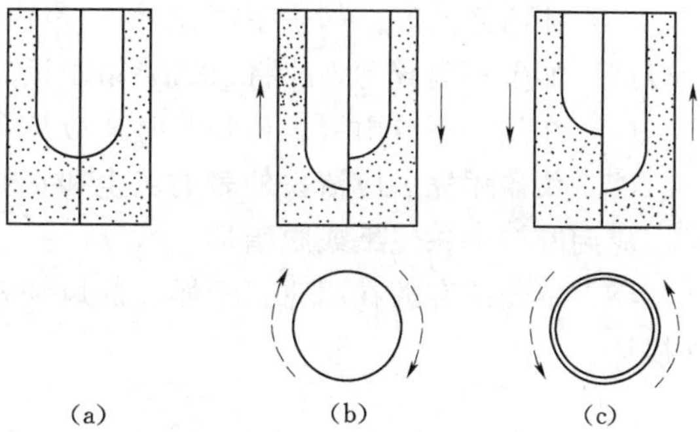

图 2.3.3　微倾螺旋与精平

3. 精平

精平就是在读数之前必须转动微倾螺旋，使水准管气泡严格居中。如图 2.3.3（a）所示。微倾式水准仪都装有符合棱镜的水准管，从水准管气泡观测窗中看到水准管气泡两端的影像。如图 2.3.3 所示，图 2.3.3（a）为气泡居中，即精平；图 2.3.3（b）、2.3.3（c）为不精平。精平的方法：当气泡两端影像如图 2.3.3（b）时，则顺时针转动微倾螺旋使气泡居中；若气泡影像如图 2.3.3（c）时，则逆时针转动微倾螺旋使气泡居中。

4. 读数

仪器精平后，根据十字丝中丝读出水准尺上的读数。读数时应注意尺上数字由小到大的顺序，读出米、分米、厘米，估读至毫米。读数方法是：对于倒像仪器，水准尺的读数根据十字丝的中丝从上到下、从小到大，估读至毫米，读取四位数。如图 2.3.4 水准尺的中丝读数为 0.859m。如果是正像仪器，读数方法是：水准尺的读数根据十字丝的中丝从下到上、从小到大，估读至毫米，读取四位数。

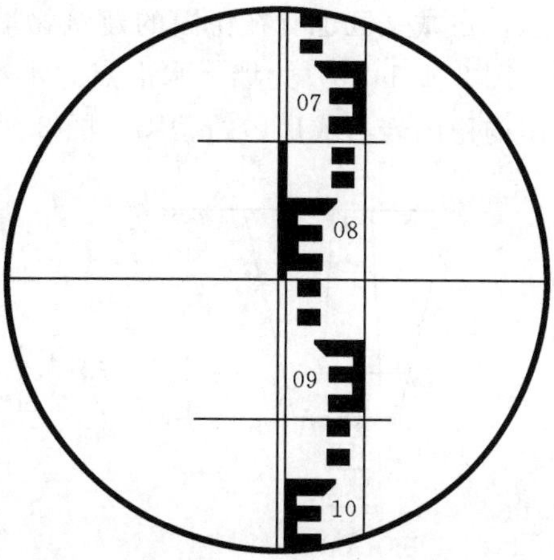

图 2.3.4　水准尺读数

要注意的是：在同一测站，照准前视水准尺时，必须转动微倾螺旋使水准管气泡居中，符合水准器两边半圆弧吻合时才能读数。

2.3.2　使用水准仪应注意的事项

（1）搬运仪器前，应检查仪器箱是否扣好或锁好，提手或背带是否牢固。

（2）从箱内取出仪器时，应先记住仪器和其他附件在箱内安放的位置，以便用完后照原样装箱。

（3）安置仪器时，注意拧紧脚架的架腿螺旋和架头连接螺旋，脚架要踩实；仪器安置后应有人守护，以免外人扳弄损坏。

（4）操作仪器时用力要均匀轻巧；制动螺旋不要拧得过紧，微动螺旋不能旋转到极限。当目标偏在一边用微动螺旋不能调至正中时，应将微动螺旋反转几圈（目标偏离更远），再松开制动螺旋重新初步照准目标，再用微动螺旋照准目标。

（5）往前搬站时，如果距离较近，可将仪器侧立，左手握住仪器，右手抱住脚架，往前行进。如果距离较远，应将仪器装箱搬运。

（6）在烈日下或雨天进行观测时，应撑伞遮住仪器，以防曝晒或淋雨。

（7）仪器用完后应清去外表的灰尘和水珠，但切忌用手帕擦拭物镜和目镜。需要擦拭时，应用专门的擦镜纸或脱脂棉。

（8）仪器应存放在阴凉、干燥、通风和安全的地方，注意防潮、防霉，防止碰撞或摔跌损坏。

2.4　水准测量的方法

2.4.1　水准点及水准路线

2.4.1.1　水准点

水准测量一般是在两水准点之间进行的，水准点是通过水准测量测定其高程的固定标志，一般以 *BM* 表示。水准点应按照水准路线等级，根据不同性质的土壤及实际需要，每隔一定的距离埋设不同类型的水准标志或标石。

水准点有永久性和临时性两种，永久性水准点由石料或混凝土制成，顶面设置半球状标志，在城镇区也有在稳固的建筑物墙上设置墙上水准点。图 2.4.1（a）为永久性水准点，图 2.4.1（b）为墙上水准点。水准点也可用混凝土制成，中间插入钢筋，或选定在突出的稳固岩石或房屋的勒脚，图 2.4.1（c）木桩为临时性的水准点。

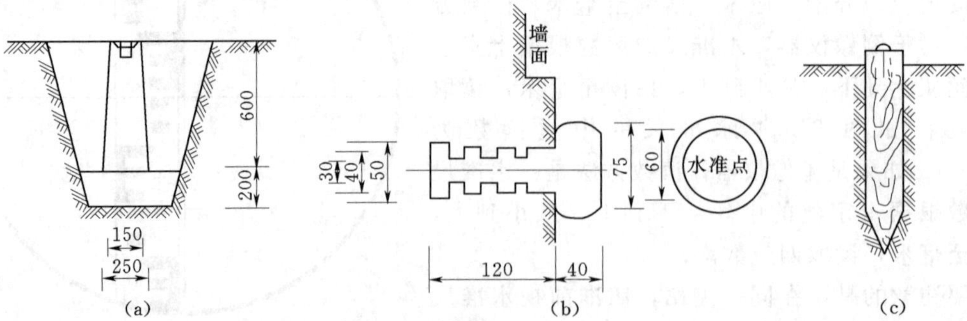

图 2.4.1　水准点（单位：mm）

2.4.1.2 水准路线

为了便于观测和计算各点的高程，检查和发现测量中可能产生的错误，必须将各水准点组成一条适当的施测路线（称为水准路线），使之有可靠的校核条件。在水准路线上，两相邻水准点之间称为一个测段。

水准路线有以下 3 种形式。

1. 闭合水准路线

闭合水准路线是由一个已知高程水准点开始，顺序测定若干待求点后，又测回到原来开始的水准点。这样的水准路线称为闭合水准路线。如图 2.4.2 所示，*BM* 为已知点，1、2、3、4 为待求点。图中箭头方向表示测量时观测前进方向。

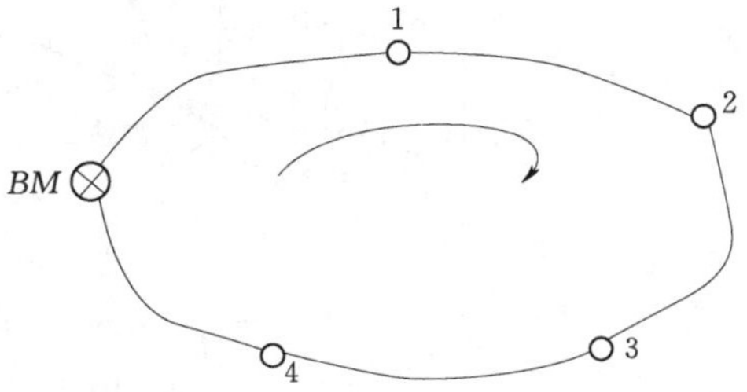

图 2.4.2 闭合水准路线

2. 附合水准路线

由一个已知高程水准点开始，顺序测定若干个待求点后，最后连测到另一个已知水准点上结束的水准路线，称为附合水准路线。如图 2.4.3 所示，*A*、*B* 为已知高程点，1、2 为待求点。

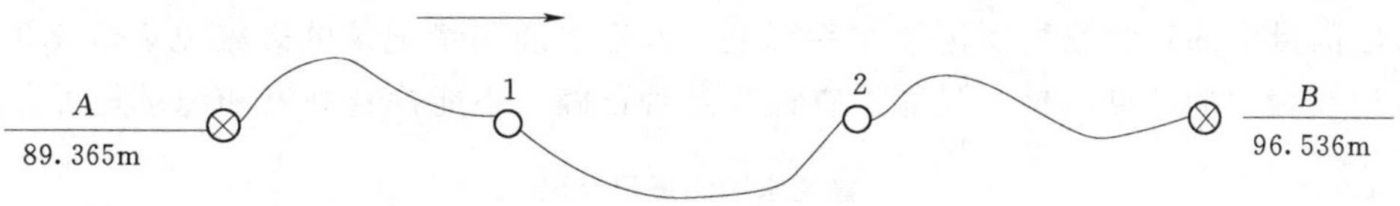

图 2.4.3 附合水准路线

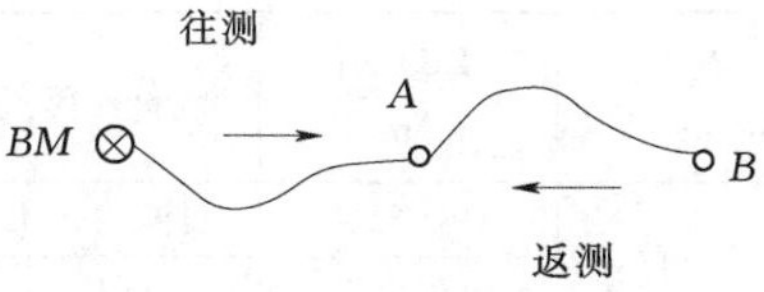

图 2.4.4 支水准路线

3. 支水准路线

由已知水准点开始测若干个待测点之后，既不闭合也不附合的水准路线称为支水准路线。支水准路线要往返观测。图 2.4.4 所示为支水准路线。*BM* 点高程已知，*A*、*B* 为待求点。

2.4.2 水准测量的施测

2.4.2.1 水准测量的观测方法

图 2.4.5 为普通水准测量示意图。BM_A 为已知水准点，其高程为 90.310m；BM_B 为待定高程的水准点。观测方法如下：

(1) 在已知点 BM_A 立水准尺作为后视尺，选择合适的地点为测站，再选合适的地点为转点 TP_1，踏实尺垫，在尺垫上立直前视尺。要求水准尺与水准仪之间的水平距离即视线长度不大于 100m；前视距离与后视距离大致相等。

(2) 观测者首先将水准仪粗平；然后瞄准后视尺，水准仪精平，读数；再瞄准前视尺，精平，读数，记录者同时记录并计算出一个测站的高差。

(3) 记录者计算完毕，通知观测者搬往下一个测站。原后尺手也同时前进到下一个站的前视点 TP_2。原前尺手在原地 TP_1 不动，把尺面转向下一个测站，成为后视尺。按照

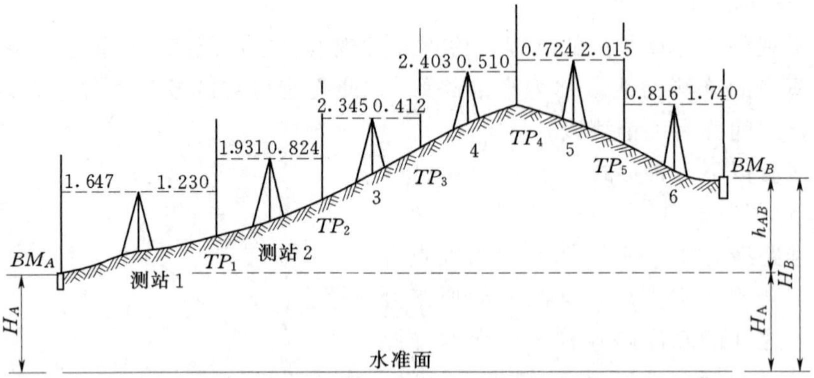

图 2.4.5 普通水准测量

前一站的方法观测。重复上述过程，一直观测至待定点 BM_B。

（4）记录者在现场应完成每页记录手簿的计算校核项，即

$$h_{AB}=\sum a-\sum b \tag{2.4.1}$$

$$h_{AB}=\sum h \tag{2.4.2}$$

2.4.2.2 水准测量的记录方法

水准测量中的观测读数要记录在手簿上，普通水准测量记录的表格见表 2.4.1。在水准测量记录表中的计算校核，只能检查计算是否正确，不能检查观测和记录是否有错。

表 2.4.1 **普通水准测量记录表**

日期 2008.08.06　　仪器 980686　　观测 李云

天气 晴转多云　　地点青秀区　　记录 陆海

测站	测点	水准尺读数/m		高差 h_i /m	高程 H_i /m	备注
		后视（a）	前视（b）			
1	BM_A	1.647		+0.417	90.310	已知：BM_A
	TP_1		1.230		90.727	TP_1
2	TP_1	1.931		+1.107		
	TP_2		0.824		91.834	TP_2
3	TP_2	2.345		+1.933		
	TP_3		0.412		93.767	TP_3
4	TP_3	2.403		+1.893		
	TP_4		0.510		95.660	TP_4
5	TP_4	0.724		−1.291		
	TP_5		2.015		94.369	TP_5
6	TP_5	0.816		−0.924		
	BM_B		1.740		93.445	BM_B
Σ		9.866	6.731	+3.135		
计算校核	$\sum a-\sum b=9.866-6.731=+3.135$ (m) $\sum h=5.350-2.215=+3.135$ (m) $H_B-H_A=93.445-90.310=+3.135$ (m)					

2.4.3 水准测量的检核方法

2.4.3.1 测站校核

为了及时发现观测中的错误，保证每个测站的高差观测的准确，可以采取测站校核的方法。测站校核有两种方法。

(1) 两次仪器高法（也称改变仪器高法）。在水准测量中，每一测站上用不同仪器高度来测定相邻两点间的高差两次，要求两次观测时要改变仪器的高度，使仪器的视准轴高度相差 10cm 以上。若两次测量得到的高差之差不超过限差，则取平均高差作为该站观测高差。两次仪器高法也可以采用两台仪器同时进行测量的高差进行校核。

(2) 双面尺法（也称红、黑面尺法）。仪器高度不变，观测双面尺黑面与红面的读数，分别计算黑面尺和红面尺读数的高差，其差值在 5mm 以内时，取黑、红面尺所测高差的平均值作为观测成果。红面尺的常数分别为 4.687m 和 4.787m，具体的观测和计算方法参见 6.3 节的内容。

2.4.3.2 水准路线校核

测站校核只能检查一个测站所测高差是否正确，但对于整条水准路线来说，还不足以说明它的精度是否符合要求。例如从一个测站观测结束至第二个测站观测开始时，转点位置若有较大的变动，在测站校核中是不能检查出来的，但在水准路线成果上就反映出来了，因此，要进行水准路线成果的校核，以保证全线观测成果的正确性。

图 2.4.2 所示为闭合水准路线，已知 *BM* 点高程，通过测定 1、2、3 和 4 点高程后，再测回到 *BM* 点，测出的 *BM* 点高程应与原已知高程相等。

图 2.4.3 所示为一条附合水准路线，已知 *A* 点和 *B* 点高程，通过测定 1、2 和 3 点高程后，再测到另一已知 *B* 点，测出 *B* 点的高程应与原已知高程相等。

对于支水准路线，如图 2.4.4 所示，通过往返测量测定 *BM* 和 *B* 点高差，进行校核，往返测量高差的绝对值应相等，符号应相反。

2.4.4 水准测量应注意事项

(1) 在测量工作之前，应对水准仪进行检验和校正。

(2) 仪器应安置在稳固的地面上，以减少仪器下沉。在光滑地面上安置仪器，应防脚架滑倒，损坏仪器；在泥地上观测时要踩实脚架。

(3) 前、后视距离应大致相等，以消除或减少仪器有关误差及地球曲率与大气折光的影响。

(4) 视线不宜过长，一般不大于 100m；视线离地面的高度，一般不少于 0.2m。

(5) 水准尺应竖直立于桩顶或尺垫半圆球上，要注意水准尺的零端在下。尺垫位置要稳固，立尺点及尺底不应沾有泥土杂物。

(6) 视差的存在，严重地影响了读数的精度，读数前，应注意消除视差。

(7) 读取后视、前视读数前，应调节微倾螺旋，使水准管气泡居中，符合水准器两边半圆弧吻合，然后读数。读数要准确、果断和声音洪亮，读数后还应检查气泡是否居中。尺的像有正像或倒像，均应从小到大读取读数，并估读至毫米，该取四位数。

(8) 记录读数时，记录员边记边回报，以便核对；记录要完整、清楚、正确；记录有误时不准擦去及涂改，应按规定进行修改。

(9) 要注意保护好仪器的安全，搬站时要一手抱住仪器，一手抱住脚架。仪器不能让雨淋或烈日曝晒，应撑伞遮挡。仪器在测站上，观测者不要离开，要保护仪器的安全。

2.5 水准测量成果计算

水准测量外业结束后便可进行内业计算。内业计算的目的是合理地调整高差闭合差，计算出各未知点的高程。首先要认真检查外业记录手簿中的各种观测数据是否符合要求，各种计算是否有错误，然后绘出水准路线外业成果注记图，根据已知数据和观测数据计算高差闭合差，若高差闭合差在容许范围内，即可进行高差闭合差的调整和高程的计算。

2.5.1 水准测量成果计算的步骤

2.5.1.1 高差闭合差的计算

所谓高差闭合差是两点间的各段测量高差之和与理论高差之差，用 f_h 表示，即

$$f_h=\sum h_{测}-\sum h_{理} \tag{2.5.1}$$

各种路线高差闭合差的计算公式和闭合差的容许范围如下。

1. 闭合水准路线

由于闭合水准路线起止于同一个水准点上，所以各测段高差的总和在理论上应等于零，即

$$\sum h_{理}=0 \tag{2.5.2}$$

但由于测量中存在各种测量误差影响，使实测各段高差之和往往不等于零，产生高差闭合差 f_h，即

$$f_h=\sum h_{测}-\sum h_{理}=\sum h_{测} \tag{2.5.3}$$

2. 附合水准路线

附合水准路线是从一个已知高程点测至另一已知高程点，各段高差的总和理论值应等于终点高程减去始点高程，即

$$\sum h_{理}=H_{终}-H_{始} \tag{2.5.4}$$

同样由于存在测量误差，所测各段高差之和不等于理论值，产生高差闭合差 f_h，即

$$f_h=\sum h_{测}-\sum h_{理}=\sum h_{测}-(H_{终}-H_{始}) \tag{2.5.5}$$

3. 支水准路线

支水准路线应沿同一路线进行往测和返测。从理论上往测与返测的高差总和应为零，即往测与返测的高差绝对值应相等，符号相反。如往测与返测高差总和不等于零即为闭合差，即

$$f_h=\sum h_{往}+\sum h_{返} \tag{2.5.6}$$

根据《城市测量规范》(CJJ/T 8—2011)，对于图根水准测量，高差闭合差的容许范围（也称限差）规定如下：

山地：

$$f_{h_{容}}=\pm 12\sqrt{n}(\text{mm}) \tag{2.5.7}$$

平地：

$$f_{h_{r容}}=\pm 40\sqrt{L}(\text{mm}) \tag{2.5.8}$$

式中　n——水准路线的测站数；

L——为水准路线的长度，以 km 为单位。

当$|f_h|\leqslant|f_{h容}|$时，则观测成果合格，否则应重测。

每公里的水准路线的测站数超过 16 站时称为山地，反之为平地。

2.5.1.2　高差闭合差的调整

高差闭合差在容许范围时，即可进行高差闭合差的调整。

1. 高差闭合差调整的原则

根据测量误差理论知道，高差闭合差的大小与路线的长度或测站数有关，路线越长、测站数越多，误差的积累就越大，因此，高差闭合差的调整的原则是：以高差闭合差相反的符号按测段的测站数或测段的长度，成正比例地分配到各段测量高差上去，得到改正后各测段高差，改正后的各段高差总和应等于理论高差总和。

2. 高差闭合差调整的公式

按测段的测站数计算高差改正数公式：

$$V_i=-\frac{f_h}{\sum n}n_i \tag{2.5.9}$$

按测段的长度计算高差改正数公式：

$$V_i=-\frac{f_h}{\sum L}L_i \tag{2.5.10}$$

式中　V_i——第 i 段高差改正数；

$\sum n$——水准路线测站总数；

n_i——第 i 段测站数；

$\sum L$——水准路线总长度，km；

L_i——第 i 段水准路线长，km。

各段高差改正数总和的绝对值应与高差闭合差的绝对化值相等，符号相反，作为计算的检核。即

$$\sum V_i=-f_h \tag{2.5.11}$$

3. 计算各段改正后的高差

各段改正后高差用 h_i' 表示：

$$h_i'=h_i+V_i \tag{2.5.12}$$

计算检核，改正后的高差的总和应等于理论高差的总和，即

$$\sum h_i'=\sum h_{w理} \tag{2.5.13}$$

4. 计算待定点的高程

根据已知点的高程和改正后的高差，依次计算各待求点的高程。

2.5.2　水准路线高差闭合差的调整和高程计算举例

2.5.2.1　闭合水准路线算例

已知 A 点的高程为 90.030m，根据图 2.5.1 的外业测量成果注记图，计算各待求点 B、C、D 的高程。计算过程如下：先将各点号、测段的测站数和各段测量高差和已知高程填入计算表 2.5.1 的第（1）、（2）、（3）和（6）列中，然后按以下步骤进行计算：

1. 计算高差闭合差和容许闭合差

$$f_h=\sum h_{测}=+0.035\text{m}=+35\text{mm}$$

测站总数 $n=49$，容许闭合差：

$$f_{h_{容}}=\pm12\sqrt{n}=\pm12\sqrt{49}=\pm84(\text{mm})$$

$f_h<f_{h容}$，可以进行闭合差的调整。

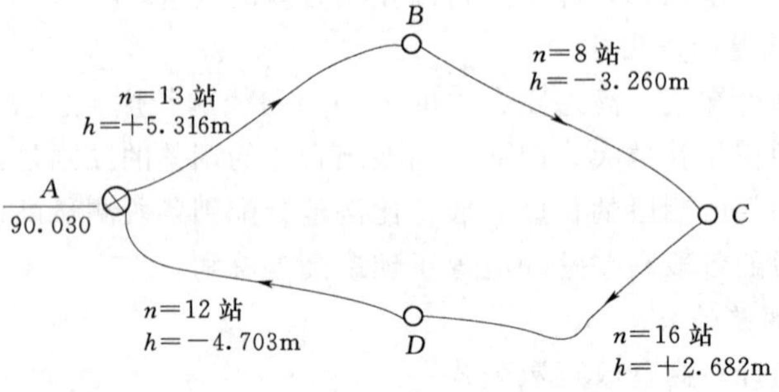

图 2.5.1 闭合水准路线观测成果注记图

2. 计算各段高差改正数

按式（2.5.9）计算各段高差改正数如下：

$$V_1=-\frac{f_h}{\sum n}n_i=-\frac{0.035}{49}\times13=-0.009(\text{m})$$

$$V_2=-\frac{f_h}{\sum n}n_i=-\frac{0.035}{49}\times8=-0.006(\text{m})$$

$$V_3=-\frac{f_h}{\sum n}n_i=-\frac{0.035}{49}\times16=-0.011(\text{m})$$

$$V_4=-\frac{f_h}{\sum n}n_i=-\frac{0.035}{49}\times12=-0.009(\text{m})$$

改正数计算校核：$\sum V_i=-0.035\text{m}=-f_h$，符合要求。

将计算的各测段高差改正数填在表 2.5.1 的第（4）列中。

3. 计算改正后高差

按式（2.5.12）计算各段改正后高差如下：

$$h_1'=h_1+V_1=5.316-0.009=5.307(\text{m})$$

$$h_2'=h_2+V_2=-3.260-0.006=-3.266(\text{m})$$

$$h_3'=h_3+V_3=2.682-0.011=2.671(\text{m})$$

$$h_4'=h_4+V_4=-4.703-0.009=-4.712(\text{m})$$

改正后高差计算校核：$\sum h_i'=\sum h_{理}$，符合要求。

将计算的各段改正后高差填在表 2.5.1 的第（5）列中。

4. 计算待求点高程

根据已知点高程和改正后的各段高差推算各待求点高程如下：

$$H_1 = H_A + h_1' = 90.030 + 5.307 = 95.337(\text{m})$$

$$H_2 = H_1 + h_2' = 95.337 - 3.266 = 92.071(\text{m})$$

$$H_3 = H_2 + h_3' = 92.071 + 2.671 = 94.742(\text{m})$$

$$H_A = H_3 + h_4' = 94.742 - 4.712 = 90.030(\text{m})$$

将计算的各待求点高程填在 2.5.1 表中第（6）列的相应位置，并计算出 A 点的高程应与原已知高程相等进行校核，若符合要求，计算结束。所有计算均在表格中进行。

表 2.5.1　　闭合水准路线水准测量内业计算表

点号	测站数 n_i	实测高差 h_i /m	改正数 V_i /m	改正后高差 h' /m	高程 H_i /m	点　号
(1)	(2)	(3)	(4)	(5)	(6)	(7)
A					90.030	A（已知）
	13	+5.316	−0.009	+5.307		
B					95.337	B
	8	−3.260	−0.006	−3.266		
C					92.071	C
	16	+2.682	−0.011	+2.671		
D					94.742	D
	12	−4.703	−0.009	−4.712		
A					90.030	A（已知）
Σ	49	+0.035	−0.035	0		
辅助计算	$f_h = \sum h_{测} = +0.035\text{m}$ $f_{h容} = \pm 12\sqrt{49} = \pm 84(\text{mm})$ $f_h < f_{h容}$，测量成果合格					

2.5.2.2　附合水准路线算例

图 2.5.2 是一附合水准路线示意图。A、B 为已知水准点，高程分别是 $H_A = 89.365\text{m}$，$H_B = 95.536\text{m}$，各测段的观测高差 h_i 及路线长度 L_i 如图 2.5.2 所示，计算各待求点 1、2 的高程。

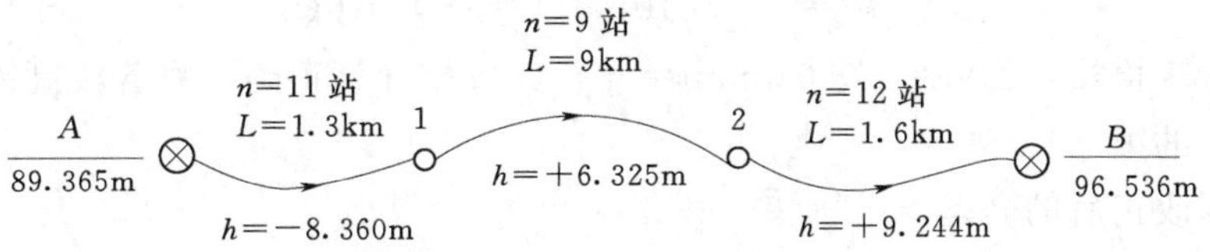

图 2.5.2　附合水准路线观测成果图

附合水准路线的高差闭合差的调整和高程计算步骤与闭合水准路线计算相同，主要不同点是高差闭合差计算，计算如下：

（1）计算高差闭合差和容许闭合差。根据式（2.5.5）计算附合水准路线的高差闭合差 f_h：

$$f_h = \sum h_{测} - (H_B - H_A) = 7.209 - (96.536 - 89.365) = 7.209 - 7.171 = +0.038(\text{m})$$

本例中，$L=3.8\text{km}$，$n=32$ 站，每公里少于 16 站，根据式（2.5.8）计算高差闭合差的容许值：

$$f_{h_{r容}}=\pm 40\sqrt{3.8}=\pm 77(\text{mm})$$

因为 $f_h<f_{h_{容}}$，所以观测成果的精度符合要求。

表 2.5.2　　附合水准路线水准测量内业计算表

点号	距离 L_i /km	实测高差 h_i /m	改正数 V_i /mm	改正后高差 h' /m	高程 H_i /m	点　号
(1)	(2)	(3)	(4)	(5)	(6)	(7)
A					89.365	A（已知）
	1.3	−8.360	−0.013	−8.373		
1					80.992	1
	0.9	+6.325	−0.009	6.316		
2					87.308	2
	1.6	+9.244	−0.016	9.228		
B					96.536	B（已知）
$\sum$	3.8	7.209	−0.038	7.171		
辅助计算	$f_h=\sum h_{测}-\sum h_{理}=+7.209-7.171=+0.038$（m） $f_{h_{容}}=\pm 40\sqrt{3.8}=\pm 77$（mm） $f_h<f_{h_{容}}$，测量成果合格					

（2）计算各段高差改正数。

按式（2.5.10）计算各测段高差改正数，每千米的高差改正数为

$$\frac{-f_h}{L}=\frac{-(+0.038)}{3.8}=-0.010(\text{m})$$

各测段的高差改正数分别为

$$V_1=-0.010\times 1.3=-0.013(\text{m})$$

$$V_2=-0.010\times 0.9=-0.009(\text{m})$$

$$V_3=-0.010\times 1.6=-0.016(\text{m})$$

改正数计算检核：$\sum V=-0.038\text{mm}=-f_h$，校核计算正确，将各段高差改正数填写在表 2.5.2 中的第（4）列内。

（3）计算改正后的高差。

计算改正后的高差与闭合水准路线基本相同

$$h_1'=h_1+V_1=-8.360-0.013=-8.373(\text{m})$$

$$h_2'=h_2+V_2=6.325-0.009=6.316(\text{m})$$

$$h_3'=h_3+V_3=9.244-0.016=9.228(\text{m})$$

计算校核：

$$\sum h'=7.171\text{m}=\sum h_{理}$$

(4) 计算各待求点高程。

$$H_1=H_A+h_1'=89.365-8.373=80.992(\text{m})$$

$$H_2=H_1+h_2'=80.992+6.316=87.308(\text{m})$$

$$H_B=H_2+h_3'=87.308+9.228=96.536(\text{m})$$

高程计算检核：推算出的 B 点高程应与原已知高程相等，计算正确。将上述计算结果分别填入表 2.5.2 中相应栏内。

2.5.2.3 支水准路线算例

图 2.5.3 为一条图根级支水准路线，已知 BM 点高程为 89.681m，根据图上所注数据计算 1、2、3 点的高程。

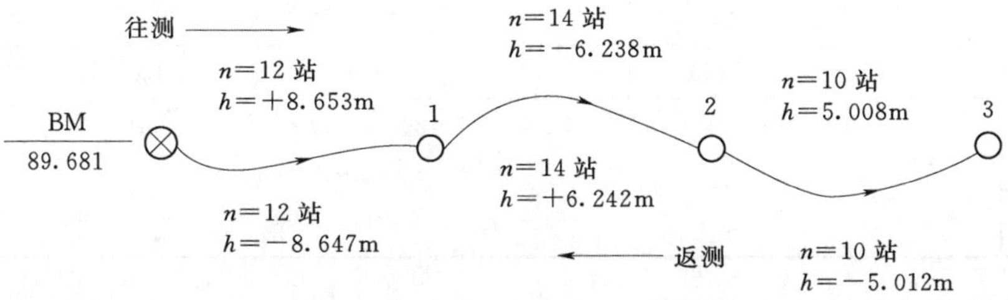

图 2.5.3 支水准路线观测成果图

支水准路线的计算有以下 3 个步骤。

1. 计算高差闭合差和容许闭合差

$$f_h=\sum h_{往}+\sum h_{返}=7.423+(-7.417)=+0.006(\text{m})$$

$$f_{h_{容}}=\pm 12\sqrt{n}=\pm 12\sqrt{36}=\pm 72(\text{mm})$$

将计算结果填在表 2.5.3 的辅助计算栏中。

2. 计算每段往返高差平均值

每段往返高差平均值：

$$h_{平}=\frac{h_{往}-h_{返}}{2}$$

第一段高差平均值：

$$h_{平}=\frac{h_{往}-h_{返}}{2}=\frac{8.653-(-8.6470)}{2}=+8.650(\text{m})$$

计算出第二、三段高差平均值为 −6.240m 和 5.010m，填写在表 2.5.3 中第 (5) 列。

计算校核：

$$\sum h_{平}=\frac{\sum h_{往}-\sum h_{返}}{2}=7.420\text{m}$$

3. 计算待求点高程

根据已知 BM 点高程和每段往返高差平均值即求对各待求点高程，见表 2.5.3 中的第 (6) 列。支水准路线的高程推算的校核：

$$H_3-H_{BM}=\sum h_{平}=7.420\text{m}$$

表 2.5.3　　支水准路线高程计算

点号	测段测站数 n_i	往测高差 h_i /m	返测高差 h_i /m	平均高差 h_i' /m	高程 H_i /m	点号
(1)	(2)	(3)	(4)	(5)	(6)	(7)
BM					89.681	*BM*
	12	+8.653	−8.647	+8.650		
1					98.331	1
	14	−6.238	+6.242	−6.240		
2					92.091	2
	10	+5.008	−5.012	+5.010		
3					97.101	3
Σ	36	7.423	−7.417	7.420	$H_3-H_{BM}=7.420$	
辅助计算	$f_h=\sum h_{往}+\sum h_{返}=7.423-7.417=+0.006$ (m) $f_{h_{容}}=\pm 12\sqrt{36}=\pm 72$ (mm) $f_h<f_{h_{容}}$，测量成果合格					

2.5.3　水准测量成果计算注意事项

(1) 在内业计算前要对点号、已知高程、测量高差等数据进行100%的认真检查，以避免出现错误，然后绘出外业观测成果注记图。

(2) 利用专用表格进行内业计算，注意各项计算的校核，当校核不对时要认真检查，校核正确后再往下计算。

(3) 计算中各种数据要填写清楚，不要潦草，计算取位至mm。

2.6　水准仪的检验与校正

2.6.1　水准仪的轴线及应满足的几何条件

如图2.6.1所示，水准仪的轴线有圆水准器轴 $L'L'$、仪器竖轴 VV、水准管轴 LL 和视准轴 CC 四根轴线。各轴线应满足的几何条件如下：

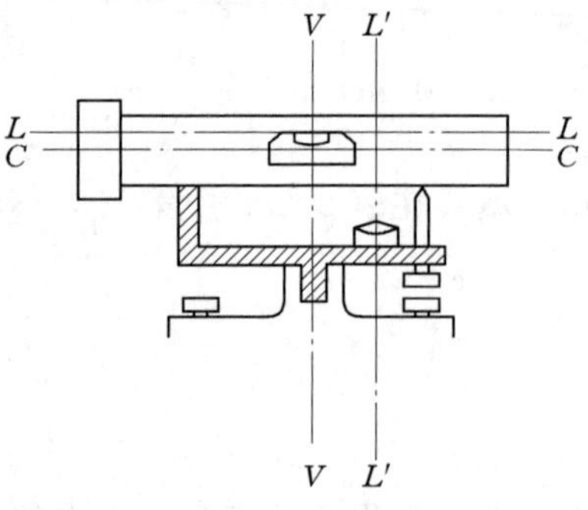

图 2.6.1　水准仪轴线

(1) 圆水准器轴 $L'L'$ 应平行仪器竖轴 VV。

(2) 十字丝横丝应垂直于仪器竖轴 VV。

(3) 水准管轴 LL 应平行于视准轴 CC。

2.6.2　水准仪的检验与校正的方法

根据水准测量的原理知道，水准仪要提供一条水平视线。仪器在出厂前，对水准仪各轴线的几何关系经过了严格的检查，满足水准仪的几何轴线条件。由于长时间使用仪器或仪器受到震动、碰撞等原因，有的螺丝会有变化，造成仪器轴线发生变化，从而使轴线不能满足条件，直接影响测量成果的质量。因此，在使用水准仪之前，应对仪器进行检验和校正。

2.6.2.1 圆水准器轴平行于仪器竖轴的检验与校正

1. 检校目的

使圆水准轴平行于仪器竖轴。若两轴平行，当圆水准气泡居中时，竖轴就处于铅垂位置。

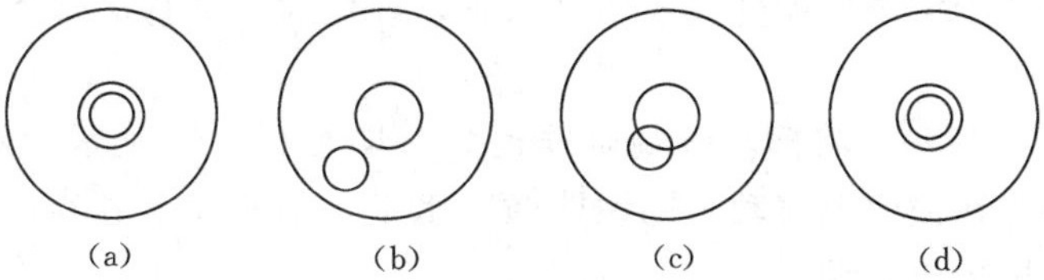

图 2.6.2 圆水准器的检验和校正

2. 检验方法

安置水准仪，转动脚螺旋使圆气泡居中［图 2.6.2 (a)］，然后将仪器绕竖轴转 180°，此时若气泡居中，说明圆水准轴平行竖轴；如果气泡偏离一边［图 2.6.2 (b)］，说明圆水准轴 $L'L'$ 不平行于竖轴 VV，需要校正。

3. 校正方法

转动脚螺旋，使气泡向圆水准器中心移动偏离中点的一半［图 2.6.2 (c)］，然后用校正针旋转圆水准器底部的校正螺丝，使气泡完全居中［图 2.6.2 (d)］。圆水准器的校正螺丝在水准器的底部，如图 2.6.3 所示。图 2.6.3 为底面图，中间的大螺丝为连接螺丝，其余三个小的螺丝为校正螺丝。校正针为几厘米长的金属细杆，可插入校正螺丝的小孔拨动螺丝而调整圆水准器的高低。

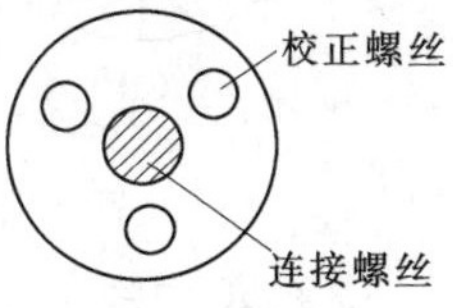

图 2.6.3 圆水准器校正螺丝

4. 检核原理

圆水准轴不平行竖轴时，当圆水准气泡居中，表示圆水准轴处于铅垂位置［图 2.6.4 (a)］，而竖轴对铅垂线倾斜了 α 角，α 角也就是两轴的交角。当仪器绕竖轴转 180°后［图 2.6.4 (b)］，由于竖轴仍处于倾斜 α 角的位置，但圆水准轴从竖轴的左侧转到竖轴右侧，这样，圆水准轴就倾斜了两倍 α 角，所以气泡偏离中点，也就是说，偏离的大小反映了两轴不平行误差 α 角的两倍。这时，转动脚螺旋，使圆气泡退回偏离中点的一半，竖轴就处于铅垂位置了［图 2.6.4 (c)］，余下的偏离部分就是圆水准轴的误差，最后改正圆水准

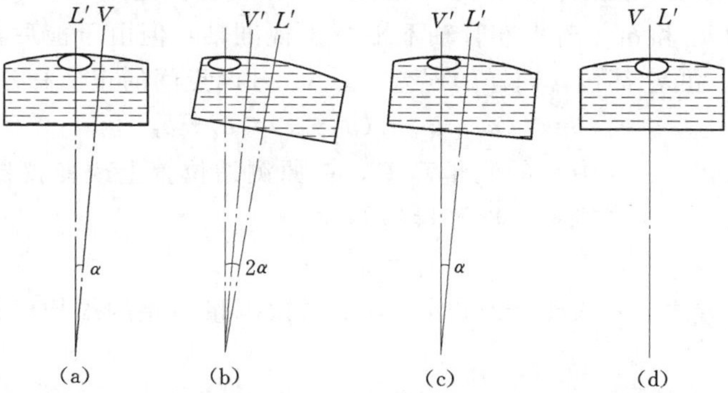

图 2.6.4 圆水准器的校正原理

轴线处于正确位置［图 2.6.4（d）］。校正要反复进行多次，直到仪器旋转到任何位置，圆气泡始终居中为止。

2.6.2.2　十字丝横丝垂直于竖轴的检验校正

1. 检校目的

仪器整平后，使十字丝的横丝处于水平状态，即使横丝垂直仪器竖轴。

2. 检验方法

如图 2.6.5（a）所示，将横丝一端对准远处一明显标志，旋紧制动螺旋，转动微动螺旋，如果标志始终在横丝上移动，则说明横丝水平，不需校正。若点子偏离横丝，如图 2.6.5（b）所示，则应进行校正。

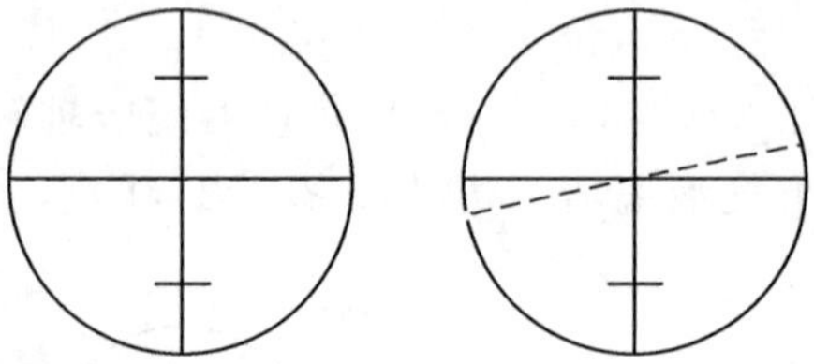

(a)　(b)

图 2.6.5　十字丝检验

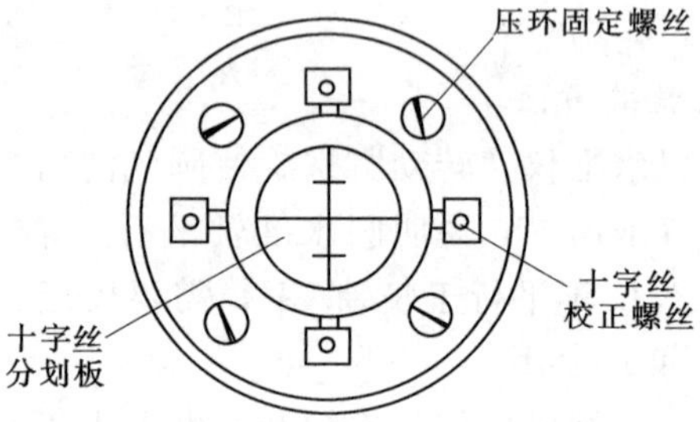

图 2.6.6　十字丝校正螺丝

3. 校正方法

卸下目镜十字丝分划板间的护盖，松开压环固定螺丝（图 2.6.6），转动十字丝环至正确位置，最后旋紧压环固定螺丝，并旋上护盖。目前不少仪器，校正方法是松动目镜座上的三个沉头螺丝，转动目镜座使十字丝处于正确位置，然后旋紧三个沉头螺丝即可。

2.6.2.3　水准管轴平行于视准轴的检验校正

1. 检校目的

使水准管轴平行于视准轴，当仪器水准管气泡居中时，视准轴水平，水准仪提供一条水平视线。

2. 检验方法

如图 2.6.7（a）所示，在较平坦地面上选定相距 60～80m 的 A、B 两点，打下木桩（或安放尺垫），在木桩（或尺垫）上立水准尺。将水准仪安置于 A、B 的中点 C，水准管气泡居中时读数为 a_1 和 b_1。若水准管轴不平行于视准轴，但由于前后视距相等，视线倾斜相同，则读数 a_1 和 b_1 都包含同样的误差 x。A、B 两点间的正确高差为

$$h_1=(a_1-x)-(b_1-x)=a_1-b_1$$

为了校核仪器在 A、B 中点的测量高差，在原测站位置上改变仪器高度 10cm 以上，再重读两尺的读数 a_1'、b_1'，则第二次测量高差为

$$h_1'=a_1'-b_1'$$

当两次测量高差之差不大于 3mm 时，则取两次测量高差的平均值作为 A、B 两点间的正确高差，即

$$h=\frac{1}{2}(h_1+h_1')$$

然后在离 B 点约 3m 的地方安置仪器［图 2.6.7（b)］，读数为 a_2、b_2，两点间的高差为

$$h_2=a_2-b_2$$

若 $h_1=h_2$，则说明水准管轴平行于视准轴；若 $h_1\neq h_2$，但 h_1 与 h_2 之差不大于 5mm 或 i 小于 20″时，对于 DS_3 型仪器符合要求，否则需要校正。i 角计算公式为

$$i=\frac{\Delta}{D}\rho$$

其中
$$\Delta=h_1-h_2$$

式中 D——偏站时仪器至远尺点间的距离；

ρ——ρ 取 206265″。

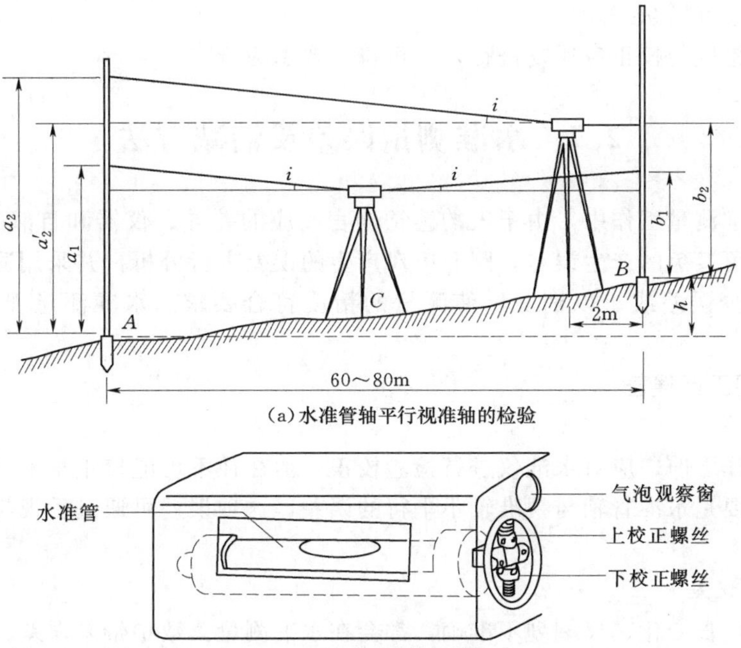

(a) 水准管轴平行视准轴的检验

(b) 水准管校正螺丝

图 2.6.7　水准管轴平行视准轴的检验校正

3. 校正方法

校正方法有两种：一是校正水准管；二是校正十字丝横丝。

(1) 校正水准管的方法。

1) 先计算出水平视线在 A 点尺上的正确（应）读数：$a_2'=b_2+h$。

2) 转动微倾螺旋使十字丝中丝读数从 a_2 变为正确读数 a_2'，视准轴水平。

3) 由于转动微倾螺旋使中丝读数为正确读数，视准轴水平，但是水准管气泡不居中，此时，根据水准管气泡的偏离情况，用校正针拨动水准管目镜端的上、下两个校正螺丝，如图 2.6.7（b）所示，使水准管两端的影像符合（即水准气泡居中），即水准管轴平行于视准轴。

4) 检查。校正后要进行检查，检查方法即在校正时的仪器位置，升高或降低仪器再

次进行测量，当求出的 A 点尺上应读数与实读数之差在允许范围内，校正即结束。

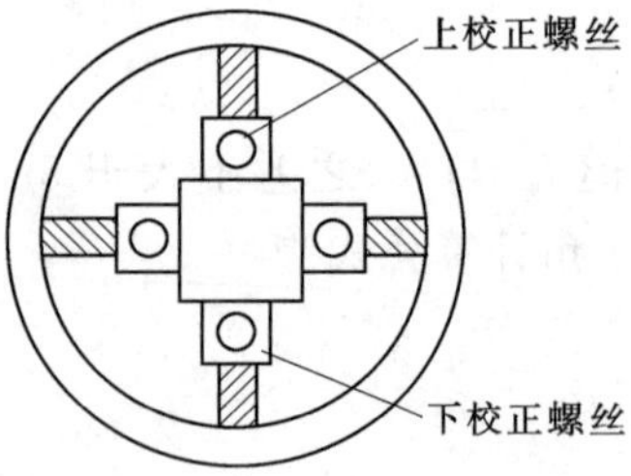

图 2.6.8 十字丝横丝校正

（2）校正十字丝横丝的方法。卸下十字丝分划板的外罩，用校正针拨动上、下两个校正螺丝（图 2.6.8），横丝上下移动，使中丝对准 A 点尺上正确读数 a_2'，视准轴水平，满足条件。校正时既要保持水准管气泡居中又要中丝读数正确，最后旋上十字丝分划板的外罩。

2.6.3 水准仪检验校正注意事项

（1）3 个检验项目应按规定的顺序进行检验校正，不得颠倒顺序。

（2）拨动校正螺丝时，不能用力过猛，应按先松后紧的方法，校正完毕，校正螺丝不应松动，应处于旋紧状态。

（3）每项检验与校正应反复进行，直至符合要求为止。

2.7 水准测量误差及消减方法

在进行水准测量工作中，由于人的感觉器官反应的差异、仪器和自然条件等的影响，使测量成果不可避免的产生误差，因此应对产生的误差进行分析，并采用适当的措施和方法，尽可能减少误差或予以消除，使测量的精度符合要求。水准测量误差有下列几个方面。

2.7.1 仪器和工具误差

1. 仪器误差

在测量工作之前，应对水准仪进行检验校正，但往往不可能校正得十分完善而残存少许误差，这主要是水准管轴与视准轴不平行的误差，这项误差可通过后视与前视距离相等予以消除。

2. 水准尺误差

水准尺的尺长变化、尺刻划不准确，都会在水准测量读数中带来误差。因此，水准尺应经过检定，符合要求方可使用。

2.7.2 观测误差

1. 水准管气泡居中的误差

水准管气泡居中是用眼睛来判断的。由于眼睛分辨力的限制，气泡可能并没有严格居中，存在着水准管气泡居中的误差。

设水准管气泡的分划值为 τ''，居中误差一般为 $0.15\tau''$，它对读数上引起的误差为

$$m_\tau = \pm\frac{0.15\tau''}{\rho''}D \tag{2.7.1}$$

式中 D——水准仪至水准尺的距离；

ρ''——一弧度以秒计算，等于 $206265''$。

若 $D=75\text{m}$，$\tau''=20''$，则 $m_\tau=\pm1.1\text{mm}$。

2. 读数误差

产生读数误差的原因：视差的存在和估读毫米产生误差。存在视差应重新进行目镜和

物镜对光，消除视差。水准尺一般为厘米分划，估读毫米产生的误差与望远镜的放大倍数和尺子到仪器的距离有关。望远镜放大倍数大，距离近，尺像就大，估读就准确；反之，估读误差就大。所以，放大率为 20 倍的望远镜，视线距离以不超过 75m 为宜。

3. 水准尺倾斜误差

水准尺是否竖直，影响到水准测量读数的精度，尺子倾斜将使读数值增大。尺子倾斜而引起的误差与尺子倾斜的大小及视线截尺的高度有关。为了减小扶尺不竖直而产生的读数误差，可在水准尺上安置圆水准器或水准管，使尺子竖直。如图 2.7.1 所示。

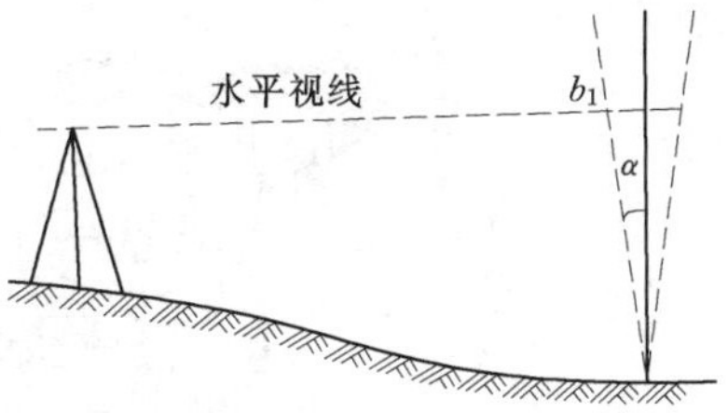

图 2.7.1 水准尺倾斜误差

2.7.3 外界条件影响的误差

1. 仪器下沉和尺垫下沉的误差

如土质疏松，以及由于仪器、尺子的重量，可能会使仪器、尺垫下沉；由于土壤的弹性，也会使仪器、尺垫上升。假设仪器下沉的变化和时间成比例，当观测了后视读数，转到观测前视读数时，由于仪器下沉，前视读数就减少，在计算两点间的高差时就会增大。要消除或减少仪器下沉误差的影响，应选择稳固的地方安置仪器，脚架尖入土稳定，在观测过程中不要用手扶脚架，缩短观测时间也可以减少仪器下沉误差的影响。在精度要求高的测量中，也可以应用双面尺法进行观测，观测的顺序是黑面后视、黑面前视，然后是红面前视、红面后视。计算黑面尺与红面尺的高差，取其平均值，可减少或消除此项误差影响。

转点的位置应放尺垫。当观测转点的前视读数后，仪器搬至下一站，若尺垫下沉（或上升），对该点的后视读数增大，使测量的高差增加。为了减少尺垫下沉误差的影响，应选择坚固稳定的地方做转点，使用尺垫时要用力踏实，在观测过程中保护好转点位置，精度要求高时也可用往返观测平均值来减少其误差的影响。

2. 地球曲率和大气折光的影响

对于地球曲率和大气折光的影响，可使后视与前视距离相等，从而得以减少；视线离地面过低，受折光的影响有所增加，一般应使视线离地面的高度不少于 0.2m。

3. 温度和风力的影响

当仪器被太阳光照射时，由于仪器各构件受热不均，引起不规则的膨胀，影响仪器各轴线间的正常关系，使观测产生误差。因此，在水准测量中应注意撑伞防晒。在风力大至影响仪器精平时，不应进行水准测量。

2.8 自动安平水准仪和电子水准仪简介

2.8.1 自动安平水准仪简介

自动安平水准仪是一种新型测量仪器。用 DS_3 微倾式水准仪进行水准测量时，圆气泡居中后，还要转动微倾螺旋使水准管气泡居中，视线水平才能读数。而自动安平水准仪在仪器内装置了自动安平补偿器代替了水准管，在使用时只要圆气泡居中后就能自动提供一条水平视线。即圆气泡居中，就可以读数。这种仪器具有操作简便、测量速度快、精度高等特点，深受广大的测量人员欢迎，广泛应用于各种工程建设。自动安平水准仪种类较多，图 2.8.1（a）和图 2.8.1（c）所示分别为北京光学仪器厂早期生产的 ZDS_3-1 自动安平水准仪和广东科力达有限公司生的 A 型自动安平水准仪。

(a) 北京 ZDS_3-1 自动安平水准仪

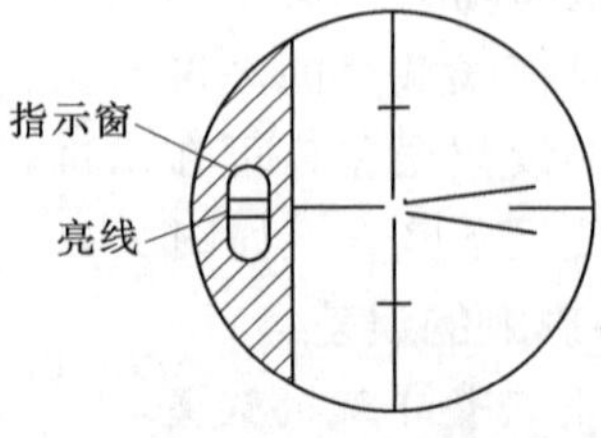

(b) ZDS_3-1 望远镜视场

(c) 科力达 A 型自动安平水准仪

图 2.8.1　自动安平水准仪

1. 自动安平水准仪的基本原理

自动安平水准仪的基本原理是在水准仪的光学系统中，设置一个自动安平补偿器，用以改变光路，使视准轴略有倾斜时，视线仍然保持水平，达到水准测量的要求。

如图 2.8.2 所示，当视准轴水平时，在水准尺读数为 a，即 A 点的水平视线通过物镜光路到达十字丝的中心。当视准轴倾斜了一个小角度 α 时，如图 2.8.2 所示，视准轴读数为 a_0，为了使十字丝横丝读数仍为视准轴水平时的读数 a，在望远镜的光路中加入一个补偿器，使通过物镜光心的水平视线经过补偿器的光学元件后偏转了一个 β 角，水平光线将落在十字丝交点处，从而得到正确读数。补偿器要达到补偿的目的应满足式（2.8.1）：

$$f\alpha = d\beta \tag{2.8.1}$$

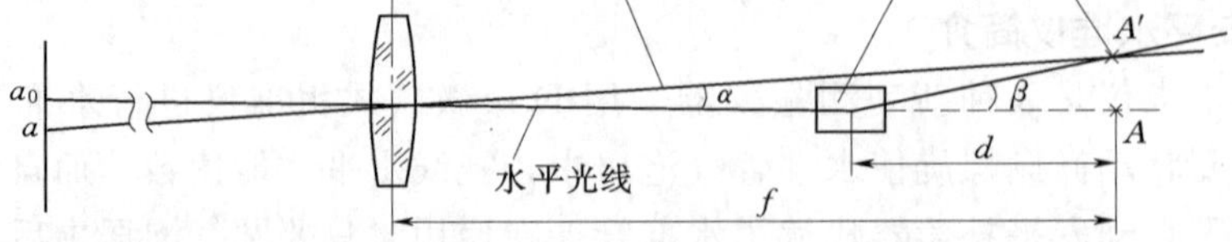

图 2.8.2　自动安平原理

2. 自动安平水准仪使用

自动安平水准仪的使用和微倾式水准仪使用方法基本相同，但自动安平水准仪不需要手动精平，其基本使用方法是：粗平—照准—读数。即首先用脚螺旋使圆水准气泡居中（粗平），然后用望远镜照准水准尺，十字丝中丝在水准尺上读得的数，就是视线水平时的读数。操作步骤比普通微倾式水准仪简化，从而大大地提高工作效率。

2.8.2 电子水准仪简介

1. 电子水准仪基本结构

1987 年瑞士徕卡（Leica）公司推出了世界上第一台电子水准仪 NA2000。在 NA2000 上首次采用数字图像技术处理标尺影像，并以 CCD 阵列传感器取代测量员的肉眼对标尺读数获得成功。这种传感器可以识别水准标尺上的条码分划，并用相关技术处理信号模型，自动显示与记录标尺读数和视距，从而实现水准观测自动化。

蔡司、拓普康、索佳等测量公司也先后推出了各自的电子水准仪。到目前为止，电子水准仪已经发展到了第二代、第三代产品，仪器测量精度已经达到了一、二等水准测量的要求。图 2.8.3 为蔡司 DINI10/20 电子水准仪的外观图。

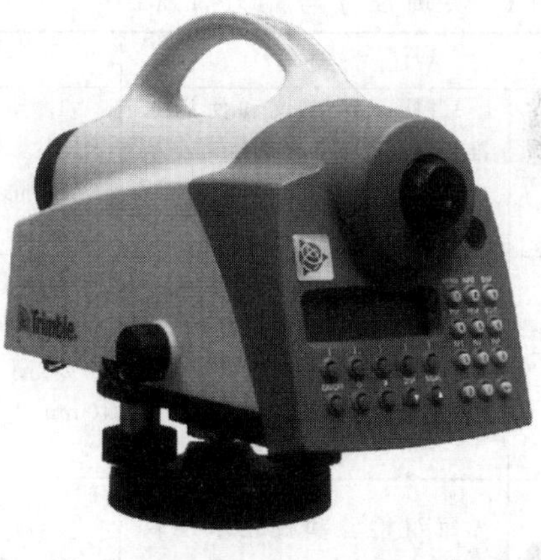

图 2.8.3 蔡司 DINI10/20 电子水准仪

电子水准仪是在自动安平水准仪的基础上发展起来的。各厂家的电子水准仪采用了大体一致的结构，其基本构造由光学机械部分、自动安平补偿装置和电子设备组成。电子设备主要包括：调焦编码器、光电传感器（即线阵 CCD 器件）、读数电子元件、单片微处理机、接口（外部电源和外部存储记录）、显示器件、键盘以及影像数据处理软件等，标尺采用条形码标尺供电子测量使用。

各厂家标尺的编码方式和电子读数求值过程由于专利权的原因而完全不同，因此不能互换使用。目前采用电子水准仪测量，照准标尺和调焦仍需人工目视进行。人工完成照准和调焦之后，标尺条码一方面被成像在望远镜的分划板上，供目视观测。另一方面通过望远镜的分光镜，标尺条码又被成像在光电传感器即线阵 CCD 器件上，供电子读数。因此，如果使用传统水准标尺，通过目视观测，电子水准仪又可以像普通自动安平水准仪一样使用，但是由于电子水准仪没有光学测微装置，当成普通自动安平水准仪使用时，测量精度低于电子测量时的精度。

2. 电子水准仪的特点

电子水准仪是以自动安平水准仪为基础，在望远镜光路中增加了分光镜和探测器（CCD），并采用条码标尺和图像处理电子系统而构成的光电测量一体化的高科技产品。

采用普通标尺时，又可像一般自动安平水准仪一样使用。它与传统仪器相比有以下特点：

（1）读数客观。不存在误读、误记问题，避免了人为读数误差。

（2）精度高。视线高和视距读数都是采用大量条码分划图像经处理后取平均得出来的，因此削弱了标尺分划误差的影响。多数仪器都有进行多次读数取平均的功能，可以削弱外界条件影响。不熟练的作业人员也能进行高精度测量。

(3) 速度快。由于省去了报数、听记、现场计算以及人为出错的重复观测，测量时间与传统仪器相比可以节省1/3左右。

(4) 效率高。只需调焦和按键就可以自动读数，减轻了劳动强度。视距还能自动记录、检核、处理并能输入电子计算机进行后处理，可实现内外业一体化。

(5) 操作简单。由于仪器实现了读数和记录的自动化，并且预存了大量测量和检核程序，在操作时还有实时提示，测量人员在学习中很快就能掌握使用方法，减少了培训时间，即使是非专业人员也能很快熟练掌握使用仪器。

实训与习题

1. 实训任务与能力目标

任务		要求	能力目标
1	1. 认识水准仪和使用水准仪； 2. 每人在同两点间测一站高差	1. 认识水准仪各部件名称、作用； 2. 同两点间高差之差不得大于±5mm	1. 具有水准仪"粗平、照准、精平和读数"的能力； 2. 具有测量高差的初步能力
2	每组图根水准路线测量	1. 选4点构成闭合水准路线； 2. 高差闭合差不得大于$\pm 12\sqrt{n}$ (mm)	1. 具有普通水准测量的观测、记录与计算能力； 2. 具有应用规范判断水准测量成果是否合格的能力； 3. 具有水准测量成果计算能力
3	每组检验和校正水准仪1台	1. 对水准仪进行各项检验； 2. 现场记录各项检验和校正结果	1. 具有水准仪检验的能力； 2. 具有校正水准仪的初步能力

2. 习题

(1) 什么叫后视点、前视点？

(2) 什么叫转点？转点的作用是什么？

(3) 什么叫视线高？怎样用视线高法计算立尺点的高程？

(4) 什么叫视差？产生视差的原因是什么？如何消除视差？

(5) 什么叫水准点？水准点分成几类？

(6) 什么叫水准路线？单一水准路线有几种布设（检核）形式？

(7) 什么叫高差闭合差？为什么存在高差闭合差？

(8) 各种水准路线高差闭合差的计算方法有什么不同？《城市测量规范》(CJJ/T 8—2011) 对图根水准测量的高差闭合差容许范围规定是多少？

(9) 高差闭合差在容许情况下，怎样进行分配闭合差？

(10) 水准测量中为什么要求前后视距离相等？

(11) 水准测量误差有哪些？在测量工作中应如何操作才能消除或减少其误差的影响？

(12) 水准仪有哪些轴线？它们之间应满足的几何条件是什么？

(13) 在DS_3水准仪的水准管轴平行于视准轴的检验中，选择相距70m的A、B两点，仪器安置在A、B两点中间，对A、B尺读数分别为1.668m和1.250m。将水准仪搬至前视B点旁约3m处，对A、B尺读数分别为1.756m和1.350m，问该水准仪的水准管轴是否平行于视准轴？如不平行如何校正？

(14) 自动安平水准仪与DS_3微倾水准仪的使用方法有什么不同？

(15) 已知A点的高程为78.539m，按照题表2.1水准测量数据，计算B点的高程，并进行计算的检核。

题表 2.1 水准测量记录表

测站	点号	后视读数 /m	前视读数 /m	高差 /m	高程 /m	备注
1	A	1.674			78.539	A
	TP_1		1.531			
2	TP_1	1.879				
	TP_2		1.803			
3	TP_2	2.606				
	TP_3		1.563			
4	TP_3	1.905				
	B		2.674			
计算校核		$\sum a=$	$\sum b=$	$\sum h=$	$H_B-H_A=$ $\sum a-\sum b=$	

(16) 用题图2.1闭合水准路线的观测成果，进行高差闭合差的调整和高程的计算。

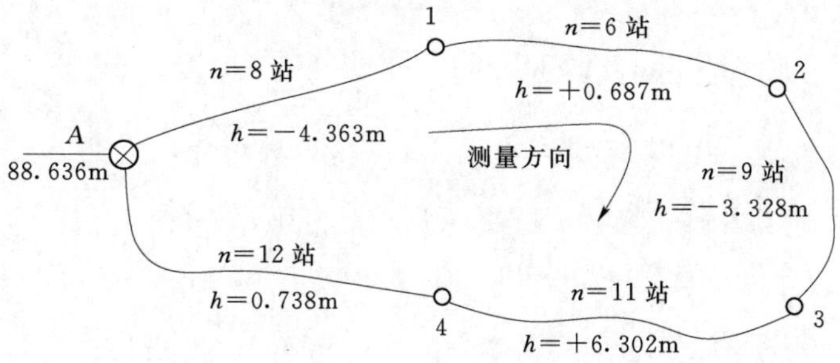

题图 2.1 闭中水准路线观测成果注记图

(17) 用题图2.2附合水准路线的观测成果，进行高差闭合差的调整和高程计算（图中箭头方向为测量方向）。

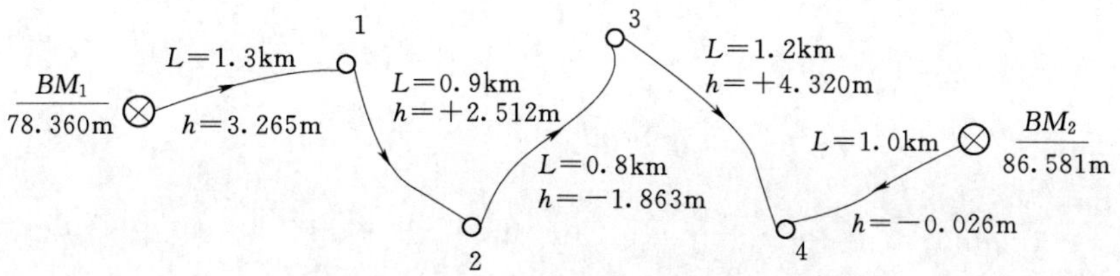

题图 2.2 附合水准路线观测成果注记图

(18) 用题图 2.3 支水准路线的观测成果，计算 1、2、3 点高程。

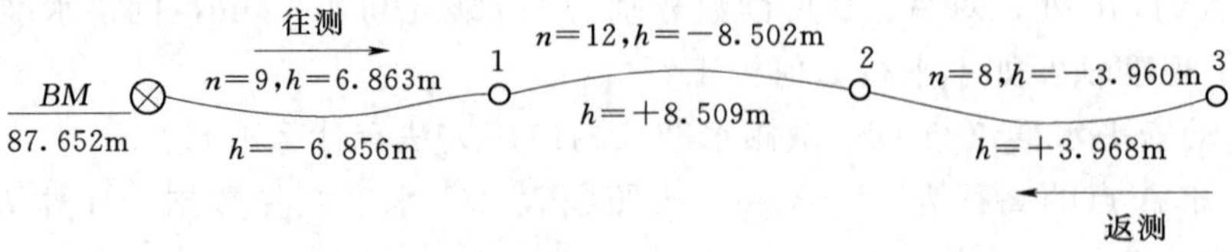

题图 2.3　支水准路线外业观测成果注记图

第3章 经纬仪及角度测量

学习目标：

通过本章的学习，了解光学经纬仪的基本构造，了解电子经纬仪及激光经纬仪的基本使用方法；理解角度测量原理，掌握光学经纬仪的基本使用方法、水平角和竖直角的观测方法；了解经纬仪常规检验项目的检验与校正方法、角度测量误差的消减方法；具有经纬仪的操作、水平角和竖直角观测、记录与计算的能力，以及经纬仪检验和校正的初步能力。

3.1 角度测量的原理

角度测量是确定地面点相对位置的基本工作之一，它包括水平角测量和竖直角测量。

3.1.1 水平角测量原理

一点到两目标的方向线（即视线）在水平面上的垂直投影所形成的夹角，称为水平角。如图 3.1.1 所示，A、B、C 为地面上任意三点，将三点沿铅垂线方向垂直投影到水平面 P 上，得到相应的 a、b、c 三个点，则水平线 ab 及 ac 为空间直线 AB 及 AC 在 P 平面上的垂直投影，且两水平线 ab 及 ac 形成一夹角 $\angle cab$，即为 BC 两点对 A 点所形成的水平角，一般用 β 表示，其数值范围在 0°～360°之间。可以看出，β 也就是过直线 AB、AC 所作两竖直面之间的两面角。

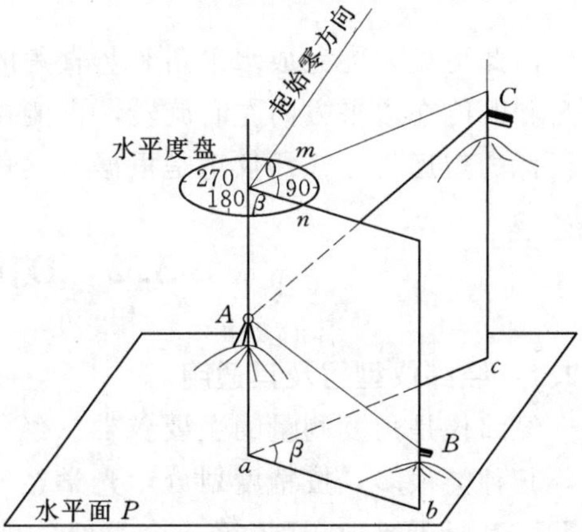

图 3.1.1 水平角测量原理

为测量这一水平角，可以设想在测站点 A 上安置一带有刻度圆盘的仪器，圆盘的圆心与过 A 点的铅垂线一致，且使圆盘水平，并能把直线 AB 与 AC 垂直投影到这个水平的圆盘上，则两垂直投影线截得圆盘上的相应刻度数分别为 n、m，那么两目标方向线 AB 与 AC 的水平角值为

$$\beta = n - m \tag{3.1.1}$$

注意：当右方目标读数小于左方目标读数时，右方目标读数要先加上 360°再按式 (3.1.1) 计算水平角。水平角没有负值。

3.1.2 竖直角测量原理

在同一竖直面内，一点到目标的方向线（即视线）与特定方向线（即通过仪器横轴中心的水平线）之间的夹角，称为竖直角（或高度角），一般用符号 α 表示，竖直角有正负之分。其角值范围为 0°～±90°。视线上倾称为仰角，其值为正值；视线下倾称为俯角，其值为负值。若特定方向取天顶方向（即该点的铅垂线反方向）所构成的竖直角，称为天顶距，一般用符号 Z 表示，其角值范围为 0°～180°，没有负值。

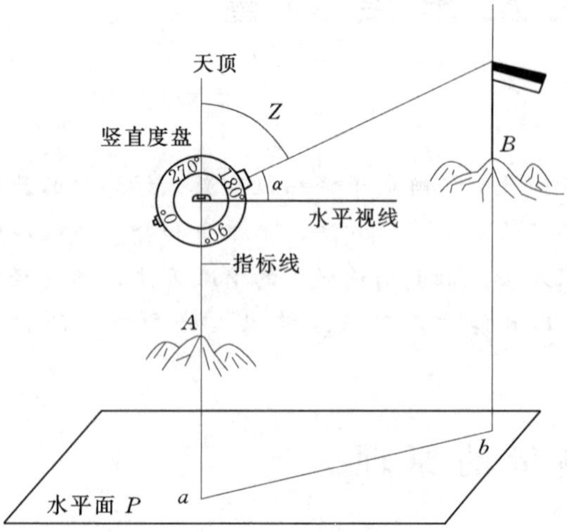

图 3.1.2　竖直角测量原理

测角原理如图 3.1.2 所示。在测站点 A 上安置一带有竖直刻度圆盘的测角仪器，竖直刻度盘的中心通过水平视线，为便于读数，仪器上设置一不随度盘上下旋转而变动的指标线（且处于铅垂位置）。当视线水平时，指标线在度盘上的对应刻度为 90°；当视线对准目标时，指标线在度盘上的对应刻度则为 n。那么目标方向的竖直角为

$$\alpha = 90° - n \qquad (3.1.2)$$

要注意的是不同厂家生产的仪器其竖直角计算公式有所不同。

目标方向的天顶距为

$$Z = n \qquad (3.1.3)$$

由此可见，为完成水平角和竖直角的测量，测量使用的仪器必须具备水平度盘、竖直度盘和既能在水平方向左右旋转，也能在竖直方向上下旋转，用于瞄准不同方向、不同高度目标的望远镜。经纬仪正是根据上述角度测量原理而制作的测角仪器。

3.2　DJ6 型光学经纬仪

3.2.1　经纬仪型号及其适用

经纬仪是角度测量的主要仪器。经纬仪按测角原理可以分为光学经纬仪和电子经纬仪，其种类很多，按精度划分，光学经纬仪有 DJ1、DJ2、DJ6 等几个等级；电子经纬仪有 DJD2、DJD5、DJD7 等几个等级，前面的字母“D”“J”“D”分别是大地测量的“大”、经纬仪的“经”及电子测角的“电”的汉语拼音的第一个字母，而后面的数字则代表仪器一方向测回观测值的中误差的秒数。其中 2s 及 2s 内的经纬仪属于精密经纬仪，主要用于高精度的测角，如等级控制测量中的角度观测、归化法角的放样、精密方向准直等。5s 及 5s 以上的经纬仪则属于普通经纬仪，主要用在图根控制测量的角度观测、平板测图，断面测量等方面。

3.2.2　DJ6 光学经纬仪的结构

DJ6 型光学经纬仪主要由照准部、水平度盘和基座三大部分组成。图 3.2.1 为 J6 级光学经纬仪。

现将仪器各部分的构造和部件名称及使用说明如下：

1. 照准部

照准部位于仪器基座的上方，能绕竖直轴在水平面内转动，它是基座上方能够转动部分的总和。主要部件由望远镜、竖直度盘、读数设备、照准控制机构、水准器等组成。

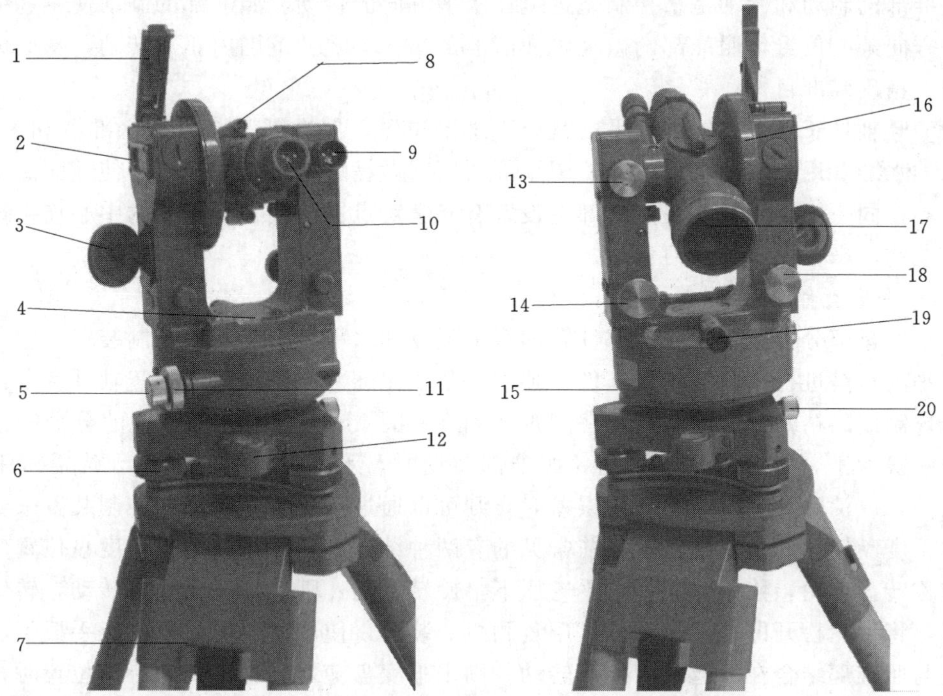

图 3.2.1 J6 型光学经纬仪

1—竖盘水准管反光镜；2—竖盘指标水准管；3—水平度盘照明反光镜；4—照准部水准管；5—照准部制动螺旋；6—脚螺旋；7—三脚架；8—光学照准器；9—读数显微镜；10—望远镜目镜；11—照准部微动螺旋；12—圆水准器；13—竖直制动；14—竖直微动；15—水平度盘变换手轮及护盖；16—竖直度盘；17—望远镜物镜；18—指标水准管微动螺旋；19—光学对中器；20—轴套固定螺丝

望远镜是照准部的主要部件，用于观测远处目标和进行准确瞄准，其结构与水准仪的望远镜相似，它由物镜、调焦镜、十字丝分划板、目镜和固定它们的镜筒组成，与横轴固连在一起安置于支架上，横轴可在支架上转动，因而望远镜也随横轴上下转动。

竖直度盘（简称竖盘）用于测量竖直角，它是一个光学玻璃圆环，在圆环上面有一圈顺时针（或逆时针）注记的分划线，每个分划值一般为 1°，用于量度竖直角。竖盘固定在横轴的一端，随望远镜一起转动，而用来进行竖直读数的指标不动。为能够按固定的指标位置进行竖盘读数，通常还装有竖盘指标水准管，当竖盘指标水准管气泡居中，则表明指标处于正确位置。目前有许多经纬仪已不采用这种方式，而用竖盘自动归零补偿器来代替水准管结构。

读数设备包括光学瞄准器、读数显微镜，及光路中一系列的棱镜、透镜等，便于读取望远镜瞄准某一目标时的水平角和竖直角的读数。

为控制经纬仪各部分间相对运动和使经纬仪的望远镜精确地瞄准目标，仅用手来控制仪器是困难且费时的，因此，在经纬仪上设置了三套控制装置：即望远镜的制动和微动螺旋，照准部的制动和微动螺旋，水平度盘转动的控制装置（位于水平度盘上）。望远镜的制动和微动螺旋安置于支架上，来控制望远镜在垂直方向转动。望远镜的制动使望远镜固定在垂直某一位置，望远镜的微动可实现望远镜微小仰俯，从而在垂直方向上精确瞄准目标。照准部的制动和微动是来控制望远镜在水平方向的转动。照准部的制动使望远镜固定在水平方向某一位置，照准部的微动可使照准部在一有效的范围内相对转动，从而可在水平方向上精确瞄准目标。

为使竖轴处于竖直位置和水平度盘处于水平位置，照准部又装有圆水准器和水准管，照准部的水准管用来精确整平仪器，圆水准器用来做粗略整平。此外，为使地面测站点与仪器中心在同一铅垂线上，在照准部上设置有光学对点器，或在三脚架的中心连接螺旋下方有一挂钩，来挂垂球，以便对中。

2. 水平度盘部分

水平度盘部分有两个主要的部件：即水平度盘和水平度盘转动的控制装置。

水平度盘是进行读数的主要部件，独立安装在照准部底部外罩内的竖轴外套上，它由光学玻璃制成的精密刻度的圆盘，在圆盘上刻有一圈 0°～360°顺时针注记的分划线，每个分划值一般为 1°，用以量度水平角，照准部转动时，水平度盘一般不动，当需水平度盘读数变动，以消除水平度盘的刻划误差时，则可以通过水平度盘转动的控制装置来实现。

水平度盘转动的控制装置，目前常见的有两种结构：一种是采用水平度盘位置变换手轮，或称转盘手轮，使用时，可将手轮压下，旋转手轮，则水平度盘随之转动，转到需要位置时，将手轮松开即可。另一种是用复测机钮装置，使用时，可将复测扳手扳下，水平度盘就与照准部结合在一起，照准部转动，则水平度盘随之转动，转到待需位置时，将复测扳手拨上，从而读数相应发生改变。

3. 基座部分

经纬仪的基座与水准仪基座相似，位于仪器的下部，用来支撑整个仪器，为使整个仪器在三脚架上能安置得比较稳定，在基座的下部装有一块有弹性的三角压板，三角压板中间有一螺母，可借助三脚架上的中心连接螺旋旋入该螺母内，将基座与三脚架相连接，三脚架上的中心连接螺旋下方有一挂钩，挂上对中垂球，以便将仪器对中，在三角压板和基座之间，有三个脚螺旋，用于整平仪器。另外基座上还有一个轴套，仪器插入基座的轴套内后，可通过基座侧面的固定螺旋，将仪器固定在基座上，使用时切勿松动固定螺旋，以免仪器分离而摔坏。

3.3 DJ6 型光学经纬仪的使用方法

角度测量的首要工作就是熟悉经纬仪的使用。经纬仪的基本使用方法，可以归纳为对中、整平、照准、读数四项工作。

3.3.1 经纬仪的安置

经纬仪的安置就是把仪器安置于测站点上，使仪器的竖轴与测站点在同一铅垂线上，并使水平度盘成水平位置。经纬仪的安置包括仪器对中和整平两项工作，具体工作有仪器安装、仪器对中、仪器粗平、仪器精平四项工作。

1. 仪器安装

先打开三脚架，在测站点上张开三脚架成正三角形（张开角度不宜太大或太小），使测站点近似位于正三角形的中心位置（图 3.3.1），通过脚架腿上的伸缩制动螺旋伸开脚架腿至合适高度，便于观测，并使脚架头大致水平，架头中心大致对准测站点的标志，然后踩实三脚架踏脚。打开仪器箱（注意仪器在箱子的摆放位置，便于仪器用完后能正确装箱），一只手握住仪器支架将仪器放在三脚架头上，另一只手把三脚架上的中心连接螺旋旋入三角压板中间的螺母中（不可太用力），使仪器装在架头的中央位置并固定，完成仪器安装。

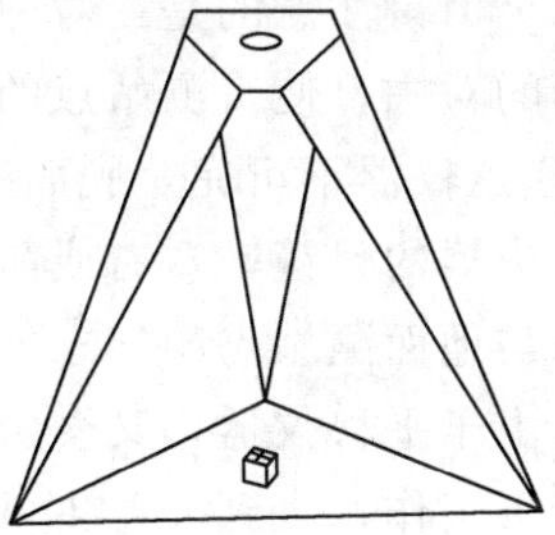

图 3.3.1 仪器脚架的安装

2. 仪器对中

对中的目的是使仪器的中心（仪器竖轴）与测站点的标志中心在同一铅垂线上。

经纬仪种类较多，对中设备和精度的要求也不同，其对中方法有两种：垂球对中和光学对中器对中。目前垂球对中方法很少使用，下面只介绍光学对中方法。

仪器架设在三脚架上后，调节对中器目镜焦距，使对中器的圆圈和地面标志点的影像清晰，若测站点的影像在对中器的目镜视场内，双手提起面前的两个脚架，前后、左右地移动（保持仪器水平），眼睛同时看对中器，当测站点在对中器小圆圈内时，停止移动，踩紧脚架，然后旋转基座上的三个脚螺旋，使对中器的圆圈标志和测站点的标志中心重合，即达到仪器对中。激光对中方法相同。

3. 仪器粗平

仪器粗平的目的是使仪器的竖轴大致处于竖直位置及水平度盘大致处于水平位置。当仪器对中后，此时圆水准器的气泡不居中，升降任意脚架使圆气泡居中，达到仪器粗平。在升降脚架腿时注意不要移动架腿的脚尖位置。

4. 仪器精平

仪器精平的目的是使仪器的竖轴严格处于竖直位置及水平度盘处于水平位置。操作步骤如图 3.3.2 所示，转动照准部，使水准管与任意两个脚螺旋的连线平行，两手拇指同时相向或相背转动这一对脚螺旋［图 3.3.2（a）］，使气泡居中，气泡移动的方向与左手大拇指移动的方向一致；再将照准部旋转 90°，使水准管与这两个脚螺旋的连线垂直［图 3.3.2（b）］，调节第三个脚螺旋使气泡居中，反复以上操作，直至仪器旋转到任何位置，水准管的气泡偏离零点均不超过一格为止。

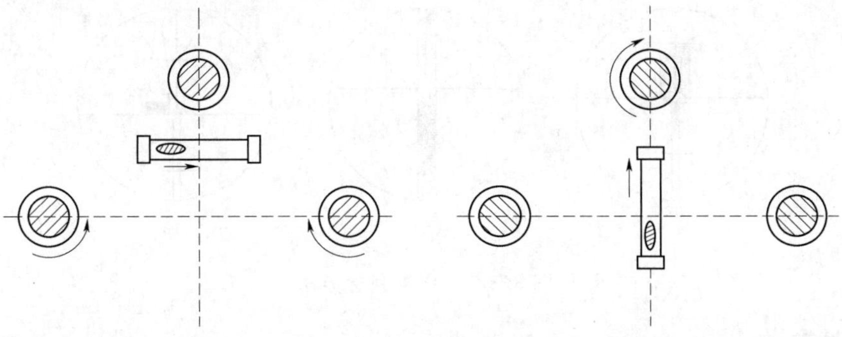

图 3.3.2 整平方法

值得注意的是：对中和精平是两个相互联系的操作过程。经纬仪经过精平后会破坏前面的对中，使得测站点的标志中心会在对中器的圆圈标志的附近，对此稍松中心连接螺旋（注意仪器不可完全脱离基座，以免仪器掉下），两只手按住基座上的三角压板，眼睛观测对中器的目镜，左右或前后平移仪器（不可旋转仪器，否则会破坏），使对中器的瞄准标志与地面测站点的标志中心重合，然后一只手扶住仪器，另一只手旋紧中心连接螺旋，这样由于平移仪器，又会影响整平工作，应紧接着进行精平。因此应反复重复上述的对中和精平工作，直到光学对中误差不超过 1mm，且照准部的水准管的气泡居中，达到仪器精平。

3.3.2　照准和读数

3.3.2.1　照准

照准就是用望远镜的十字丝交点去精确地对准目标，具体的照准操作方法和步骤如下：

（1）松开仪器水平制动螺旋和望远镜制动螺旋，转动照准部，将望远镜对向一明亮背景，转动望远镜目镜调焦螺旋，使十字丝清晰。

（2）转动照准部，通过望远镜的光学瞄准器（准星、照门）瞄准目标，然后拧紧水平制动螺旋和望远镜制动螺旋。

（3）转动望远镜的物镜调焦螺旋，使目标成像清晰。

上述操作中应注意消除视差，所谓视差就是当望远镜瞄准目标后，眼睛在目镜处上下、左右作少量移动（移动距离小于 0.5mm），会出现十字丝和目标的成像有相对运动的现象。这在测量作业中是不允许的，为消除视差，首先必须按正确的操作程序依次调焦，即先调目镜，后调物镜。由于目标已清晰，此时慢慢转动物镜对光螺旋，消除视差。

（4）转动水平制动螺旋和望远镜制动螺旋，使十字丝精确对准目标（图 3.3.3）。水平角的观测应用十字丝的竖丝照准目标，且十字丝的中丝尽量靠近目标的底部，当所照目标成像较细，用双丝对称夹注目标［图 3.3.3（a)］；而当所照目标成像较粗，则常用十字丝的单丝平分目标，照准目标的几何中心［图 3.3.3（b)］。观测竖直角时，应使十字丝中丝与目标的顶部相切［图 3.3.3（c)］。

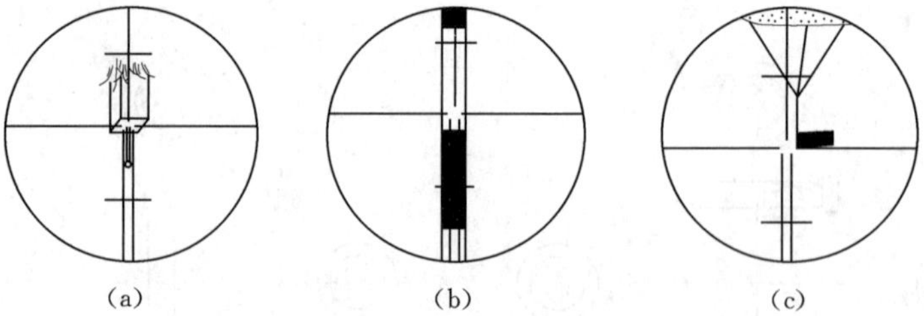

图 3.3.3　瞄准目标方法

3.3.2.2　读数

1. 读数设备

光学望远镜采用目视直接读数方式，但由于度盘的分格很小，刻线很细，为提高读数精度，需采用光学放大装置，即在经纬仪中设置水平度盘显微镜和竖直度盘显微镜，将度盘分划成像放大显示在望远镜旁的读数显微镜内，同时度盘的刻划一般为 1°，为读取小于度盘一个计量单位的零数，还应设置测微器来读数。

DJ6 经纬仪现在基本上都采用分微尺测微器装置来进行读数，所以下面主要讲述这种装置的读数方法。

分微尺测微器又称显微镜带尺测微装置，它是在显微镜读数窗与场镜上设置一个带有分划尺的分划板，分划尺全长等于度盘的一个计量单位，即 1°的宽度，同时分划尺又分成 60 小格，每小格代表 1′，每 10 小格注记数字，表示 10′的倍数，不到 1′的读数可估读至 0.1′，即最小读数为 6″。

图 3.3.4 是读数显微镜视场内所见到的度盘和分划尺的影像，上面注有“H”或“—”或“水平”的表示水平度盘读数窗口，下面注有“V”或“⊥”或“竖直”的表示竖直度盘读数窗口，其中长线（即度读数分划线）和大号数字式度盘上的分划线及其注记、短线（测微尺分划线）和小号数字为分划尺的分划线和注记数字。

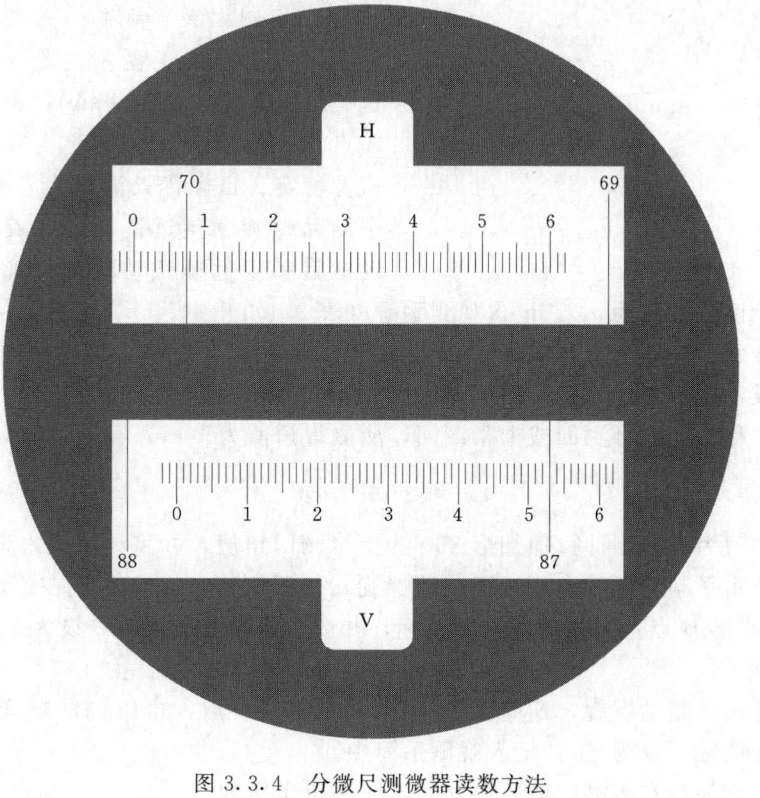

图 3.3.4　分微尺测微器读数方法

2. 读数方法

读数时，以测微尺的零分划线为指标线，当某一度读数分划线盖在测微器的分划尺上，“度”数就为该度读数分划线上的注记数字，其中“分”值为测微尺零线到度读数分划线间的小格数（一小格 1′），在测微尺上不足 1′的，估读出其占一小格的十分之几，再乘以 60 即为"秒"值。图 3.3.4 的水平度盘读数窗口内，分划尺的 0 分划线已过 70°，在 0 分划线和 70°的度读数分划线间的小格数为 7 格多，不足一格的占一格的 4/10，所以水平度盘的读数为 70°07′30″。同理，在竖直度盘的读数窗中，分划尺的在 0 分划线已过了 87°，整个读数为 87°53′00″。

3.4 水平角观测

观测水平角的方法很多，一般根据目标的多少和等级要求而定，常用的方法有测回法和方向观测法。

3.4.1 测回法

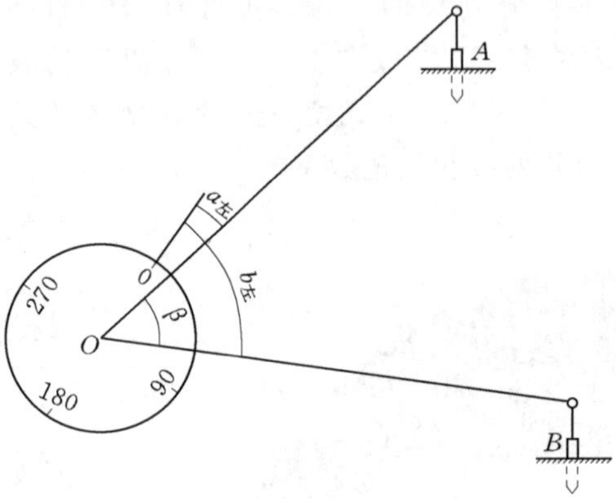

图 3.4.1　测回法示意图

测回法是观测水平角的一种最基本的方法，适合于观测两个目标之间的单个角值，如图 3.4.1 所示，设要测水平角∠AOB，在 O 点（测站点）安置经纬仪（对中、整平）。

1. 观测方法、步骤

（1）仪器处于盘左位置（竖直度盘在望远镜目镜左侧，也称正镜），旋转照准部瞄准 A 点（一般将起始方向称为零方向，通常选成像稳定、目标背景清晰为零方向），拧紧水平制动螺旋和望远镜制动螺旋，转动水平微动螺旋和望远镜微动螺旋精确照准目标，并读取水平度盘读数，设为 $a_{左}$，记入观测手簿（表 3.4.1）中。

（2）松开水平制动螺旋，顺时针转动照准部瞄准 B 点，同法精确照准目标，并读取水平度盘读数，设为 $b_{左}$，记入观测手簿中。

以上两步称为盘左半测回或上半测回，所测得角值为

$$\beta_{左}=b_{左}-a_{左} \tag{3.4.1}$$

若算得的值为负，则计算值加上 360°为上半测回角值，并将结果记入观测手簿中。

（3）松开水平制动螺旋和望远镜制动螺旋，仪器倒镜（竖直度盘在望远镜目镜右侧，也称盘右），瞄准 B 点，同法精确照准目标，并读取水平度盘读数，设为 $b_{右}$，记入观测手簿中。

（4）松开水平制动螺旋，逆时针转动照准部瞄准 A 点，也以同法精确照准目标，并读取水平度盘读数，设为 $a_{右}$，记入观测手簿中。

以上两步称为盘右半测回或下半测回，所测得角值为

$$\beta_{右}=b_{右}-a_{右} \tag{3.4.2}$$

若算得的值为负，则计算值加上 360°为下半测回角值，并将结果记入观测手簿中。

由于存在测量误差，上、下两半测回角值不相等，它们之差称为半测回差，若半测回差符合要求，取上半测回和下半测回角值的平均值，作为一测回角值，即

$$\beta=\frac{\beta_{左}+\beta_{右}}{2} \tag{3.4.3}$$

为提高测角的精度，往往水平角观测需要多个测回取平均值，此时为减低由于度盘刻划误差的影响，各测回的零方向的读数要进行配置，其公式为

$$m=\frac{180^\circ}{n}(i-1) \tag{3.4.4}$$

式中 n——测回数；

i——测回序号。

例如：需要测量 2 测回取平均值时，第 1、2 测回盘左零方向度盘配置读数分别为

第 1 测回：

$$m=\frac{180^\circ}{2}\times(1-1)=0^\circ$$

第 2 测回：

$$m=\frac{180^\circ}{2}\times(2-1)=90^\circ$$

零方向读数的配置具体操作为：盘左位置瞄准零方向后，转动度盘变换手轮，使度盘读数调整至某一测回零方向的配置值多一点处，并及时盖上护盖，按上述观测过程进行水平角的观测即可。

2. *记录与计算方法*

测回法的记录与计算示例见表 3.4.1，表中带括号的号码为观测记录和计算的顺序，其中（1）～（4）为记录数据，其余为计算所得。

测站上的计算：

（1）半测回角值：

$$(5)=(2)-(1)$$

$$(6)=(3)-(4)$$

若上两式的计算值为负时，其得数应加上 360°方可为上、下半测回的角值。

（2）一测回角值：

$$(7)=\frac{1}{2}[(5)+(6)]$$

（3）各测回平均角值：

(8)＝所有测回的一测回角值的连加和，再除以测回数 n 的得数

在观测中，应注意两项限差，一是两个半测回角值之差，二是各测回间的角值之差，这两项限差，对于不同精度的仪器，有不同的规范要求。DJ6 型经纬仪要求半测回角值互差不得超过±40″；各测回间的角值互差不得超过±24″。若半测回角值互差超限应重测该测回；若各测回角值互差超限，则应重测某一测回角值偏离各测回平均角值较大的那一测回。

表 3.4.1 **测回法观测记录手簿**

天气：______成像：______ 仪器：______NO. ______

日期：__________ 观测者：______记录者：____

测回数	测站	竖盘位置	目标	水平读数 /(° ′ ″)	半测回角值 /(° ′ ″)	一测回角值 /(° ′ ″)	各测回平均角值 /(° ′ ″)	备 注
		盘左		(1)	(5)	(7)	(8)	
				(2)				
		盘右		(4)	(6)			
				(3)				
Ⅰ	*O*	盘左	*A*	0 02 42	262 16 06	262 16 00	262 16 02	
			B	262 18 48				
		盘右	*A*	180 02 42	262 15 54			
			B	82 18 36				
Ⅱ	*O*	盘左	*A*	90 01 24	262 16 06	262 16 03		
			B	352 17 30				
		盘右	*A*	270 01 54	262 16 00			
			B	172 17 54				

3.4.2 方向观测法

当观测方向数为三个或多于三个以上时，通常采用方向观测法。为消减因望远镜调焦而产生的照准误差，往往在观测之前，应从几个方向中选一个目标清晰、呈像稳定、距离适中的方向，作为起始零方向。

1. 观测方法、步骤

当观测方向数为三个时（图 3.4.2），其步骤如下：

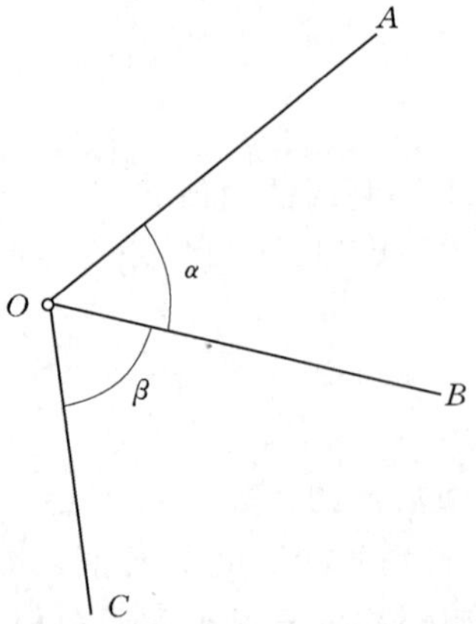

图 3.4.2 方向观测法

（1）在测站 *O* 上安置经纬仪，对中、整平。

（2）盘左位置，选定零方向 *A* 点瞄准，将度盘配置于 0°稍大读数处，再顺时针转动仪器依次观测 *B*、*C* 方向，分别读取每个方向的水平度盘读数并记录于观测手簿中（表 3.4.2），称上半测回。

（3）倒镜，用盘右位置按逆时针方向依次观测 *C*、*B*、*A* 方向，分别读取各方向盘右的水平度盘读数并记录于观测手簿中，称下半测回。

上、下半测回合称一测回，余下的测回只需按规范规定的“方向观测度盘表”的要求，对零方向进行度盘配置即可，其观测、记录与第一测回完全相同。当观测的方向数多于三个时（图 3.4.3），应采用全圆方向观测法，其操作步骤同上，只是在半测回结束时仍要回到起始零方向，称为归零。

具体的过程如下：

(1) 在测站 O 上安置经纬仪，对中、整平。

(2) 盘左位置，选定零方向 A 点瞄准，将度盘配置于 0°稍大读数处，再顺时针转动仪器依次观测 B、C、D 各方向，分别读取每个方向的水平度盘读数并记录于观测手簿中（表 3.4.3），最后还要回到起始方向 A 进行归零，读数并记录，称上半测回。

(3) 倒镜，用盘右位置按逆时针方向依次观测 A、D、C、B、A 方向，读数并记录，称下半测回。

上、下半测回合称一测回，余下的测回只需对零方向按要求进行度盘配置即可，其观测、记录与第一测回完全相同。

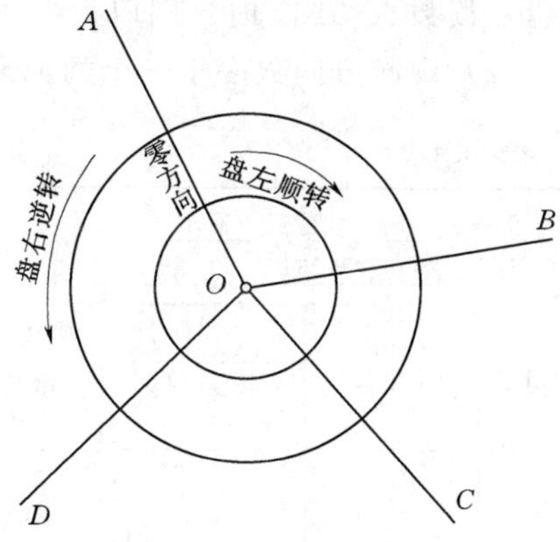

图 3.4.3 全圆观测法

2. 记录与计算方法

(1) 观测方向数为三个的记录和计算示例见表 3.4.2，表内括号的号码为记录和计算的顺序，其中 (1) ～ (6) 为记录数据，其余为计算所得。

表 3.4.2 方向观测法记录手簿

天气：晴 成像：清晰 仪器：J6 NO. 20532

日期：2006.08.26 观测者：××× 记录者：×××

测回数	测站	目标	读数 盘左（L）/(° ′ ″)	盘左（R）/(° ′ ″)	2C /(″)	平均读数 /(° ′ ″)	归零方向值 /(° ′ ″)	各测回归零方向平均值 /(° ′ ″)	备注
Ⅰ	O	A	0 02 12	180 01 48	+24	0 02 00	0 00 00	0 00 00	
		B	70 53 24	250 53 06	+18	70 53 15	70 51 15	70 51 16	
		C	120 12 18	300 12 06	+12	120 12 12	120 10 12	120 10 18	
Ⅱ	O	A	90 04 06	270 04 00	+6	90 04 03	0 00 00		
		B	160 55 30	340 55 12	+18	160 55 21	70 51 18		
		C	210 14 30	30 14 24	+6	210 14 27	120 10 24		

表 3.4.2 有关计算说明：

1) 两倍照准误差 2C 值：

$$2C = L - (R \pm 180°)$$

式中 L——盘左读数；

R——盘右读数。

$$平均读数 = \frac{1}{2}[L + (R \pm 180°)]$$

2) 归零方向值：先将零方向平均读数化为 0° 00′00″，其余各方向的平均读数减去零方向的平均读数，即得到相应方向的归零方向值。

3) 各测回归零方向平均值：即取同一方向各测回的归零方向值平均值。

“＋”、“－”的取舍可根据盘右的读数来定，若盘右读数 $R \geqslant 180°$ 时，取“－”号，若盘右读数 $R < 180°$ 时，则取“＋”号。

（2）观测方向数多于三个的记录和计算示例见表 3.4.3。

表 3.4.3　　全圆方向观测法记录手簿

天气：晴　成像：清晰　　　　　　　　　　仪器：J6　NO. 20532

日期：2006.08.26　　　　　　　　　　　　观测者：×××　记录者：×××

测回数	测站	目标	读数		2C /(″)	平均读数 /(° ′ ″)	归零方向值 /(° ′ ″)	各测回归零方向平均值 /(° ′ ″)	备注
			盘左（L） /(° ′ ″)	盘右（R） /(° ′ ″)					
						(23)			
			(1)	(11)	(13)	(18)	(24)	(28)	
			(2)	(10)	(14)	(19)	(25)	(29)	
			(3)	(9)	(15)	(20)	(26)	(30)	
			(4)	(8)	(16)	(21)	(27)	(31)	
			(5)	(7)	(17)	(22)			
	归零差		(6)	(12)					
Ⅰ	*O*					0 02 03			
		A	0 02 12	180 01 48	+24	0 02 00	0 00 00	0 00 00	
		B	70 53 24	250 53 06	+18	70 53 15	70 51 12	70 51 12	
		C	120 12 18	300 12 06	+12	120 12 12	120 10 09	120 10 14	
		D	254 40 36	74 40 30	+6	254 40 33	254 38 30	254 38 35	
		A	0 02 18	180 01 54	+24	0 02 06			
	归零差		+6″	+6″					
Ⅱ	*O*					90 04 08			
		A	90 04 06	270 04 00	+6	90 04 03	0 00 00		
		B	160 55 30	340 55 12	+18	160 55 21	70 51 13		
		C	210 14 30	30 14 24	+6	210 14 27	120 10 19		
		D	344 42 54	164 42 42	+12	254 42 48	254 38 40		
		A	90 04 18	270 04 06	+12	90 04 12			
	归零差		+12″	+6″					

表 3.4.3 有关计算说明：

1）半测回归零差：即盘左或盘右的零方向两次读数之差。例如表 3.4.3 中的第一测回零方向（*A*）的盘左或盘右的半测回零差为

$$\text{上半测回归零差}:(6)=(5)-(1)=+6''$$

$$\text{下半测回归零差}:(12)=(7)-(11)=+6''$$

2）两倍照准误差 2*C* 值：

$$2C=L-(R\pm 180°)$$

3）平均读数为

$$平均读数=\frac{1}{2}[L+(R\pm180°)]$$

4）归零方向值：先取零方向平均读数的平均值，注记在零方向平均读数的上方，并将它化为0°00′00″记在归零方向值相应栏内，其余各方向的平均读数减去零方向的平均读数的平均值，即得到相应方向的归零方向值。

5）各测回归零后方向平均值：即取同一方向各测回的归零方向值平均值。

3. 观测限差及检查

方向观测法通常有三项限差：一是半测回的两次零方向读数之差，也称半测回归零差；二是一测回同方向盘左、盘右方向值差，也称 2C 误差；三是各测回同一方向的方向值之差，也称测回差。以上三种限差，根据不同精度的仪器而有所不同，其中半测回归零差对 DJ6 型经纬仪要求不得超过±18″；2C 误差在实际观测中，应注意 2C 的变动范围，对于 DJ6 型经纬仪仅供观测者自检，不作限差规定；测回差对 DJ6 型经纬仪要求不得超过±24″。

在观测中应随时检查各项限差。上半测回测完后，立即计算半测回归零差，若超限须重测，下半测回测完后，也应立即计算归零差，若超限须重测整个测回；所有的测回测完后，计算测回差，若超限应具体地进行分析，一般来讲，若某一测回的几个方向值与其他测回中该方向的方向值偏离较大，须重测该测回中这几个方向的盘左和盘右值，但如果超限的方向数大于所有方向总和的1/3，则必须重测整个测回。

3.5 竖直角观测

若水平线方向用一指标指示度盘上某一固定值，竖直角的观测则与水平角观测一样，都是依据度盘上两个方向（镜位）读数之差来实现。要了解竖直角是如何测定的，首先应清楚竖直度盘的读数系统。

3.5.1 竖直度盘读数系统

1. 竖直度盘读数的光学系统

图 3.5.1 所示为竖直度盘的光学系统，从图中可以看出，光线经过反光镜进入照明进光窗，经竖盘照明棱镜的折射，照亮竖盘的分划线，然后带有度盘分划和注记的影像由竖盘转向棱镜转向竖盘显微物镜组并放大，再由竖盘转向棱镜及菱形棱镜，将度盘分划和注记放大的影像在读数窗与场镜的平面上成像，在读数窗与场镜中设置分划尺测微板。

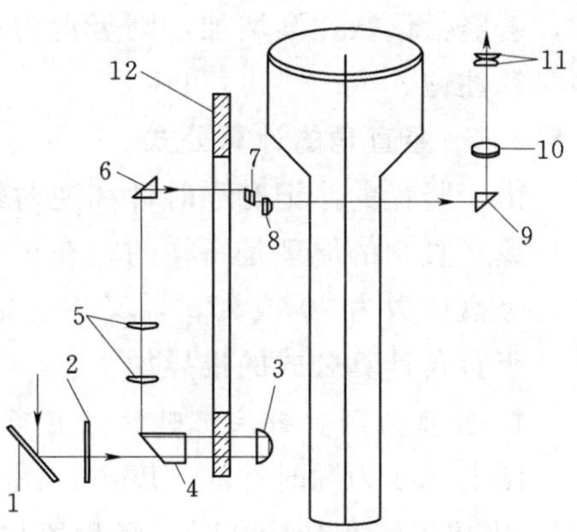

图 3.5.1 竖直度盘读数的光学系统

1—反光镜；2—照明进光窗；3—竖盘照明；4—竖盘转向棱镜；5—竖盘显微物镜组；6—转向棱镜；7—菱形棱镜；8—场镜；9—转向棱镜；10—透镜；11—读数显微置镜；12—竖盘

这样，带有度盘分划、注记及分划尺测微板的光线经转向棱镜及透镜，经读数显微镜目镜再放大，便可读出竖盘的读数。

2. 竖盘构造

竖盘固定在望远镜的旋转轴上，望远镜在竖

直面内上下转动，竖盘就被带着一起转动，而竖盘上读数的指标线（带有度盘分划和注记的影像的光线）则与竖盘水准管有联系，因为，竖盘指标水准管微动螺旋与图 3.5.1 中的竖盘照明棱镜和竖盘转向棱镜相连在一起，若转动竖盘指标水准管微动螺旋，必然会使竖盘照明棱镜和竖盘转向棱镜产生联动运动，那么望远镜水平时，经竖盘照明棱镜折射的光线不会穿过竖盘的 90°或 270°刻画，从而水平线方向竖直度盘的读数不为固定值，影响竖盘读数，只有转动竖盘指标水准管微动螺旋使竖盘指标水准管气泡居中时，才能使经竖盘照明棱镜折射的光线垂直穿过竖盘时，带有度盘分划和注记的影像恰好为 90°或 270°的影像，这样水平线方向上的竖盘读数为某一固定值，从而就保证了竖盘读数的正确。因而在竖盘读数前，须使竖盘指标水准管的气泡居中，以正常位置进行读数。

3.5.2　竖直角的计算公式

3.5.2.1　竖盘的注记形式

根据竖直度盘的读数计算竖直角的公式与竖直度盘刻度的注记方式有关，因而需了解竖盘的注记形式。竖直度盘刻度的注记形式很多，常见的多为全圆式，按注记的方向又分顺时针和逆时针两类，如图 3.5.2（a）、（b）所示的是顺时针注记的盘左、盘右情况，图 3.5.2（c）、（d）所示的是逆时针注记的盘左、盘右情况。

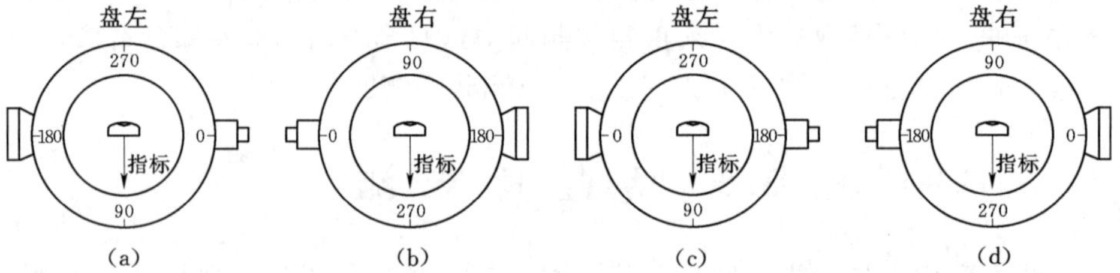

图 3.5.2　竖盘的注记形式

在实际的操作中，可以通过下面方法进行判断，即在盘左位置，当望远镜慢慢抬高时，若竖盘读数逐渐增加，则竖盘为逆时针注记；反之，若竖盘读数逐渐递减，则竖盘为顺时针注记。

3.5.2.2　竖直角的计算公式

由于竖盘的注记有顺时针和逆时针两种不同的形式，因此竖直角的计算公式也不同，但计算竖直角的原理是一样的。在正常情况下，当望远镜视线水平时，竖直水准管气泡居中，竖盘读数为 90°或 270°，又称起始读数。

竖直角计算公式的推导如下。

1. 竖盘为顺时针注记时的竖直角计算公式

图 3.5.3 为顺时针注记度盘。图 3.5.3（a）为盘左位置视线水平时的读数，此时为 90°。当望远镜逐渐抬高时，竖盘读数 L 在逐渐减小，由图可知上半测回竖直角 $\alpha_{左}$ 为

$$\alpha_{左}=90°-L \tag{3.5.1}$$

图 3.5.3（b）为盘右位置视线水平时的读数，此时为 270°。当望远镜逐渐抬高时，竖盘读数 R 在逐渐增大，由图可知下半测回竖直角 $\alpha_{右}$ 为

$$\alpha_{右}=R-270° \tag{3.5.2}$$

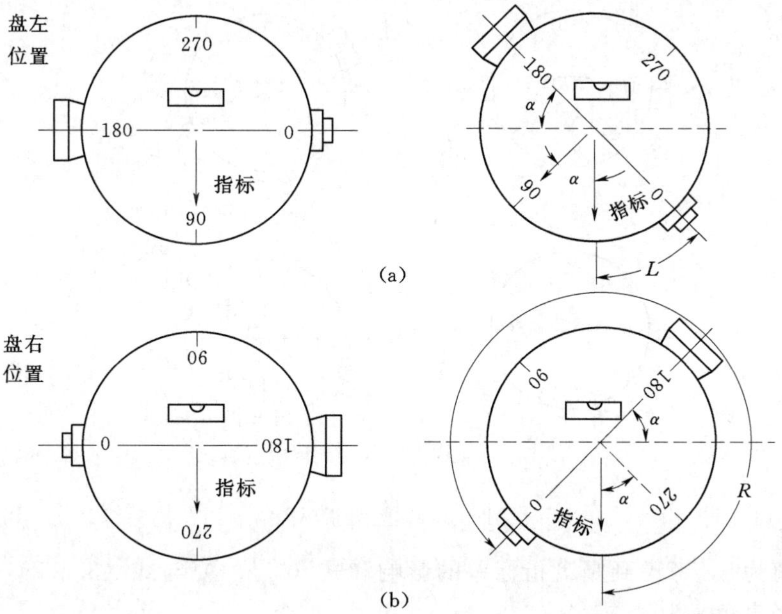

图 3.5.3 竖直角计算示意图

一测回竖直角为盘左和盘右所测定的竖直角的平均值，即

$$\alpha=\frac{1}{2}(\alpha_{左}+\alpha_{右})=\frac{1}{2}[(R-L)-180°] \tag{3.5.3}$$

2. 竖盘为逆时针注记时的竖直角计算公式

图 3.5.4 为逆时针注记度盘。用类似的方法可以推得竖直角计算公式为

$$\alpha_{左}=L-90° \tag{3.5.4}$$

$$\alpha_{右}=270°-R \tag{3.5.5}$$

一测回竖直角为盘左和盘右所测定的竖直角的平均值，即

$$\alpha=\frac{1}{2}(\alpha_{左}+\alpha_{右})=\frac{1}{2}[(L-R)+180°] \tag{3.5.6}$$

从式（3.5.3）和式（3.5.6）的推导中可以看出：在盘左位置，将望远镜慢慢抬高，如果读数逐渐增加，则竖直角＝瞄准目标时竖盘读数－视线水平时竖盘读数；如果读数逐渐减小，则竖直角＝视线水平时竖盘读数－瞄准目标时竖盘读数。

以上归纳的规定，适合任何竖盘注记形式的竖直角的计算。

3.5.2.3 竖盘指标差的计算

如果望远镜视线水平，竖盘指标水准管气泡居中，竖盘的读数与 90°或 270°不相等，而是大了或小了一个数值，则表明竖盘的指标偏离正常位置，这个偏移值称为指标差，通常用 x 表示。当指标偏移方向与竖盘注记方向一致，则使读数中增大了一个 x 值，令 x 为正；反之，指标偏移方向与竖盘注记方向相反时，则使读数中减少了一个 x 值，令 x 为负，如图 3.5.4 所示。

由图 3.5.4 可知：当盘左视线处于水平且竖盘指标水准管气泡居中时，指标所指不是 90°，而是 $90°+x$，同样在盘右位置，视线指向目标时的读数也大了一个 x 值，设所测竖

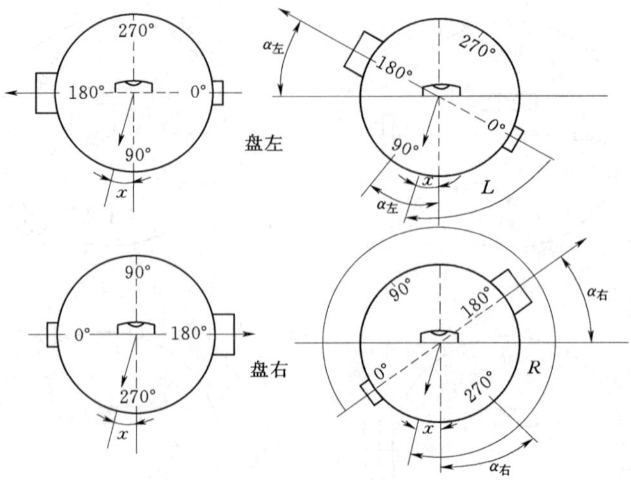

图 3.5.4 竖盘指标差

直角的正确值为 α，考虑到竖盘指标差的影响和式（3.5.1）与式（3.5.2），则盘左测量计算正确的竖直角 α 为

$$\alpha=90^{\circ}-(L-x)=\alpha_{左}+x \tag{3.5.7}$$

盘右测量计算正确的竖直角 α 为

$$\alpha=(R-x)-270^{\circ}=\alpha_{右}-x \tag{3.5.8}$$

由式（3.5.7）和式（3.5.8）得

$$\alpha=\frac{1}{2}(\alpha_{左}+\alpha_{右})=\frac{1}{2}[(R-L)-180^{\circ}] \tag{3.5.9}$$

可见用盘左盘右两次读数的平均值可以消除指标差的影响。若将式（3.5.8）和式（3.5.9）相减，则得

$$x=\frac{1}{2}(\alpha_{右}-\alpha_{左})=\frac{1}{2}(L+R-360^{\circ}) \tag{3.5.10}$$

这就是求算指标差的计算公式。

如图 3.5.4 所示，竖盘指标差在同一时段是相对稳定的，但由于仪器误差、观测误差及外界条件影响等因素，不同目标观测时的指标差是有变化的，变化幅度的大小，可以反映出观测质量的高低，对此，根据《城市测量规范》（CJJT 8—2011）规定 DJ6 型经纬仪要求各测回竖直角较差和竖盘指标差较差不得超过±25″。

3.5.3 竖直角的观测方法与记录方法

3.5.3.1 竖直角的观测方法

竖直角观测方法主要有两种，即中丝法和三丝法，现分述如下。

1. *中丝法*

中丝法是以望远镜十字丝的中丝（水平横丝）为准，切于所观测部位，测定竖直角。其方法如下：

（1）在测站上安置仪器，对中，整平。

（2）盘左位置，用中丝切于所观测部位，转动竖盘指标水准管微动螺旋，使气泡居中，读取竖盘读数 L，并记于竖直角记录手簿（表 3.5.1）中。

(3) 盘右位置，同法进行照准，转动竖盘指标水准管微动螺旋，使气泡居中，读取竖盘读数 R，并记于竖直角记录手簿中。

以上操作为一测回。若增加测回均按以上操作进行。

2. 三丝法

三丝法是以望远镜十字丝的上、中、下三丝依次照准目标，分别读数，取上、中、下三丝在盘左、盘右所测的 L 和 R 分别计算出相应的竖角，最后以平均值为该竖角的角值。

3.5.3.2 竖直角的记录与计算

竖直角的记录和计算示例见表 3.5.1。表内括号的号码为记录和计算的顺序，其中 (1) ～ (2) 为记录数据，其余为计算所得。

表 3.5.1　　竖直角观测手簿

天气：晴　成像：清晰　　　　仪器：J6　NO. 200536

日期：2006.09.18　　　　观测者：×××　记录者：×××

测站	目标	竖盘位置	竖盘读数 /(° ′ ″)	半测回竖直角 /(° ′ ″)	指标差 x /(″)	一测回竖直角 /(° ′ ″)	备注
		左	(1)	(3)	(5)	(6)	
		右	(2)	(4)			
A	B	左	90 10 36	−0 10 36	+9	−0 10 27	$\alpha_{左}=90°-L$ $\alpha_{右}=R-270°$
		右	269 49 42	−0 10 18			
	C	左	85 13 48	+4 46 12	+3	4 46 15	
		右	274 46 18	+4 46 18			

3.6 经纬仪的检验与校正

3.6.1 经纬仪轴线及应满足的几何条件

为保证角度观测达到规定的精度，经纬仪的设计制造有严格的要求，其各主要部件之间，也就是主要轴线和平面之间，必须满足角度观测所提出的要求。如图 3.6.1 所示，经纬仪的主要轴线有仪器的旋转轴 VV（简称竖轴）、望远镜的旋转轴 HH（简称横轴）、望远镜的视准轴 CC 和照准部水准管轴 LL。根据角度观测的原理，经纬仪的这些轴线之间应满足下列的几何条件：

(1) 水准管轴垂直于竖轴，即 $LL \perp VV$。

(2) 视准轴垂直于横轴，即 $CC \perp HH$。

(3) 横轴垂直于竖轴，即 $HH \perp VV$。

(4) 十字丝的纵丝垂直于横轴。

(5) 竖直度盘指标差应为零。

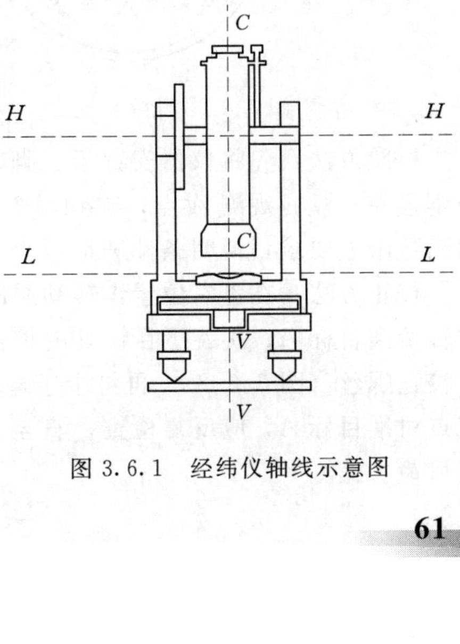

图 3.6.1　经纬仪轴线示意图

3.6.2　经纬仪的检验与校正方法

经纬仪轴系之间的条件在仪器出厂时一般是可以满足的，但常常在使用期间及搬运过程中，由于受碰撞、震动等的影响，这些条件可能发生变动，因此在使用经纬仪之前，需查明仪器的各轴系是否满足上述的条件，要经常对仪器进行检查和校正。下面将介绍经纬仪检验与校正的通用方法。

1. 照准部水准管轴垂直竖轴的检验与校正

检验方法：先将仪器安置在三脚架上大致整平，转动照准部使水准管与任意两个脚螺旋的连线平行，相对地转动这两个脚螺旋使气泡居中，然后将照准部旋转 180°（可用度盘读数），若气泡仍居中则条件满足，若气泡偏离中心，则应进行校正。

校正方法：相对地旋转这两个脚螺旋，使气泡向中心移动偏离值的一半，然后用校正针拨动水准管一端的校正螺钉，使气泡居中。此项检验、校正须反复进行，直到水准管在位于任何位置，气泡偏离值不大于半格时为止。

如果仪器上装有圆水准器，则已校正好的照准部水准管气泡居中后，若圆气泡也居中，表明圆水准器的水准轴平行于竖轴，否则应校正圆水准器下面的三个校正螺钉使其气泡居中。

2. 十字丝竖丝垂直横轴的检验与校正

检验方法：先将仪器安置于三脚架上并精密整平，在距仪器约 50m 处设置一明显目标点 A，用望远镜的十字丝交点照准 A 点，旋紧照准部制动螺旋和望远镜制动螺旋，旋转望远镜微动螺旋，若 A 点沿十字丝竖丝移动，则十字丝竖丝垂直于横轴，若 A 点明显偏离十字丝竖丝移动，则应进行校正。

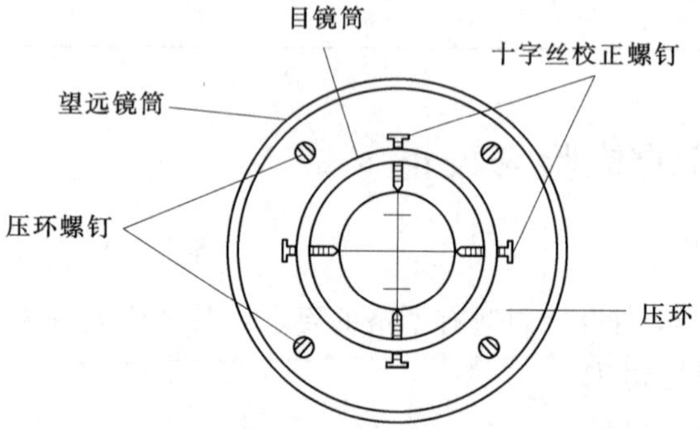

图 3.6.2　十字丝校正

校正方法：旋下目镜处的护盖，稍微松开十字丝环的四个压环螺钉（图 3.6.2），按竖丝偏离的反方向微微转动目镜筒，使 A 点与十字丝竖丝重合，然后旋紧四个压环螺钉，反复检查、校正，直至无偏差并旋上目镜护盖。

3. 视准轴垂直于横轴的检验与校正

该项检校方法较多，主要有两种方法，现分述如下：

第一种检校方法：读数法。

检验方法：先将仪器安置于三脚架上并精密整平，选择一水平位置的明显目标点 A，分别盘左、盘右观测 A 点，得到两个读数 $\beta_{左}$、$\beta_{右}$，并计算 $C=(\beta_{左}-\beta_{右}\pm180°)/2$，若其值满足限差要求，说明条件满足，否则应进行校正。

校正方法：在盘右位置，转动照准部微动螺旋，使得水平度盘读数为 $\beta_{右}+C$，此时视准轴偏离目标 A；旋旋下目镜处的护盖，稍微松开十字丝环的四个压环螺钉及十字丝上、下校正螺丝（图 3.6.2），再将十字丝左、右校正螺丝一松一紧平动十字丝，使十字丝的交点对准目标 A，应反复检查，直至 C 值满足限差要求，然后旋紧四个压环螺钉，并旋上目镜护盖。

第二种检校方法：四分之一法。

检验方法：如图 3.6.3 所示，在一平坦场地，选择一长度约 100m 的直线 AB，仪器安置于直线的中点 O 上，在 A 点设一照准标志，在 B 点横置一垂直于直线 AB 刻有 mm 分划的小尺，仪器整平后，先以盘左位置照准 A 点标志，旋紧照准部制动螺旋固定照准部，倒转望远镜在 B 点上的尺子读数，记为 $B1$ [图 3.6.3 (a)]。再以盘右位置照准 A 点标志，旋紧照准部制动螺旋固定照准部，倒转望远镜在 B 点上的尺子读数，记为 $B2$ [图 3.6.3 (b)]。如果 $B1$ 和 $B2$ 相等，则说明视准轴垂直于横轴，否则应进行校正。

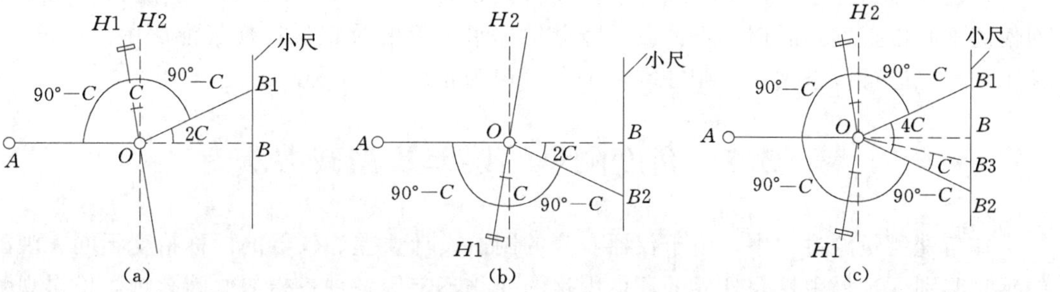

图 3.6.3 视准轴垂直于横轴的检验与校正

校正方法：由 $B2$ 点向 $B1$ 点量取 1/4 的 $B1B2$ 长度，定出 $B3$ 点 [图 3.6.3 (c)]，此时 $OB3$ 垂直于横轴 $H1$；旋下目镜处的护盖，稍微松开十字丝环的四个压环螺钉及十字丝上、下校正螺丝（图 3.6.2），再将十字丝左、右校正螺丝一松一紧平动十字丝使十字丝的交点对准目标 $B3$，应反复检查，直至 $B1B2$ 长度小于 1cm，这时视准轴误差 $C\approx\pm10''$，满足限差要求，然后旋紧四个压环螺钉，并旋上目镜护盖。

4. 横轴垂直于竖轴的检验与校正

检验方法：如图 3.6.4 所示，在距一高大建筑物 20～50m 处安置仪器，以盘左位置瞄准墙壁高处（仰角最好大于 30°）一目标点 P，固定照准部，放平望远镜，在与仪器等高的墙壁上定出一点 A，以盘右位置瞄准 P 点，固定照准部，放平望远镜，在墙壁上又定出一点 B。若 A、B 两点重合，则说明条件满足，否则应进行校正。

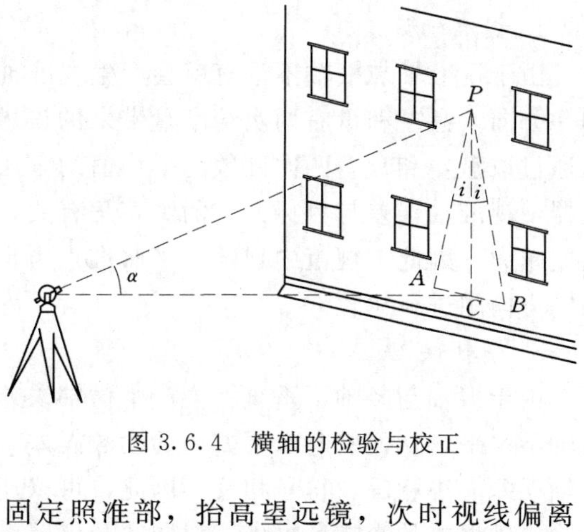

图 3.6.4 横轴的检验与校正

校正方法：取 A、B 中点 C（图 3.6.4），以盘左（或盘右）位置瞄准 C 点，固定照准部，抬高望远镜，次时视线偏离 P 点，然后打开支架处横轴一端的护盖，调节其校正螺钉，升高或降低横轴的一端，直到十字丝交点对准 P 点。此项校正应反复进行多次。

由于仪器的横轴是密封安装的，仪器出厂一般能保证横轴垂直于竖轴，因此测量人员只需进行此项检验；如需校正，应送仪器维修部门。

5. 竖盘指标差的检验与校正

检验方法：先将仪器安置在三脚架上严格整平，分别以盘左、盘右照准同一目标点，并转动竖盘指标水准管微动螺旋使竖盘指标水准管气泡居中，读取竖盘两个读数 L 和 R，按式（3.5.9）计算竖盘指标差，若指标差 x 超限，则应进行校正。

校正方法：校正时，仪器一般处于盘右位置，仍照准原目标，此时盘右目标的正确读数 $R_{正}$ 为

$$R_{正}=R-x \tag{3.6.1}$$

转动竖盘指标水准管微动螺旋，使竖盘盘右的读数为 $R-x$，这时竖盘指标水准管气泡偏离中心位置，然后用校正针拨动竖盘指标水准管的校正螺钉使气泡居中。此项检验、校正须反复进行，直到 x 在限差要求的范围内为止。

3.7 角度测量的误差及消减方法

在角度测量的过程中，由于仪器本身的制造设计误差、仪器的标称精度不同、观测者的感官鉴别生理局限性及外界的环境因素的变化不定等各种各样的原因影响，使得观测结果中包含有观测误差。概括起来角度测量的误差主要来自仪器误差、观测误差和外界条件三个方面的影响。

3.7.1 仪器误差

仪器误差有属于本身制作方面的，如度盘刻划不均匀误差、度盘偏心误差、水平度盘与竖轴不垂直等；有属于仪器的检校不完善的，如照准部水准管轴与竖轴不完全垂直、视准轴与横轴的残差、横轴与竖轴的残差；有属于仪器自身的标称精度，每一类仪器只具有一定限度的精密度等。总体上讲仪器误差主要有以下几个方面：

1. 视准轴误差

由于视准轴与横轴不垂直就会产生视准轴误差 C，从而引起水平方向的读数误差。对同一方向，盘左和盘右两次给度盘带来的误差（即 $2C$）大小相等、符号相反，因此，可以通过取盘左和盘右两次读数的平均值的方法来消除视准轴误差的影响。另外，对同一台仪器，视准轴误差与目标方向的竖直角有关，竖直角越大，视准轴误差给度盘读数带来的误差越大，因此，规范中规定：当照准点方向的竖直角超过 $\pm3°$ 时，$2C$ 误差应在不同测回同方向间进行比较。

2. 横轴误差

由于横轴与竖轴不垂直就会产生横轴误差，当仪器整平后竖轴处于竖直位置，而此时横轴不水平，从而引起水平方向的读数误差。对同一目标，盘左和盘右两次给度盘带来的横轴误差大小相等、符号相反，因此，可以通过取盘左和盘右两次读数的平均值的方法来消除横轴误差的影响。另外，对同一台仪器，横轴误差也与目标方向的竖直角有关，竖直角越大，横轴误差给度盘读数带来的误差越大，而当竖直角为零时（即目标处于水平位置），横轴的误差对水平方向的读数没有影响。

3. 竖轴误差

由于水准管轴与竖轴不垂直，或者水准管轴与竖轴原已垂直，但安置仪器时未能将水

准管轴严格水平，均会产生竖轴误差，从而引起水平方向的读数误差。对同一目标，盘左和盘右两次给度盘带来的竖轴误差符号不变，故通过取盘左和盘右两次读数的平均值不能消除横轴误差的影响。另外目标方向的竖直角越大，竖轴误差给度盘读数带来的误差越大，因此，在视线倾斜较大的地区进行角度测量时，应严格检校仪器，特别是注意仪器的整平。

4. *度盘偏心误差*

度盘偏心就是度盘分划线的中心与照准部的旋转中心不重合，从而引起度盘的实际读数比正确读数小，且度盘处于不同位置对读数将有不同的影响。另外，在盘左和盘右进行同一目标的观测时，度盘的指标线在读数上具有对称性，因此，取盘左和盘右两次读数的平均值（顾及常数 180°）可消除度盘偏心的影响。

5. *度盘刻划不均匀误差*

在仪器的制造中，由于仪器度盘刻划线的不均匀，使得观测方向的读数产生误差。这种误差，就目前生产的仪器而言，一般都很小，可以在不同的测回中采用变换度盘位置的方法，使读数均匀地分布在度盘的各个区间加以消减，其影响不是很大。

6. *竖盘指标误差*

当竖盘指标水准管气泡居中、望远镜水平时，竖盘读数不为 90°的整倍数，使得所测竖直角产生误差。一般通过竖盘指标差的检校可减弱其影响，但校正存在残差，由式（3.5.8）知，可通过取盘左和盘右两次竖盘读数平均值的方法来消除影响。

3.7.2 观测误差

在角度的观测中，因仪器的对中不严格、观测点上所立标志几何中心偏离目标实际点位、对目标的瞄准不准确及仪器本身读数设备的限度和观测者的估读误差等原因，也会对观测结果产生影响，这种影响称观测误差。

1. *对中误差*

对中误差是指仪器在对中时，未严格使仪器中心与测站标志中心重合，从而对在测站上测定目标间的水平角带来影响，也称测站偏心。如图 3.7.1 所示，仪器中心为 O'，测站标志中心为 O，二者的间距设为 e，是对中误差，观测目标点 A、B 距测站点的距离设为 S_1、S_2，β 为正确角值，β' 为因未严格对中的实际观测角值，δ_1、δ_2 为因对中偏差引起 A、B 方向值的误差。

因 δ_1 和 δ_2 很小，由图 3.7.1 易知：

$$\delta_1=\frac{e\sin(180°-\theta)}{S_1}\rho''=\frac{e\sin\theta}{S_1}\rho'' \tag{3.7.1}$$

$$\delta_2=\frac{e\sin(\beta'+\theta-180°)}{S_2}\rho''=-\frac{e\sin(\beta'+\theta)}{S_2}\rho'' \tag{3.7.2}$$

又由图 3.7.1 知：对中误差 e 对水平角的影响为

$$d\beta=\beta-\beta'=-(\delta_1+\delta_2)=e\left[\frac{\sin(\beta'+\theta)}{S_1}-\frac{\sin\theta}{S_2}\right] \tag{3.7.3}$$

因为，O' 可以在以 O 为圆心、e 为半径的圆周上的任意位置，θ 角每变化一个 $d\theta$，就对应一个 $d\beta$，从而可有 $\frac{2\pi}{d\theta}$ 个影响值。由误差理论可知因仪器的对中误差引起角 β 的中误

差为

$$m_{中}^2=\frac{[\mathrm{d}\beta\mathrm{d}\beta]}{\dfrac{2\pi}{\mathrm{d}\theta}} \tag{3.7.4}$$

将式（3.7.3）代入式（3.7.4），得

$$m_{中}^2=\rho^2\ \frac{e^2}{2}\frac{S_{AB}^2}{S_1^2S_2^2} \tag{3.7.5}$$

即

$$m_{中}=\frac{e}{\sqrt{2}}\frac{S_{AB}}{S_1S_2}\rho'' \tag{3.7.6}$$

由式（3.7.5）可知，仪器的对中误差给水平角的影响与下列的因素有关：

（1）与目标之间的距离 S_{AB} 成正比，S_{AB} 越大，即水平角越接近 180°，影响越大。

（2）与测站到目标的距离有关系，距离越短，影响越大。

（3）与对中的偏差 e 成正比，偏差越大，影响越大。

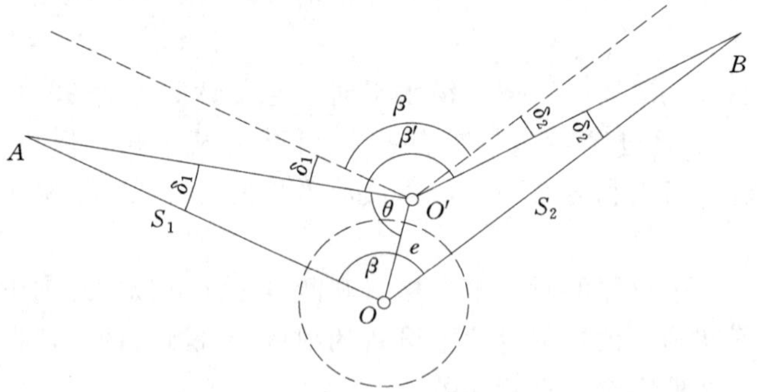

图 3.7.1　对中误差示意图

如果 $e=3\text{mm}$、$S_1=S_2=100\text{m}$、$\beta'=180°$，则

$$m_{中}=\frac{3}{\sqrt{2}}\times\frac{200000}{100000^2}\times206265=\pm8.8''$$

而当 $e=3\text{mm}$、$S_1=S_2=10\text{m}$、$\beta'=180°$时，则

$$m_{中}=\frac{3}{\sqrt{2}}\times\frac{20000}{10000^2}\times206265=\pm88''$$

从上述分析可见，对中误差无法采用观测方法来消除，因此在水平角测量时，应认真精确地对中，对于边长较短的角度或者被观测角接近 180°的情况下更应特别注意对中。

2. 目标偏心误差

目标偏心误差是指仪器瞄准在观测的点上所立的标志杆位置同观测点的标志中心不在一铅垂线上或者所立的标志杆不在观测点上，从而因照准目标的偏心对水平角产生的影响。如图 3.7.2 所示，A、B 分别为观测点标志的实际中心，A'、B'分别为仪器瞄准标志杆上的点在水平面上的垂直投影点，β 为正确角值，β'为因目标偏心的实际观测角值，δ_1、δ_2为因目标偏心引起 A、B 方向值的误差。

因 δ_1 和 δ_2 很小，由图易知：

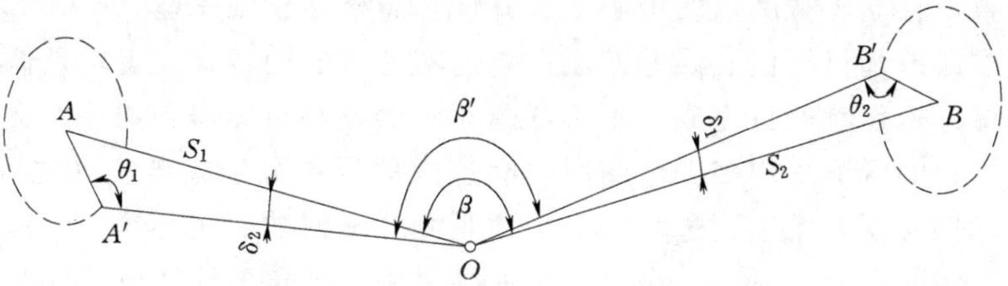

图 3.7.2 目标偏心误差示意图

$$\delta_1=\frac{e_1\sin(180°-\theta_1)}{S_1}\rho''=\frac{e_1\sin\theta_1}{S_1}\rho'' \tag{3.7.7}$$

$$\delta_2=\frac{e_2\sin(180°-\theta_2)}{S_2}\rho''=\frac{e_2\sin\theta_2}{S_2}\rho'' \tag{3.7.8}$$

因为，A'可以在以A为圆心、e_1为半径的圆周上的任意位置，θ_1每变化一个$\mathrm{d}\theta$，就对应一个δ_1，从而可有$\frac{2\pi}{\mathrm{d}\theta_1}$个影响值。由误差理论可知因目标偏心引起$A$方向的中误差为

$$m_{偏A}^2=\frac{[\delta_1\delta_1]}{\frac{2\pi}{\mathrm{d}\theta_1}} \tag{3.7.9}$$

将式（3.7.7）代入式（3.7.9），得

$$m_{偏A}^2=\frac{e_1^2}{2S_1^2}\rho^2 \tag{3.7.10}$$

同理可得

$$m_{偏B}^2=\frac{e_2^2}{2S_2^2}\rho^2 \tag{3.7.11}$$

从而由误差传播定律可得因目标偏心对水平角的影响为

$$m_{偏}=\sqrt{m_{偏A}^2+m_{偏B}^2}=\frac{\rho}{\sqrt{2}}\sqrt{\frac{e_1^2}{S_1^2}+\frac{e_2^2}{S_2^2}} \tag{3.7.12}$$

由式（3.7.7）、式（3.7.8）及式（3.7.12）可知，目标偏心的误差给水平角的影响与下列的因素有关：

（1）与测站到目标的距离有关系，距离越短，影响越大。

（2）与目标偏心的方向有关系，若目标偏心在观测方向上，此时对水平角无影响；若目标偏心垂直于观测方向，此时对水平角影响最大。

（3）与目标偏心的偏差大小也有关系，偏差越大，影响越大。

如果$e_1=e_2=3\mathrm{mm}$、$S_1=S_2=100\mathrm{m}$，则

$$m_{偏}=\frac{3}{\sqrt{2}}\times\sqrt{\frac{1}{100000^2}+\frac{1}{100000^2}}\times206265=\pm6.2''$$

而当$e_1=e_2=3\mathrm{mm}$、$S_1=S_2=10\mathrm{m}$时，则

$$m_{偏}=\frac{3}{\sqrt{2}}\times\sqrt{\frac{1}{10000^2}+\frac{1}{10000^2}}\times206265=\pm62''$$

由此可见，在瞄准目标时，应尽量瞄准目标的下部，对于观测边长较短时更应特别注

意将标志杆立直，且立于观测点的中心上，并使标志杆尽量细一些。

仪器的对中误差和目标偏心误差，就误差的本身性质而言，二者均是偶然误差，但是仪器安置和目标标志设置一旦完成，则仪器的对中误差和目标偏心误差的真值就不再发生变化，无论水平角的观测采用多少个测回，因这两项误差分别在各测回之间均保持相同，对中误差和目标偏心误差无法通过增加水平角观测的测回数而减小仪器的对中误差和目标偏心误差对水平角的影响。所以，在水平角的观测中，一定要注意仪器的对中误差和目标偏心误差的影响，特别是当测站到目标的距离较短时，尤应仔细对中，观测点上的标志杆尽可能细，并立直，且立于观测点的中心上。

3. 瞄准误差

瞄准误差是人眼在通过望远镜瞄准远处目标时所产生的一种偶然误差，它取决于望远镜的照准精度，目标与照准标志的形状、大小及颜色，人眼对照准标志在望远镜中的影像的判别力，目标影像的亮度和清晰度，目标成像的稳定性以及通视情况等因素。一般认为瞄准误差与望远镜的放大率和人眼的分辨率有直接关系，是影响瞄准误差的主要因素。其误差的大小可以表示为

$$d\beta''=\frac{p''}{v} \tag{3.7.13}$$

式中 v——望远镜的放大率；

p''——在目标影像亮度合适、成像稳定、清晰度好等较为理想的状态下，人眼通过望远镜观测远处目标的瞄准分辨率。

在此理想状况下，当以十字丝的双丝来照准目标时，人眼的瞄准分辨率 $p''=10''$，并取 $v=25$（对 DJ6 经纬仪而言），则瞄准误差为

$$d\beta''=\frac{10''}{25}=\pm 0.4'' \tag{3.7.14}$$

由于影响瞄准误差的因素很多，实际上 $d\beta''$ 一般比上面的计算值大一定的倍数 k，即

$$d\beta''=k\frac{p''}{v} \tag{3.7.15}$$

由实验数据可统计得出：在目标亮度适宜、标志杆宽度较小、成像稳定及远处目标背景清晰等的情况下，k 可取 1.5～3.0。

4. 读数误差

读数误差主要取决于仪器的读数设备，一般以仪器的最小估读数为读数误差的极限。对于采用分微尺测微器的 J6 型经纬仪而言，其估读的极限误差为分划值的 1/10，即±6″。当然，在读数窗照明不佳、读数显微镜的目镜焦距未调好以及观测者的技术不熟练等情况下，估读的极限误差则会增大，从而读数误差将超过 6″。

3.7.3 外界条件的影响

角度的观测均在一定的外界环境中进行，外界条件或外界条件的变化都不可避免地影响测角的精度。当然外界的条件很复杂，其变化的随机性很大，如大风天气或附近的震动等会影响仪器和标志杆的稳定；地面的辐射热会影响大气的稳定，从而目标在望远镜中的成像出现跳动、飘移甚至模糊不清；视线贴近地面或从建筑物旁擦过而使光线产生折光；温度的变化影响仪器的正常性能；目标处于逆光状态或者标志杆的颜色同其周围环境的颜

色较为接近，而使目标成像模糊或难于分辨；地面是否坚固稳定而会使仪器或者目标出现沉降；因交通、施工等的影响，使视线不时受阻等。这些因素均会对观测角度带来影响，要完全避免这些影响是不可能的，但可以在观测时采取一定的措施，选择有利的观测条件和时段，从而使这些外界条件的影响减弱和降低到较小的程度。例如：当视线处于逆光时，可以选择顺光时段，分组进行观测；观测时尽量避免从建筑物旁、冒烟的上方或其他热辐射区域的上面、近水面的空间通过；标志杆的颜色应涂成较鲜艳或颜色对比较强，以便于分辨；避免在交通、人流量大的时段进行观测等。

3.8 电子经纬仪简介

近年来，随着微电子技术及计算机的发展和综合运用，新一代具有数字显示、自动记录、数据自动传输等功能及测角精度高的电子经纬仪得到一定规范内的应用，而且这种仪器配有适当的外接接口，可将野外电子手簿记录的数据直接输入计算机，实现数据处理和绘图的自动化。但是这种仪器与光学经纬仪相比较，只是测角方便些，其他测距还是用视距测量的方法，因此，这种仪器也将和光学经纬仪一样被淘汰。电子经纬仪在一定范围内还在使用，下面简单作个介绍。

3.8.1 电子经纬仪的结构

电子经纬仪与光学经纬仪的外部结构类似，主要包括照准部、测角装置和基座三大部分。图 3.8.1 为苏州第一光学仪器厂生产的 DJD2 电子经纬仪。

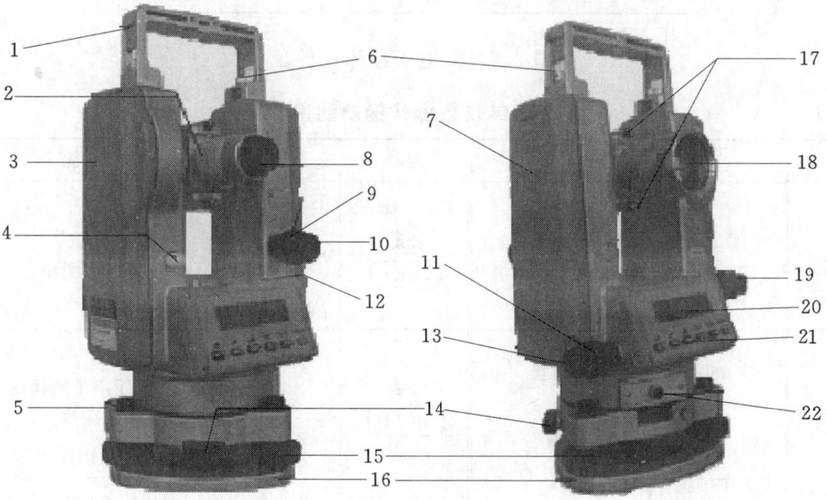

图 3.8.1 电子经纬仪的结构

1—提手；2—望远镜调焦螺旋；3—仪器高标志；4—测距仪通信口；5—圆水准器；6—提手锁紧螺丝；7—电池盒；8—望远镜目镜；9—竖直制动；10—竖直微动；11—照准部制动螺旋；12—照准部水准管；13—照准部微动螺旋；14—轴套固定螺丝；15—脚螺旋；16—基座；17—光学照准器；18—望远镜物镜；19—光学对点器；20—液晶显示屏；21—键盘；22—外接手簿通讯口

电子经纬仪的基座都采用分离式三爪基座、三点强制对中结构，仪器照准部与基座通过闭锁扳手固连，部分三爪基座设有激光对点装置。电子经纬仪的测角装置采用光电测角装置，利用光栅度盘或光电编码盘等，将角值的光信号转换成电信号，再对电信号进行处理，最后用数字显示或自动记录。电子经纬仪的照准部同光学经纬仪类似，它主要由望远镜、光学瞄准器和照准控制机构等组成。

3.8.2　电子经纬仪的键盘功能及水平角的观测

以拓普康（Topcon）DT100和苏一光DJD2电子经纬仪为例介绍电子经纬仪的键盘功能及简单的使用。

1. 电子经纬仪的键盘功能及信息显示

（1）仪器键盘功能。电子经纬仪的键盘如图3.8.2所示，各操作健功能见表3.8.1。

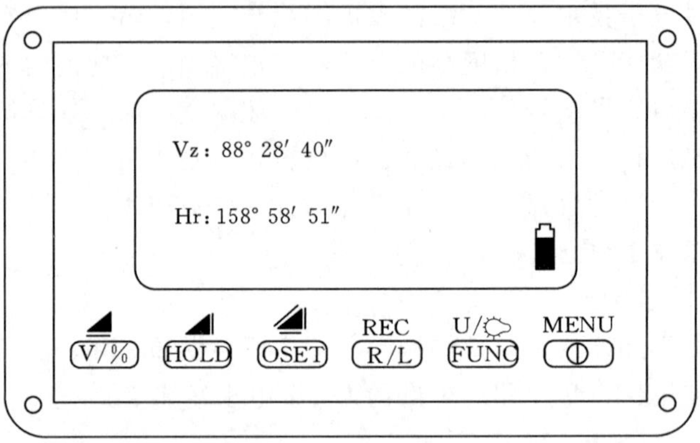

图3.8.2　电子经纬仪键盘

表3.8.1　　电子经纬仪各操作键功能说明表

键名	功　能	键名	功　能
MENU	开机、关机 打开手簿通讯或测距菜单	OSET	水平角置零 进行单次测距
U/ FUNC	360°/400gon单位转换 照明开/关 进入菜单后返回健	HOLD	水平角任意角度锁定 显示高差
REC R/L	向右/左水平角度值增加 记录，向手簿发送数据	V/%	竖盘角度显示天顶距 V 或坡度值（%） 显示平距

（2）仪器信息显示。电子经纬仪多位LCD（液晶显示屏）双面两行显示，中间两行为观测数据和提示信息显示区，两边为显示内容、单位、符号区。其一般显示内容见表3.8.2。

表 3.8.2　　　　　　电子经纬仪显示及内容

显示	内　容	显示	内　容
V_Z	天顶距	V/%	坡度值
HR	水平角顺转增加	HL	水平角逆转增加
	电池容量		高差
	平距		单次测距健
REC	记录		

2. 电子经纬仪水平角的观测方法

（1）观测前的准备工作。主要包括正确安装电池，并检查供电情况参数的设置；打开仪器电源开关，检查电压和电池的工作状态；进行水平角的初始化的设置。

初始化设置的项目主要有角度测量单位、角度最小显示单位、自动断电关机时间等。

（2）角度测量操作。

1）仪器的安置（对中、整平）。

2）照准目标。

3）水平角置零或任意角值设置。

4）左（右）角的设置。

5）按光学经纬仪的观测方法进行测量和记录。

实 训 与 习 题

1. 实训任务、要求与能力目标

序号	任　务	要　求	能力目标
1	认识经纬仪、正确使用经纬仪、测量一个水平角	1. 认识经纬仪各部件名称、作用； 2. 懂得仪器的使用方法； 3. 同一组各人测量水平角之差不大于±40″	1. 具有仪器使用的初步能力； 2. 具有测量水平角的初步能力
2	用测回法测量水平角	1. 用测回法测量同一水平角，每人测量1测回； 2. 半测回差不大于±40″，测回差不大于±24″	1. 具有用测回法测量水平角的观测、记录与计算能力； 2. 具有判断测量成果是否合格的能力
3	每人测量两个目标的竖直角	1. 每个目标测量1测回； 2. 指标差互差和测回差不大于±25″	1. 具有测量竖直角的观测、记录与计算能力； 2. 具有判断测量成果是否合格的能力
4	检验与校正经纬仪	1. 每组完成一台经纬仪的检验与校正； 2. 对每一项检验与校正要记录在相关表上	1. 具有水准管、十字丝、视准轴、横轴、竖盘指标差、光学对中器检验能力； 2. 具有校正仪器的初步能力

2. 习题

(1) 何谓水平角？经纬仪为何可以测出水平角？

(2) 何谓竖直角？它有几种表现形式？

(3) 光学经纬仪主要由几大部分组成？

(4) 经纬仪上有哪些用于控制各部分部件的相对运动的装置？试分别说明其作用。

(5) 对中和整平的目的各是什么？如何利用光学对点器进行对中？

(6) 整平的目的是什么？如何进行整平？

(7) 观测水平角时，若需进行两个以上测回，为何各测回间要变换度盘位置？

(8) 若测回数为3，用J6级经纬仪观测时，各测回的起始读数为多少？那么用J2级经纬仪观测时，又如何呢？

(9) 试分别叙述用测回法和方向观测法进行水平角的操作步骤（两测回）。

(10) 采用盘左、盘右观测角度时，可以消除或减弱哪些仪器误差？

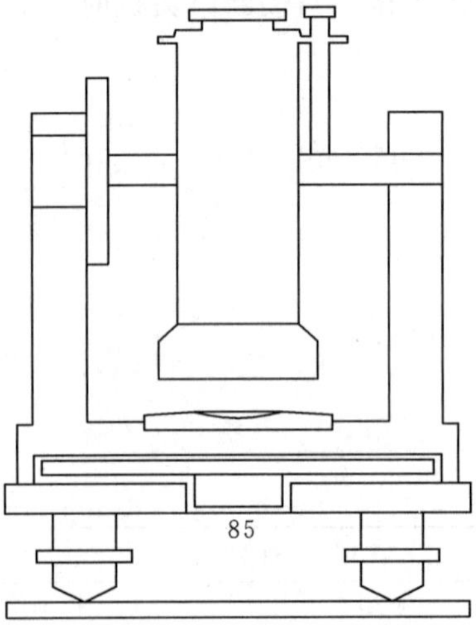

题图3.1 经纬仪示意图

(11) 经纬仪有哪些主要轴线？在题图3.1中把它们画出来。各轴线应满足什么条件？

(12) 某一经纬仪置于盘左，当视线水平时，竖盘读数为90°；当望远镜逐渐上仰时，竖盘读数在逐渐减少。试推导该仪器的竖直角的计算公式。

(13) 在竖直角观测时，为何在读数前一定要使竖盘指标水准管的气泡居中？

(14) 何谓竖盘指标差？对顺时针和逆时针注记的竖盘，竖盘指标差的计算公式有无区别？

(15) 在何种情况下，测站偏心和目标偏心对测角的影响大？在实际操作中应采取什么措施？

(16) 如何检验和校正竖盘指标差？

(17) 在进行视准轴垂直于横轴的检验时，为何照准的目标与仪器大致同高？而在进行横轴垂直于竖轴的检验时，又为何选择较高的目标点？

(18) 电子经纬仪有何主要特点？

(19) 完成题表3.1测回法水平角观测记录计算。

题表3.1 **测回法观测记录表**

测站	竖盘位置	目标	水平角读数 /(° ′ ″)	半测回角值 /(° ′ ″)	一测回角值 /(° ′ ″)	备注
A	左	*B*	0 16 30			
		C	48 34 48			
	右	*B*	180 15 42			
		C	228 33 54			

(20) 完成题表 3.2 竖直角的观测记录计算。

题表 3.2　　　　竖 直 角 观 测 记 录 表

测站	目标	竖盘位置	竖盘读数 /(° ′ ″)	半测回竖直角 /(° ′ ″)	指标差 /(″)	一测回竖直角 /(° ′ ″)	备 注
P	A	盘左	79　20　30				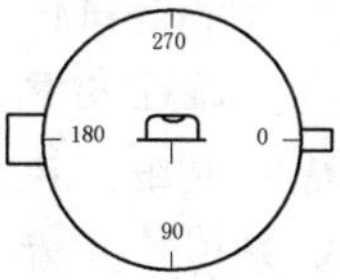
		盘右	280　39　42				
	B	盘左	96　03　12				
		盘右	263　56　54				

(21) 完成题表 3.3 全圆测回法水平角观测记录计算。

题表 3.3　　　　全圆方向观测法记录表

测回数	测站	目标	读数		2C /(″)	平均读数 /(° ′ ″)	归零后方向值 /(° ′ ″)	各测回归零后方向平均值 /(° ′ ″)	备注
			盘 左 /(° ′ ″)	盘 右 /(° ′ ″)					
Ⅰ	O								
		A	0　01　00	180　01　12					
		B	62　15　24	242　15　48					
		C	107　38　42	287　39　06					
		D	185　29　06	6　29　12					
		A	0　01　06	180　01　18					
	归零差								
Ⅱ	O								
		A	90　01　36	270　02　00					
		B	152　15　54	332　16　06					
		C	197　39　24	17　39　30					
		D	275　29　42	96　29　48					
		A	90　01　36	270　01　48					
	归零差								

第4章　距离测量和直线定向

学习目标：

通过本章学习，使学生了解距离测量的工具、直线定线的方法；理解一般距离丈量和精密量距、视距测量的观测和计算、直线定向的方法、坐标方位角的计算及坐标的正反计算方法，具有一般距离丈量，直线定向，坐标正、反算的能力。

距离测量是确定地面点位的基本测量工作之一。距离是指地面两点之间的直线距离。主要包括两种：水平面两点之间的距离称为水平距离，简称平距；不同高度上两点之间的距离称为倾斜距离，简称斜距。距离测量的方法有钢尺和皮尺量距、视距测量、电磁波测距和 GPS 测量等。钢尺和皮尺量距是用钢尺或皮尺沿地面直接丈量两点间距离；视距测量是利用水准仪或经纬仪望远镜中的视距丝及视距标尺按几何光学原理进行测距；电磁波测距是用仪器发射并接收电磁波，通过测量电磁波在待测距离上往返传播的时间解算出距离；GPS 测量是利用 GPS 接收机接收卫星发射的信号，通过解算求出两台 GPS 接收机之间的距离、坐标和高程。本章重点介绍钢尺量距和视距测量方法及直线定向方法。

4.1　钢　尺　量　距

4.1.1　量距的工具

钢尺量距的主要器材有钢尺、皮尺和测钎、温度计、弹簧秤、垂球、标杆等辅助量距工具。

1. 钢尺

钢尺也称钢卷尺，是用钢制成的带状尺，尺的宽度为 10～15mm，厚度约 0.4mm，长度有 20m、30m、50m 等几种。钢尺有卷放在圆盘型的尺壳内的，也有卷放在金属尺架上的，如图 4.1.1 所示。钢尺的分划也有好几种，有的以厘米为基本分划，适用于一般量距；有的也以厘米为基本分划，但尺端第一分米内有毫米分划。目前市场上的钢尺一般分划至毫米，在钢尺的厘米、分米和米的分划线上都有数字注记。钢尺一般量距的精度可达到 1/1000～1/5000，精密测距的精度可以达到 1/10000～1/40000，适合于平坦地区距离测量。

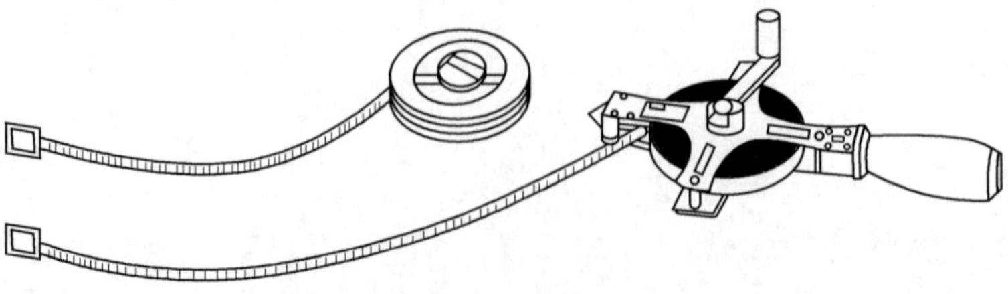

图 4.1.1　钢尺

2. 皮尺

皮尺是用麻线或加入金属丝织成的带状尺。长度有 20m、30m 和 50m 等。皮尺的基本分划为厘米，在尺的分米和整米处有注记，尺端金属环的外端为尺子的零点，如图 4.1.2 所示。尺子不用时，卷入支壳或塑料壳内，携带和使用都很方便，但是皮尺容易伸缩，量距精度比钢尺低，皮尺丈量精度在 1/1000 左右，一般用于要求精度不高的碎部测量和土方工程的施工放样等。

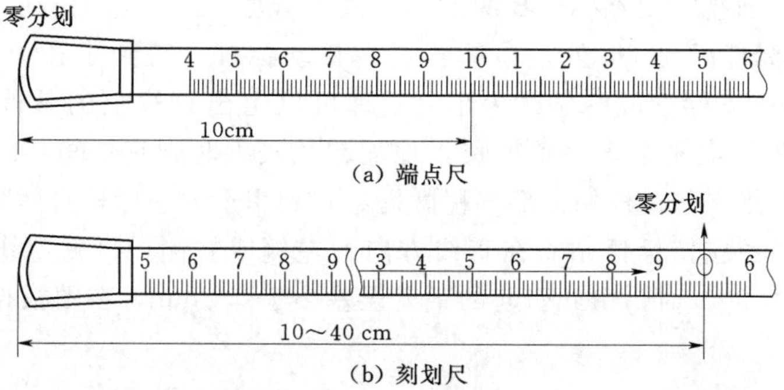

图 4.1.2 钢尺的分划

3. 辅助量距工具

辅助量距工具有测钎、标杆、垂球、温度计、弹簧秤等。测钎一般用钢筋制成，长 30～40cm，如图 4.1.3（a）所示。一端磨尖便于插入土中准确定位，另一端卷成圆环，便于串子一起携带。测钎主要用于标定尺段和作为定线的标志。标杆用木或竹竿制成，直径 0.5～2cm，长 2～3m，间隔 10cm 涂以红、白相间的油漆，如图 4.1.3（b）所示。它主要用于直线的定线和在倾斜尺段上进行水平距离丈量时标定尺段点位。弹簧秤用于对钢尺施加规定的拉力，以保证尺长的稳定性。因为钢尺有一定自重展开时必成悬链线状。如果拉力不同，则尺子会不一样长。量距时就必须用弹簧秤施加检定时的标准拉力。温度计用于测定量距时的温度，以便对钢尺丈量的距离加温度改正，如图 4.1.4 所示。

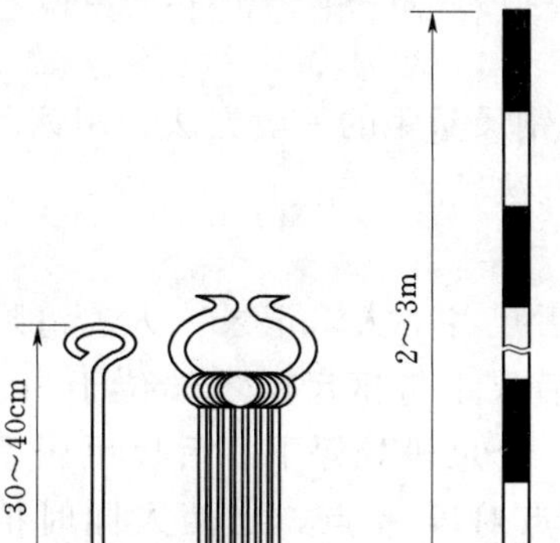

图 4.1.3 钢尺量距的辅助工具

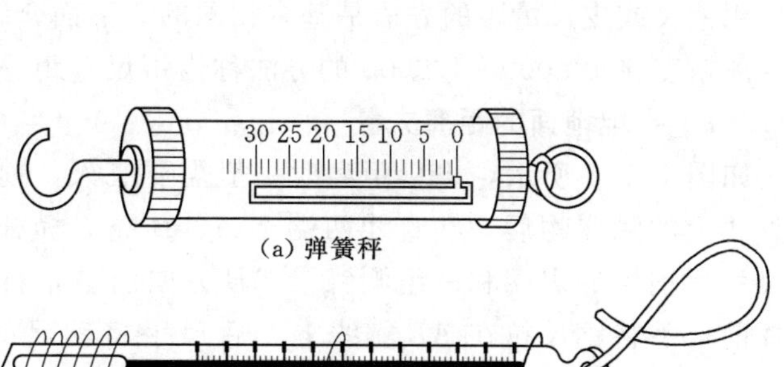

图 4.1.4 弹簧秤和温度计

4.1.2　直线定线

当欲丈量的两点间距离比所用尺子长时，就需要分若干尺段丈量，为使尺段点位不偏离两点连线的方向，就需要定线。所谓直线定线，就是将所有尺段点都标定在两点的连线上。直线定线的方法一般用目测定线和经纬仪定线。

1. 目测定线

一般精度量距对定线的精度要求不高，可采用目测定线的方法。如图 4.1.5 所示，设 A、B 两点相互通视，要在 A、B 两点的直线上分段 1、2 点。先在 A、B 点上竖立标杆，甲站在 A 点标杆后约 1m 处，指挥乙左右移动标杆，直到甲在 A 点沿标杆的同一侧看到 A、2、B 三支标杆成一条线为止。同理可以定出直线上的其他点。定线时一般要求点与点之间的距离稍小于一整尺长，地面起伏较大时则宜更短；乙所持的标杆应竖直，利用食指和拇指夹住标杆的上部，稍微提起，利用重力使标杆自然竖直。此外，为了不挡住甲的视线，乙应持标杆站立在直线方向的左侧或右侧。目测定线的偏差一般小于 10cm，当尺段长为 30m 时，由此引起的距离误差小于 0.2mm，在图根控制测量中是可以忽略不计。

图 4.1.5　目测定线

2. 经纬仪定线

设 A、B 两点相互通视，将经纬仪安置在 A 点，用望远镜纵丝瞄准 B 点，制动照准部，望远镜上下转动，指挥在两点间某一点上的助手，左右移动标杆，直至标杆像为纵丝所平分。为了减小照准部误差，精密定线时，可用直径更细的测钎或垂球线代替标杆。

4.1.3　钢尺量距的一般方法

用钢尺或皮尺量距的方法是基本相同的，下面介绍用钢尺量距的一般方法。用钢尺丈量距离精度在 1/1000～1/5000 的方法称为钢尺量距一般方法。

4.1.3.1　平坦地面的距离丈量

如图 4.1.6 所示，丈量距离时一般需要三人，前、后尺各一人，记录一人。清除待量直线上的障碍物后，在直线两端点 A、B 竖立标杆，后尺手持钢尺的零端位于 A 点，前尺手持钢尺的末端和一组测钎沿 AB 方向前进，行至一个尺段处停下。后尺手用手势指挥前尺手将钢尺拉在 AB 直线上，后尺手将钢尺的零点对准 A 点，当两人同时把钢尺拉紧后，前尺手在钢尺末端的整尺段长分划处竖直插下一根测钎得到 1 点，即量完一个尺段。前、后尺手抬尺前进，当后尺手到达插测钎或划记号处时停住，再重复上述操作，量完第二尺段。后尺手拔起地上的测钎，依次前进，直到量完 AB 直线的最后一段为止。

图 4.1.6 平坦地面的距离丈量

最后一段距离一般不会刚好是整尺段的长度，称为余长。丈量余长时，前尺手在钢尺上读取余长值，则最后 A、B 两点间的水平距离为

$$D_{AB}=n\times 整段长+余长 \tag{4.1.1}$$

式中 n——整尺段数。

在平坦地面，钢尺沿地面丈量的结果就是水平距离。

为了防止丈量中发生错误及提高量距的精度，需要往、返丈量。上述为往测，返测时，将钢尺调头，从 B 点往 A 点方向丈量，方法相同。最后取往、返丈量距离的平均值作为丈量结果，用 $D_{平}$ 表示，即

$$D_{平}=\frac{D_{AB}+D_{BA}}{2} \tag{4.1.2}$$

式中 D_{AB}——往测距离；

D_{BA}——返测距离。

丈量结果（即平均距离）的精度或称相对误差为

$$K=\frac{|D_{AB}-D_{BA}|}{D_{平}}=\frac{1}{M} \tag{4.1.3}$$

式中 K——往、返丈量结果的相对误差（或精度）。

所谓相对误差，是往、返丈量距离之差的绝对值与其往、返丈量距离的平均值之比，化成分子为 1 的分式，相对误差的分母 M 越大，K 值就越小，说明量距的精度就越高。

【例 4.1.1】 已知 A、B 的往测距离为 178.842m，返测距离为 178.328m，求丈量的结果（$D_{平}$）及相对误差（K）。

解：丈量的结果：

$$D_{平}=\frac{D_{AB}+D_{BA}}{2}=\frac{186.898+186.930}{2}=186.914(\text{m})$$

丈量结果的相对误差：

$$K=\frac{|186.898-186.930|}{186.914}=\frac{1}{5800}$$

在平坦地区，钢尺的相对误差一般应不大于 1/3000；当量距的相对误差没有超出上述规定时，可取往、返测距离的平均值作为两点间的水平距离。平坦地面距离丈量的记录和计算见表 4.1.1。

表 4.1.1　　距离丈量记录表

线段	往测		返测		往返差/m	相对误差 K	平均距离 $D_平$/m	备注
	分段长/m	总长/m	分段长/m	总长/m				
AB	30×6 6.898	186.898	30×6 6.930	186.930	−0.032	1/5800	186.914	
BC	30×5 12.368	162.368	30×5 12.400	162.400	−0.032	1/5000	162.384	

4.1.3.2　倾斜距高的丈量

1. 平量法

平量法是在沿倾斜地面丈量距离时，若地面坡度不大，将钢尺拉平丈量的方法。平量时由高点向低点方向进行独立两次丈量，取平均值作为丈量的结果。

（1）平量方法。如图 4.1.7 所示，由 A 点向 B 点进行丈量，后尺手持钢尺零端，并将零刻线对准起点 A 点，前尺手进行定线后，将尺拉在 AB 方向上并使尺子抬高至水平状态，然后用垂球尖端将尺段的末端（如 30m 刻划）投于地面上，再插以测钎。若地面倾斜较大，将钢尺抬平有困难时，可将一尺段分为几段来平量。

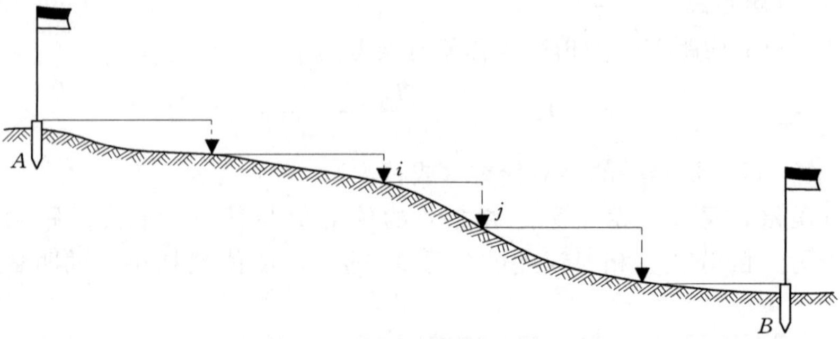

图 4.1.7　平量法示意图

（2）丈量结果的计算。平量法的丈量结果是取两次丈量的平均值，即

$$D_平=\frac{D_{AB1}+D_{AB2}}{2} \tag{4.1.4}$$

式中　D_{AB1}、D_{AB2}——第一、第二次丈量值；

$D_平$——第一、第二次丈量值的平均值。

（3）丈量结果的精度计算。丈量结果的相对误差采用式（4.1.5）计算：

$$K=\frac{|D_{AB1}-D_{AB2}|}{D_平}=\frac{1}{M} \tag{4.1.5}$$

平量法丈量距离可用表 4.1.1 进行记录和计算。

2. 斜量法

当倾斜地面的坡度比较均匀时，可采用斜量法。斜量法是沿均匀倾斜地面往返丈量出倾斜距离，用仪器测出其两端高差，用勾股定理计算出其水平距离。如图 4.1.8 所示，可以沿着斜坡往返丈量出 A、B 的斜距，精度符合要求后，计算往返平均斜距 L，测出地面倾斜角 α 或两端点的高差 h，然后按式（4.1.6）计算 A、B 的水平距离 D：

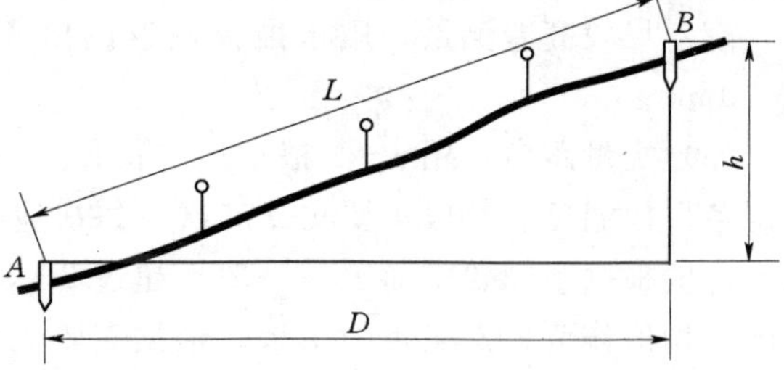

图 4.1.8　斜量法示意图

$$D=\sqrt{L^2-h^2} \tag{4.1.6}$$

当需丈量的距离不是均匀坡度时，定线时用木桩定出每尺段的端点，用仪器测出各尺段高差，并分段计算出每一尺段的平距，然后再计算总的往、返测距离，丈量的结果和相对误差。

4.1.3.3　一般距离丈量的成果整理

一般距离丈量的成果整理主要有每尺段的实量长度、尺长改正数、温度改正数和高差改正数计算和改正后的尺段水平距离。具体计算方法见 4.1.4 有关内容。在下列情况下，不需进行有关改正数计算：

（1）尺长改正值小于尺长的 1/10000，不需计算尺长改正数。

（2）量距时温度与标准温度相差小于±10℃时，不需计算温度改正数。

（3）沿地面丈量的地面坡度小于 1%时，不需计算高差改正数。

4.1.4　钢尺量距的精密方法

当要求量距的相对误差在 1/10000～1/40000 时，要用精密量距方法进行丈量。精密方法量距前，要对钢尺进行检定。

4.1.4.1　钢尺检定

精密量距前，要对钢尺进行检定，钢尺的检定一般由专门的机构进行，通过检定，给出所用钢尺的尺长方程式。如某 2 号钢尺的检定给出的尺方程式为

$$l_t=l_0+\Delta l+\alpha(t-t_0)l_0 \tag{4.1.7}$$

式中　l_t——2 号钢尺在温度 t℃时的实际长度；

l_0——钢尺名义长度；

Δl——尺长改正数；

α——钢尺的膨胀系数，一般为 1.25×10^{-5}/℃；

t——钢尺量距时的温度；

t_0——钢尺检定时的温度（一般为 20℃）。

每根钢尺都应由尺长方程式才能得出实际长度，但尺长方程式中的 $\triangle l$ 会发生变化，故尺子使用一段时期后必须重新检定，得出新的尺长方程式。

4.1.4.2　丈量的方法

（1）直线定线。丈量前，先用经纬仪定线，定线偏差为 5～7cm，两标志间的距离要

略短于所用钢尺长度。

（2）尺段高差测量。用水准仪往返测出各段高差，各尺段往返测量高差之差不大于5～10mm。

（3）丈量距离。用1～2根钢尺进行作业，施加检验钢尺时的拉力，并同时用温度计测定各尺段温度。每段需要丈量三次，每次应略微变动尺子的位置，三次读得长度值之差的允许值根据不同要求而定，一般不超过2～3mm。如三次在限差范围之内，则取三次丈量的平均值作为该次丈量的结果。根据需要丈量距离的精度不同，各种测量要求不同，普通钢尺测距的主要技术要求见表4.1.2。

表 4.1.2　　普通钢尺测距的主要技术要求

边长丈量的相对误差	作业尺数	丈量总次数	定线最大偏差/mm	尺段高差较差/mm	该尺次数	估读值至/mm	温度读数值至/℃	同尺各次或同段各尺的较差/mm
1/30000	2	4	50	≤5	3	0.5	0.5	≤2
1/20000	1～2	2	50	≤10	3	0.5	0.5	≤2
1/10000	1～2	2	70	≤10	2	0.5	0.5	≤3

（4）测量成果的整理。测量结束后，对测量的结果进行尺段尺长改正、温度改正和倾斜改正，计算改正后的尺段水平距离和丈量的结果和精度。

1）计算尺长改正数。由于钢尺的实际长度与名义长度不符，故所量距离必须加尺长改正。尺长改正数的计算公式为

$$\Delta D_l=\frac{\Delta l}{l_0}D' \tag{4.1.8}$$

式中　Δl——钢尺全长的尺长改正数；

D'——尺段长；

l_0——钢尺名义长。

2）计算温度改正数。尺长方程式的尺长改正是在标准温度情况下的数值，量距时的平均温度 t 与标准温度 t_0 并不相等，因此作业时的温度与标准温度的差值对尺子的影响数值就是温度改正数。设 t 为丈量时的平均温度，尺段 L 的温度改正数为

$$\Delta D_t=D'\times 1.25\times 10^{-5}(t-t_0) \tag{4.1.9}$$

式中　t——丈量时温度；

t_0——标准温度，一般为20℃。

3）计算高差改正数。设两点的高差为 h，为了将尺段长 D' 改算成水平距离 D，则需要加高差改正。高差改正数为

$$\Delta D_h=-\frac{h^2}{2D'} \tag{4.1.10}$$

4）计算改正后的尺段平距。通过上述三项改正数，就可以求得改正后的尺段水平距离 D 为

$$D=D'+\Delta D_l+\Delta D_t+\Delta D_h \tag{4.1.11}$$

5）计算丈量的结果和精度。通过三项改正数计算求出了改正后的各尺段平距，根据

各尺段平距计算全线的往、返丈量结果和平均值、相对误差。

4.1.5 钢尺量距的误差分析及注意事项

4.1.5.1 钢尺量距的误差分析

钢尺量距的主要误差来源主要有以下几种：

1. 定线误差

丈量时，钢尺没有准确地放在所量距离的直线方向上，使所量距离不是直线而是一组折线，造成丈量结果偏大，这种误差称为定线误差。一般距离丈量时，要求定线偏差不大于 0.1m，可以用标杆目测定线。当直线较长或精密量距时，应利用仪器定线。

2. 尺长误差

如果钢尺的名义长度和实际长度不符，则产生尺长误差。尺长误差是积累的，丈量的距离越长，误差越大。因此，新购置的钢尺必须经过检定，求出其钢尺的尺方程式。

3. 温度误差

钢尺的长度随温度而变化，当丈量时的温度与钢尺检定时的标准温度不一致时，将产生温度误差。一般量距时，当温度变化小于 10℃，可以不加温度改正，对于精密量距必须加温度改正数。

4. 钢尺倾斜和垂曲误差

在高低不平的地面上采用钢尺水平法量距时，钢尺不水平或中间下垂而成曲线时，都会使量得的长度比实际要大。因此，丈量时必须注意钢尺水平，整尺段悬空时，中间应有人托住钢尺，否则会产生不容忽视的垂曲误差。

5. 拉力误差

钢尺在丈量时所受拉力应与检定时的拉力相同，否则将产生误差。对于一般距离丈量而言，保持大概与检定钢尺时的拉力即可，但对于精密量距，必须使用拉力器。

6. 丈量误差

丈量时，在地面上标志尺段点位置处插测钎不准，前、后尺手配合不佳，余长读数不准等，都会引起丈量误差，这种误差对丈量结果的影响可正可负、大小不定。在丈量中要尽量做到对点准确，配合协调。

4.1.5.2 钢尺量距的注意主要事项

（1）丈量时应检查钢尺，看清钢尺的零点位置。

（2）量距时要定线准确，尺子要水平，拉力要均匀。

（3）读数时要细心、精确，不要看错、念错。

（4）记录要完整、清楚、正确，不要漏记、涂改、算错。

（5）钢尺易生锈，丈量结束后应用软布擦去尺上的泥和水，涂上机油，以防生锈。

（6）钢尺易折断，如果钢尺出现卷曲，切不可用力硬拉。

（7）丈量时，钢尺末端的持尺员应该用尺夹夹住钢尺后手握紧尺夹加力，没有尺夹时，可以用布或者纱手套包住钢尺代替尺夹，切不可手握尺盘或尺夹加力，以免将钢尺拖出。

（8）在行人和车辆较多的地区量距时，中间要有专人保护，以防止钢尺被车辆压断。

（9）不准将钢尺沿地面拖拉，以免磨损尺面分划。

（10）收卷钢尺时，应按顺时针方向转动钢尺摇柄，切不可逆转，以免折断钢尺。

4.2 视 距 测 量

视距测量是利用望远镜内十字丝分划板上的视距丝及视距尺（塔尺或普通水准尺），根据光学和三角学原理同时测定仪器至立尺点间的水平距离和高差的一种方法。视距测量的精度较低，其测量距离的相对误差约为 1/300，低于钢尺量距；测定高差的精度每百米约±3cm，低于水准测量。但用视距测量测定距离和高差具有速度快、劳动强度小、受地形条件限制少等优点。因此视距测量在过去广泛用于精度要求不高的地形测量、架空输电线路中，现在由于全站仪的广泛应用，这种方法已很少使用。下面简单介绍其测量原理及方法。

4.2.1 视距测量的原理

4.2.1.1 视线水平时的视距计算公式

如图 4.2.1 所示，AB 为待测距离，在 A 点安置经纬仪，B 点竖立视距尺，使望远镜视线水平，瞄准 B 点的视距尺，此时视线与视距尺垂直。

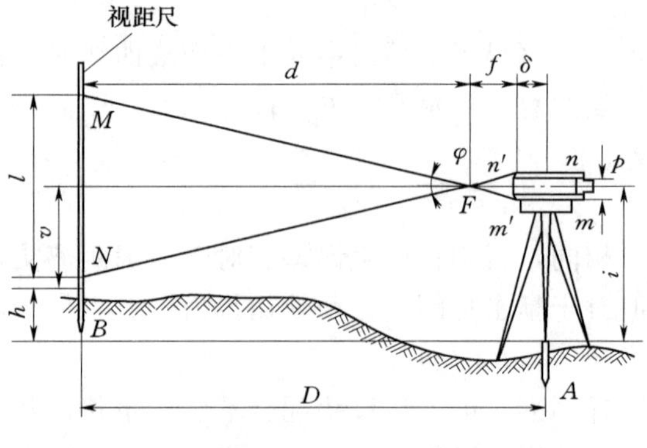

图 4.2.1　视准轴水平时的视距测量原理

1. 平距计算公式

在图 4.2.1 中，$P=\overline{nm}$为望远镜上、下视距丝的间距，$l=\overline{NM}$为视距间隔，f 为望远镜物镜焦距，δ 为物镜中心到仪器中心的距离。

由于望远镜上、下视距丝的间距 p 固定，因此从这两根丝引出去的视线在竖直面内的夹角 φ 是固定的角度。设由上、下视距丝 n、m 引出去的视线在标尺上的交点分别为 N、M，则在望远镜视场内可以通过读取交点的读数 N、M 求出视距间隔 l。

由于 $\Delta n'm'F$ 相似于 ΔNMF，所以有$\dfrac{d}{f}=\dfrac{l}{p}$，则

$$d=\frac{f}{p}l \tag{4.2.1}$$

顾及式（4.2.1），由图 4.2.1 得

$$D=d+f+\delta=\frac{f}{p}l+f+\delta \tag{4.2.2}$$

令 $K=\dfrac{f}{p}$，$C=f+\delta$，则

$$D=Kl+C \tag{4.2.3}$$

式中　K——视距乘常数；

　　　C——视距加常数。

设计制造仪器时，通常使 $K=100$，对于内对光仪器 C 值很小接近于零，因此，视线

水平时的平距计算公式为

$$D=Kl=100l \tag{4.2.4}$$

式中 K——视距乘常数100，$K=100$；

l——视距间隔，即上、下丝读数之差。

2. 高差计算公式

如图4.2.1所示，如果再在望远镜中读出中丝读数 v，用2m卷尺量出仪器高 i，则 A、B 两点的高差为

$$h=i-v \tag{4.2.5}$$

若已知测站点的高程 H_A，则立尺点 B 的高程为

$$H_B=H_A+h=H_A+i-v \tag{4.2.6}$$

【例4.2.1】 如图4.2.1所示，设测站点的高程 $H_A=80.36$m，仪器高度 $i=1.48$m，中丝高度 $v=1.288$m，求 AB 间的水平距离和 B 的高程是多少？

解：视距间隔为

$$l=1.387-1.188=0.199(\text{m})$$

AB 间的水平距离为

$$D=100\times0.199=19.9(\text{m})$$

AB 间的高差为

$$h=i-v=1.48-1.288=+1.192(\text{m})$$

B 的高程为

$$H_B=H_A+h=80.31+0.19=80.502(\text{m})$$

4.2.1.2 视线倾斜时的视距计算公式

1. 平距计算公式

如图4.2.2所示，当视准轴倾斜时，由于视线不垂直于视距尺，所以不能直接应用式(4.2.4)计算水平距高。由于 φ 角很小，约为34″，所以有 $\angle MOM'=\alpha$，只要将视距尺绕着与望远镜视线的交点 O 旋转如图4.2.2所示的 α 角后就能与视线垂直，并有

$$l'=l\cos\alpha \tag{4.2.7}$$

则望远镜旋转中心 Q 与视距尺旋转中心 O 的视距为

$$S=Kl'=Kl\cos\alpha \tag{4.2.8}$$

由此求得视线倾斜时 A、B 两点间的水平距离计算公式：

$$D=S\cos\alpha=Kl\cos^2\alpha \tag{4.2.9}$$

2. 高差计算公式

设 A、B 的高差为 h，由图4.2.2容易列出方程：

$$h+v=h'+i \tag{4.2.10}$$

其中

$$h'=S\sin\alpha=Kl\cos\alpha\sin\alpha=\frac{1}{2}Kl\sin2\alpha=D\tan\alpha$$

式中的 h' 称为高差主值（也称初算高差），将其代入式(4.2.10)，得视线倾斜时高差计算公式为

$$h=h'+i-v=\frac{1}{2}Kl\sin2\alpha+i-v=D\tan\alpha+i-v \tag{4.2.11}$$

这样就可以由已知高程点推算出待求高程点的高程。计算公式为

$$H_B = H_A + h \tag{4.2.12}$$

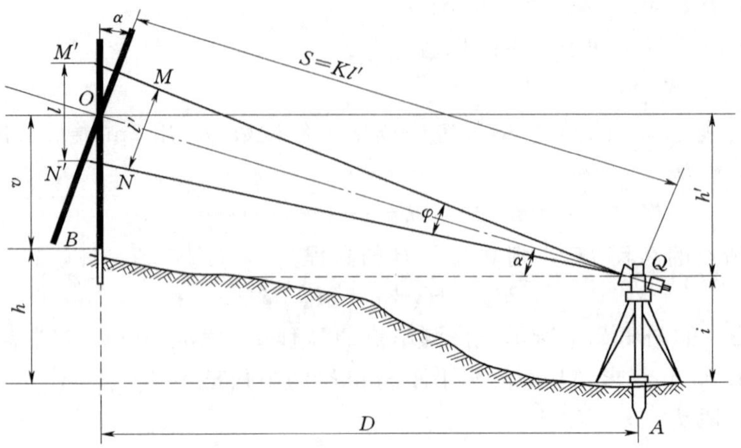

图 4.2.2　视准轴倾斜时的视距测量原理

4.2.2　视距测量的观测和计算方法

4.2.2.1　观测方法

（1）安置仪器于测站点上，量出仪器高度（i），取至厘米即可。

（2）盘左照准视距尺，用望远镜微动螺旋使中丝为一整数或仪器高度，读取上丝、下丝和中丝读数，并使竖盘指标水准管气泡居中（自动归零装置的仪器没有此项操作），读取竖盘读数。

（3）计算仪器至立尺点间的平距和高差、立尺点的高程。

4.2.2.2　计算方法

视距测量的计算方法，过去多采用《视距计算表》的方法，现在这种方法很少使用，目前广泛使用多功能计算器或有程序的计算器进行计算。

【例 4.2.2】　设测站点的高程 $H_A=96.68\text{m}$，仪器高 $i=1.46\text{m}$，观测竖直角时以中丝切准尺面使 $v=1.38\text{m}$，此时下丝读数 $m=1.668\text{m}$，上丝读数 $n=1.012\text{m}$，竖直度盘盘左读数 $L=86°45'12''$。计算 A 点到 B 点的平距 D 及 B 点的高程 H_B。

解： $\alpha=90°-L=90°-86°45'12''=3°14'48''$

$$D=Kl\cos^2\alpha=100\times(1.668-1.012)\times\cos^2 3°14'48''=65.383(\text{m})$$

$$h_{AB}=D\tan\alpha+i-v=65.383\times\tan 3°14'48''+1.46-1.38$$

$$=3.709+1.46-1.38=3.789(\text{m})$$

$$H_B=H_A+h_{AB}=96.68+3.789=103.469(\text{m})$$

4.2.3　视距测量误差及注意事项

视距测量的主要误差来源如下：

（1）视距乘常数 K 和视距尺分划误差。由于仪器制造工艺上的原因，K 值不一定恰好等于 100，视距尺的分划不均匀也产生误差。在使用仪器测量前必须准确测定 K 值，必要时对距离进行改正。

(2) 用视距丝在标尺上读数引起的误差。由于视距测量主要按视距丝来读取标尺读数计算视距的，而视距丝有一定的宽度，估读时存在误差。因此，在读数时为了减少读数误差，要注意认真进行物镜对光，消除视差，可依视距丝的上边缘（或下边缘）读数，以减少读数误差。

(3) 外界条件变化引起的误差。视距测量是在一定的外界条件下进行的，外界条件如温度的变化、风力的大小、空间的透明度等，都会给测量带来误差。因此，视距测量要避免在烈日下、风力大和尘雾中进行视距测量，另视线应距地面有一定高度。

(4) 标尺倾斜引起的误差。标尺扶立不正、前后倾斜，使读数存在误差，因此在观测时要注意扶正标尺，标尺上最好装有圆水准器或水准管，以保证标尺竖直。

4.3 直 线 定 向

4.3.1 直线定向的概念

在测量工作中常要确定地面上两点间的平面位置关系，要确定这种关系除了需要测量两点之间的水平距离以外，还必须确定该两点直线的方向。在测量上，确定某一条直线与标准方向线之间的水平角称为直线定向。

4.3.2 标准方向的种类

1. 真子午线方向

椭球的子午线方向称为真子午线，通过地球表面上某点的真子午线的切线方向称为该点的真子午线方向（也称真北方向），真子午线方向可通过天文观测、陀螺经纬仪测量来测定。

2. 磁子午线方向

磁子午线方向即为磁针静止时所指的方向（也称磁北方向），它是用罗盘仪来测定的。

3. 坐标纵轴方向

我国采用高斯平面直角坐标系，其每一投影带中央子午线的投影为坐标纵轴方向，即 X 轴方向，平行于高斯投影平面直角坐标系 X 坐标轴的方向称为坐标纵线（也称轴北方向）。

测量中常用这三个方向作为直线定向的标准方向，即所谓的三北方向（图 4.3.1）。

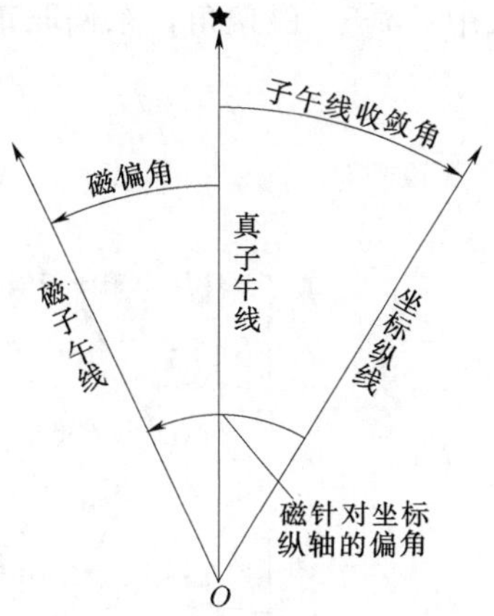

图 4.3.1 测量标准方向

4.3.3 直线方向的表示方法

测量工作中，常用方位角、坐标方位角或象限角来表示直线的方向。

4.3.3.1 方位角

1. 方位角的概念

从直线一端点的标准方向顺时针转至某直线的水平夹角，称为该直线的方位角。方位角的大小是 0°～360°，方位角不能为负数。

2. 方位角的分类

根据标准方向的不同，方位角又分为真方位角、磁方位角和坐标方位角三种。

（1）真方位角。从直线一端点的真子午线方向顺时针方向量到该直线的水平角，称为该直线的真方位角，用 $\alpha_{真}$ 表示，如图 4.3.2（a）所示。

（2）磁方位角。从直线一端的磁子午线方向顺时针方向量到某直线的水平角，称为该直线的磁方位角，用 $\alpha_{磁}$ 表示，如图 4.3.2（b）所示。

（3）坐标方位角。从坐标纵轴方向的北端起顺时针方向量到某直线的水平角，称为该直线的坐标方位角，一般用 α 表示，如图 4.3.2（c）所示。

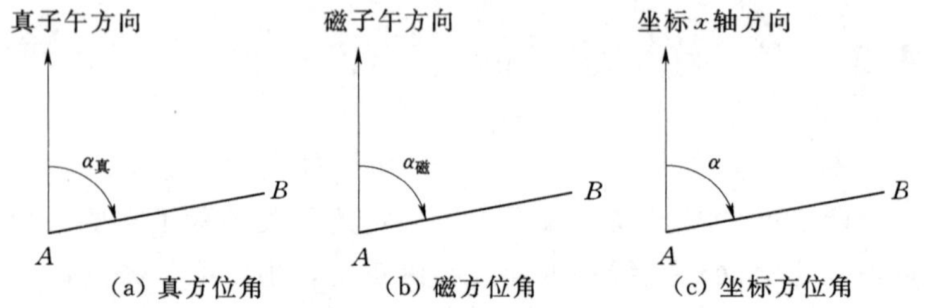

(a) 真方位角　(b) 磁方位角　(c) 坐标方位角

图 4.3.2　直线定向

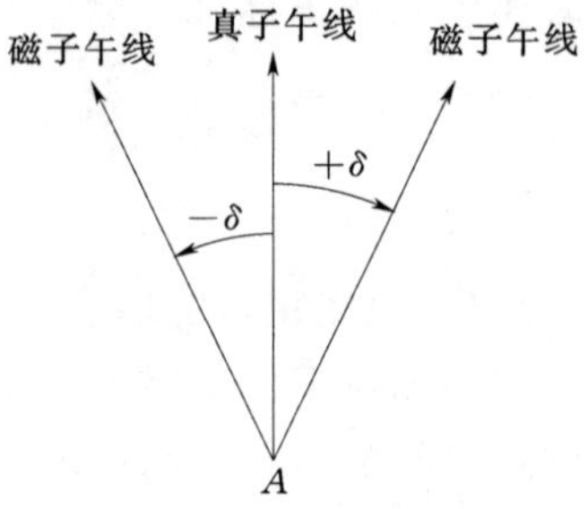

图 4.3.3　磁偏角

3. 磁偏角

由于磁南北极与地球的南北极不重合，因此过地球上某点的真子午线与磁子午线不重合，同一点的磁子午线方向偏离真子午线方向某一个角度称为磁偏角，用 δ 表示，如图 4.3.3 所示。

4. 磁方位角与真方位角之间的关系

如图 4.3.4 所示为磁方位角与真方位角之间的关系。

$$\alpha_{真} = \alpha_{磁} + \delta \tag{4.3.1}$$

式中　δ——磁偏角，东偏取正，西偏取负。我国的磁偏角的变化在 $-10° \sim +6°$ 之间。

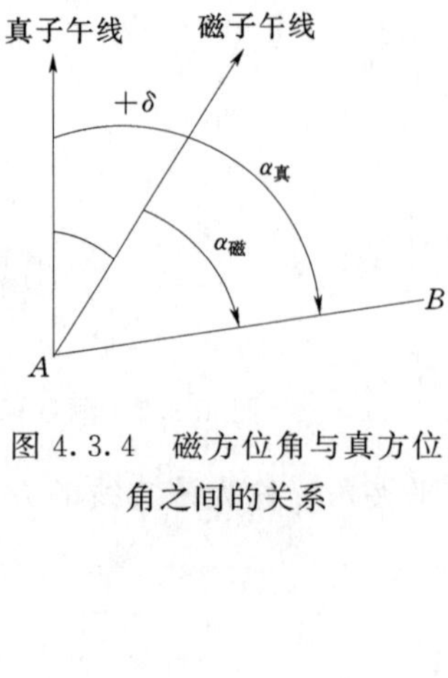

图 4.3.4　磁方位角与真方位角之间的关系

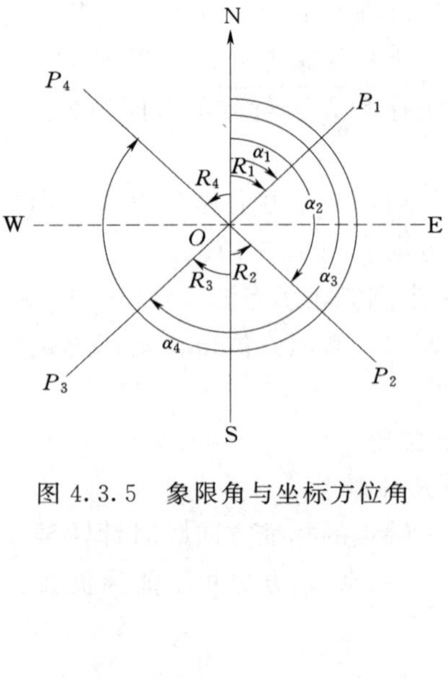

图 4.3.5　象限角与坐标方位角

4.3.3.2 象限角

如图 4.3.5 所示，通过 X 和 Y 坐标轴将平面划分为四个象限。从 X 轴方向按顺时针或逆时针转至某直线的水平角，称为象限角，以 R 表示。象限角的范围是 0～90°。正反象限角相等，方向相反。

直线 OP_1 位于第一象限，象限角为 R_1；直线 OP_2 位于第二象限，象限角为 R_2；直线 OP_3 位于第三象限，象限角为 R_3；直线 OP_4 位于第四象限，象限角为 R_4。

用象限角来表示直线的方向，必须注明直线所处的象限。第一象限记为"北东"，第二象限记为"南东"，第三象限记为"南西"，第四象限记为"北西"。图 4.3.5 中，假定 $R_1=42°30'$、$R_3=44°18'$，则应分别记为 $R_1=$北东 42°30′、$R_3=$南西 44°18′。

4.3.3.3 直线的方位角与象限角换算关系

直线的方位角与象限角换算关系见表 4.3.1。

表 4.3.1　　直线的方位角与象限角换算关系

象限	换算关系		象限	换算关系	
Ⅰ	$\alpha_1=R_1$	$R_1=\alpha_1$	Ⅲ	$\alpha_3=180°+R_3$	$R_3=\alpha_3-180°$
Ⅱ	$\alpha_2=180°-R_2$	$R_2=180°-\alpha_2$	Ⅳ	$\alpha_4=360°-R_4$	$R_4=360°-\alpha_4$

【例 4.3.1】 已知直线 AB 方位角 $\alpha_{AB}=186°39'$，求直线 AB 的象限角是多少？

解： AB 直线方位角 $\alpha_{AB}=186°39'$，直线 AB 在第Ⅲ象限。则直线 AB 象限角为

$$R_{AB}=186°39'-180°=\text{南西 } 6°39'$$

【例 4.3.2】 已知直线 CD 象限角为 $R_{CD}=$ 南东 16°30′，求 CD 直线的方位角和反象限角是多少？

解： 因为直线在第Ⅱ象限，所以直线 CD 的方位角为

$$\alpha_{CD}=180°-R=163°30'$$

另因为正反象限角相等，方向相反。所以直线 CD 的反象限角为

$$R_{CD}=\text{北西 } 16°30'$$

4.4 坐标方位角的推算

4.4.1 正、反坐标方位角

测量工作中的直线都是具有一定方向的，一条直线存在正、反两个方向，如图 4.4.1 所示。就直线 AB 而言，A 点是起点，B 点是终点。通过起点 A 的坐标纵轴北方向与直线 AB 所夹的坐标方位角 α_{AB} 称为直线 AB 的正坐标方位角；过终点 B 的坐标纵轴北方向与直线 BA 所夹的坐标方位角 α_{BA}，称为直线 AB 的反坐标方位角（直线 BA 的正坐标方位角）。正、反坐标方位角相差 180°，即

$$\alpha_{反}=\alpha_{正}\pm180° \quad (4.4.1)$$

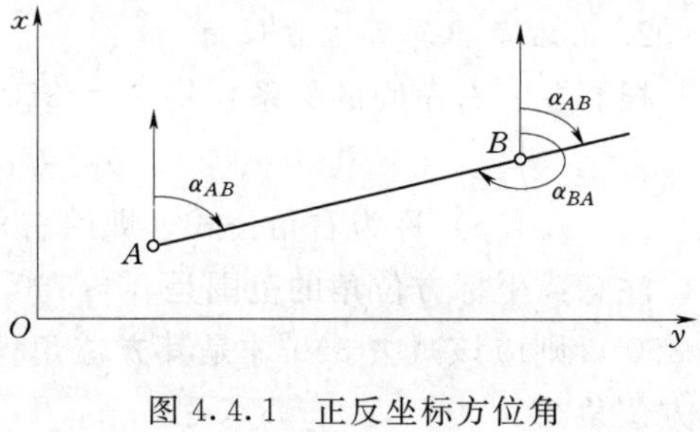

图 4.4.1　正反坐标方位角

式（4.4.1）中：当 $\alpha_{正}>180°$ 时，"±"取

"—"号；当 $\alpha_{正}<180°$时，"±"取"+"号。

【例 4.4.1】 已知直线 AB 方位角 $\alpha_{AB}=196°35'$，求直线 AB 的反方位角 α_{BA} 是多少？

解：由 $\alpha_{反}=\alpha_{正}\pm180°$且 $\alpha_{AB}>180°$得

$$\alpha_{BA}=196°35'-180°=16°35'$$

4.4.2　坐标方位角的推算

在测量工作中，通常只测定起始边的方位角，其他各边的方位角是用导线点上观测的水平角进行推算的。

如图 4.4.2 所示，通过已知坐标方位角和观测的水平角来推算出各边的坐标方位角。在推算时水平角 β 有左角和右角之分，图中沿前进方向 $A\to B\to C\to D\to E$ 左侧的水平角称为左角，沿前进方向右侧的水平角称为右角。坐标方位角的推算如下：

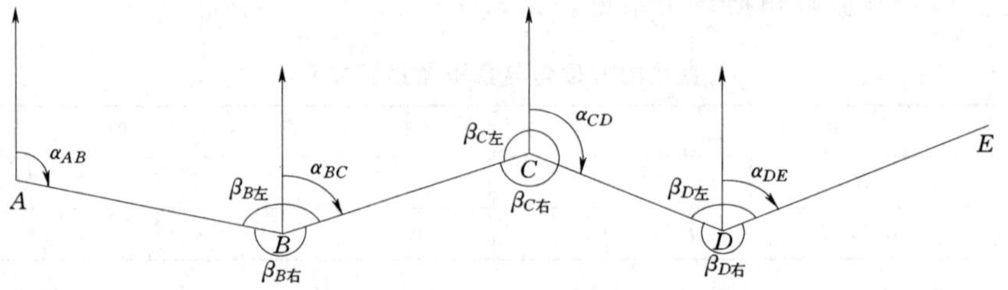

图 4.4.2　坐标方位角的推算

1. 用左角推算各边方位角的公式

设 α_{AB} 为已知起始方位角，各转折角为左角。从图 4.4.1 中可以看出：每一边的正、反坐标方位角相差 180°，则有

$$\alpha_{BC}=\alpha_{AB}+\beta_{B左}-180° \tag{4.4.2}$$

同理有

$$\alpha_{CD}=\alpha_{BC}+\beta_{C左}-180° \tag{4.4.3}$$

$$\alpha_{DE}=\alpha_{CD}+\beta_{D左}-180° \tag{4.4.4}$$

由此可知，按线路前进方向，由后一边的已知方位角和左角推算线路前一边的坐标方位角的计算公式为

$$\alpha_{前}=(\alpha_{后}+\beta_{左})-180° \tag{4.4.5}$$

式（4.4.5）称为左角公式，即用左角推算方位角的公式。

2. 用右角推算各边方位角

根据左、右角间的关系，将 $\beta_{左}=360°-\beta_{右}$ 代入式（4.4.5），则有

$$\alpha_{前}=(\alpha_{后}+180°)-\beta_{右} \tag{4.4.6}$$

式（4.4.6）称为右角公式，即用右角推算方位角的公式。

注意：坐标方位角的范围是 0°～360°，没有负值或大于 360°的值。如果计算的角值大于 360°，则应该减去 360°才是其方位角；如果计算的角值为负值，则应该加上 360°才是其方位角。

【例 4.4.2】 在图 4.4.2 中，已知 $\alpha_{AB}=86°$，$\beta_{B左}=160°$，$\beta_{C左}=210°$，$\beta_{D左}=156°$，求各边方位角是多少？

解：根据式（4.4.5），推算各边方位角如下：

BC 边方位角：

$$\alpha_{BC}=(\alpha_{AB}+\beta_B)-180°=(86°+160°)-180°=66°$$

CD 边方位角：

$$\alpha_{CD}=(\alpha_{BC}+\beta_C)-180°=(66°+210°)-180°=96°$$

DE 边方位角：

$$\alpha_{DE}=(\alpha_{CD}+\beta_D)-180°=(96°+156°)-180°=72°$$

如果用右角，推算得各边的方位角是相同的。如上例用式（4.4.6）计算得

$$\alpha_{BC}=\alpha_{AB}+180°-\beta_{B右}=86°+180°-(360°-160°)=66°$$

$$\alpha_{CD}=\alpha_{BC}+180°-\beta_{C右}=66°+180°-(360°-210°)=96°$$

$$\alpha_{DE}=\alpha_{CD}+180°-\beta_{D右}=96°+180°-(360°-156°)=72°$$

4.5　距离、方位角与地面点直角坐标的关系

4.5.1　坐标正算

根据直线始点的坐标、直线的水平距离及其方位角计算直线终点的坐标，称为坐标正算。如图 4.5.1 所示，已知直线 AB 的始点 A 的坐标（x_A，y_A），AB 的水平距离 D_{AB} 和方位角 α_{AB}，则终点 B 的坐标（x_B，y_B）可按下列步骤计算。

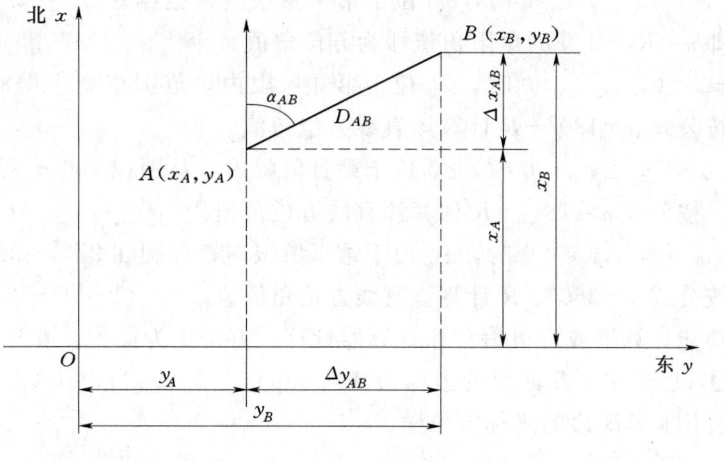

图 4.5.1　坐标的正算与反算

1. 计算两点间纵横坐标增量

由图 4.5.1 可以看出 A、B 两点间纵横坐标增量分别为

$$\left.\begin{aligned}\Delta x_{AB}&=D_{AB}\cos\alpha_{AB}\\ \Delta y_{AB}&=D_{AB}\sin\alpha_{AB}\end{aligned}\right\}\qquad(4.5.1)$$

2. 计算 B 点的坐标

由图 4.5.1 可以看出，B 点的坐标为

$$\left.\begin{aligned}x_B&=x_A+\Delta x_{AB}=x_A+D_{AB}\cos\alpha_{AB}\\ y_B&=y_A+\Delta y_{AB}=y_A+D_{AB}\sin\alpha_{AB}\end{aligned}\right\}\qquad(4.5.2)$$

【例 4.5.1】 已知 A 点的坐标为（500.21，680.30），AB 边的边长为 100.12m，AB 边的坐标方位角 α_{AB} 为 135°30′12″，试求 B 点坐标。

解： $x_B=500.21+100.12\times\cos135°30'12''=500.21+(-71.41)=428.80$（m）

$y_B=680.30+100.12\times\sin135°30'12''=680.30+70.17=750.47$（m）

4.5.2　坐标反算

根据直线始点和终点的坐标，计算两点间的水平距离和该直线的坐标方位角，称为坐标反算。

如图 4.5.1 所示，A、B 两点的水平距离及方位角可按下列公式计算：

$$\alpha_{AB}=\arctan\frac{\Delta y_{AB}}{\Delta x_{AB}}=\arctan\frac{y_B-y_A}{x_B-x_A}\qquad(4.5.3)$$

$$D_{AB}=\sqrt{\Delta x_{AB}^2+\Delta y_{AB}^2}=\sqrt{(x_B-x_A)^2+(y_B-y_A)^2}\qquad(4.5.4)$$

或

$$D_{AB}=\frac{\Delta y_{AB}}{\sin\alpha_{AB}}=\frac{\Delta x_{AB}}{\cos\alpha_{AB}}\qquad(4.5.5)$$

如果用一般函数计算器，根据式（4.5.3），$\frac{\Delta y_{AB}}{\Delta x_{AB}}$应取绝对值反算所得的角值是象限角，需要根据方位角与象限角的换算关系进行换算为方位角，方法如下：

（1）当 $\Delta x_{AB}>0$，$\Delta y_{AB}>0$ 时，α_{AB} 位于第Ⅰ象限内，范围在 0°～90°之间，象限角与方位角相同，即 $\alpha=R$，计算的象限角值即为方位角值。

（2）当 $\Delta x_{AB}<0$，$\Delta y_{AB}>0$ 时，α_{AB} 位于第Ⅱ象限内，范围在 90°～180°之间。计算得到象限角后，按公式 $\alpha=180°-R$ 计算该直线方位角值。

（3）当 $\Delta x_{AB}<0$，$\Delta y_{AB}<0$ 时，α_{AB} 位于第Ⅲ象限内，范围在 180°～270°之间。计算得到的象限角后，按公式 $\alpha=180°+R$ 计算该直线方位角值。

（4）当 $\Delta x_{AB}>0$，$\Delta y_{AB}<0$ 时，α_{AB} 位于第Ⅳ象限内，范围在 270°～360°之间。计算得到象限角后，按公式 $\alpha=360°-R$ 计算该直线方位角值。

如果用多功能计算器或有可编程序计算器计算，方法更为简便，在这里不再介绍。

【例 4.5.2】 已知 A、B 两点的坐标为 A（500.00，500.00），B（356.25，256.88），试计算 AB 的边长及 AB 边的坐标方位角。

解： $D_{AB}=\sqrt{(356.25-500.00)^2+(256.88-500.00)^2}=282.438$（m）

$$\alpha_{AB}=\arctan\left|\frac{256.88-500.00}{356.25-500.00}\right|=\arctan\left|\frac{-243.12}{-143.75}\right|=180°+59°24'19''=239°24'19''$$

4.6 用罗盘仪测定直线磁方位角

4.6.1 罗盘仪的构造

罗盘仪是用来测定直线磁方位角的仪器。罗盘仪的种类很多，构造大同小异，由磁针、刻度盘和望远镜三部分构成。图 4.6.1 所示是罗盘仪的一种。

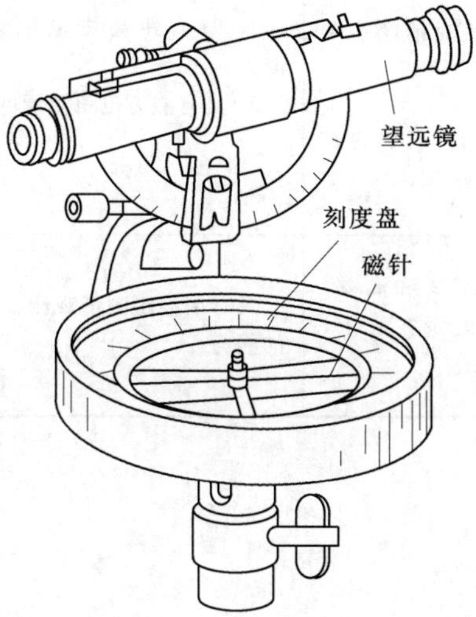

图 4.6.1 罗盘仪构造图

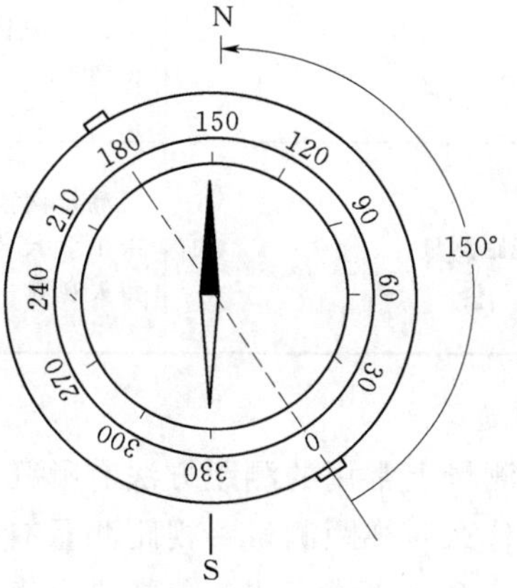

图 4.6.2 刻度盘

磁针是由磁铁制成，当罗盘仪水平放置时，自由静止的磁针就指向南北极方向，即过测站点的磁子午线方向。一般在磁针的南端缠绕有细铜丝，这是因为我国位于地球的北半球，磁针的北端受磁力的影响下倾，缠绕铜丝可以保持磁针水平。罗盘仪的度盘按逆时针方向 0°～360°（图 4.6.2），每 10°有注记，最小分划为 1°或 30′，度盘 0°和 180°两根刻划线与罗盘仪望远镜的视准轴一致。罗盘仪内装有两个相互垂直的长水准器，用于整平罗盘仪。

4.6.2 罗盘仪的使用

在直线的起点安置罗盘仪，然后松开磁针固定螺丝，使磁针处于自由状态，并旋转罗盘使指北针对好 0°处，然后旋转望远镜瞄准直线终点目标，待磁针静止后读取磁针北端所指的读数（图 4.6.2 中读数为 150°），即为该直线的磁方位角。将磁针安置在直线的另一端，按上述方法返测磁方位角进行检核，二者之差理论上应等于 180°，若不超限，取平均值作为最后结果。

4.6.3 罗盘仪使用时的注意事项

（1）罗盘仪须置平，磁针能自由转动。

（2）罗盘仪使用时应避开铁器、高压线、磁场等物质。

（3）观测结束后，必须旋紧顶起螺丝，将磁针顶起，以免磁针磨损，并保护磁针的灵活性。

实 训 与 习 题

1. 实训任务、要求和能力目标

任务		要求	能力目标
1	边长丈量与磁方位角测定	1. 在实际地面上进行定线； 2. 往、返丈量； 3. 计算丈量结果，相对精度不大于$\frac{1}{2000}$； 4. 用磁针或罗盘仪测定直线的方位角	1. 具有距离丈量记录、计算的能力； 2. 具有磁方位角测量的能力
2	视距测量	测量两点间的水平距离和高差，求出立尺点的高程，记录在表上，每人观测 3 点	具有用视距测量观测、记录和计算的能力

2. 习题

(1) 测量上常用的测距方法有哪几种？

(2) 什么叫视距测量？视距测量有什么特点？

(3) 什么叫直线定线？怎样进行直线定线？

(4) 用什么来衡量距离丈量结果的精度？什么叫相对误差？

(5) 在平坦地面，用钢尺一般量距的方法丈量 A、B 两点间的水平距离，往测为 48.358m，返测为 48.371m，测得 A、B 间高差为−1.264m，求水平距离 D_{AB} 的和丈量的精度相对误差是多少？

(6) 在倾斜地面，用钢尺一般量距的方法丈量 A、B 两点间的倾斜距离，往测为 168.336m，返测为 168.368m，则水平距离 D_{AB} 的结果如何？其相对误差是多少？

(7) 什么是直线定向？为什么要进行直线定向？

(8) 测量上作为定向依据的标准方向有几种？

(9) 什么是直线正方位角、反方位角和象限角？已知各边的方位角见题表 4.1，求各边的反方位角和象限角。

(10) 用竖盘顺时针注记的光学经纬仪（竖盘指标差忽略不计）进行视距测量，测站点高程 $H_A=56.87$m，仪器高 $i=1.45$m，视距测量结果见题表 4.2，计算完成表中各项。

(11) 某直线的磁方位角为 120°17′，而该处的磁偏角为东偏−2°30′，问该直线的真方位角为多少？

(12) 已知 A 点的坐标为 A（500.00，600.00），AB 边的边长为 $D_{AB}=130.08$m，AB 边的方位角为 $\alpha_{AB}=206°18'36''$，试计算 B 点的坐标。

(13) 已知 A 点的坐标为 A（636.286，463.220），B 点的坐标为 B（562.018，603.528），试求 AB 边的边长 D_{AB} 和方位角 α_{AB}。

题表 4.1　　方位角与反方位角、象限角的换算

直线	方位角 /(° ′ ″)	反方位角 /(° ′ ″)	象限角 /(° ′ ″)
AB	336　45　46		
BC	268　36　32		
CD	156　28　58		
DE	87　12　36		

题表 4.2　　视 距 计 算 表

点号	上、下丝读数/m	视距 *Kl*	中 丝 /m	竖盘读数 /(° ′)	竖直角 /(° ′)	水平距离/m	高差 /m	高程 /m
1	2.154		1.95	92　54				
	1.745							
2	1.987		1.60	90　00				
	1.256							
3	2.486		2.10	88　42				
	1.763							

(14) 题图 4.1 中，23、34 边的方位角是多少？

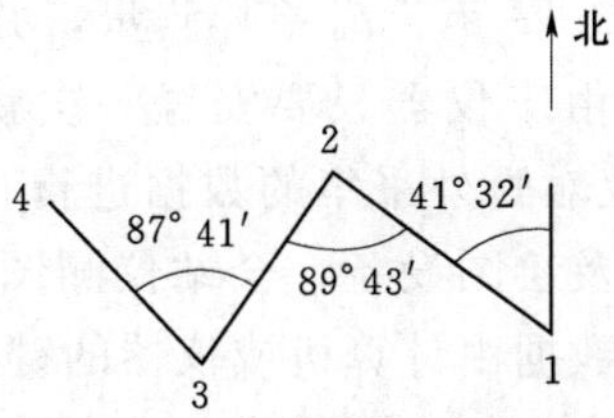

题图 4.1　坐标方位角示意图

第5章 全站仪测量

学习目标：

通过本章的学习，了解全站仪的基本工作原理和基本构造；清楚全站仪的按键功能和测量模式；掌握全站仪测量中的角度测量、距离测量、坐标测量和坐标放样、对边测量、悬高测量和面积测量等测量方法。具有全站仪测量距离、角度和高差的能力，具有坐标测量、坐标放样及对边测量、悬高测量、面积测量和后方交会测量的能力。

5.1 概　　述

全站仪（Total Station）全称为全站型电子速测仪，也称为电子速测仪或者电子视距仪，是一种兼有光电测距、电子测角、测量数据记录的大地测量仪器。

1. 全站仪的功能

全站仪有能实现对测量数据进行自动获取、显示、存储、传输、识别、处理计算的三维坐标测量与定位系统。它融光学、机械、电子等先进技术于一身，它由光电测距仪、电子经纬仪、微处理机、电源装置和反射棱镜等组成。在一个测站上可同时进行角度（水平角、垂直角）测量和距离（斜距、平距、高差）测量，并自动计算出待定点的坐标和高程。同时能完成点的放样工作。由于仪器只要安置一次就可以完成本测站所有的测量工作，故被称为“全站仪”。全站仪对野外采集的数据进行自动记录并通过传输接口将数据传输给计算机，配以绘图软件以及绘图设备，全站仪测图工作便实现了自动化和数字化。也可以把测量作业所需要的已知数据由计算机或仪器的键盘输入全站仪。这样，不仅使测量的外业工作自动化，而且可以实现整个测量作业的高效化。

2. 全站仪的应用与发展

第一台全站仪问世于20世纪70年代，最初的仪器体积大、重量重、能耗高，在野外作业中使用不够灵活。但是它的出现，展示了一种高效的三维坐标测量方法，是大地测量仪器史上的一次具有划时代意义的革命。在全站仪发展初期，半站型电子速测仪（简称半站仪）较为普及。它是一种以光学方法测角的电子速测仪，分为整体型与积木型两种。它工作时，通常情况下是在光学经纬仪上架装测距仪，再加上计算记录部分组成整个仪器系统，即形成积木型半站仪。也有的是将光学经纬仪与电子测距仪设计成一台独立的仪器，从表面上看起来很像整体型全站仪，实际上却是整体型半站仪。在使用半站仪时也可将光学角度读数通过键盘输入到测距仪里去，对斜距进行化算，最后能得出平距、高差、方向角和坐标差，这些结果都可以自动传输到外部记录设备中去。

之后，随着微电子技术的发展，特别是微处理器运用到全站仪上，使其能够对仪器的系统误差进行修正，对测量过程进行操作和监控，对大量测量数据进行储存和管理，与计算机的双向通信。在一些内存容量大的仪器上，甚至能将各种测量程序装载到仪器中，使其完成特殊的测量和放样工作。

今天的全站仪已广泛应用于控制测量、地形测量、地籍与房产测量、施工放样、变形观测及近海定位等方面的测量作业中，是现代化测量和信息化测量工作最有力的助手。

3. 全站仪的分类

全站仪按其结构可分为整体型和积木型（有时又称作组合型）两类。整体型全站仪的测距、测角与电子计算单元以及仪器的光学、机械系统组合成一个整体，不可分开。积木型全站仪的电子测距仪（又称测距头）、电子经纬仪各为一独立的整体，既可单独使用，又可组合在一起使用。全站仪按其测角精度（方向标准偏差）可分为 0.5″、1.0″、1.5″、2.0″、3.0″、5.0″、7.0″等级别。

按测程可分为短程测距仪、中程测距仪、长程测距仪三类。短程测距仪测程小于 3km，一般测距精度为± （5mm＋5ppm×D），用于普通工程测量和城市测量；中程测距仪测程为 3～15km，一般测距精度为±(5mm＋2ppm×D)～±(2mm＋2ppm×D)，通常用于一般等级的控制测量；长程测距仪测程大于 15km，一般测距精度为± （5mm＋1ppm×D），通常用于国家三角网及特级导线测量。

按载波波长的不同，可分为微波测距仪、激光测距仪、红外测距仪三类。

5.2 全站仪结构

全站仪自问世以来，经历了二十几年的发展，全站仪的结构几乎没有什么变化，但全站仪的功能不断增强，早期的全站仪，仅能进行边、角的数字测量，后来，全站仪有了放样、坐标测量等功能。现在的全站仪有了内存、磁卡存储，并且在 Windows 系统支持下，实现了全站仪功能的大突破，使全站仪实现了电脑化、自动化、信息化、网络化。本章以生产中较为常见的南方测绘仪器公司生产的 NTS－350 系列全站仪为例说明全站仪的基本构造与功能。

图 5.2.1 南方 NTS－350 全站仪（一）

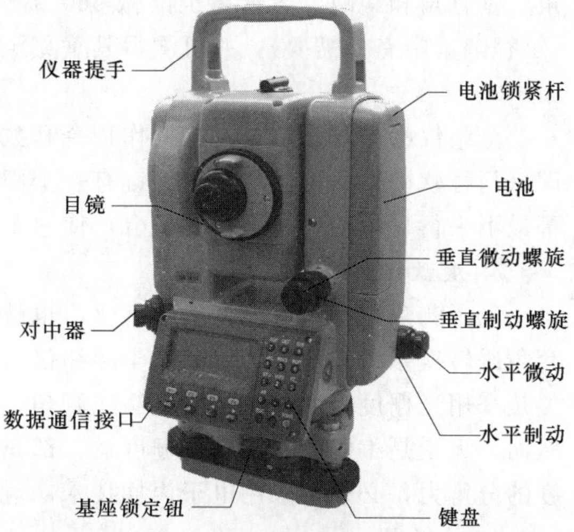

图 5.2.2 南方 NTS－350 全站仪（二）

全站仪的结构原理如图 5.2.1 和图 5.2.2 所示。图中上半部分包含着测量的四大光电系统，即测距、测水平角、测竖直角和水平补偿。电源是可充电池，供各部分运转、望远镜十字丝和显示器照明。键盘是测量过程的控制系统，测量人员可通过键盘调用内部指令，指挥仪器的测量工作过程和测量数据的处理。以上各系统通过 I/O 接口接入总线与数字计算机系统联系起来。

微处理机是全站仪的核心部分，它如同计算机的中央处理器（CPU），主要由寄存器系列（缓冲寄存器、数据寄存器、指令寄存器等）、运算器和控制器组成。微处理机的主要功能是根据键盘指令启动仪器进行测量工作，执行测量过程的检核和数据的传输、处理、显示、储存等工作，保证整个光电测量工作有序的完成。输入输出单元是与仪器外部设备连接的装置（接口）。为便于测量人员设计软件系统，在全站仪的微型电脑中还提供有程序存储器。

全站仪的基本结构大体由同轴望远镜、键盘、度盘读数系统、补偿器、存储器和 I/O 通信接口几部分组成。

1. 同轴望远镜

全站仪的望远镜中，瞄准目标用的视准轴和光电测距仪的光波发射、接收系统的光轴是同轴的。望远镜与调光透镜中间设置分光棱镜系统，使它一方面可以接收目标发出的光线，在十字丝分划板上成像，进行目标瞄准；又可使光电测距部分的发光管射出的测距光波经物镜射向目标棱镜，并经同一路径反射回来，由光敏二极管接收，并配置电子计算机中央处理机、存储器和输入输出设备，根据外业观测数据实时计算并显示所需要的测量结果。在全站仪测距头里，安装有两个光路与视准轴同轴的发射管，提供两种测距方式：一种方式为 IR，它可以利用棱镜和反射片发射和接收红外光束；另一种方式为 RL，它可以发射可见的红色激光束，不用反射镜（或反射片）即可测距。两种测量方式的转换可通过仪器键盘上的操作控制内部光路来实现，由此引起的不同的常数改正会由系统自动修正到测量结果上。正因为全站仪是同轴望远镜，因此，一次瞄准目标棱镜，即可同时测定水平角、垂直角和斜距。望远镜也能做 360°纵转，通过直角目镜，甚至可以瞄准天顶的目标（工程测量中有此需要），并可测得其垂直距离（高差）。

2. 键盘

全站仪的键盘为测量时的操作指令和数据输入的部件，键盘上的按键分为硬键和软件键（简称软键）两种。每一个硬键有一个固定的功能，或兼有第二、第三功能；软键与屏幕最下一行显示的功能菜单相配合，使一个软键在不同的功能菜单下有多种功能。

3. 度盘读数系统

电子测角，即角度测量的数字化，也就是自动数字显示角度测量结果，其实质是用一套角码转换系统来代替传统的光学经纬仪光学读数系统。目前，这种转换系统有两类：一类是采用光栅度盘的所谓“增量法”测角，一类是采用编码度盘的所谓“绝对法”测角。然而，无论是编码度盘或是光栅度盘，都只给出角度的大数（格值为 1′）。如果要提高角度的分辨力，必须再采用电子内插技术，对格值进行测微，达到秒级才能成功。

4. 补偿器

在测量工作中，有许多方面的因素影响着测量的精度，不正确安装常常是诸多误差源中最重要的因素。补偿器的作用就是通过寻找仪器在垂直和水平方向的倾斜信息，自动地对测量值进行改正，从而提高采集数据的精度。

补偿器类型一般有摆式补偿器和液体补偿器两种，前者为老式补偿器，多见于早期徕卡电子经纬仪［如 T (c)1000/r(c) 1600 等］，液体补偿器则几乎为当今所有全站仪所使用。

补偿器按补偿范围一般分为单轴（纵向，即 X 方向）补偿、双轴（纵横向，即 XY 方向）补偿和三轴补偿。单轴补偿仅能补偿由于垂直轴倾斜而引起的垂直度盘读数误差；双轴补偿可同时补偿由于垂直轴倾斜而引起的垂直和水平度盘的读数误差；三轴补偿则不仅能补偿经纬仪垂直轴倾斜引起的垂直度盘和水平度盘读数误差，而且还能补偿由于水平轴倾斜误差和视准轴误差引起的水平度盘读数的影响。

与全站仪的双轴补偿器密切相关的是电子气泡。在仪器工作过程中，它显示的就是仪器的倾斜状态，而这种状态对垂直和水平度盘读数的影响，就是通过补偿器有关电路来进行改正的。电子气泡的形式有两种，一种是数字型，用仪器在 X、Y 方向的倾斜值来表示，当二者都为零时，仪器为整平状态；一种是图形型，常常用一个圆点在大圆中的位置来表示，当圆点位于大圆的圆心时，仪器为整平状态。电子气泡的使用使仪器整平过程更加容易。在实际测量时，仪器允许电子气泡起作用并有效地整平。当倾斜量被自动地用来改正水平角和垂直角时，单面测量将会获得更高的精度，特别在垂直角较大时这一点很重要。大范围的补偿为测量工作者增加了信心，特别是在松软的地面上，或者接近震动源（如高速公路或铁路轨道）工作时更是这样。

5. 存储器

把测量数据先在仪器内存储起来，然后传送到外围设备（电子记录手簿、计算机等），这是全站仪的基本功能之一。全站仪的存储器有机内存储器和存储卡两种。

（1）机内存储器。机内存储器相当于计算机中的内存（RAM），利用它来暂时存储或读出测量数据，其容量的大小随仪器的类型而异，较大的内存可同时存储测量数据和坐标数据多达 3000 点以上，若仅存坐标数据可存储 8000 点。现场测量所必需的已知数据也可以放入内存。经过接口线将内存数据传输到计算机以后将其清除。

（2）存储卡。存储器卡的作用相当于计算机的磁盘，用作全站仪的数据存储装置，卡内有集成电路、能进行大容量存储的元件和运算处理的微处理器。一台全站仪可以使用多张存储卡。通常，一张卡能存储大约 1000 个点的距离、角度和坐标数据。在与计算机进行数据传送时，通常使用称为卡片读出打印机（读卡器）的专用设备。

将测量数据存储在卡上后，把卡送往办公室处理测量数据。同样，在室内将坐标数据等存储在卡上后，送到野外测量现场，就能使用卡中的数据。

6. I/O 通信接口

全站仪可以将内存中的存储数据通过 I/O 接口和通信电缆传输给计算机，也可以接收由计算机传输来的测量数据及其他信息，称为数据通信。通过 I/O 接口和通信电缆，在全站仪的键盘上所进行的操作，也同样可以在计算机的键盘上操作，便于用户应用开发，即具有双向通信功能。

全站仪基本功能是照准目标后，通过微处理器控制，自动完成距离、水平角、竖直角的测量，并将测量结果进行显示与存储。可以自动记录测量数据和坐标数据，并直接与计算机传输数据，实现真正的数字化测量。随着计算机的发展，全站仪的功能也在不断扩展，生产厂家将一些规模较小但很实用的计算机程序固化在微处理器内，如悬高测量、偏心测量、对边测量、距离放样、坐标放样、设置新点、后方交会、面积计算等，只要进入相应的测量模式，输入已知数据，然后依照程序观测所需的观测值，即可随时显示结果。

5.3 全站仪按键功能

全站仪的种类很多，功能各异，操作方法也不尽相同，但全站仪的测角、测边及测定高差的基本测量功能却大同小异，若要想熟练掌握一种全站仪的测量方法，首先要熟悉它的键盘及其功能，本节主要介绍南方 NTS－350 系列全站仪的按键功能，如图 5.3.1 所示。键盘符号及功能、显示符号及意义分别见表 5.3.1 和表 5.3.2。

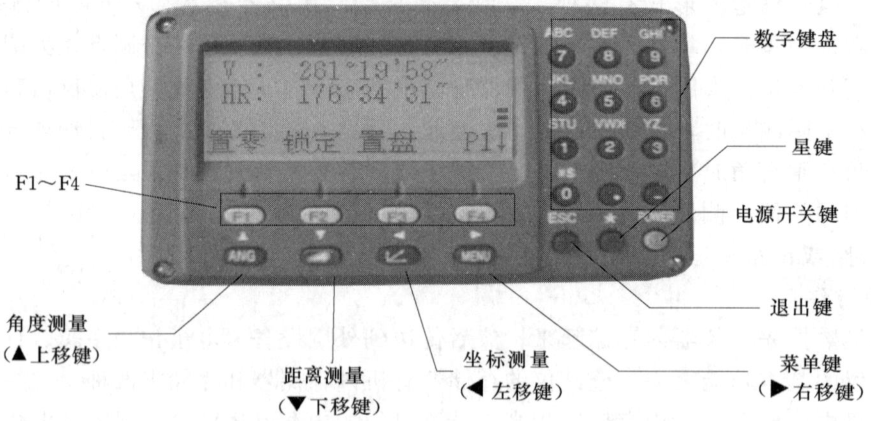

图 5.3.1 南方全站仪操作键盘

表 5.3.1 键盘符号及功能

按 键	名 称	功 能
ANG	角度测量键	进入角度测量模式（▲上移键）
◢	距离测量键	进入距离测量模式（▼下移键）
↗	坐标测量键	进入坐标测量模式（◀左移键）
MENU	菜单键	进入菜单模式（▶右移键）
ESC	退出键	返回上一级状态或返回测量模式
POWER	电源开关键	电源开关
F1～F4	软键（功能键）	对应于显示的软键信息
0～9	数字键	输入数字和字母、小数点、负号
★	星键	进入星键模式

表 5.3.2　　显示符号及意义

显示符号	内　容	显示符号	内　容
V%	垂直角（坡度显示）	E	东向坐标
HR	水平角（右角）	Z	高程
HL	水平角（左角）	*	EDM（电子测距）正在进行
HD	水平距离	m	以米为单位
VD	高差	ft	以英尺为单位
SD	倾斜	fi	以英尺与英寸为单位
N	北向坐标		

5.4 全站仪测量模式

5.4.1 角度测量模式（三个界面菜单）

角度测量模式界面如图 5.4.1 所示，其显示符号及功能见表 5.4.1。

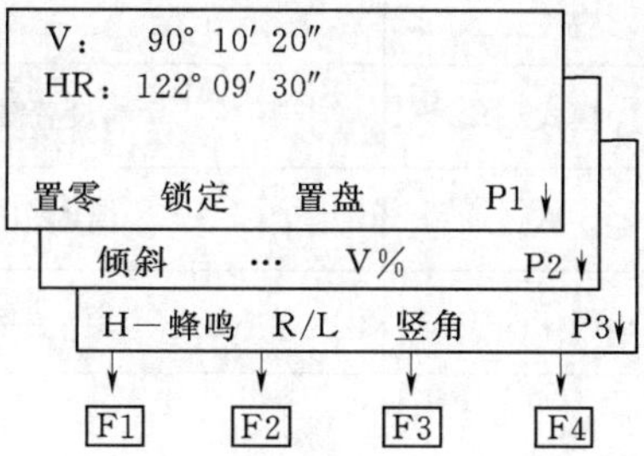

图 5.4.1　角度测量模式界面菜单

表 5.4.1　　三个基本测量模式界面的显示符号及功能

页　数	软键	显示符号	功　能
第 1 页 (P1)	F1	置零	水平角置为 0°0′0″
	F2	锁定	水平角读数锁定
	F3	置盘	通过键盘输入数字设置水平角
	F4	P1↓	显示第 2 页软键功能
第 2 页 (P2)	F1	倾斜	设置倾斜改正开或关，若选择开则显示倾斜改正
	F2	—	—
	F3	V%	垂直角与百分比坡度的切换
	F4	P2↓	显示第 3 页软键功能
第 3 页 (P3)	F1	H—蜂鸣	仪器转动至水平角 0°、90°、180°、270°是否蜂鸣的设置
	F2	R/L	水平角右/左计数方向的转换
	F3	竖角	垂直角显示格式（高度角/天顶距）的切换
	F4	P3↓	显示第 1 页软键功能

5.4.2 距离测量模式（两个界面菜单）

距离测量模式界面菜单如图 5.4.2 所示，其显示符号及功能见表 5.4.2。

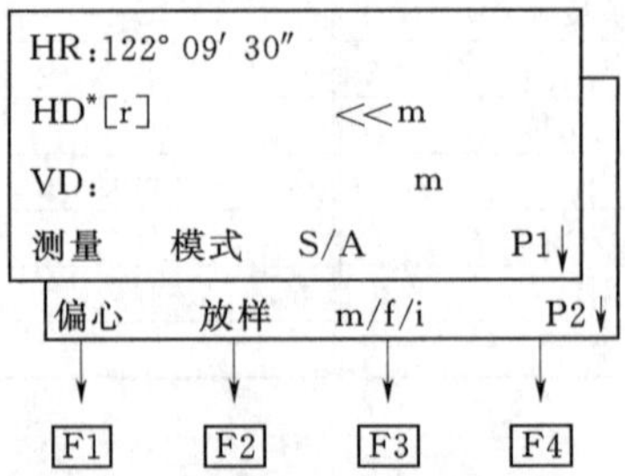

图 5.4.2 距离测量模式界面菜单

表 5.4.2 距离测量模式界面显示符号及功能

页数	软键	显示符号	功能
第 1 页（P1）	F1	测量	启动距离测量
	F2	模式	设置测距模式为 精测/跟踪
	F3	S/A	温度、气压、棱镜常数等设置
	F4	P1↓	显示第 2 页软键功能
第 2 页（P2）	F1	偏心	偏心测量模式
	F2	放样	距离放样模式
	F3	m/f/i	距离单位的设置 米/英尺/英寸
	F4	P2↓	显示第 1 页软键功能

5.4.3 坐标测量模式（三个界面菜单）

坐标测量模式界面菜单如图 5.4.3 所示，其显示符号及功能见表 5.4.3。

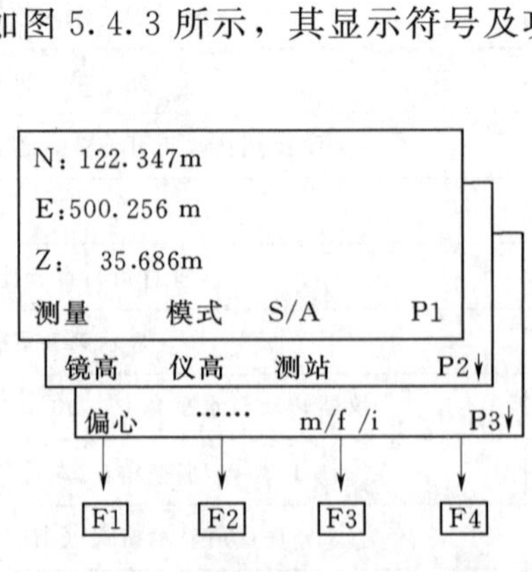

图 5.4.3 坐标测量模式界面菜单

表 5.4.3　　坐标测量模式显示符号及功能

页数	软键	显示符号	功　能
第 1 页（P1）	F1	测量	启动测量
	F2	模式	设置测距模式为 精测/跟踪
	F3	S/A	温度、气压、棱镜常数等设置
	F4	P1↓	显示第 2 页软键功能
第 2 页（P2）	F1	镜高	设置棱镜高度
	F2	仪高	设置仪器高度
	F3	测站	设置测站坐标
	F4	P2↓	显示第 3 页软键功能
第 3 页（P3）	F1	偏心	偏心测量模式
	F2	—	—
	F3	m/f/i	距离单位的设置 米/英尺/英寸
	F4	P3↓	显示第 1 页软键功能

5.4.4　星键模式

按下星键可以对以下项目进行设置：

（1）对比度调节。按星键后，通过按［▲］或［▼］键，可以调节液晶显示对比度。

（2）照明。按星键后，通过按 F1 选择“照明”，按 F1 或 F2 选择开关背景光。

（3）倾斜。按星键后，通过按 F2 选择“倾斜”，按 F1 或 F2 选择开关倾斜改正。

（4）S/A。按星键后，通过按 F4 选择“S/A”，可以对棱镜常数和温度气压进行设置，并且可以查看回光信号的强弱。

5.5　全站仪使用方法

5.5.1　全站仪安置

1. 对中整平

全站仪的安置方法与经纬仪的安置方法完全一致，这里不再介绍。

2. 电池的安装及信息

仪器安置完成之后，便可以装电池。取下电池盒时，按下电池盒底部插入仪器的槽中，按压电池盒顶部按钮，使其卡入仪器中固定归位。

电池信息（图 5.5.1）：

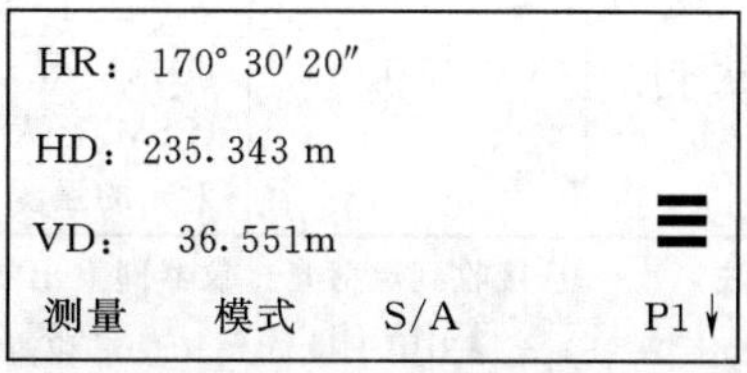

图 5.5.1　电池信息

☰——电量充足，可操作使用。

=——刚出现此信息时，电池尚可使用 1h

左右；若不掌握已消耗的时间，则应准备好备用的电池或充电后再使用。

▬——电量已经不多，尽快结束操作，更换电池并充电。

▬闪烁到消失——从闪烁到缺电关机大约可持续几分钟，电池已无电应立即更换电池并充电。

注意：

（1）仪器采用6V镍氢可充电电池，一块充满电的电池也供连续测量2～8h。电池工作时间的长短取决于环境条件，如周围温度、充电时间和充电的次数等，为安全起见，建议提前充电或准备一些充好电的备用电池。

（2）电池剩余容量显示级别与当前的测量模式有关，在角度测量模式下，电池剩余容量够用，并不能够保证电池在距离测量模式下也能用。因为距离测量模式耗电高于角度测量模式，当从角度模式转换为距离模式时，由于电池容量不足，有时会中止测距。

电池充电应用专用充电器，该仪器配用NC－20A充电器。充电时先将充电器接好电源220V，从仪器上取下电池盒，将充电器插头插入电池盒的充电插座，充电器上的指示灯为橙色时表示正在充电，充电6h后或指示灯为绿色时表示充电完毕，拔出插头。

3. 打开和关闭电源

开机时一要确认仪器已经整平，二要打开电源开关（POWER键）确认显示窗中有足够的电池电量，当显示“电池电量不足”（电池用完）时，应及时更换电池或对电池进行充电。当电池显示正常后进行对比度调节，仪器开机时应确认棱镜常数值（PSM）和大气改正值（PPM），并可调节显示屏对比度为显示该调节屏幕，请参阅览“基本设置”。通过按[F1]（↓）或[F2]（↑）键可调节对比度，为了在关机后保存设置值，可按[F4]（回车）键。

在进行测量的过程中，千万不能不关机拔下电池，否则测量数据将会丢失！

4. 初始设置

（1）温度、气压、棱镜常数等设置。该模式可显示电子距离测量（EDM）时接收到的光线强度（信号水平），大气改正值（PPM）和棱镜常数改正值（PSM），操作过程及显示见表5.5.1。

表5.5.1　温度、气压、棱镜常数设置

步骤	操作	操作过程	显示
第1步		确认进入距离测量模式第1页屏幕	HR：170°30′20″ HD：235.343 m VD：36.551 m 测量　模式　S/A　P1↓
第2步	[F3]	按[F3]（S/A）键，模式变为参数设置，显示棱镜常数改正值（PSM），大气改正值（PPM）和反射光的强度（信号）	设置音响模式 PSM：0.0　PPM：2.0 信号：[▌▌▌▌▌] 棱镜　PPM　T－P　———

注　1. 一旦接收到反射光，仪器即发出蜂鸣声，若要关闭蜂鸣声，可参阅12“基本设置”。

2. [F1]至[F3]用于设置大气改正和棱镜常数。

3. 按[Esc]键可返回正常测量模式。

一旦接收到来自棱镜的反射光，仪器即发出蜂鸣声，当目标难以寻找时，使用该功能可能容易地照准目标。

(2) 设置温度和气压。预先测得测站周围的温度和气压。例：温度＋25℃、气压1017.5Pa，操作过程及显示见表5.5.2。

表5.5.2　温度和气压设置

步骤	操作	操作过程	显　示
第1步	按键◢	进入距离测量模式	HR：　170°30′20″ HD：　235.343 m VD：　36.551 m 测量　模式　S/A　P1↓
第2步	按键[F3]	进入设置。 由距离测量或坐标测量模式预先测得测站周围的温度和气压	设置音响模式 PSM：0.0　PPM：2.0 信号：[▌▌▌▌▌▌] 棱镜　PPM　T－P　－－－
第3步	按键[F3]	按键[F3] 执行［T－P］	温度和气压设置 温度：　15.0℃ 气压：　1013.2 hPa 输入　－－－　－－－　回车
第4步	按键[F1]输入温度 按键[F4]输入气压	按键[F1]执行［输入］输入温度与气压①。按键[F4]执行［回车］确认输入	温度和气压设置 温度：　25.0℃ 气压：　1017.5 hPa 输入　－－－　－－－　回车

① 请参阅2.10“字母数字输入方法”。
温度输入范围：－30～＋60℃（步长0.1℃）或－22～＋140°F（步长0.1°F）。
气压输入范围：560～1066hPa（步长0.1hPa）或420～800mmHg（步长0.1mmHg）
或16.5～31.5 inHg（步0.1 inHg）。
如果根据输入的温度和气压算出的大气改正值超过±999.9ppm范围，则操作过程自动返回到第4步，重新输入数据。

(3) 设置大气改正。全站仪发射红外光的光速随大气的温度和压力而改变，本仪器一旦设置了大气改正值即可自动对测距结果实施大气改正。

1）改正公式如下：(计算单位：m)

$$F1(\text{精 测})=14985518\text{Hz}$$

$$F1(\text{跟踪测})=149855.18\text{Hz}$$

$$F1(\text{跟踪测})=151368.82\text{Hz}$$

$$\lambda(\text{发射光波长})=0.865\mu\text{m}$$

NTS系列全站仪标准气象条件（即仪器气象改正值为0时的气象条件）：气压为1013hPa，温度为20℃。

大气改正的计算：

$$\Delta S=273.8-0.2900P/(1+0.00366T)(\text{ppm})$$

式中 ΔS——改正系数，ppm；

P——气压，hPa，若使用的气压单位是 mmHg 时，按 1hPa=0.75mmHg 进行换算；

T——温度，℃。

2）直接设置大气改正值的方法。测定温度和气压，然后从大气改正图上或根据改正公式求得大气改正值（PPM），操作过程及显示见表 5.5.3。

表 5.5.3 大气改正值设置

步骤	操作	操作过程	显示
第 1 步	F3	由距离测量或坐标测量模式按 F3	设置音响模式 PSM： 0.0 PPM： 0.0 信号：[▌▌▌▌▌] 棱镜 PPM T－P ———
第 2 步	F2	按 F2 ［ppm］键，显示当前设置值	PPM 设置 PPM ： 0.0 ppm 输入 ——— ——— 回车
第 3 步	F1 输入数据 F4	输入大气改正值①，返回到设置模式	PPM 设置 PPM ： 4.0 ppm 输入 ——— ——— 回车 设置音响模式 PSM：0.0 PPM 4.0 信号：[▌▌▌▌▌] 棱镜 PPM T－P ———

① 参阅“字母数字输入方法”。
输入范围：－999.9～＋999.9ppm（步长 0.1ppm）。

3）大气折光和地球曲率改正。仪器在进行平距测量和高差测量时，可对大气折光和地球曲率的影响进行自动改正。

大气折光和地球曲率的改正依下面所列的公式计算：

经改正后的平距：

$$D=S[\cos\alpha+\sin\alpha\cdot S\cdot\cos\alpha(K-2)/2R_e]$$

经改正后的高差：

$$H=S*[\sin\alpha+\cos\alpha\cdot S\cdot\cos\alpha(1-K)/2R_e]$$

若不进行大气折光和地球曲率改正，则计算平距和高差的公式为

$$D=S\cos\alpha$$

$$H=S\sin\alpha$$

式中 K——大气折光系数，本仪器的大气折光系数出厂时已设置为 $K=0.14$。K 值有 0.14 和 0.2 可选，也可选择关闭；

R_e——地球曲率半径，R_e＝6370km；

α——从水平面起算的竖角（垂直角）；

S——斜距。

操作：按 F4 键开机，在“F3：其他设置”里的“F3：两差改正”，可以设置。

（4）设置反射棱镜常数。南方全站的棱镜常数的出厂设置为－30，若使用棱镜常数不是－30 的配套棱镜，则必须设置相应的棱镜常数。一旦设置了棱镜常数，则关机后该常数仍被保存，操作过程及显示见表 5.5.4。

表 5.5.4　　棱镜常数设置

步骤	操作	操作过程	显示
第 1 步	F3	由距离测量或坐标测量模式按 F3 （S/A）键	设置音响模式 PSM：－30.0　PPM：　0.0 信号：[▌▌▌▌▌] 棱镜　PPM　T－P　———
第 2 步	F1	按 F1 （棱镜）键	棱镜常数设置 棱镜：　0.0 mm 输入　———　———　回车
第 3 步	F1 输入数据 F4	按 F1 （输入）键输入棱镜常数改正值①，按 F4 确认，显示屏返回到设置模式	设置音响模式 PSM：0.0　PPM：　0.0 信号：[▌▌▌▌▌] 棱镜　PPM　T－P　———

① 参阅 2.10“字母数字输入方法”。
输入范围：－99.9～＋99.9mm（步长 0.1mm）。

（5）设置最小读数。最小读数的设置可选择角度测量的显示单位。

角度最小读数为 5″，操作过程及显示见表 5.5.5。

表 5.5.5　　角度最小该数设置

步骤	操作过程	操作	显示
第 1 步	按 MENU 键后再按 F4 （P↓）键，显示主菜单 2/3	MENU F4	菜单　2/3 F1：程序 F2：参数组 1 F3：照明　P↓
第 2 步	按 F2 键	F2	设置模式 1 F1：最小读数 F2：自动关机开关 F3：自动补偿

续表

步骤	操作过程	操作	显示
第3步	按[F1]键	[F1]	最小读数 F1：角度
第4步	按[F1]键	[F1]	最小读数 ［F1：1″］ F2：5″ 回车
第5步	按[F2]（5″）键后再按[F4]（回车）键	[F2]	设置模式1 F1：最小读数 F2：自动关机开关 F3：自动补偿

注 按[Esc]键可返回到先前模式。

（6）设置自动关机 。如果30min内无键操作或无正在进行的测量工作，则仪器会自动关机，操作过程及显示见表5.5.6。

表5.5.6　　自动关机设置

步骤	操作过程	操作	显示
第1步	按[MENU]键后再按[F4]（P↓）键，显示主菜单2/3	[MENU] [F4]	菜单　2/3 F1：程序 F2：参数组1 F3：照明　P↓
第2步	按[F2]键	[F2]	设置模式1 F1：最小读数 F2：自动关机开关 F3：自动补偿　P↓
第3步	按[F2]，显示原有设置状态	[F2]	自动关机开关　［开］ F1：开 F2：关 回车
第4步	按[F1]（开）键或[F2]（关）键，然后再按[F4]（回车）键，返回	[F1]或[F2] [F4]	设置模式1 F1：最小读数 F2：自动关机开关 F3：自动补偿

（7）设置垂直角倾斜改正。当倾斜传感器工作时，由于仪器整平误差引起的垂直角自动改正数显示出来，为了确保角度测量的精度，倾斜传感器必须选用（开），其显示可以用来更好地整平仪器，若出现（“X补偿超限”），则表明仪器超出自动补偿的范围，必须人工整平。

NTS-350对竖轴在X方向的倾斜的垂直角读数进行补偿。

当仪器处于一个不稳定状态或有风天气时，垂直角显示将是不稳定的，在这种状况下可打开垂直角自动倾斜补偿功能。

用软件设置倾斜改正，可选择第二页上的自动补偿的功能，此设置在断开电源后不被保留。

设置 X 倾斜改正关闭，操作过程及显示见表 5.5.7。

表 5.5.7　　垂直角倾斜改正设置

步骤	操作过程	操作	显示
第 1 步	主菜单下，按[F4]键进入主菜单 2/3 页	[F4]	菜单 2/3 F1：程序 F2：参数组 1 F3：照明 P↓
第 2 步	按[F2]键，选定参数组 1	[F2]	设置模式 1 F1：最小读数 F2：自动关机开关 F3：自动补偿
第 3 步	按[F3]（自动补偿）键，若已经选定开，则会显示出倾斜值	[F3]	倾斜传感器：［关］ 单轴 ——— 关 回车
第 4 步	按[F1]（单轴）键或[F3]（关）键进行选择，然后按[F4]（回车）键进行确认	[F1] [F4]	倾斜传感器：［X—开］ X：0°00′30″ 单轴 ——— 关 回车

（8）设置照明开关。操作过程及显示见表 5.5.8。

表 5.5.8　　照明开关设置

步骤	操作过程	操作	显示
第 1 步	按[MENU]键，再按[F4]（P↓）键，进入第 2/3 页菜单	[MENU] [F4]	菜单 2/3 F1：程序 F2：参数组 1 F3：照明 P↓
第 2 步	按[F1]或[F2]键，设为开或关	[F1]或[F2]	照明 ［关］ F1：开 F2：关
第 3 步	按[Esc]键，返回	[ESC]	菜单 2/3 F1：程序 F2：参数组 1 F3：照明 P↓

(9) 设置仪器常数。按“仪器常数的检验与校正”的方法可求得仪器常数值，仪器常数操作过程及显示见表 5.5.9。

表 5.5.9　　仪 器 常 数 设 置

步骤	操作过程	操　作	显　　示
第 1 步	按住 F1 键开机	F1 ＋开机	校正模式 F1：垂直角零基准 F2：仪器常数
第 2 步	按 F2 键	F2	仪器常数设置 仪器常数：－0.5 mm 输入　———　———　　　回车
第 3 步	输入常数值①	F1	仪器常数设置 仪器常数：1.5 mm 输入　———　———　　　回车
第 4 步	关机	输入常数 F4 关机	校正模式 F1：垂直角零基准 F2：仪器常数

① 参阅“字母数字的输入方法”。按 Esc 键，可取消设置。

注意：仪器的常数在出厂时经严格测定并设置好，用户一般情况下不要作此项设置。如用户经严格的测定（如在标准基线场由专业检测单位测定）需要改变原设置时，才可作此项设置。

5.5.2 角度测量

1. 水平角右角和垂直角的测量

首先要确认仪器处于角度测量模式，瞄准目标的方法同经纬仪角度测量的方法，具体操作过程及显示见表 5.5.10。

表 5.5.10　　角　度　测　量

步骤	操 作 过 程	操作	显　　示
第 1 步	照准第一个目标 *A*	照准目标 *A*	V ：82°09′30″ HR：90°09′30″ 置零　锁定　置盘　　　P1↓

续表

步骤	操作过程	操作	显示
第 2 步	设置目标 *A* 的水平角为0°00′00″ 按F1（置零）键和F3（是）键	F1 F3	水平角置零 >OK? ——— ——— [是] [否] V：82°09′30″ HR：0°00′00″ 置零 锁定 置盘 P1↓
第 3 步	照准第二个目标 *B*，显示目标 *B* 的 V/H	照准目标 *B*	V：92°09′30″ HR：67°09′30″ 置零 锁定 置盘 P1↓

2. 水平角（右角/左角）切换

首先要确认仪器处于角度测量模式，操作过程及显示见表 5.5.11。

表 5.5.11 **水平角切换**

步骤	操作过程	操作	显示
第 1 步	按F4（↓）键两次转到第 3 页功能	F4 两次	V：122°09′30″ HR：90°09′30″ 置零 锁定 置盘 P1↓ 倾斜 ——— V% P2↓ H—蜂鸣 R/L 竖角 P3↓
第 2 步	按F2（R/L）键。右角模式（HR）切换到左角模式（HL）	F2	V：122°09′30″ HL：269°50′30″ H—蜂鸣 R/L 竖角 P3↓
第 3 步	以左角 HL 模式进行测量		

注 每次按F2（R/L）键，HR/HL 两种模式交替切换。

3. 水平角的设置

（1）通过锁定角度值进行设置，操作过程及显示见表 5.5.12。

表 5.5.12 水平角的设置(1)

步骤	操作过程	操作	显示
第1步	用水平微动螺旋转到所需的水平角	显示角度	V：122°09′30″ HR：90°09′30″ 置零 锁定 置盘 P1↓
第2步	按[F2]（锁定）键	[F2]	水平角锁定 HR：90°09′30″ >设置？ --- ---［是］［否］
第3步	照准目标	照准	
第4步	按[F3]（是）键完成水平角设置①，显示窗变为正常的角度测量模式	[F3]	V：122°09′30″ HR：90°09′30″ 置零 锁定 置盘 P1↓

① 若要返回上一个模式，可按[F4]（否）键。

（2）通过键盘输入进行设置，操作过程及显示见表5.5.13。

表 5.5.13 水平角的设置(2)

步骤	操作过程	操作	显示
第1步	照准目标	照准	V：122°09′30″ HR：90°09′30″ 置零 锁定 置盘 P1↓
第2步	按[F3]（置盘）键	[F3]	水平角设置 HR： 输入 --- --- 回车
第3步	通过键盘输入所要求的水平角，如：150°10′20″	[F1] 150.1020 [F4]	V：122°09′30″ HR：150°10′20″ 置零 锁定 置盘 P1↓

注 随后即可从所要求的水平角进行正常的测量。

4. 垂直角与斜率（%）的转换

操作过程及显示见表5.5.14。

表 5.5.14　　　　　　　**垂直角与斜率设置**

步骤	操作过程	操作	显示
第 1 步	按 F4 (↓) 键转到第 2 页	F4	V：90°10′20″ HR：90°09′30″ 置零　锁定　置盘　P1↓ 倾斜　———　V%　P2↓
第 2 步	按 F3 (V%) 键①	F3	V：−0.30% HR：90°09′30″ 倾斜　———　V%　P1↓

① 每次按 F3 (V%) 键，显示模式交替切换。当高度超过 45° (100%) 时，显示窗将显示“超限”(超出测量范围)。

5. 天顶距与垂直角的转换

垂直角显示如图 5.5.2 所示。

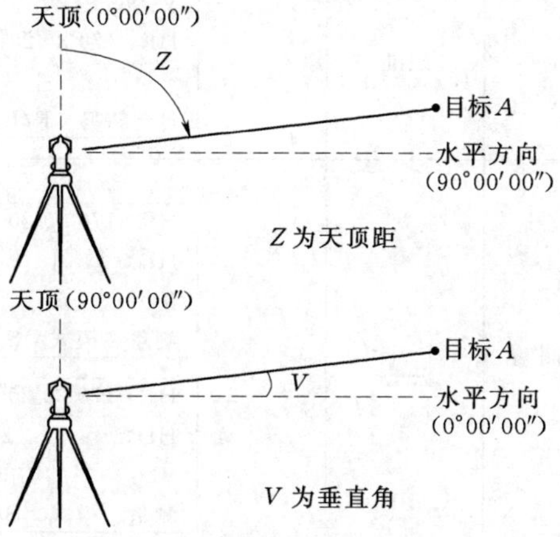

图 5.5.2　天顶距与垂直角

天顶距与垂直角转换操作过程及显示见表 5.5.15。

表 5.5.15　　　　　　　**天顶距与垂直角转换设置**

步骤	操作过程	操作	显示
第 1 步	按 F4 (↓) 键转到第 3 页	F4 两次	V：19°51′27″ HR：170°30′20″ 置零　锁定　置盘　P1↓ H—蜂鸣　R/L　竖角　P3↓

续表

步骤	操作过程	操作	显　示
第 2 步	按[F3]（竖角）键[①]	[F3]	V：70°08′33″ HR：170°30′20″ H—蜂鸣　R/L　竖角　　P3↓

① 每次按[F3]（竖角）键，显示模式交替切换。

5.5.3　距离测量

在进行距离测量前通常需要确认大气改正的设置和棱镜常数的设置，再进行距离测量。

1. 连续测量

距离连续测量操作过程及显示见表 5.5.16。

表 5.5.16　　距离连续测量设置

步骤	操作过程	操作	显　示
第 1 步	照准棱镜中心	照准	V：90°10′20″ HR：170°30′20″ H—蜂鸣　R/L　竖角　　P3↓
第 2 步	按[◢]键，距离测量开始[①②]	[◢]	HR：170°30′20″ HD*　[r]　　　<<m VD：　　　　　m 测量　模式　S/A　　P1↓ HR：170°30′20″ HD*　　　235.343m VD：　　　36.551m 测量　模式　S/A　　P1↓
第 3 步	显示测量的距离[③④⑤]，再次按[◢]键，显示变为水平角（HR）、垂直角（V）和斜距（SD）	[◢]	V：　　90°10′20″ HR：　170°30′20″ SD[⑥]　　241.551m 测量　模式　S/A　　P1↓

① 当光电测距（EDM）正在工作时，"＊"标志就会出现在显示窗。

② 将模式从精测转换到跟踪，参阅"精测/跟踪测量模式"。
在仪器电源打开状态下，要设置距离测量模式，可参阅"基本设置"。

③ 距离的单位表示为"m"（米）或"ft"、"fi"（英尺），并随着蜂鸣声在每次距离数据更新时出现。

④ 如果测量结果受到大气抖动的影响，仪器可以自动重复测量工作。

⑤ 要从距离测量模式返回正常的角度测量模式，可按[ANG]键。

⑥ 对于距离测量，初始模式可以选择显示顺序（HR，HD，VD）或（V，HR，SD）参阅"基本设置"。

2. *N* 次测量/单次测量

当输入测量次数后，仪器就按设置的次数进行测量，并显示出距离平均值。当输入测量次数为 1 时，因为是单次测量，仪器不显示距离平均值。操作过程及显示见表 5.5.17。

表 5.5.17　　距离 *N* 次测量/单次测量设置

步骤	操作过程	操作	显　示
第 1 步	照准棱镜中心	照准	V：122°09′30″ HR：90°09′30″ 置零　锁定　置盘　　P1↓
第 2 步	按◢键，连续测量开始	◢	HR：170°30′20″ HD* ［r］　　<<m VD：　　m 测量　模式　S/A　　P1↓
第 3 步	当不再需要连续测量时，可按F1键测量，测量模式为 *N* 次测量模式； 当光电测距（EDM）正在工作时，再按F1（测量）键，模式转变为连续测量模式	F1	HR：170°30′20″ HD* ［n］　　<<m VD：　　m 测量　模式　S/A　　P1↓ HR：170°30′20″ HD：　566.346 m VD：　89.678 m 测量　模式　S/A　　P1↓

3. 精测模式/跟踪模式

精测模式/跟踪模式的操作过程及显示见表 5.5.18。

表 5.5.18　　精测模式/跟踪模式测量设置

步骤	操作过程	操作	显　示
第 1 步	在距离测量模式下按F2（模式）① 键所设置模式的首字符（F/T）	F2	HR：170°30′20″ HD：　566.346m VD：　89.678m 测量　模式　S/A　　P1↓
第 2 步	按F1（精测）键精测，F2（跟踪）键跟踪测量	F1～F2	HR：　170°30′20″ HD：　566.346 m VD：　89.678 m 精测　跟踪　———　F HR：　170°30′20″ HD：　566.346 m VD：　89.678 m 测量　模式　S/A　　P1↓

① 要取消设置，按Esc键。

4. 距离放样

利用全站仪进行距离放样可以大大提高工作效率和放样精度，该功能可显示出测量的距离与输入的放样距离之差：

测量距离—放样距离＝显示值

放样时可选择平距（*HD*）、高差（*VD*）和斜距（*SD*）中的任意一种放样模式。操作过程及显示见表 5.5.19。

表 5.5.19　距离放样

步骤	操作过程	操作	显示
第 1 步	在距离测量模式下按[F4]（↓）键，进入第 2 页功能	[F4]	HR：170°30′20″ HD：　566.346m VD：　89.678m 测量　模式　S/A　P1↓ 偏心　放样　m/f/i　P2↓
第 2 步	按[F2]（放样）键，显示出上次设置的数据	[F2]	放样 HD：　0.000 m 平距　高差　斜距　———
第 3 步	通过按[F1]～[F3]键选择测量模式 F1：平距，F2：高差，F3：斜距 例：水平距离	[F1]	放样 HD：　0.000 m 输入　——— ———　回车
第 4 步	输入放样距离 350 m	[F1] 输入 350 [F4]	放样 HD：　350.000 m 输入　——— ———　回车
第 5 步	照准目标（棱镜）测量开始，显示出测量距离与放样距离之差	照准 P	HR：120°30′20″ dHD*［r］　<<m VD：　m 输入　——— ———　回车
第 6 步	移动目标棱镜，直至距离差等于 0 为止		HR：120°30′20″ dHD*［r］　25.688 m VD：　2.876 m 测量　模式　S/A　P1↓

注　若要返回到正常的距离测量模式，可设置放样距离为 0 或关闭电源。

5.5.4 坐标测量（数据采集）

5.5.4.1 坐标测量

要测出待测点坐标，须先设置测站坐标、测站高、棱镜高及后视方位角。

1. 测站坐标设置

测站坐标设置操作过程及显示见表 5.5.20。

表 5.5.20　　**测站坐标设置**

步骤	操作过程	操作	显示
第 1 步	在坐标测量模式下，按 [F4]（↓）键，转到第 2 页功能	[F4]	N：286.245 m E：76.233 m Z：14.568 m 测量　模式　S/A　　P1↓ 镜高　仪高　测站　　P2↓
第 2 步	按 [F3]（测站）键	[F3]	N—>　0.000 m E：0.000 m Z：0.000 m 输入　———————　回车
第 3 步	输入 *N* 坐标	[F1] 输入数据 [F4]	N：36.976 m E—>　0.000 m Z：0.000 m 输入　———————　回车
第 4 步	按同样方法输入 *E* 和 *Z* 坐标，输入数据后，显示屏返回坐标测量显示		N：36.976 m E：298.578 m Z：45.330 m 测量　模式　S/A　　P1↓

注　输入范围：

−999999.999↖N、E、Z↖+999999.999m

−999999.999↖N、E、Z↖+999999.999ft

−999999.11.7↖N、E、Z↖+999999.11.7ft+inch

2. 仪器高的设置

仪器高的设置操作过程及显示见表 5.5.21。

表 5.5.21　　**仪器高的设置**

步骤	操作过程	操作	显示
第 1 步	在坐标测量模式下，按 [F4]（↓）键，转到第 2 页功能	[F4]	N：286.245 m E：76.233 m Z：14.568 m 测量　模式　S/A　　P1↓ 镜高　仪高　测站　　P2↓

续表

步骤	操作过程	操作	显示
第2步	按[F2]（仪高）键，显示当前值	[F2]	仪器高 输入 仪高　0.000 m 输入　——— ———　回车
第3步	输入仪器高[①]	[F1] 输入仪器高 [F4]	N：　286.245 m E：　76.233 m Z：　14.568 m 测量　模式　S/A　P1↓

① 参阅2.10“字母数字的输入方法”。
输入范围：
—999.999≤仪器高≤+999.999m
—999.999≤仪器高≤+999.999ft
—999.11.7≤仪器高≤+999.11.7ft+inch

3. 棱镜高的设置

此项功能用于获取 Z 坐标值，电源关闭后，可保存目标高，操作过程及显示见表5.5.22。

表5.5.22　棱镜高的设置

步骤	操作过程	操作	显示
第1步	在坐标测量模式下，按[F4]键，进入第2页功能	[F4]	N：　286.245 m E：　76.233 m Z：　14.568 m 测量　模式　S/A　P1↓ 镜高　仪高　测站　P2↓
第2步	按[F1]（镜高）键，显示当前值	[F1]	镜高 输入 镜高　0.000 m 输入　——— ———　回车
第3步	输入棱镜高	[F1] 输入棱镜高 [F4]	N：　286.245 m E：　76.233 m Z：　14.568 m 测量　模式　S/A　P1↓

注　输入范围：
—999.999≤棱镜高≤+999.999m
—999.999≤棱镜高≤+999.999f
—999.11.7≤棱镜高≤+999.11.7f+inch

4. 方位角设定

输入后视点坐标，照准棱镜测量，以确定好方位角，然后便可测量待测点坐标了。

5.5.4.2 数据采集

1. 数据采集文件的选择

首先必须选定一个数据采集文件，在启动数据采集模式之间即可出现文件选择显示屏，由此可选定一个文件。操作过程及显示见表 5.5.23。

表 5.5.23　　数据文件选取

步骤	操作过程	操作	显示
			菜单　1/3 F1：数据采集 F2：放样 F3：存储管理　P↓
第 1 步	由主菜单 1/3 按 [F1]（数据采集）键	[F1]	选择文件 FN：________ 输入　调用　———　回车
第 2 步	按 [F2]（调用）键，显示文件目录①	[F2]	SOUDATA　/M0123 —>＊LIFDATA　/M0234 DIEDATA　/M0355 ———　查找　———　回车
第 3 步	按［▲］或［▼］键使文件表向上下滚动，选定一个文件②③	［▲］或［▼］	LIFDATA　/M0234 DIEDATA　/M0355 —>KLSDATA　/M0038 ———　查找 ———　回车
第 4 步	按 [F4]（回车）键，文件即被确认显示数据采集菜单 1/2	[F4]	数据采集　1/2 F1：输入测站点 F2：输入后视点 F3：测量　P↓

① 如果您要创建一个新文件，并直接输入文件名，可按 [F1]（输入）键，然后键入文件名。

② 如果菜单文件已被选定，则在该文件名的左边显示一个符号“＊”。

③ 按 [F2]（查找）键可查看箭头所标定的文件数据内容。

选择文件也可由数据采集菜单 2/2 按上述同样方法进行。

2. 坐标文件的选择（供数据采集用）

若需调用坐标数据文件中的坐标作为测站点或后视点坐标用，则预先应由数据采集菜单 2/2 选择一个坐标文件，操作过程见表 5.5.24。

表 5.5.24 坐标文件的选择

步骤	操作过程	操作	显示
第 1 步	由数据采集菜单 2/2 按 F1（选择文件）键	F1	数据采集 2 / 2 F1：选择文件 F2：编码输入 F3：设置 P↓
第 2 步	按 F2（坐标文件）键	F2	选择文件 F1：测量文件 F2：坐标文件
第 3 步	按表 5.5.23 调用一个坐标文件		选择文件 FN：________ 输入 调用 --- 回车

3. 测站点和后视点

测站点与定向角在数据采集模式和正常坐标测量模式之间是相互通用的，可以在数据采集模式下输入或改变测站点和定向角数值。

（1）测站点坐标可按如下两种方法设定：

1）利用内存中的坐标数据来设定。

2）直接由键盘输入。

（2）后视点定向角可按如下三种方法设定：

1）利用内存中的坐标数据来设定。

2）直接键入后视点坐标。

3）直接键入设置的定向角。

利用内存中的坐标数据来设置测站点，操作过程见表 5.5.25。

表 5.5.25 利用内存中的坐标数据来设置测站点

步骤	操作过程	操作	显示
第 1 步	由数据采集菜单 1/2，按 F1（输入测站点）键，即显示原有数据	F1	点号 ->PT-01 标识符 ：________ 仪高： 0.000 m 输入 查找 记录 测站
第 2 步	按 F4（测站）键	F4	测站点 点号：PT-01 输入 调用 坐标 回车

续表

步骤	操作过程	操作	显　示
第 3 步	按 F1 （输入）键	F1	测站点 点号：PT－01 回退　空格　数字　　　　　回车
第 4 步	输入点号，按 F4 键①	输入点号 F4	点号：－＞PT－11 标识符 ： 仪高：　0.000 m 输入　查找　记录　测站
第 5 步	输入标识符，仪高②③	输入标识符 输入仪高	点号：－＞PT－11 标识符 ： 仪高：1.235 m 输入　查找　记录　测站
第 6 步	按 F3 （记录）键	F3	点号：－＞PT－11 标识符 ： 仪高－＞：1.235 m 输入　查找　记录　测站 ＞记录？　[是]［否]
第 7 步	按 F3 （是）键，显示屏返回数据采集菜单 1/3	F3	数据采集　　1／2 F1：输入测站点 F2：输入后视点 F3：测量　　　　　　P↓

① 参见 2.10“字母数字输入方法”。

② 标识符可能通过输入编码库中登记号数的方法输入，为了显示编码库文件内容，可按 F2 （查找）键。

③ 如果不需要输入仪高（仪器高），则可按 F3 （记录）键。

在数据采集中存入的数据有点号、标识符和仪高。

如果在内存中找不到给定的点，则在显示屏上就会显示“该点不存在”。

4. 设置方向角

设置方向角的操作过程见表 5.5.26。

表 5.5.26　　　　输入并寄存后视点

步骤	操作过程	操作	显　示
第 1 步	由数据采集菜单 1/2，按[F2]（后视），即显示原有数据	[F2]	后视点　-> 编码： 镜高：　0.000 m 输入　置零　测量　后视
第 2 步	按[F4]（后视）键①	[F4]	后视 点号-> 输入　调用　NE/AZ　[回车]
第 3 步	按[F1]（输入）键	[F1]	后视 点号： 回退　空格　数字　　回车
第 4 步	输入点号，按[F4]（ENT）键②；按同样方法，输入点编码，反射镜高③④	输入 PT＃[F4]	后视点　->PT-22 编码： 镜高：　0.000 m 输入　置零　测量　后视
第 5 步	按[F3]（测量）键	[F3]	后视点　->PT-22 编码： 镜高：　0.000 m 角度　*斜距　坐标　---
第 6 步	照准后视点； 选择一种测量模式并按相应的软键，例：[F2]（斜距）键； 进行斜距测量，根据定向角计算结果设置水平度盘；读数测量结果被寄存，显示屏返回到数据采集菜单 1/2	照准 [F2]	V：　90°00′00″ HR：　0°00′00″ SD*　　<<< m >测量… 数据采集　1 / 2 F1：输入测站点 F2：输入后视点 F3：测量　　P↓

① 每次按[F3]键，输入方法就在坐标值，设置角和坐标点之间交替交换。

② 参见“字母数据输入方法”。

③ 点编码可以通过编码库中的登记号来输入，为了显示编码库文件内容，可按[F2]（查找）。

④ 数据采集顺序可设置为［编辑-测量］。

如果在内存中找不到给定的点，则在显示屏上就会显示“该点不存在”。

方位角一定要通过测量来确定。

5. 测量待测点并存储数据

进行待测点的测量，并存储数据，操作过程见表 5.5.27。

表 5.5.27　　测量并记录待测点

步骤	操作过程	操作	显示
第 1 步	由数据采集菜单 1/2，按 F3（测量）键，进入待测点测量	F3	数据采集　　1/2 F1：测站点输入 F2：输入后视 F3：测量　　P↓ 点号：—> 编码： 镜高：0.000 m 输入　查找　测量　同前
第 2 步	按 F1（输入）键，输入点号后① 按 F4 确认	F1 输入点号 F4	点号　= PT—01 编码： 镜高：0.000 m 回退　空格　数字　　回车 点号　= PT—01 编码：—> 镜高：0.000 m 输入　查找　测量　同前
第 3 步	按同样方法输入编码，棱镜高②	F1 输入编码 F4 F1 输入镜高 F4	点号：　PT—01 编码：—> SOUTH 镜高：1.200 m 输入　查找　测量　同前 角度　*斜距　坐标　偏心
第 4 步	按 F3（测量）键	F3	
第 5 步	照准目标点	照准	
第 6 步	按 F1～F3 中的一个键③，例：F2（斜距）键；开始测量；数据被存储，显示屏变换到下一个镜点	F2	V：90°00′00″ HR：0°00′00″ SD* ［n］　　<<< m >测量... <完成>
第 7 步	输入下一个镜点数据并照准该点		点号　—>PT—02 编码：SOUTH 镜高：1.200 m 输入　查找　测量　同前

续表

步骤	操作过程	操作	显　示
第 8 步	按[F4]（同前）键； 按照上一个镜点的测量方式进行测量； 测量数据被存储； 按同样方式继续测量； 按[ESC]键即可结束数据采集模式	照准 [F4]	V：90°00′00″ HR：0°00′00″ SD* [n]　　　<<< m >测量... < 完成> 点号　　　－>PT－03 编码 ：SOUTH 镜高 ：1.200 m 输入　查找　测量　同前

① 参阅 2.10“字母数字输入方法”。

② 点编码可以通过输入编码库中的登记号来输入，为了显示编码库文件内容，可按[F2]（查找）键。

③ 符号“*”表示先前的测量模式。

6. 查找记录数据

查找记录数据，操作过程见表 5.5.28。

表 5.5.28　　　　查 找 记 录 数 据

步骤	操作过程	操作	显　示
第 1 步	运行数据采集模式期间可按[F2]（查找）键①此时在显示屏的右上方会显示出工作文件名	[F2]	点号　　－>PT－03 编码 ： 镜高 ：　1.200 m 输入　查找　测量　同前
第 2 步	在三种查找模式中选择一种按[F1]～[F3]中的一个键②	[F1]～[F3]	查找　　　[SOUTH] F1：第一个数据 F2：最后一个数据 F3：按点号查找

① 若箭头位于编码或标识符旁边，即可查阅编码表。

② 本项操作和存储管理模式中的“查找”操作一样。

7. 用编码库输入编码/标识符（编码 /标识符）

用编码库输入编码/标识符（编码 /标识符），操作过程见表 5.5.29。

表 5.5.29 输入编码

操作过程	操作	显示
在运行数据采集模式期间，按[F1]（输入）键	[F1] 输入编码 [F4]	点号：PT－02 编码 －> 镜高： 1.200 m 输入 查找 测量 同前 点号： PT－02 编码＝SOUTH 镜高： 1.200 m 输入 查找 测量 同前

8. 利用编码表输入编码/标识符

利用编码表输入编码/标识符，操作过程见表 5.5.30。

表 5.5.30 用编码表输入编码/标识符

步骤	操作过程	操作	显示
第 1 步	在数据采集模式下，移动光标到编码或标识符项，按[F2]（查找）键	[F2]	点号： PT－03 编码 －> 镜高 ：1.200 m 输入 查找 测量 同前
第 2 步	按下列光标键，可使记号增加或减少，［▲］或［▼］：逐一增加或减少①	［▲］、［▼］	－>001：FW01 002：FW02 编辑 －－－清除 回车 021：FFW21 －>022：SOUTH 023：KOWL 编辑 －－－清除 回车
第 3 步	按[F4]（回车）键	F4	点号 －>PT－03 编码 －> SOUTH 镜高 －> 1.200 m 输入 查找 测量 同前

① 按[F1]（编辑）键，可编辑编码库。

按[F3]（清除）键，可删除光标所指示的点编码登记号。

在数据采集菜单 2/2 或存储管理菜单 2/3 均可对点编码内容进行编辑。

5.5.5 坐标放样

放样测量模式可根据坐标或手工输入的角度、水平距离和高程计算放样元素，通常使用极坐标法进行点的放样工作，放样显示是连续的。放样测量的具体操作步骤如下：

（1）安置全站仪于测站点上，并量取仪器高。

（2）选用放样测量模式并按屏幕提示依次输入测站点名、二维或三维坐标、仪器高，并按回车确认。

（3）瞄准定向点后，按定向键进行定向测量，可直接输入定向方位角定向，也可输入定向点坐标，仪器会自动计算出定向方位角。

（4）按测量键进行放样测量，首先输入放样点的点号、坐标和棱镜高，仪器会自动计算出放样角度和放样距离，然后旋转照准部使水平角显示为0°00′00″，在此方向线上根据放样距离指挥持棱镜人员前后移动，反复测量几次直到找到放样点为止。

坐标放样在工程建设中使用广泛，全站仪的坐标放样功能使得放样工作效率极大的提高。全站仪坐标具体放样步骤包括置测站点、置后视点、确定方位角、输入所需的放样坐标、开始放样。

1. 设置测站点

设置测站点的方法有如下两种。

（1）利用内存中的坐标设置。操作过程见表5.5.31。

表5.5.31 利用内存中的坐标数据文件设置测站点

步骤	操作过程	操作	显示
第1步	由放样菜单1/2按[F1]（输入测站点）键，即显示原有数据	[F1]	测站点 点号：______ 输入 调用 坐标 回车
第2步	按[F1]（输入）键	[F1]	测站点 点号＝PT－01 回退 空格 数字 回车
第3步	输入点号，按[F4]（ENT）键	输入点号 [F4]	仪高 输入 仪高：0.000 m 输入 ––– ––– 回车
第4步	按同样方法输入仪器高，显示屏返回到放样单1/2	[F1] 输入仪高 [F4]	放样 1/2 F1：输入测站点 F2：输入后视点 F3：输入放样点 P↓

（2）直接键入坐标数据。操作过程见表5.5.32。

表 5.5.32　　直接输入测站点坐标

步骤	操作过程	操作	显示
第 1 步	由放样菜单 1/2 按[F1]（测站点号 输入）键，即显示原有数据	[F1]	测站点 点号：________ 输入　调用　坐标　回车
第 2 步	按[F3]（坐标）键	[F3]	N：　0.000 m E：　0.000 m Z：　0.000 m 输入　———　点号　回车
第 3 步	按[F1]（输入）键，输入坐标值按[F4]（ENT）键	[F1] 输入坐标 [F4]	N：　10.000 m E：　25.000 m Z：　63.000 m 输入　———　点号　回车
第 4 步	按同样方法输入仪器高，显示屏返回到放样菜单 1/2	[F1] 输入仪高 [F4]	仪器高 输入 仪高：0.000 m 输入　———　———　回车
第 5 步	返回放样菜单	[F1] 输入 [F4]	放样　1/2 F1：输入测站点 F2：输入后视点 F3：输入放样点　P↓

2. 设置后视点

如下三种后视点设置方法可供选用。

（1）利用内存中的坐标数据文件设置后视点。操作过程见表 5.5.33。

表 5.5.33　　利用内存中的坐标数据输入后视点坐标

步骤	操作过程	操作	显示
第 1 步	由放样菜单[F2]（后视）键	[F2]	后视 点号：________ 输入　调用　NE/AZ　回车
第 2 步	按[F1]（输入）键	[F1]	后视 点号 ：　BA—01 回退　空格　数字　回车
第 3 步	输入点号，按[F4]（ENT）键①	输入点号 [F4]	后视 H(B)＝ 120°30′20″ ＞照准？　[是]　[否]

① 先转动仪器照准后视点，然后再按［是］对应的[F3]键。

(2) 直接键入坐标数据。操作过程见表5.5.34。

表5.5.34　　直接输入后视点坐标

步骤	操作过程	操作	显示
第1步	由放样菜单1/2按[F2](后视)键,即显示原有数据	[F2]	后视 点号=: 输入　调用　NE/AZ　回车
第2步	按[F3](NE/AZ)键	[F3]	N—>　0.000 m E:　0.000 m 输入　———　点号　回车
第3步	按[F1](输入)键,输入坐标值按[F4](回车)键	[F1] 输入坐标 [F4]	后视 H(B)= 120°30′20″ >照准?　[是]　[否]
第4步	照准后视点	照准后视点	
第5步	按[F3](是)键,显示屏返回到放样菜单1/2	照准后视点 [F3]	放样　1/2 F1:输入测站点 F2:输入后视点 F3:输入放样点　P↓

(3) 直接键入设置角。

直键键入设置角的操作见表5.5.26。

3. 实施放样

实施放样有两种方法可供选择。

(1) 通过点号调用内存中的坐标值。

(2) 直接键入坐标值。

例如:通过点号调用内存中的坐标值方法进行放样,操作过程见表5.5.35。

表5.5.35　　调用内存中的坐标值

步骤	操作过程	操作	显示
第1步	由放样菜单1/2按[F3](放样)键	[F3]	放样　1/2 F1:输入测站点 F2:输入后视点 F3:输入放样点　P↓ 放样 点号:______ 输入　调用　坐标　回车
第2步	按[F1](输入)键,输入点号;按[F4](ENT)键	[F1] 输入点号 [F4]	镜高 输入 镜高:　0.000 m 输入　———　———　回车

续表

步骤	操作过程	操作	显　示
第 3 步	按同样方法输入反射镜高，当放样点设定后，仪器就进行放样元素的计算。 *HR*：放样点的水平角计算值； *HD*：仪器到放样点的水平距离计算值	F1 输入镜高 F4	计算 HR：122°09′30″ HD：245.777 m 角度　距离　———　———
第 4 步	照准棱镜，按 F1 角度键。 点号：放样点； *HR*：实际测量的水平角； *dHR*：对准放样点仪器应转动的水平角＝实际水平角－计算的水平角； 当 *dHR*＝0°00′00″时，即表明放样方向正确	照准 F1	点号：LP－100 HR：　2°09′30″ dHR：　22°39′30″ 距离　———　坐标　———
第 5 步	按 F1（距离）键。 *HD*：实测的水平距离； *dHD*：对准放样点尚差的水平距离＝实测高差－计算高差	F1	HD*　[r]　< m dHD：　m dZ：　m 模式　角度　坐标　继续 HD*　245.777 m dHD：　－3.223 m dZ：　－0.067m 模式　角度　坐标　继续
第 6 步	按 F1（模式）键进行精测	F1	HD*　[r]　< m dHD：　m dZ：　m 模式　角度　坐标　继续 HD*　244.789 m dHD：　－3.213 m dZ：　－0.047m 模式　角度　坐标　继续
第 7 步	当显示值 *dHR*、*dHD* 和 *dZ* 均为 0 时，则放样点的测设已经完成		
第 8 步	按 F3（坐标）键，即显示坐标值	F3	N：　12.322 m E：　34.286 m Z：　1.5772 m 模式　角度　———　继续
第 9 步	按 F4（继续）键，进入下一个放样点的测设	F4	放样 点号：________ 输入　调用　坐标　回车

4. 设置新点

当现有控制点与放样点之间不通视时就需要设置新点。重新搬站，在已知点上架好仪器，并设置好测站点、后视点，后视以确定方位角之后开始放样。步骤与上面相同。

5.5.6 后方交会测量

在某一待定点上，通过观测 2 个以上的已知点，以求得待定点的坐标，在全站仪测量中称为后方交会。

如果对已知点仅观测水平方向，则至少应观测 3 个已知点，这符合经典后方交会的定义。由于全站仪瞄准目标后可以边、角同测，因此，如果对 2 个已知点的观测距离已构成测边交会，已能计算测站点的坐标，而测距时必定同时观测水平角，便有了多余观测，这就要进行闭合差的调整后才计算坐标。有些仪器所带的后方交会软件中，具有处理这些多余观测的功能。

后方交会的具体操作方法如下：

（1）安置全站仪于待定点后，输入仪器高。

（2）选择后方交会模式，按屏幕提示输入各已知点的三维坐标、目标（棱镜）高，按测量键。

（3）当观测方案已具备计算的条件时，屏幕询问是否观测其他点，如果有，尚可按提示输入，如果没有，则按回车。

（4）依次瞄准各已知点，按测量键。

（5）各点观测完毕，经过软件计算，屏幕显示测站点的三维坐标。

5.5.7 悬高测量

测量某些不能安置反光棱镜的目标（如高压电线、桥梁桁架等）的高度时，可以利用目标上面或下面能安置棱镜的点来测定，称为悬高测量，或称遥测高程。如图 5.5.3 所示。

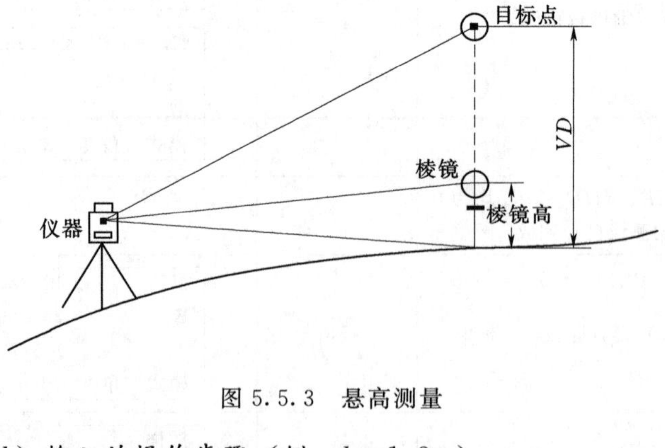

图 5.5.3 悬高测量

1. 有棱镜高（h）输入的操作步骤（例：$h=1.3\text{m}$）

有棱镜高输入的操作过程见表 5.5.36。

2. 没有棱镜高输入的操作步骤

没有棱镜高输入的操作过程见表 5.5.37。

表 5.5.36　　有棱镜高的悬高测量

步骤	操作过程	操作	显　示
第 1 步	按 MENU 键，再按 F4（P↓）键，进入第 2 页菜单	MENU F4	菜单　2 / 3 F1：程序 F2：格网因子 F3：照明　P1↓
第 2 步	按 F1 键，进入程序	F1	程序　1/2 F1：悬高测量 F2：对边测量 F3：Z 坐标
第 3 步	按 F1（悬高测量）键	F1	悬高测量 F1：输入镜高 F2：无需镜高
第 4 步	按 F1 键	F1	悬高测量－1 <第一步> 镜高 ：　0.000m 输入　－－－ －－－　回车
第 5 步	输入棱镜高	F1 输入棱镜高 1.3 F4	悬高测量－1 <第二步> HD ：　m 测量　－－－ －－－　设置
第 6 步	照准棱镜	照准 P	悬高测量－1 <第二步> HD*　<< m 测量
第 7 步	按 F1（测量）键，测量开始显示仪器至棱镜之间的水平距离（*HD*）	F1	悬高测量－1 <第二步> HD*　123.342 m 测量　设置
第 8 步	测量完毕，棱镜的位置被确定	F4	悬高测量－1 VD ：　3.435 m －－－　镜高 平距　－－－
第 9 步	照准目标 *K*，显示垂直距离（*VD*）	照准 *K*	悬高测量－1 VD ：　24.287 m －－－　镜高 平距　－－－

表 5.5.37 没有棱镜高的测量

步骤	操作过程	操作	显示
第1步	按[MENU]键，再按[F4]，进入第2页菜单	[MENU] [F4]	菜单 2/3 F1：程序 F2：格网因子 F3：照明 P1↓
第2步	按[F1]键，进入特殊测量程序	[F1]	菜单 F1：悬高测量 F2：对边测量 F3：Z坐标
第3步	按[F1]键，进入悬高测量	[F1]	悬高测量 1/2 F1：输入镜高 F2：无需镜高
第4步	按[F2]键，选择无棱镜模式	[F2]	悬高测量－2 <第一步> HD： m 测量 ——— ——— 设置
第5步	照准棱镜	照准 *P*	悬高测量－2 <第一步> HD* << m 测量 ——— ——— 设置
第6步	按[F1]（测量）键测量开始显示仪器至棱镜之间的水平距离	[F1]	悬高测量－2 <第一步> HD* 287.567 m 测量 ——— ——— ———
第7步	测量完毕，棱镜的位置被确定	[F4]	悬高测量－2 <第二步> V：80°09′30″ ——— ——— ——— 设置
第8步	照准地面点 *G*	照准 *G*	悬高测量－2 <第二步> V：122°09′30″ ——— ——— ——— 设置
第9步	按[F4]（设置）键，*G*点的位置即被确定	[F4]	悬高测量－2 VD： 0.000 m ——— 垂直角 平距 ———
第10步	照准目标点 *K* 显示高差（*VD*）	照准 *K*	悬高测量－2 V D： 10.224 m ——— 垂直角 平距 ———

5.5.8 对边测量

全站仪在一个测站 O 上分别与两个目标点 A、B 通视，全站仪可以测定 AB 两点之间的水平距离、斜距和高差，称为对边测量（图 5.5.4）。

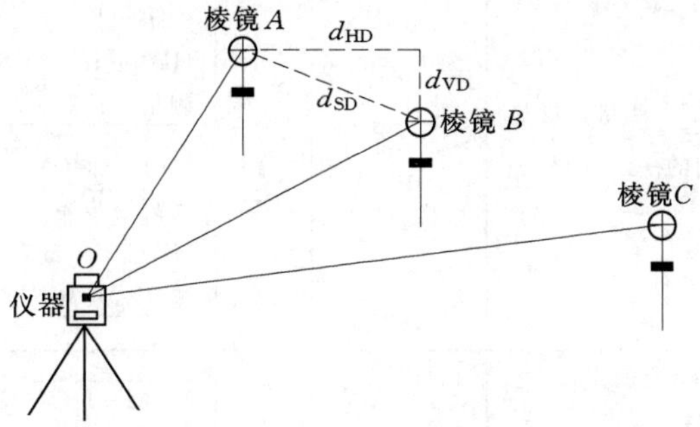

图 5.5.4　对边测量

下面以测量 $A—B$，$A—C$，$A—D$，…为例来介绍对边测量的步骤。操作过程见表 5.5.38。

表 5.5.38　　对 边 测 量

步骤	操作过程	操作	显示
第 1 步	按[MENU]键，再按[F4]（P↓），进入第 2 页菜单	[MENU] [F4]	菜单　2 / 3 F1：程序 F2：格网因子 F3：照明　P1↓
第 2 步	按[F1]键，进入程序	[F1]	菜单　1 / 2 F1：悬高测量 F2：对边测量 F3：Z 坐标　P1↓
第 3 步	按[F2]（对边测量）键	[F2]	对边测量 F1：使用文件 F2：不使用文件
第 4 步	按[F1]或[F2]键，选择是否使用坐标文件。 例：F2：不使用坐标文件	[F2]	格网因子 F1：使用格网因子 F2：不使用格网因子
第 5 步	按[F1]或[F2]键，选择是否使用坐标格网因子	[F2]	对边测量 F1：MLM—1（A—B，A—C） F2：MLM—2（A—B，B—C）
第 6 步	按[F1]键	[F1]	MLM—1（A—B，A—C） <第一步> HD：　　m 测量　镜高　坐标　设置

续表

步骤	操作过程	操作	显　示
第 7 步	照准棱镜 *A*，按 F1（测量）键显示仪器至棱镜 *A* 之间的平距（*HD*）	照准 *A* F1	MLM—1 (A—B，A—C) ＜第一步＞ HD* [n]　　　＜＜ m 测量　镜高　坐标　设置 MLM—1 (A—B，A—C) ＜第一步＞ HD*　　287.882 m 测量　镜高　坐标　设置
第 8 步	测量完毕，棱镜的位置被确定	F4	MLM—1 (A—B，A—C) ＜第二步＞ HD：　　m 测量　镜高　坐标　设置
第 9 步	照准棱镜 *B*，按 F1（测量）键显示仪器到棱镜 *B* 的平距（*HD*）	照准 *B* F1	MLM—1 (A—B，A—C) ＜第二步＞ HD*　　＜＜ m 测量　镜高　坐标　设置 MLM—1 (A—B，A—C) ＜第二步＞ HD*　　223.846 m 测量　镜高　坐标　设置
第 10 步	测量完毕，显示棱镜 *A* 与 *B* 之间的平距（*dHD*）和高差（*dVD*）	F4	MLM —1 (A—B，A—C) dHD：　21.416 m dVD：　1. 256 m ——— ——— 平距 ———
第 11 步	按◢键，可显示斜距（*dSD*）	◢	MLM—1 (A—B，A—C) dSD：　263.376 m HR ：　10°09′30″ ——— ——— 平距 ———
第 12 步	测量 *A*—*C* 的距离，按 F3（平距）①	F3	MLM—1 (A—B，A—C) ＜第二步＞ HD：　　m 测量　镜高　坐标　设置
第 13 步	照准棱镜 *C*，按 F1（测量）键显示仪器到棱镜 *C* 的平距（*HD*）	照准棱镜 *C* F1	MLM—1 (A—B，A—C) ＜第二步＞ HD：　　＜＜m 测量　镜高　坐标　设置

续表

步骤	操作过程	操作	显示
第 14 步	测量完毕，显示棱镜 A 与 C 之间的平距（dHD）、高差（dVD）	[F4]	MLM－1（A－B，A－C） dHD：　3.846 m dVD：　12.256 m ——— ——— 平距 ———
第 15 步	测量 $A—D$ 的距离，重复操作步骤⑫～⑭[①]		

① 按[Esc]键，可返回到上一个模式。

5.5.9 面积测量

使用面积测量模式，可以测量目标点之间连线所包围的面积。面积测量用于计算平面线边构成的面积。在进行面积测量计算时，应注意以下几点：

（1）如果图形边界线相互交叉，则面积不能正确计算。

（2）混合坐标文件数据和测量数据来计算面积是不可能的。

（3）面积计算所用的点数是没有限制的。

面积计算有如下两种方法。

1. 用坐标数据文件计算面积

用坐标数据文件计算面积的操作过程见表 5.5.39。

表 5.5.39　　面积测量

步骤	操作过程	操作	显示
第 1 步	按[MENU]键，再按[F4]（P↓）显示主菜单 2/3	[MENU] [F4]	菜单　2/3 F1：程序 F2：格网因子 F3：照明　P1↓
第 2 步	按[F1]键，进入程序	[F1]	程序　1/2 F1：悬高测量 F2：对边测量 F3：Z 坐标　P1↓
第 3 步	按[F4]（P1↓）键	[F4]	程序　2/2 F1：面积 F2：点到线测量 P1↓
第 4 步	按[F1]（面积）键	[F1]	面积 F1：文件数据 F2：测量

续表

步骤	操作过程	操作	显示
第5步	按[F1]（文件数据）键	[F1]	选择文件 FN：________ 输入 调用 －－－ 回车
第6步	按[F1]（输入）键，输入文件名后，按[F4]确认，显示初始面积计算屏	[F1] 输入FN [F4]	面积 0000 m. sq 下点：DATA－01 点号 调用 单位 下点
第7步	按[F4]键（下点）文件中第1个点号数据（DATA－01）被设置，第2个点号即被显示	[F4]	面积 0000 m. sq 下点：DATA－02 点号 调用 单位 下点
第8步	重复按[F4]（下点）键，设置所需要的点号，当设置3个点以上时，这些点所包围的面积就被计算，结果显示在屏幕上	[F4]	面积 156.144m. sq 下点：DATA－12 点号 调用 单位 下点

2. 用测量数据计算面积

用测量数据计算面积的操作过程见表5.5.40。

表5.5.40　面积计算

步骤	操作过程	操作	显示
第1步	按[MENU]键，再按[F4]（P↓）显示主菜单2/3	[MENU] [F4]	菜单 2/3 F1：程序 F2：格网因子 F3：照明 P1↓
第2步	按[F1]键，进入程序	[F1]	程序 1/2 F1：悬高测量 F2：对边测量 F3：Z坐标 P1↓
第3步	按[F4]（P1↓）键	[F4]	程序 2/2 F1：面积 F2：点到线测量 P1↓
第4步	按[F1]（面积）键	[F1]	面积 F1：文件数据 F2：测量

续表

步骤	操作过程	操作	显　示
第 5 步	按F2（测量）键	F2	面积 F1：使用格网因子 F2：不使用格网因子
第 6 步	按F1或（F2）键，选择是否使用坐标格网因子。如选择F2不使用格网因子	F2	面积 0000　　m. sq 测量 ——— 单位 ———
第 7 步	照准棱镜，按F1（测量）键，进行测量①	照准 P F1	N* [n]　　<< m E：　　m Z：　　m >测量......
第 8 步	照准下一个点，按F1（测量）键，测三个点以后显示出面积	照准 F1	面积　　0003 11. 144m. sq 测量 ——— 单位 ———

① 仪器处于 N 次测量模式。

实 训 与 习 题

1. 实训任务、要求与能力目标

任　务		要　求	能力目标
1	认识全站仪、正确使用全站仪、全站仪的基本应用	1. 认识全站仪各部件名称、作用，懂得棱镜、温度、气压等设置； 2. 每人轮流操作测量水平角、竖直角和平距、高差	1. 具有全站仪测量水平角、距离、高差的能力； 2. 具有全站仪基本设置的能力
2	测量坐标和高程	1. 每人进行创建文件、建站； 2. 测量 3 个点坐标，记录	1. 具有使用全站仪进行测量坐标能力； 2. 具有文件查询、管理的能力
3	坐标放样	每组完成放样一建筑物，并进行校核，符合要求	具有使用全站仪放样建筑物的能力
4	程序测量	每人完成对边测量、悬高测量、面积测量的操作	具有使用全站仪进行对边测量、悬高测量和面积测量的能力

2. 习题

（1）全站仪的基本构造由哪几部分组成？

（2）全站仪坐标测量中数据采集有哪些步骤？

（3）全站仪坐标放样的步骤有哪些？

（4）坐标测量与坐标放样有什么不同？

(5) 怎样进行后方交会测量？后方交会测量时最少需要几个已知坐标点？后方交会测量时需要量取仪器高吗？

(6) 怎样进行悬高测量？悬高测量的原理是什么？

(7) 怎样进行棱镜常数、温度和气压的设置？

(8) 怎样进行距离测量的测量次数设置？

(9) 怎样进行面积测量和面积计算？如果只需要测量出某图形的面积时，一定需要用已知点进行建站吗？

(10) 在全站仪基本测量时测量的高差（*VD*）是实际高差吗？

(11) 怎样建立项目（任务）和打开项目？

(12) 怎样建站？全站仪的建站工作有几个步骤？建站后怎样进行检查？

(13) 怎样进行全站仪测量数据的下载和将已知数据上传至全站仪？

第 6 章　测量误差的基本知识

学习目标：

通过学习本章，了解测量误差的概念、误差来源及误差分类，了解误差出现的规律及其对观测成果的影响，具有选择合理的观测方法减弱或消除测量误差、提高测量结果精度的能力及应用测量规范衡量测量结果精度的能力。

6.1 测量误差概述

通过测量实践可以发现，对某一未知量进行多次观测，不论测量仪器多么精密，观测进行得多么仔细，观测值之间总是存在着差异。例如，往返丈量某段距离若干次，各次结果均互不相同；观测一个平面三角形三个内角，其观测值之和常常不等于理论值 180°；闭合水准路线观测的高差总和往往不等于零等。这些现象都说明了测量结果不可避免地存在误差。

6.1.1　测量误差的概念

1. 观测值

观测值是通过观测得到的测量信息，最终以数字的形式来反映，即用仪器观测未知量而获得的数据，如两点的方向值、两点的距离值、两点的高差值等。

观测值的类型很多，不同的划分方法可得到不同的分类。按观测信息性质的不同可将观测值划分为几何观测值（面积、体积、高差、距离等）和物理观测值（温度、气压、折光等）；按观测值所在投影面的不同可将观测值分为平面观测值和竖直面观测值；按观测对象所在的位置不同可将观测值分为空间观测值、陆地观测值、海洋观测值等；按观测对象本身的动静态性质可分为静态观测值和动态观测值；按观测对象能否直接得到可将观测值分为直接观测值和间接观测值。

2. 测量误差

任何观测量，客观上总是存在一个能反映其真正大小的数值，这个数值成为观测量的真值或理论值。然而，测量是一个有变化的过程，观测值与真值（或观测值的平均值）不相等，它们之间存在微小的差异，这个微小差异称为测量误差。

若用 L 表示观测值，X 表示真值，则它们之差为测量真误差，用 Δ 表示：

$$\Delta = L - X \tag{6.1.1}$$

若用 L 表示观测值，$\overline{x}$ 表示观测值的平均值，则它们之差为测量似真误差（或叫改正数），用 V 表示：

$$V = L - \overline{x} \tag{6.1.2}$$

6.1.2　测量误差的来源

测量误差产生的原因是多种多样的，但由于任何观测值的获取都要具备人、仪器、外界环境这三种因素，所以观测误差产生的原因可归结为以下三个：

(1) 仪器误差。由于仪器制造和校正不可能十分完善，导致观测值的精度受到一定的影响，不可避免地存在误差。

(2) 观测误差。由于观测者感觉器官的鉴别能力有限，无论怎么认真操作仪器，总是不可避免地给观测值带来误差。

(3) 外界条件的影响。在观测过程中由于外界条件（如温度、湿度、风力及阳光照射等）随时发生变化，不可避免地对观测值产生影响。

上述三个方面通常称为观测条件。观测条件的好坏决定了观测质量的高低，当观测条件相同时所进行的各次观测称为等精度观测；观测条件不相同的各次观测，称为非等精度观测。由于非等精度观测计算较繁琐，在工程测量中大多采用等精度观测。

在观测结果中，有时还会出现错误。例如，读错、记错或测错等，统称为粗差。粗差在观测结果中是不允许出现的。为了杜绝粗差，除认真仔细作业外，还必须采取必要的检核措施。例如，对距离进行往返丈量，对角度重复观测，对几何图形进行必要的多余观测，用一定的几何条件来进行检核。

6.1.3 测量误差的分类

观测误差按照对观测成果影响的性质不同，可分为系统误差和偶然误差两大类。

1. 系统误差

在相同的观测条件下，对某量进行一系列观测，若误差出现的符号和大小均相同或按一定的规律变化。这种性质的误差称为系统误差。例如，将 30m 的钢尺与标准尺比较，其尺长误差为 3mm，用该尺丈量 150m 的距离，就会有 15mm 的误差；若丈量 300m 的距离，就有 30mm 的误差。就一段而言，其误差为常数，就全长而言，它与丈量的长度成正比。又如水准仪的视准轴和水准管轴不平行所引起的误差与距离的长短成正比，即呈现一定的规律变化。产生系统误差的主要原因是仪器和工具制造不完善或校正不完善。

系统误差具有累积性，对测量成果影响很大，但它们的符号和大小有一定的规律。有的系统误差可以用计算改正的方法加以消除，例如，尺长误差和温度对尺长的影响，有的可以用一定的观测方法加以消除，例如在水准测量中，用前后视距相等的方法消除视准轴不平行于水准管轴的误差影响；在经纬仪角度测量中，用盘左、盘右观测取平均值的方法可以消除视准轴误差、横轴不垂直于竖轴的误差、度盘偏心差等的影响。

2. 偶然误差

在相同的观测条件下，对某量进行一系列观测，若误差出现的符号可正可负，数值可大可小，从表面上看没有任何规律性，这种性质的误差称为偶然误差。例如，测角时用望远镜的十字丝瞄准目标，由于人眼分辨力、望远镜放大率等的限制，瞄准目标可能偏左或偏右而产生瞄准误差；读数时，估读误差等均属偶然误差。偶然误差是由人、仪器、外界条件等多方面因素引起的。

在观测成果中，系统误差和偶然误差同时存在，当系统误差采取了适当的观测和计算方法加以消除或减少时，观测成果中主要是偶然误差的影响，偶然误差就占了主要地位，观测成果的误差主要体现偶然误差的性质。因此误差理论主要是针对不可避免的偶然误差而言，为此需要对偶然误差的性质作进一步讨论。

3. 偶然误差特性

偶然误差从表面上看，似乎没有任何规律，但随着对同一量观测次数的增加，偶然误差呈现出一定的统计规律性，且观测次数越多，规律越明显。下面结合实例用统计方法来分析这种规律性。

例如，对一个三角形的三个内角进行观测，由于观测存在误差，三角形各内角观测值之和 L 不等于其理论值 180°，用 X 表示真值，其观测值与真值之差称为真误差，用 Δ 表示，即

$$\Delta = L - X = L - 180° \tag{6.1.3}$$

现观测了 96 个三角形，按上式计算可得 96 个真误差 Δ，按其大小和一定的区间（本例为 0.5″），统计见表 6.1.1。

表 6.1.1　　测量误差分布表

误差所在区间	正误差个数	负误差个数	总数
0.0″～0.5″	19	20	39
0.5″～1.0″	13	12	25
1.0″～1.5″	8	9	17
1.5″～2.0″	5	4	9
2.0″～2.5″	2	2	4
2.5″～3.0″	1	1	2
3.0″以上	0	0	0
合计	48	48	96

由表 6.1.1 可以看出：最大的误差为 3.0″，超过 3.0″的误差没有出现；小误差出现的个数比大误差多；绝对值相等的正、负误差出现的个数大致相等。大量实践统计结果表明，特别是观测次数较多时，人们总结出偶然误差具有如下特征：

(1) 在一定的观测条件下，偶然误差的绝对值不会超过一定的限度，简称有界性。

(2) 绝对值小的误差比绝对值大的误差出现的可能性大，简称单峰性。

(3) 绝对值相等的正误差与负误差，其出现的可能性相等，简称对称性。

(4) 当观测次数无限增多时，偶然误差的算术平均值趋近于零，简称抵偿性，即

$$\lim_{n\to\infty}\frac{[\Delta]}{n}=0 \quad ([\Delta]=\Delta_1+\Delta_2+\cdots+\Delta_n) \tag{6.1.4}$$

由上面分析可以看出，测量误差是不可避免的，而研究误差的目的在于求出未知量的最可靠值，并衡量其精度。实践证明，偶然误差不能用计算改正或一定观测方法简单地加以消除，只能根据偶然误差的特性来合理地处理观测数据，以减少偶然误差对测量成果的影响。

6.2 算术平均值原理及计算

6.2.1 算术平均值原理

在相同的观测条件下，对某量进行多次重复观测，根据偶然误差特性，可取其算术平

均值作为最终观测结果。

设对某量进行了 n 次等精度观测，观测值分别为 l_1，l_2，…，l_n，其算术平均值为

$$L=\frac{l_1+l_2+\cdots l_n}{n}=\frac{[l]}{n} \tag{6.2.1}$$

设观测量的真值为 X，观测值为 l_i，则观测值的真误差为

$$\left.\begin{aligned}\Delta_1&=l_1-X\\ \Delta_2&=l_2-X\\ &\vdots\\ \Delta_n&=l_n-X\end{aligned}\right\} \tag{6.2.2}$$

将式（6.2.2）内各式两边相加，并除以 n，得

$$\frac{[\Delta]}{n}=-X+\frac{[l]}{n} \tag{6.2.3}$$

将式（6.2.1）代入式（6.2.3），并移项，得

$$L=X+\frac{[\Delta]}{n}$$

根据偶然误差的特性，当观测次数 n 无限增大时，则有

$$\lim_{n\to\infty}\frac{[\Delta]}{n}=0$$

那么同时可得

$$\lim_{n\to\infty}L=X \tag{6.2.4}$$

由式（6.2.4）可知，当观测次数 n 无限增大时，算术平均值趋近于真值。但在实际测量工作中，观测次数总是有限的，因此，算术平均值较观测值更接近于真值。最接近于真值的算术平均值称为最或然值或最可靠值。

现在来推导算术平均值的中误差公式。

因为

$$L=\frac{L_1+L_2+\cdots+L_n}{n} \tag{6.2.5}$$

式中，$1/n$ 为常数。由于各独立观测值的精度相同，设其中误差均为 m。现以 m_L 表示算术平均值的中误差，根据误差传播定律（后面论述）可得算术平均值的中误差为

$$m_L^2=\frac{m^2}{n}\Rightarrow m_L=\frac{m}{\sqrt{n}} \tag{6.2.6}$$

由式（6.2.6）可知，算术平均值的中误差为观测值的中误差的 $\frac{1}{\sqrt{n}}$ 倍。那么是不是随意增加观测个数对 L 的精度都有利而经济上又合算呢？下面来分析一下：设观测值精度一定时，例如设 $m=1$ 时，当 n 取不同值时，按式（6.2.6）计算的 m_L 值见表6.2.1。

表6.2.1　　观测次数与其中误差的关系

n	1	2	3	4	5	6	10	20	30	40	50	100
m_L	1.00	0.71	0.58	0.50	0.45	0.41	0.32	0.22	0.18	0.16	0.14	0.10

由表6.2.1的数据可以看出，随着 n 的增大，m_L 值不断减少，即 L 的精度不断提高。

但是，当观测次数增加到某一定的数目以后，再增加观测次数，精度就提高得很少了。例如，观测次数自 5 次增加到 20 次，精度提高了一倍。而观测次数自 20 次增加到 100 次，精度也只能提高一倍。由此可见，要提高算术平均值的精度，单靠增加观测次数是不经济的，精度还受观测条件的限制。为了提高观测精度，需要考虑采用适当的仪器、改进操作方法、选择良好的外界环境并提高测量人员的操作素质等措施来改善观测条件。

6.2.2 算术平均值计算

【例 6.2.1】 某一段距离共丈量了 6 次，结果见表 6.2.2，求算术平均值 L。

表 6.2.2　　观测次数及观测值

测次	观测值 l/m	测次	观测值 l/m	测次	观测值 l/m
1	148.643	3	148.610	5	148.654
2	148.590	4	148.624	6	148.647

解： 根据式（6.2.5）计算算术平均值：

$$L=\frac{l_1+l_2+\cdots l_n}{n}=\frac{148.643+148.590+148.610+148.624+148.654+148.647}{6}$$

$$=148.628(\text{m})$$

6.3 衡量测量精度的标准

6.3.1 中误差

设在相同的观测条件下，对某量进行 n 次重复观测，其观测值为 l_1，l_2，…，l_n，相应的真误差为 Δ_1，Δ_2，…Δ_n，则观测值的中误差 m 为

$$m=\pm\sqrt{\frac{[\Delta\Delta]}{n}}(\text{mm}) \tag{6.3.1}$$

$$[\Delta\Delta]=\Delta_1^2+\Delta_2^2+\cdots+\Delta_n^2$$

式中　$[\Delta\Delta]$——真误差的平方和。

【例 6.3.1】 设有 1、2 两组观测值，各组均为等精度观测，它们的真误差分别为

1 组：$+3''$，$-2''$，$-4''$，$+2''$，$0''$，$-4''$，$+3''$，$+2''$，$-3''$，$-1''$。

2 组：$0''$，$-1''$，$-7''$，$+2''$，$+1''$，$+1''$，$-8''$，$0''$，$+3''$，$-1''$。

试计算 1、2 两组各自的观测精度。

解： 根据式（6.3.1）计算 1、2 两组观测值的中误差为

$$m_1=\pm\left(\frac{(+3'')^2+(-2'')^2+(-4'')^2+(+2'')^2+(0'')^2+(-4'')^2+(+3'')^2+(+2'')^2+(-3'')^2+(-1'')^2}{10}\right)^{\frac{1}{2}}$$

$$=\pm2.7''$$

$$m_2=\pm\left(\frac{(0'')^2+(-1'')^2+(-7'')^2+(+2'')^2+(+1'')^2+(+1'')^2+(-8'')^2+(0'')^2+(+3'')^2+(-1'')^2}{10}\right)^{\frac{1}{2}}$$

$$=\pm3.6''$$

$m_1<m_2$，说明 1 组的观测精度比 2 组高。

由中误差的定义可以看出中误差与真误差之间的关系，中误差不等于真误差，中误差所代表的是某一组观测值的精度，而不是这组观测值中某一次的观测精度。

6.3.2　容许中误差

容许误差是在一定观测条件下，偶然误差的绝对值不应超过的限值，也是用来衡量观测值能否被采用的标准。如果某个观测值的偶然误差超过了容许误差，就可以认为该观测值含有粗差，不符合精度要求，应该舍去或重新观测。如水准测量闭合差 $f_n=\pm 12\sqrt{n}$ mm 就是水准测量的容许误差，又称限差。下面将讨论确定限差的依据。

表 6.3.1 列出由观测的 40 个三角形各自内角计算的真误差。根据真误差可算出观测值的中误差。

从表 6.3.1 看出，偶然误差的绝对值大于中误差 9″的有 14 个，占总数的 35%；绝对值大于两倍中误差 18″的只有一个，占总数的 2.5%；而绝对值大于三倍中误差的没有出现。

表 6.3.1　　　　**偶然误差统计**

三角形号数	真误差Δ/(″)	三角形号数	真误差Δ/(″)	三角形号数	真误差Δ/(″)	三角形号数	真误差Δ/(″)
1	+1.5	11	−13.0	21	−1.5	31	−5.8
2	−0.2	12	−5.6	22	−5.0	32	+9.5
3	−11.5	13	+5.0	23	+0.2	33	−15.5
4	−6.6	14	−5.0	24	−2.5	34	+11.2
5	+11.8	15	+8.2	25	−7.2	35	−6.6
6	+6.7	16	−12.9	26	−12.8	36	+2.5
7	−2.8	17	+1.5	27	+14.5	37	+6.5
8	−1.7	18	−9.1	28	−0.5	38	−2.2
9	−5.2	19	+7.1	29	−24.2	39	+16.5
10	−8.3	20	−12.7	30	+9.8	40	+1.7

$$m=\pm\sqrt{\frac{[\Delta\Delta]}{n}}=\pm\sqrt{\frac{3252.68}{40}}=\pm 9.0''$$

表中所列真误差的个数毕竟还是比较少的，若经过大量的测量实践，便可获得如下的规律性：

绝对值大于中误差的偶然误差，出现的个数约占总数的 32%；绝对值大于两倍中误差的约占 5%；而绝对值大于三倍中误差的仅占 0.3%。因此，为确保成果质量，通常以三倍中误差作为偶然误差的容许误差，即

$$\Delta_{容}=3m \tag{6.3.2}$$

在现行规范中，往往提出更严格的要求，而以两倍中误差作为容许误差，即

$$\Delta_{容}=2m \tag{6.3.3}$$

6.3.3　相对中误差

上面讨论的真误差、中误差和容许误差，仅仅表示误差本身的大小，称为绝对误差。

在某种情况下，用绝对误差来评定观测值的精度，并不能反映出观测的质量。例如，丈量两段距离，$D_1=100\text{m}$，$m_1=\pm1\text{cm}$；$D_2=30\text{m}$，$m_2=\pm1\text{cm}$。虽然两者的中误差相等，$m_1=m_2$，却不能说它们的丈量精度相同，显然，前者的精度较高，因此，必须用相对误差来评定精度。所谓相对误差就是绝对误差的绝对值与相应量之比。它是一个无名数，并以分子为 1 的分数形式表示。在上例中，前者的相对中误差 $k_1=\frac{|m_1|}{D_1}=\frac{0.01\text{m}}{100\text{m}}=\frac{1}{10000}$；后者的相对中误差 $k_2=\frac{|m_2|}{D_2}=\frac{0.01\text{m}}{30\text{m}}=\frac{1}{3000}$。前者精度高于后者，所以说相对误差能确切地描述距离测量的精度。

6.4 观测值的中误差计算

6.4.1 和差函数中误差计算

设有函数

$$z=x\pm y \tag{6.4.1}$$

令函数及独立观测值的真误差分别为 Δ_x、Δ_y、Δ_z，则函数 z 的真误差为

$$\Delta_z=\Delta_x\pm\Delta_y \tag{6.4.2}$$

设对于 x、y 各有一组同精度的误差

$$\Delta_{x_1},\Delta_{x_2},\cdots,\Delta_{x_n}$$
$$\Delta_{y1},\Delta_{y2},\cdots,\Delta_{y_n}$$

与其对应的中误差分别为 m_x 和 m_y，则由 x 及 y 所引起 z 的一组误差为

$$\Delta_{z_i}=\Delta_{x_i}\pm\Delta_{y_i}\quad(i=1,2,\cdots,n) \tag{6.4.3}$$

将式（6.4.3）两边取平方，得

$$\Delta_{z_i}^2=\Delta_{x_i}^2\pm\Delta_{y_i}^2\pm2\Delta x_i\Delta_{y_i} \tag{6.4.4}$$

式（6.4.4）从 1 到 n 取和，并两边同时除以 n，得

$$\frac{[\Delta_z^2]}{n}=\frac{[\Delta_x^2]}{n}+\frac{[\Delta_y^2]}{n}+2\frac{[\Delta_x\Delta_y]}{n}$$

由于 x 和 y 相互独立，两者的协方差 $m_{xy}=0$，由中误差的定义可知

$$m_z^2=m_x^2+m_y^2 \tag{6.4.5}$$

也就是说，两独立观测值代数和的中误差的平方，等于这两个独立观测值中误差平方之和。

由式（6.4.5）很容易推广到多个独立观测值的代数和的函数情况。

设函数为

$$z=x_1\pm x_2\pm\cdots\pm x_n$$

同理可得到

$$m_z^2=m_{x_1}^2+m_{x_2}^2+\cdots+m_{xn}^2 \tag{6.4.6}$$

即多个观测值的代数和的中误差平方，等于各个观测值中误差平方之和。

特殊情况下，当观测值的精度相同时，设其中误差均为 m，则

$$m_z^2 = nm^2$$

即

$$m_z = \pm m\sqrt{n} \tag{6.4.7}$$

【例 6.4.1】 在某三角形中，同精度独立观测了两个内角，它们的中误差为 3.0″，求第三个角的中误差。

解： 设 β_1、β_2、β_3 为三角形的三个内角，根据三角形内角和的公式，可得

$$\beta_1 + \beta_2 + \beta_3 = 180°$$
$$\beta_3 = 180° - \beta_1 - \beta_2$$

由和差函数误差传播律得

$$m_{\beta_3}^2 = m_{\beta_1}^2 + m_{\beta_2}^2 = 3.0^2 + 3.0^2 = 18$$
$$m_{\beta_3} = \pm 4.2''$$

6.4.2 倍数函数中误差计算

设有函数

$$z = kx \tag{6.4.8}$$

式中 k——没有误差的常数；

x——观测值。

现用 Δ_x 和 Δ_z 分别表示 x 和 z 的真误差，由式（6.48）可知 Δ_x 和 Δ_z 的关系为

$$\Delta_z = k\Delta_x$$

设有一组同精度的观测值 x_1，x_2，…，x_n，其真误差分别为 Δ_{x_1}，Δ_{x_2}，…，Δ_{x_n} 与其对应的中误差为 m_x。由 Δ_{x_i} 所引起的 z 的一组误差 Δ_{z_i} 为

$$\Delta_{z_i} = k\Delta_{x_i} \quad (i = 1, 2, \cdots, n)$$

将上式平方，得

$$\Delta_{z_i}^2 = k^2 \Delta_{x_i}^2$$

对上式由 1 到 n 相加得

$$[\Delta_z^2] = k^2 [\Delta_x^2]$$

两边同时除以 n 得

$$\frac{[\Delta_z^2]}{n} = k^2 \frac{[\Delta_x^2]}{n}$$

当 $n \to \infty$ 时，两边的极限值为

$$\lim_{n\to\infty} \frac{[\Delta_z^2]}{n} = k^2 \lim_{n\to\infty} \frac{[\Delta_x^2]}{n}$$

由中误差的定义，即得

$$m_z^2 = k^2 m_x^2 \tag{6.4.9}$$
$$m_z = km_x$$

也就是说，观测值与一常数的乘积的中误差，等于观测值的中误差乘以该常数，即其中误差仍然保持倍乘关系。

【例 6.4.2】 在 1∶1000 的地形图上，量得 a、b 两点间的距离 $d = 40.6\text{mm}$，量测中误差 $m_d = 0.2\text{mm}$，求该两点实际距离的中误差 m_D。

解：根据题意得 $D=1000d$，由倍数函数传播律可知

$$m_D=1000m_d=1000\times0.2=200(\text{mm})=\pm0.2(\text{m})$$

6.4.3 线性函数中误差计算

设有函数

$$z=k_1x_1+k_2x_2+\cdots+k_nx_n \tag{6.4.10}$$

其中 k_1，k_2，…，k_n 为常数，而 x_1，x_2，…，x_n 均为独立观测值，它们的中误差分别为 m_1，m_2，…，m_n。由倍数函数和和差函数的误差传播律可得出其误差传播律为

$$m_z^2=k_1^2m_1^2+k_2^2m_2^2+\cdots+k_n^2m_n^2 \tag{6.4.11}$$

即常数与独立观测值乘积的代数和的中误差的平方，等于各常数与相应的独立观测值中误差乘积的平方和。

【例 6.4.3】 设有某线性函数

$$z=\frac{4}{14}x_1+\frac{9}{14}x_2+\frac{1}{14}x_3$$

其中，x_1、x_2、x_3 为独立观测值，其中误差分别为 $m_1=\pm3\text{mm}$、$m_2=\pm2\text{mm}$、$m_3=\pm6\text{mm}$，求 z 的中误差 m_z。

解：根据线性函数误差传播律得

$$m_z^2=k_1^2m_1^2+k_2^2m_2^2+k_3^2m_3^2=\left(\frac{4}{14}\times3\right)^2+\left(\frac{9}{14}\times2\right)^2+\left(\frac{1}{14}\times6\right)^2=2.57(\text{mm}^2)$$

函数 z 的中误差为

$$m_z=\pm1.60\text{mm}$$

【例 6.4.4】 用钢尺分五段测量某距离，得到各段距离及其相应的中误差如下，试求该距离 S 的中误差及相对中误差。

$S_1=50.350\text{m}\pm1.5\text{mm}$，$S_2=150.555\text{m}\pm2.5\text{mm}$，$S_3=100.650\text{m}\pm2.0\text{mm}$，$S_4=100.450\text{m}\pm2.0\text{mm}$，$S_5=50.455\text{m}\pm1.5\text{mm}$。

解：由题意可得

$$S=S_1+S_2+S_3+S_4+S_5=50.350+150.555+100.650+100.450+50.455=452.46(\text{m})$$

根据线性函数误差传播律得

$$\begin{aligned}m_S^2&=k_1^2m_1^2+k_2^2m_2^2+k_3^2m_3^2+k_4^2m_4^2+k_5^2m_5^2\\&=1.5^2+2.5^2+2.0^2+2.0^2+1.5^2\\&=\pm18.75(\text{mm}^2)\end{aligned}$$

S 的中误差为

$$m_S=\pm4.33\text{mm}$$

相对中误差为

$$\frac{m_S}{S}=\frac{4.33}{452460}=\frac{1}{104494}\approx\frac{1}{104000}$$

【例 6.4.5】 如图 6.4.1 所示的三角形 ABC 中，以同精度观测三个内角 L_1、L_2、L_3。其相应中误差均为 m，且观测值之间相互独立，试求：

(1) 三角形闭合差 ω 的中误差 m_ω。

（2）将闭合差平均分配后，角 A 的中误差 m_A。

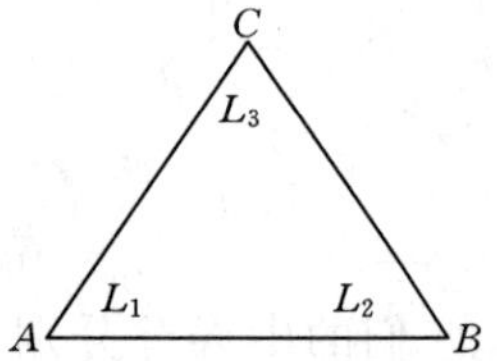

图 6.4.1　三角形

解：（1）三角形闭合差为

$$\omega=L_1+L_2+L_3-180°$$

$$m_\omega^2=m_{L_1}^2+m_{L_2}^2+m_{L_3}^2=\pm 3m^2$$

三角形闭合差的中误差为

$$m_\omega=\pm m\sqrt{3}$$

（2）平均分配闭合差后角 A 的表达式为

$$A=L_1-\frac{1}{3}\omega=L_1-\frac{1}{3}(L_1+L_2+L_3-180°)=\frac{2}{3}L_1-\frac{1}{3}L_2-\frac{1}{3}L_3+60°$$

由线性函数误差传播律得

$$m_A^2=\left(\frac{2}{3}\right)^2 m_{L_1}^2+\left(-\frac{1}{3}\right)^2 m_{L_2}^2+\left(-\frac{1}{3}\right)^2 m_{L_3}^2=\frac{2}{3}m^2$$

所以闭合差分配后角 A 的中误差为

$$m_A=\pm m\sqrt{\frac{2}{3}}$$

6.4.4　一般函数中误差计算

上面给出了几种特殊函数的中误差计算公式，但在实际应用中，函数的种类繁多，不仅有线性形式，还有非线性形式，故不可能一一导出中误差的计算公式。下面给出一般函数中误差的计算公式。

设有函数为

$$Z=f(x_1,x_2,\cdots,x_n) \tag{6.4.12}$$

式中　x_1，x_2，…，x_n——独立观测值，相应的中误差分别为 m_1，m_2，…，m_n。

当 x_i 具有真误差 Δ_{x_i} 时，则函数 Z 随之产生真误差 Δ_Z，通常真误差 Δ 只是一个很小的量值，根据高等数学微分的知识，变量的误差与函数的误差之间的关系，可近似地用函数的全微分来表示，为此，求函数的全微分，并用 Δ_Z 代替 $\mathrm{d}Z$，用 Δ_{x_i} 代替 $\mathrm{d}x_i$，即得

$$\Delta_Z=\frac{\partial f}{\partial x_1}\Delta_{x_1}+\frac{\partial f}{\partial x_2}\Delta_{x_2}+\cdots+\frac{\partial f}{\partial x_n}\Delta_{x_n} \tag{6.4.13}$$

式中　$\frac{\partial f}{\partial x_i}$——函数对观测量 x_i 的偏导数。

将各个观测值代入算出数值，均为常数。因此，设

$$k_i=\frac{\partial f}{\partial x_i} \tag{6.4.14}$$

代入式（6.4.13），得

$$\Delta_Z=k_1\Delta_{x_1}+k_2\Delta_{x_2}+\cdots+k_n\Delta_{x_n} \tag{6.4.15}$$

由此可知，式（6.4.13）与式（6.4.10）形式上基本相同，都属于线性函数，其误差传播律也相同，唯一不同之处是 k_i 为偏导数。

根据误差传播律的一般形式，可得出应用误差传播律的实际步骤：

（1）根据具体测量问题，分析写出函数表达式 $Z=f(x_1,x_2,\cdots,x_n)$。

（2）根据函数表达式写出真误差关系式 $\Delta_Z=\frac{\partial f}{\partial x_1}\Delta_{x_1}+\frac{\partial f}{\partial x_2}\Delta_{x_2}+\cdots+\frac{\partial f}{\partial x_n}\Delta_{x_n}$。

(3) 将真误差关系式转换成中误差关系式：

$$m_Z=\sqrt{\left(\frac{\partial f}{\partial x_1}\right)^2 m_1^2+\left(\frac{\partial f}{\partial x_2}\right)^2 m_2^2+\cdots+\left(\frac{\partial f}{\partial x_n}\right)^2 m_n^2} \tag{6.4.16}$$

【例 6.4.6】 在地面上有一矩形 $ABCD$，$AB=(40.38\pm0.03)$ m，$BC=(33.42\pm0.02)$ m，求矩形的面积及其中误差。

解：设 $AB=a=40.38\text{m}$，$m_a=\pm0.03\text{m}$，$BC=b=33.42\text{m}$，$m_b=\pm0.02\text{m}$。

面积计算如下：

$$S=ab=40.38\times33.42=1349.50(\text{m}^2)$$

对面积函数式求其偏导数得

$$\frac{\partial S}{\partial a}=b \quad \frac{\partial S}{\partial b}=a$$

转化为真误差形式为

$$\Delta_S=b\Delta_a+a\Delta_b$$

根据式（6.4.16），将上式转化为中误差形式，得

$$m_S=\sqrt{b^2m_a^2+a^2m_b^2}$$

将 a、b、m_a、m_b 的数值代入，注意单位的统一，面积中误差为

$$m_S=\sqrt{33.42^2\times0.03^2+40.38^2\times0.02^2}=\pm1.29(\text{m}^2)$$

【例 6.4.7】 如图 6.4.2 所示，测得 AB 的竖直角为 $\alpha=30°00'00''\pm30''$，平距 AC 为 $D=200.00\text{m}\pm0.05\text{m}$ 求 A、B 两点间高差 h 及其中误差 m_h。

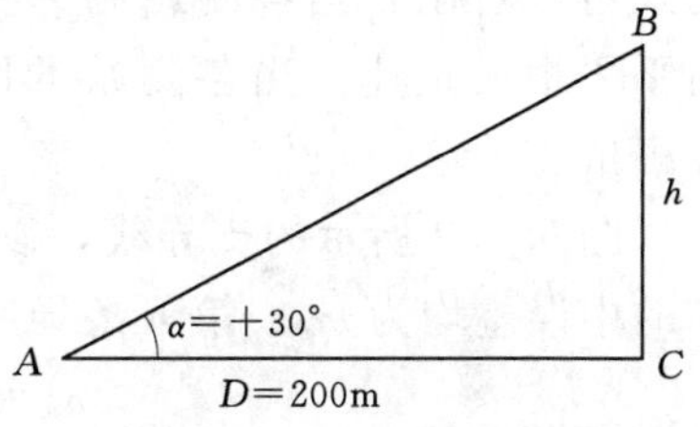

图 6.4.2 高差测量

解：A、B 两点间高差为

$$h=D\tan\alpha=200.00\text{m}\times\tan30°=115.47\text{m}$$

对函数式求其偏导数得

$$\frac{\partial h}{\partial D}=\tan\alpha=\tan30°=0.577$$

$$\frac{\partial h}{\partial \alpha}=D\sec^2\alpha=200\text{m}\times\sec^2 30°=266.670\text{m}$$

由式（6.4.14）得高差的中误差为（m_α 的单位是秒，必须换算成弧度单位进行计算）

$$\begin{aligned}m_h&=\sqrt{\left(\frac{\partial h}{\partial D}\right)^2 m_D^2+\left(\frac{\partial h}{\partial \alpha}\right)^2\left(\frac{m_\alpha}{\rho}\right)^2}\\&=\sqrt{0.577^2\times(\pm0.05\text{m})^2+(266.670\text{m})^2\times\left(\frac{\pm30''}{206265''}\right)^2}\\&=\pm0.048\text{m}\end{aligned}$$

6.4.5 误差传播定律的应用举例

1. 水准测量的精度

设经过 n 个测站测定 A、B 两点间的高差，且第 i 站的观测高差为 h_i，于是，A、B 两点的总高差 h_{AB} 为

$$h_{AB}=h_1+h_2+\cdots+h_n$$

设各测站观测高差的精度相同，其中误差为 $m_{站}$，根据线性函数误差传播律，可得 h_{AB} 的中误差为

$$m_{h_{AB}}=m_{站}\sqrt{n} \tag{6.4.17}$$

若水准路线布设在平坦地区，则各测站的距离 s 大致相等，令 A、B 两点之间的距离为 S，则测站数 $n=\frac{S}{s}$，代入式（6.4.17）得

$$m_{h_{AB}}=m_{站}\sqrt{\frac{S}{s}}$$

如果 S 及 s 均以 km 为单位，则 $\frac{1}{s}$ 表示单位距离（1km）的测站数，$\sqrt{\frac{1}{s}}m_{站}$ 就是单位距离观测高差的中误差。令

$$m_{km}=m_{站}\sqrt{\frac{1}{s}}$$

则

$$m_{h_{AB}}=m_{km}\sqrt{S} \tag{6.4.18}$$

式（6.4.17）和式（6.4.18）是水准测量中计算高差中误差的基本公式。由以上两式可以看出：当各测站高差的观测精度相同时，水准测量中高差的中误差与测站数的平方根成正比。当各测站的距离大致相等时，水准测量中高差的中误差与距离的平方根成正比。

图 6.4.3 所示的支导线，以同样的精度测得 n 个转折角（左角）β_1，β_2，…，β_n，它们的中误差均为 m_β。第 n 条导线边的坐标方位角为

$$\alpha_n=\alpha_0+\beta_1+\beta_2+\cdots+\beta_n-n\times180°$$

式中　α——已知坐标方位角。

设 α_0 为无误差，则第 n 条边的坐标方位角的中误差为

$$m_{\alpha_n}=m_\beta\sqrt{n} \tag{6.4.19}$$

式（6.4.19）表明，支导线中第 n 条导线边的坐标方位角的中误差，等于各转折角中误差 m_β 的 $\sqrt{n}$ 倍，n 为支导线转折角的个数。

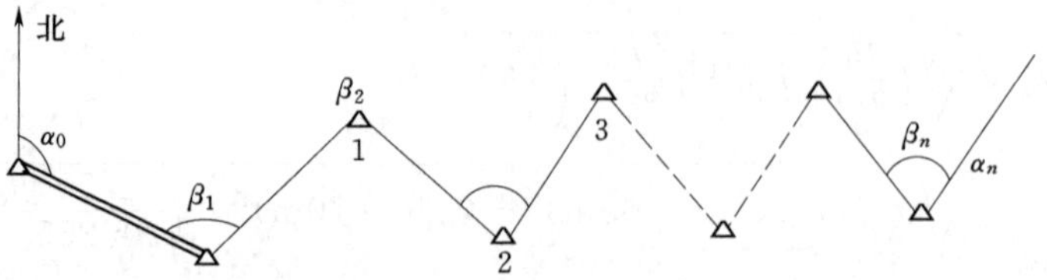

图 6.4.3　导线方位角推算

2. 同精度独立观测值的算术平均值的精度

设对某量同精度独立观测 n 次，其观测值为 L_1，L_2，…，L_n，它们的中误差均等于 m，取 n 个观测值的算术平均值作为该量的最后结果，即

$$x=\frac{[L]}{n}=\frac{1}{n}L_1+\frac{1}{n}L_2+\cdots+\frac{1}{n}L_n$$

由误差传播定律，可得算术平均值的中误差为

$$m_x^2=\frac{1}{n^2}m^2+\frac{1}{n^2}m^2+\cdots+\frac{1}{n^2}m^2=\frac{m^2}{n}$$

或

$$m_x=\frac{m}{\sqrt{n}} \tag{6.4.20}$$

即 n 个同精度观测值的算术平均值的中误差等于各观测值的中误差除以$\sqrt{n}$。

各个观测值的改正数为

$$v_i=x-L_i \qquad (i=1,2,\cdots,n) \tag{6.4.21}$$

用改正数计算观测值中误差的计算公式为

$$m=\sqrt{\frac{[vv]}{n-1}} \tag{6.4.22}$$

实 训 与 习 题

1. 什么叫测量误差？误差产生的原因有哪些？

2. 观测条件包括哪些？

3. 根据观测误差对观测结果的影响，将观测误差区分成哪几类？

4. 偶然误差的特性是什么？

5. 观测量的精度指标主要有哪些？

6. 水准测量高差的中误差与测站数及路线长度有什么样的关系？

7. 在水准测量中，有下列几种情况，使水准尺读数带有误差，试判断误差的性质及对读数的影响？

(1) 视准轴与水准轴不平行。

(2) 仪器下沉。

(3) 读数时估读不准确。

(4) 水准尺下沉。

8. 已知观测值 $S=500.000\text{m}\pm10\text{mm}$，试求观测值 S 的相对中误差。

9. 为了鉴定经纬仪的精度，对已知水平角做了 8 测回的同精度观测。已知角的角值为 50°00′15″（无误差），9 个测回的观测结果见题表 6.1。试求一个测回观测值的中误差及其误差范围。

题表 6.1 观 测 结 果 统 计

测回号	角度值 /(° ′ ″)	测回号	角度值 /(° ′ ″)	测回号	角度值 /(° ′ ″)
1	50 00 10	4	50 00 12	7	50 00 10
2	50 00 18	5	50 00 16	8	50 00 20
3	50 00 20	6	50 00 15	9	50 00 21

10. 已知 $S_1=500.000\text{m}\pm20\text{mm}$，$S_2=1000.000\text{m}\pm20\text{mm}$。试说明：它们的真误差是否相等？它们的中误差是否相等？它们的最大误差是否相等？它们的精度是否相同？

11. 设观测两个长度。结果分别为 $S_1=500.000\text{m}\pm20\text{mm}$，$S_2=800.000\text{m}\pm25\text{mm}$。试计算两个长度的和及差的相对中误差，并比较和与差哪个精度高？

12. 在某三角形中，同精度独立观测了两个内角，它们的中误差为 $3.0''$，求第三个角的中误差。

13. 如题图 6.1 所示的四边形中，独立观测 α、β、γ 三内角，它们的中误差分别为 $3.0''$、$4.0''$、$5.0''$，试求：

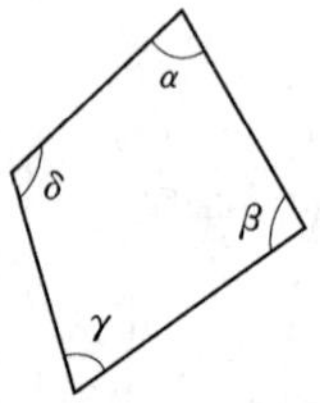

题图 6.1　四边形内角值

（1）第四角 δ 的中误差。

（2）$F=\alpha+\beta+\gamma+\delta$ 的中误差。

14. α 是 4 个测回的角度平均值，每测回中误差为 $8.0''$，β 是 9 个测回的角度平均值，每一测回的中误差为 $9.0''$，求 $F=\alpha-\beta$ 的中误差。

15. 在用经纬仪测塔高的作业中，已知仪器高为 1.6m，其中误差为 2mm，测得仪器距塔的水平距离为 $S=200.000\text{m}\pm12\text{mm}$，竖直角 $\alpha=15°30'30''\pm20''$，试求塔高及其中误差。

第7章 小区域控制测量

学习目标：

通过本章的学习，了解控制测量的概念、分类，熟悉导线测量的布设形式，掌握导线测量，三等、四等水准测量，三角高程测量方法，具有进行平面控制测量和高程控制测量的能力。

7.1 平面控制测量

在测量工作中，由于各种因素的影响，使得测量结果中不可避免地含有误差。为了控制误差在测量成果中的累积，保证测量成果精度的均匀，在测量工作中需要遵循“从整体到局部，先控制后碎部”的测量原则。因此，在进行测量工作之前，需要在测区当中选择一些有控制意义的点，并构成一定的几何图形，从而构成整个测区的骨架，并以此作为测区中测量工作的依据，限制测量误差在工作当中的累积，加快测量工作的进度。这些选择出来的具有控制意义的点，称为控制点，其所构成的图形称为控制网。为获得这些控制点的坐标所进行的测量工作称为控制测量。为获得控制网平面坐标所进行的工作称为平面控制测量；为获得控制点高程所进行的工作称为高程控制测量。

在水平面代替水准面一节的讨论中我们知道，在 $100km^2$ 范围内因水平面代替水准面水平角度产生的误差只有 0.5″，在地形测量中测角仪器的精度为 6″；对距离而言，距离 10km 的水平距离因水平面代替水准面所产生的距离误差为 1ppm。因此在 $100km^2$ 的范围内可不考虑地球曲率的影响。因此这里讨论的小区域控制测量问题主要指 $100km^2$ 下的区域。

7.1.1 国家平面控制网和图根平面控制网

1. 国家平面控制网

为了对全国范围内的测量工作进行统一，满足国家在国防、科研及经济建设等各方面的不同需要，需要在全国范围内建立精密的控制网，称为国家控制网，也称为基本控制网。其中用以控制平面位置的为平面控制网。

国家平面控制网依据精度可分为一等、二等、三等、四等四个级别。其精度由高到低依次排列，一等控制网精度最高，四等控制网精度最低，如图 7.1.1 所示。

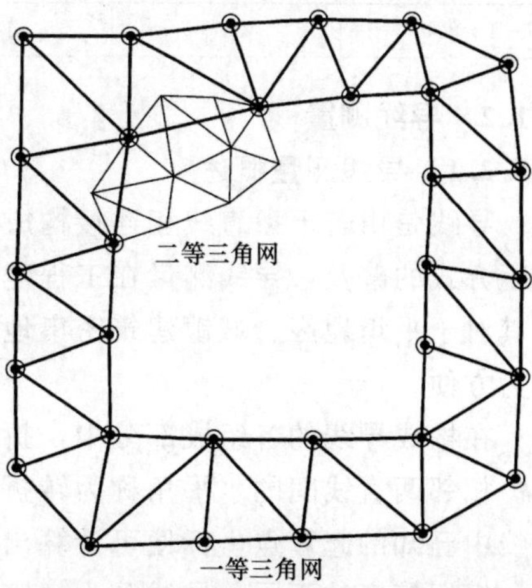

图 7.1.1 国家平面控制网示意图

国家一等平面控制控制网在布设时是沿经纬线方向纵横交叉布设一等网作为平面控制骨干。其主要采用三角锁的形式布设，用以控制二等及以下各级三角测量，并为研究地球形状及大小提供资料。一等网的每个三角形边长为 20～25km，每个锁段长度为 200km。

在一等网内再布设二等平面控制网。其主要采用三角网的形式布设在一等锁环内的区域，作为全面控制的基础。

国家三等、四等平面控制网再在二等网的基础上根据需要采用插网或插点的方法进行加密。三等和四等三角网的边长分别为 8km 和 4km 左右。

国家基本网的技术规格和技术要求见表 7.1.1。

表 7.1.1　国家基本网主要技术要求

等级	平均边长/km	测角中误差/(″)	三角形最大闭合差/(″)	起始边相对中误差
一	20～25	±0.7	±2.5	1：350000
二	13	±1.0	±3.5	1：350000
三	8	±1.8	±7.0	1：150000
四	2～6	±2.5	±9.0	1：80000

2. 图根平面控制网

直接为测图而建立的平面控制网称为图根平面控制网。组成图根控制网的控制点称为图根点。图根点必须具有一定的密度和精度，以满足测图的需要。图根点的密度主要取决于测图比例尺和地形的复杂程度，并以能保证测站间的衔接为原则，通常用每平方公里多少点表示。图根导线的技术要求见表 7.1.2。在山区或特别困难地区，图根点的密度可以适当增大。

表 7.1.2　图根导线测量主要技术要求

测图比例尺	符合导线长度/m	平均边长/m	导线相对闭合差	测回数 DJ 6	方位角闭合差/(″)
1：500	500	75	1/2000	1	$\pm 60\sqrt{n}$（n 为测站数）
1：1000	1000	110			
1：2000	2000	180			

7.1.2　导线测量

7.1.2.1　导线测量概述

导线是由若干条直线相连接构成的折线，是平面控制测量的主要方法之一。由于光电测距方式的普及，导线测量在工程建设、城市建设、地形测图等工作当中得到广泛应用。尤其对于平坦地区、城镇建筑密集地区以及隐蔽地区，由于导线布设灵活多样，使用起来更为方便。

在构成导线的各组成部分中，折线的顶点称为导线点，相邻导线点间的连线称为导线边。相邻两直线间的水平角称为转折角。通过对导线各边长度和各转折角的测量，并根据导线中已知的起算点坐标便可计算出各导线点的平面坐标。

根据精度的不同，导线分为精密导线和普通导线。精密导线主要用于国家和城市的平面控制测量，普通导线多用于小区域和图根平面控制测量。

1. 各等级导线测量技术指标

用光电测距仪测定导线边长的导线称为光电测距导线。用于测图控制的导线称为图根导线。《城市测量规范》（CJJ/T 8—2011）对电磁波测距导线和量距导线的主要技术要求分别见表 7.1.3 和表 7.1.4。

表 7.1.3　电磁波测距导线主要技术要求

等级	附合导线长度/km	平均边长/m	每边测距中误差/mm	测角中误差/(″)	导线全长相对闭合差	测回数		方位角闭合差/(″)
						J2	J6	
一级	3.6	300	±15	5	1∶14000	2	4	$\pm 10\sqrt{n}$
二级	2.4	200	±15	8	1∶10000	1	3	$\pm 16\sqrt{n}$
三级	1.5	120	±15	12	1∶6000	1	2	$\pm 24\sqrt{n}$

注　n 为导线转折角数。

表 7.1.4　量距导线主要技术要求

等级	比例尺	附合导线长度/km	平均边长/m	往返丈量较差相对误差	测角中误差/(″)	导线全长相对闭合差	测回数（J6）		方位角闭合差/(″)
							DJ2	DJ6	
一级		2500	250	1/20000	±5	1/10000	2	4	$\pm 10\sqrt{n}$
二级		1800	180	1/15000	±8	1/70000	1	3	$\pm 16\sqrt{n}$
三级		1200	120	1/10000	±12	1/50000	1	2	$\pm 24\sqrt{n}$
图根	1∶500	500	75	1/3000	±20	1/2000		1	$\pm 60\sqrt{n}$
	1∶1000	1000	120						
	1∶2000	2000	200						

注　n 为导线转折角数。

当 1∶500 或 1∶1000 测图时，附合导线可放长至表 7.1.4 规定的 1.5 倍，此时方位角闭合差不应超过$\pm 40''\sqrt{n}$，绝对闭合差不应超过图上 0.5mm。当导线长度小于表 7.1.4 规定的 1/3 时，其绝对闭合差不应大于图上 0.3mm。电磁波测距图根导线，图根点相对于图根起算点的点位中误差，不应大于图上 0.1mm；高程中误差不得大于测图基本等高距的 1/10。

2. 导线布设形式

根据测区地形及已知点情况的不同，导线可以布设成以下几种形式。

（1）附合导线。从一个已知高级控制点出发，附合到另一个已知高级控制点的导线称为附合导线，如图 7.1.2 所示。对于附合导线而言，由于其有两个已知点和两个已知方向，因而其具有比较多的检核条件，图形强度好。

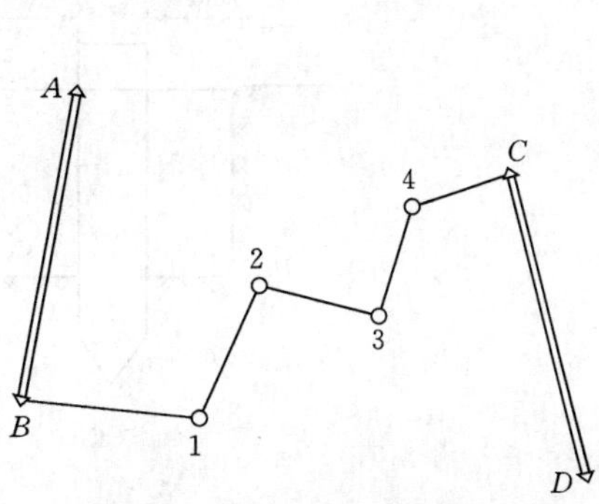

图 7.1.2　附和导线

（2）闭合导线。从一个已知点出发，最后又回到原已知点，从而构成一个闭合多边形，这种导线称为闭合导线，如图 7.1.3 所示。闭合导线通过多边形图形条件进行检核，是小区域控制测量的常用形式。

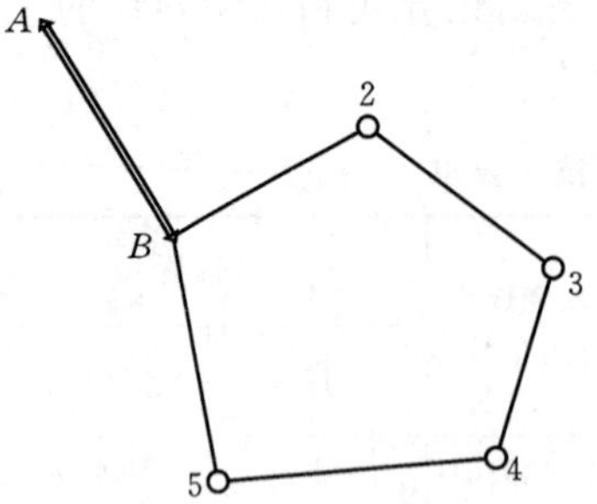

图 7.1.3　闭合导线

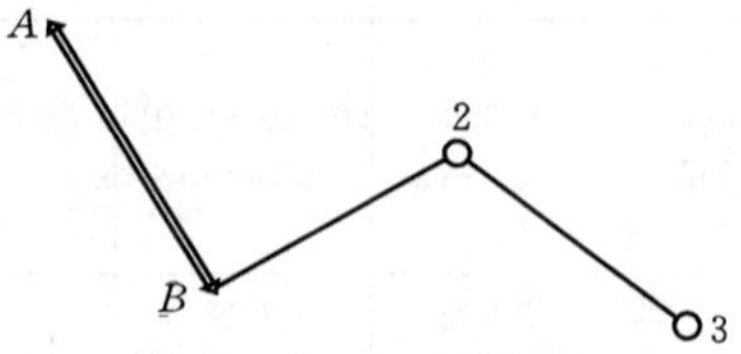

图 7.1.4　支导线

（3）支导线。从一个已知控制点出发，既不附合到另一个已知点上，又不回到原起始点的导线，称为支导线，如图 7.1.4 所示。支导线没有检核条件，在无法布设成附合或闭合导线的少数情况下使用，且要对导线边长和数目进行限制。

7.1.2.2　全站仪光电测距导线测量的外业工作及要求

1. 踏勘选点

为了使导线点的选择合理、方便，在导线施测之前必须到实地了解测区情况，确定导线点的具体位置，称之为踏勘。在开始导线测量前，通常测量人员需要收集相关资料，包括测区已有相关比例尺的地形图和控制点资料，并了解测区的情况，包括测区的范围、地形情况及测区已有高级控制点的分布情况等，从而做到对测区情况心中有数。依据工程要求，先在地形图上拟定出导线的布设方案，然后到野外对图上所设计的点位实地进行确认和修改。将导线点位进行落实，并建立点位标志。当测区不大或没有相关地形资料时，也可直接到现场踏勘和选点。导线点一般在地面上打入木桩，并在桩顶中心打一个小铁钉作为标志，如图 7.1.5（a）所示。对于需要长期保存的导线点，则应埋设永久性混凝土标石，如图 7.1.5（b）所示。

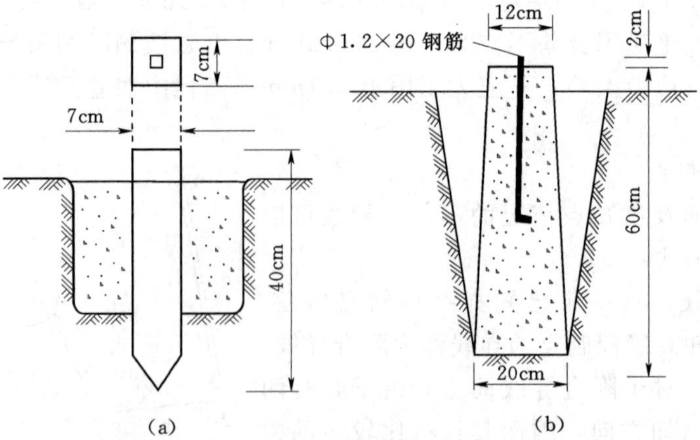

图 7.1.5　导线桩

选点时应注意以下几点：

(1) 导线点应选在土质坚实、视野开阔、便于安置仪器和施测的地方。

(2) 相邻导线点间应相互通视，便于观测水平角和测量边长。

(3) 导线点应均匀分布在测区内，导线边长应大致相等，避免从短边突然过渡到长边或从长边过渡到短边的情况，以减少测角带来的误差。

2. 角度观测

导线的转折角分为左角和右角。沿导线前进方向行进时，位于左手边的水平角称为左角，位于右手边的水平角称为右角。附合导线通常观测左角，闭合导线通常观测内角。在角度观测时，使用测回法进行观测。导线转折角观测技术要求见表 7.1.5。

表 7.1.5　导线转折角观测技术要求

比例尺	仪器类型	转折角测回数	测角中误差 m_β/(″)	半测回差/(″)	测回差/(″)	导线角度闭合差/(″)
1：500～1：2000	J2	2个半测回	30	18		$\pm 60\sqrt{n}$
	J6	2个测回			24	
1：5000～1：10000	J2	2个半测回	20	18		$\pm 40\sqrt{n}$
	J6	2个测回			24	

3. 边长测量

使用电磁波测距仪、全站仪进行观测，观测结果应满足表 7.1.4 相关的技术要求。

7.1.2.3　导线测量的内业计算及要求

1. 附合导线计算方法及算例

对于双定向附合导线而言，如图 7.1.6 所示，由于其起点和终点分别都存在有已知点和已知方向，因此在进行导线坐标计算时需要进行已知方位角的检核与调整和已知坐标的检核与调整。其具体的计算步骤如下。

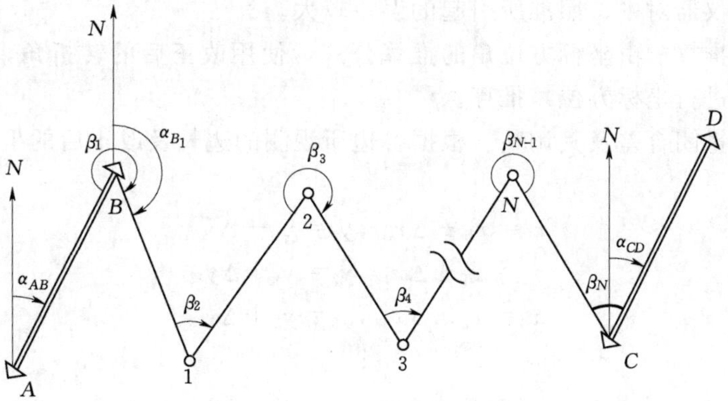

图 7.1.6　附合导线计算图

(1) 角度闭合差计算及其调整。在该附合导线中，设导线的推算方向为从左至右，则起始边坐标方位角为 α_{AB}，终止边坐标方位角为 α_{CD}，导线中各转折角均为左角。根据起始边坐标方位角与终止边坐标方位角及所观测的转折角，可计算附和导线的角度闭合差。

从 α_{AB} 开始，根据坐标方位角推算公式，推算各导线边的坐标方位角，直至终止边 α_{CD}。

$$\alpha_{B1}=\alpha_{AB}+\beta_1-180^\circ$$
$$\alpha_{12}=\alpha_{B1}+\beta_2-180^\circ$$
$$\alpha_{23}=\alpha_{12}+\beta_3-180^\circ$$
$$\vdots$$
$$\alpha_{NC}=\alpha_{N-1,N}+\beta_{N-1}-180^\circ$$
$$\alpha_{CD}=\alpha_{NC}+\beta_N-180^\circ$$

将以上各式相加得到

$$\alpha_{CD}=\alpha_{AB}+\sum\beta-N\times180^\circ \tag{7.1.1}$$

因此

$$\sum\beta_{理}=\alpha_{CD}-\alpha_{AB}+N\times180^\circ \tag{7.1.2}$$

用通用表达式表达即为

$$\sum\beta_{理}=\alpha_{终}-\alpha_{始}+N\times180^\circ \tag{7.1.3}$$

由于在转折角观测过程中不可避免地包含有误差的影响，因此产生的方位角闭合差为

$$f_\beta=\sum\beta_{测}-\sum\beta_{理}=\sum\beta_{测}-(\alpha_{终}-\alpha_{始}+N\times180^\circ)=\sum\beta_{测}+\alpha_{始}-\alpha_{终}-N\times180^\circ \tag{7.1.4}$$

不同等级的导线允许的角度闭合差不同，观测值应根据施测导线的等级，依照相关规范的要求进行检核。图根导线允许的角度闭合差为

$$f_{\beta允}=\pm60''\sqrt{n} \tag{7.1.5}$$

如果 $f_\beta\leqslant f_{\beta允}$，则将角度闭合差按反号平均分配给每一个转折角。改正后转折角之和应等于理论值。

$$V_{\beta i}=-\frac{f_\beta}{n} \tag{7.1.6}$$

$$\beta_i=\beta_{测i}+V_{\beta i}\quad(i=1,2,\cdots,n) \tag{7.1.7}$$

当式（7.1.6）不能整除时，则可将余数凑整到导线中短边相邻的角上，这是因为在短边测角时由于仪器对中、照准所引起的误差较大。

（2）方位角推算。由坐标方位角的推算公式，使用改正后的转折角，从起始边开始，对各导线边依次进行坐标方位角推算。

（3）坐标增量闭合差及其调整。根据各边所观测的边长及改正后的坐标方位角计算坐标增量。

$$x_1=x_B+\Delta x_{B1},y_1=y_B+\Delta y_{B1}$$
$$x_2=x_1+\Delta x_{12},y_2=y_1+\Delta y_{12}$$
$$x_3=x_2+\Delta x_{23},y_3=y_2+\Delta y_{23}$$
$$\vdots$$
$$x_c=x_n+\Delta x_{nc},y_c=y_n+\Delta y_{nc}$$

将上式相加得到

$$x_c=x_B+\sum\Delta x,y_c=y_B+\sum\Delta y \tag{7.1.8}$$

进一步变换可得

$$\sum\Delta x=x_C-x_B,\sum\Delta y=y_C-y_B \tag{7.1.9}$$

即导线全长的坐标增量之和等于导线起点与终点坐标分量之差。将式（7.1.9）写为通用形式为

$$\sum\Delta x_{理}=x_{终}-x_{始},\sum\Delta y_{理}=y_{终}-y_{始} \tag{7.1.10}$$

因此附合导线坐标增量闭合差为

$$\left.\begin{aligned}f_x=\sum\Delta x_{测}-\sum\Delta x_{理}=\sum\Delta x_{测}-(x_{终}-x_{始})\\ f_y=\sum\Delta y_{测}-\sum\Delta y_{理}=\sum\Delta y_{测}-(y_{终}-y_{始})\end{aligned}\right\} \tag{7.1.11}$$

根据坐标增量闭合差计算导线全长闭合差：

$$f=\sqrt{f_x^2+f_y^2} \tag{7.1.12}$$

由于坐标闭合差随着导线全长的增加而不断累积，因此用导线全长相对闭合差衡量导线精度。导线全长相对闭合差的计算为

$$k=\frac{f}{\sum D}=\frac{1}{\sum D/f} \tag{7.1.13}$$

k 越小导线测量的精度越高。对于图根导线相对闭合差的允许值为 1/2000。当导线全长相对闭合差在允许限差之内，将坐标增量闭合差 f_x 和 f_y 按照边长成比例地反号分配给各边纵横坐标增量进行改正。坐标增量改正值依式（7.1.14）计算：

$$\left.\begin{aligned}V\Delta x_{ij}=-\frac{f_x}{\sum D}D_{ij}\\ V\Delta y_{ij}=-\frac{f_y}{\sum D}D_{ij}\end{aligned}\right\} \tag{7.1.14}$$

所有坐标增量改正数的总和，其数值应等于坐标增量闭合差，而符号相反，即

$$\left.\begin{aligned}\sum V_{\Delta X}=V_{\Delta X_1}+V_{\Delta X_2}+\cdots+V_{\Delta X_n}=-f_x\\ \sum V_{\Delta Y}=V_{\Delta Y_1}+V_{\Delta Y_2}+\cdots+V_{\Delta Y_n}=-f_y\end{aligned}\right\} \tag{7.1.15}$$

改正后的坐标增量为

$$\left.\begin{aligned}\Delta x'_{i,j}=\Delta x_{ij}+V\Delta x_{ij}\\ \Delta y'_{i,j}=\Delta y_{ij}+V\Delta y_{ij}\end{aligned}\right\} \tag{7.1.16}$$

（4）导线点坐标推算。从起始已知点开始，使用改正后的坐标增量，依次计算各导线点坐标。最后推算出导线终点的坐标，应与该点的原已知值相等，作为计算检核。

$$\left.\begin{aligned}x_j=x_i+\Delta x'_{ij}\\ y_j=y_i+\Delta y'_{ij}\end{aligned}\right\} \tag{7.1.17}$$

【例 7.1.1】 附合导线算例

图 7.1.7 为一附合导线，已知 BA 边的方位角为 $\alpha_{BA}=149°40'00''$，CD 边的方位角 $\alpha_{CD}=8°52'55''$，四个观测角总和 $\sum\beta=579°13'36''$，则导线角度闭合差为

$$f_\beta=579°13'36''-4\times180°+149°40'00''-8°52'55''=+41''$$

纵横坐标增量闭合差为

$$f_x=-330.15-(475.60-806.00)=+0.25(\mathrm{m})$$

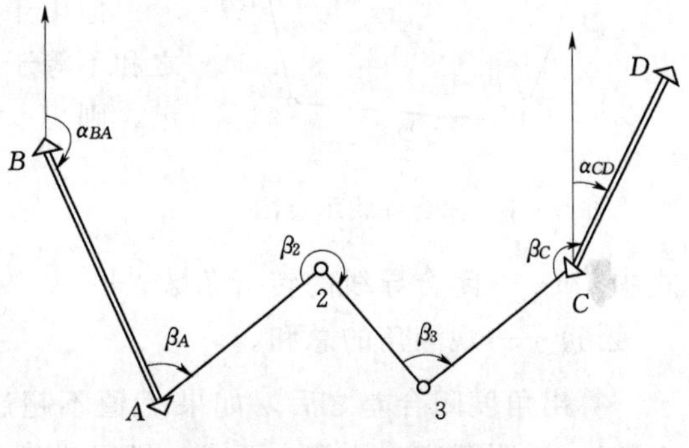

图 7.1.7 附合导线算例

$$f_y=438.10-(1223.00-785.00)=+0.10(\text{m})$$

计算过程和结果见表 7.1.6。

表 7.1.6　　附合导线计算表

点号	观测角 /(° ′ ″)	改正后角值 /(° ′ ″)	坐标方位角 /(° ′ ″)	边长 /m	坐标增量/m		坐标值/m	
					Δx	Δy	x	y
(1)	(2)	(3)	(4)	(5)	(6)	(7)	(8)	(9)
B								
			149 40 00					
A	−10 168 03 24	168 03 14					806.00	785.00
			137 43 14	236.02	−0.11 −174.62	−0.05 +158.78		
2	−10 145 20 48	145 20 38					631.27	943.73
			103 03 52	189.00	−0.08 −42.72	−0.03 +184.11		
3	−11 216 46 36	216 46 25					588.47	1127.81
			139 50 17	147.62	−0.06 −112.81	−0.02 +95.21		
C	−10 49 02 48	49 02 38					475.60	1223.00
			8 52 55					
D								
Σ	−41 579 13 36	579 12 55		572.64	−0.25 −330.15	−0.10 +438.10		
计算公式	$\alpha'_{CD}=\alpha_{AB}-n\times180°+\sum\beta_{测}=8°53'36''$ $f_\beta=\alpha'_{CD}-\alpha_{CD}=+41''$　$f_{\beta容}=\pm60''\sqrt{4}=\pm120''$ $f_x=+0.25\text{m}$　$f_y=+0.10\text{m}$　$f_D=\sqrt{f_x^2+f_y^2}=0.27\text{m}$ $k=\frac{f_D}{\sum D}\approx\frac{1}{2100}$　$k_{容}=\frac{1}{2000}$							

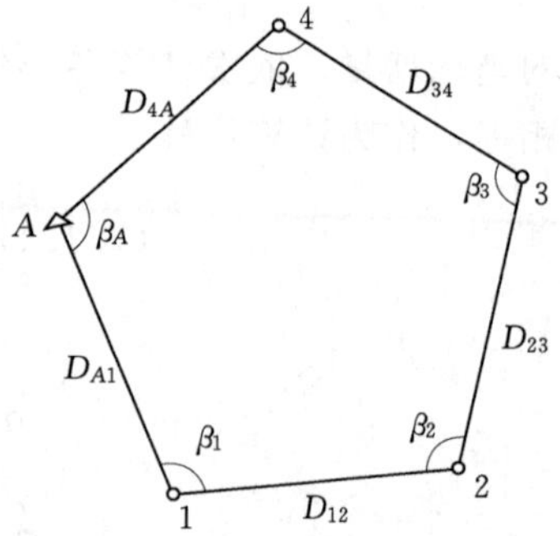

图 7.1.8　闭合导线示意图

2. 闭合导线计算方法及算例

(1) 角度闭合差的计算与调整。闭合导线是一个闭合多边形，如图 7.1.8 所示。其内角和在理论上应满足下列关系：

$$\sum\beta_{理}=180°\times(n-2) \tag{7.1.18}$$

但由于测角时不可避免地有误差存在，使实测得内角之和不等于理论值，这样就产生了角度闭合差，以 f_β 来表示，则

$$f_\beta=\sum\beta_{测}-\sum\beta_{理}$$

或

$$f_\beta=\sum\beta_{测}-(n-2)\times180° \tag{7.1.19}$$

式中　n——闭合导线的转折角数；

$\sum\beta_{测}$——观测角的总和。

算出角度闭合差之后，如果 f_β 值不超过允许误差的限度（一般为 $\pm40\sqrt{n}$，n 为角度个数），说明角度观测符合要求，即可进行角度闭合差调整，使调整后的角值满足理论上

的要求。

由于导线的各内角是采用相同的仪器和方法，在相同的条件下观测的，所以对于每一个角度来讲，可以认为它们产生的误差大致相同，因此在调整角度闭合差时，可将闭合差按相反的符号平均分配于每个观测内角中。改正方法与附合导线相同。

各内角的改正数之和应等于角度闭合差，但符号相反，即$\sum V_\beta=-f_\beta$。改正后的各内角值之和应等于理论值，即$\sum \beta_i=(n-2)\times 180°$。

(2) 坐标方位角推算。根据起始边的坐标方位角α_{AB}及改正后（调整后）的内角值β_i，按坐标方位角推算方法依次推算各边的坐标方位角。

(3) 坐标增量闭合差的计算与调整。

如图 7.1.9 所示，由于闭合导线的起点和终点相同，因此闭合导线的导线全长坐标增量等于零。即闭合导线的纵、横坐标增量之和在理论上应满足下述关系：

$$\left.\begin{aligned}\sum \Delta X_{理}=0\\ \sum \Delta Y_{理}=0\end{aligned}\right\} \tag{7.1.20}$$

但因测角和量距都不可避免地有误差存在，因此根据观测结果计算的$\sum \Delta X_{算}$、$\sum \Delta Y_{算}$都不等于零，而等于某一个数值f_x和f_y，即

$$\left.\begin{aligned}\sum \Delta X_{算}=f_x\\ \sum \Delta Y_{算}=f_y\end{aligned}\right\} \tag{7.1.21}$$

式中 f_x——纵坐标增量闭合差；

f_y——横坐标增量闭合差。

从图 7.1.9 中可以看出f_x和f_y的几何意义。由于f_x和f_y的存在，就使得闭合多边形出现了一个缺口，起点A和终点A'没有重合，设AA'的长度为f_D，称为导线的全长闭合差，而f_x和f_y正好是f_D在纵、横坐标轴上的投影长度。所以

$$f_D=\sqrt{f_x^2+f_y^2} \tag{7.1.22}$$

与附合导线相同，采用相对闭合差来衡量导线的精度。设导线的总长为$\sum D$，则导线全长相对闭合差k为

$$k=\frac{f_D}{\sum D}=\frac{1}{\sum D/f_D} \tag{7.1.23}$$

若$k\leqslant k_{允}$，则表明导线的精度符合要求，否则应查明原因进行补测或重测。如果导线的精度符合要求，即可将增量闭合差进行调整，使改正后的坐标增量满足理论上的要求。增量闭合差的调整原则是将它们以相反的符号按与边长成正比例分配在各边的坐标增量中。改正方式与附合导线相同。

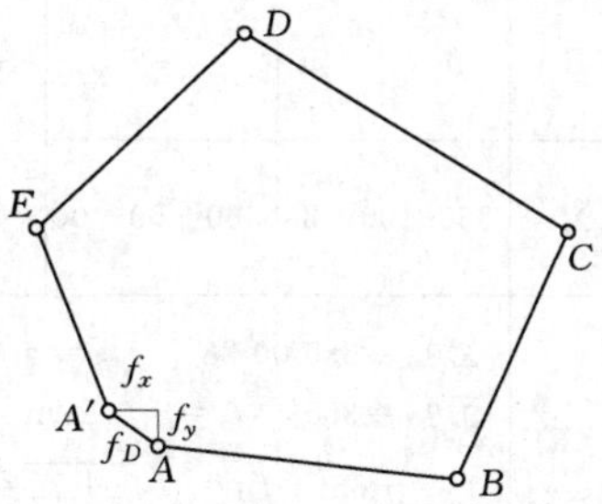

图 7.1.9 闭合导线坐标增量闭合差示意图

改正后的坐标增量应为

$$\left.\begin{aligned}\Delta X_i=\Delta X_{算_i}+V_{\Delta X_i}\\ \Delta Y_i=\Delta Y_{算_i}+V_{\Delta Y_i}\end{aligned}\right\} \tag{7.1.24}$$

(4) 导线点坐标推算。用改正后的坐标增量，就可以从导线起点的已知坐标依次推算其他导线点的坐标，即

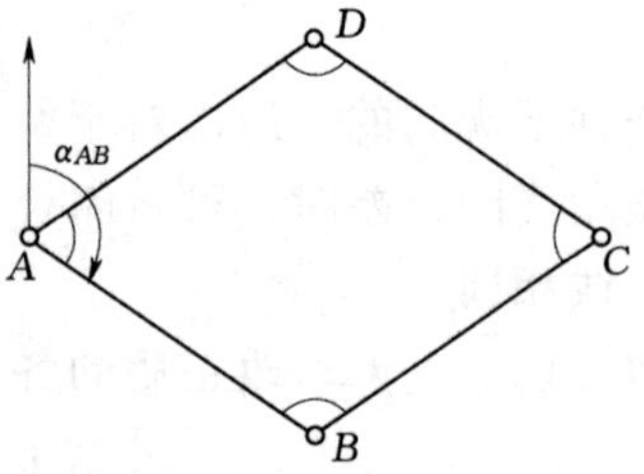

图 7.1.10 闭合导线

$$\left.\begin{aligned}X_i=X_{i-1}+\Delta X_{i-1,i}\\Y_i=Y_{i-1}+\Delta Y_{i-1,i}\end{aligned}\right\}\qquad(7.1.25)$$

【例 7.1.2】 闭合导线算例

如图 7.1.10 为一闭合导线，$\alpha_{AB}=133°46'40''$，$\angle A=89°14'40''$，$\angle B=87°30'03''$，$\angle C=107°20'10''$，$\angle D=75°55'45''$，$x_A=540.00$m，$y_A=500.00$m。$S_{AD}=299.30$m，$S_{DC}=232.39$m，$S_{CB}=239.93$m，$S_{AB}=239.18$m。计算过程和结果见表 7.1.7。

表 7.1.7　　闭合导线计算表

点号	观测角(左角) /(° ′ ″)	改正后角值 /(° ′ ″)	坐标方位角 /(° ′ ″)	边长 /m	坐标增量/m		坐标值/m	
					Δx	Δy	x	y
(1)	(2)	(3)	(4)	(5)	(6)	(7)	(8)	(9)
A							540.00	500.00
			133 46 40	239.18	+0.06 −165.48	+0.03 172.69		
B	−9 87 30 03	87 29 54					374.58	672.72
			41 16 34	239.73	+0.06 180.17	+0.03 +158.15		
C	−10 107 20 10	107 20 00					554.81	830.90
			328 36 34	232.39	+0.06 198.38	+0.03 −121.04		
D	−10 75 55 45	75 55 35					753.25	709.89
			224 32 09	299.30	+0.09 −213.34	+0.03 −209.92		
A	−9 89 14 40	89 14 31					540.00	500.00
			133 46 40					
B								
Σ	360 00 38	360 00 00		1010.60	+0.27 −0.27	+0.12 −0.12		
计算公式	$\sum\beta_{测}=360°00'38''$　$f_{\beta容}=\pm60''\sqrt{4}=\pm120''$ $\sum\beta_{测}=360°$　$f_x=-0.27$m　$f_y=-0.12$m $f_\beta=+38''$　$f_D=\sqrt{f_x^2+f_y^2}=0.30$m $k=\frac{f_D}{\sum D}=\frac{0.30}{1010.60}\approx\frac{1}{3300}$　$k_{容}=\frac{1}{2000}$							

3. fx—4850P 导线计算程序

```
"MAPPING TRAVERSE PM3-1"◢//显示程序标题
Norm:I=0:J=0
Z"CLOSE(0)OR CONNECT(ELSE)=" ↵//导线类型,0 为闭合导线,其余为附合导线
P"UNKNOWN POINT n="↵//未知导线点数
Deg:Fix 3 ↵//设置十进制度为单位
A"XA(m),≤0 TO BEAR A=>B(Deg)="↵// 输入 A 点 x 坐标或输入不大于 0 的数值
```

```
A>0=>B"YA(m)=": ≠=>R"BEAR A B(Deg)="◺↵// A>0 时输入 A 点 y 坐标,否则输入 A→B 方位角
C"XB(m)=":D"YB(m)=" ↵// 输入 B 点坐标
A>0=>Pol(C-A,D-B):Cls:// 计算 A→B 方位角
J<0=>J=J+360 R=J:// 判断方位角
"DIST A B(m)=":I ◢// 显示 A→B 平距
"BEAR A B(DMS)=":R→DMS ◢//显示 A→B 方位角
◺↵
Z ≠0=>E"XC(m)=":F"YC(m)=":// 附合导线时继续输入 C 点坐标
G"XD(m),≤ 0 TO BEAR C=>D(Deg)=":// 输入 D 点 x 坐标或输入不大于 0 的数值
G>0=> H"YD(m)=":Pol(G-E,H-F):Cls:// 计算 C→D 方位角
J<0=>J=J+360 S=J:// 判断方位角
"DIST C D(m)=":I ◢// 显示 C→D 平距
"BEAR C D(DMS)=":S→DMS ◢// 显示 C→D 方位角
≠=>S"BEAR C D(Deg)="◺// 输入 C→D 方位角
≠=>R>180=>S=R-180: ≠=>S=R+180// 闭合导线时计算 A→B 反方位角
"BEAR B=> A(DMS)=":S→DMS ◢// 显示 B→A 方位角
◺↵
Defm 88 ↵// 定义 88 个扩充变量,最多计算 20 个导线点
M=0:N=0:Q=P+1 ↵// 累加边长和变量清零,循环初始设置
Lbl 0:N=N+1:Norm:"POINT n=":N ◢// 显示当前输入的观测数据计数
{KO}:K"ANGLE +L,-R(Deg)=":Z[4N-3]=K ↵// 输入水平角观测值(左正右负)
O"DIST(m)=":Z[4N-2]=O ↵// 输入平距观测值
M=M+O ↵//  累加平距和
N=1 L=R+K: L=L+K ◺↵//推算导线边方位角
Prog "SUB3-11" ↵//调子程序处理方位角
Dsz Q:Goto 0 ↵
{K}:K"LAST ANGLE+L,-R(Deg)=":Z[4(P+2)-3]=K ↵//输入最后一个水平角(左正右负)
L=L+K:Prog "SUB3-11"↵// 调子程序处理方位角
U=L-S ↵//方位角闭合差
Fix 1:"ANGLE CLOSE ERROR(Sec)=":3600U ◢// 显示方位角闭合差(秒)
W=60(P+2)↵// 以秒为单位的方位角闭合差限差
Abs(3600U)>W "ANGLE CLOSE ERROR OVER!"◺↵// 显示角度闭合差超限
V=-U÷(P+2)↵// 计算角度改正数
X=0:Y=0:N=0:Q=P+1 ↵// 累加坐标增量变量清零
Lbl 1:N=N+1 ↵
N=1 L=R+Z[1]+V: L=L+Z[4N-3]+V◺↵// 推算导线边方位角
Prog "SUB3-11" ↵//调子程序处理方位角
Z[4N-1]=Z[4N-2]cos L:Z[4N]=Z[4N-2]sin L ↵// 计算坐标增量
X=X+Z[4N-1]:Y=Y+Z[4N] ↵// 累加坐标增量
Dsz Q:Goto 1 ↵
L=L+Z[4(P+2)-3]+V ↵// 检核计算最后一条导线边的方位角
Prog "SUB3-11"↵// 调子程序处理方位角
U=3600(L-S)↵// 以秒为单位的方位角闭合差检核计算
"CHECK ANGLE CLOSE ERROR(Sec)=":U ◢// 显示方位角闭合差检核结果
```

```
Z 0 X=C+X-E:Y=D+Y-F⊿↵// 计算附合导线的坐标增量闭合差
K=Int(M÷(X²+Y²))↵//计算导线全长相对闭合差
Fix 3:"DELTA X(m)=":X ◢// 显示导线 x 坐标增量闭合差
"DELTA Y(m)=":Y ◢// 显示导线 y 坐标增量闭合差
Norm:"RELAT CLOSE ERROR=":K ◢// 显示导线全长相对闭合差
K<2000 "RELAT CLOSE ERROR OVER!" ⊿↵// 显示全长相对闭合差超限
X=-X÷M:Y=-Y÷M ↵// 计算坐标增量闭合差每米改正数
N=0:Q=P+1 ↵// 循环初始设置
Lbl 2:N=N+1 ↵//
N=1=>U=C+XZ[4N-2]+Z[4N-1]:V=D+YZ[4N-2]+Z[4N]:
≠=>U=U+XZ[4N-2]+Z[4N-1]:V=V+YZ[4N-2]+Z[4N]⊿ ↵//推算未知点坐标
Norm:"POINT n=":N ◢// 显示未知点号
Fix 3:"Xp(m)=":U ◢// 显示未知点的 x 坐标
"Yp(m)=":V ◢// 显示未知点的 y 坐标
Dsz Q:Goto 2 ↵
Z=0 U=U-C:V=V-D: 推算到已知点的 x、y 坐标检核结果
U=U-E:V=V-F ⊿↵
"CHECK X(m)=":U ◢//  显示 x 坐标检核结果
"CHECK Y(m)=":V ◢//  显示 x 坐标检核结果
"PM3-1 END"
子程序 SUB3-11
L>180 L=L-180: L=L+180⊿↵
L>360 L=L-360⊿↵// 判断方位角是否大于 360°
L<0 L=L+360⊿↵// 判断方位角是否小于 0°
```

程序先提示用户输入导线类型与未知点总数。

提示导线类型时，按[0][EXE]键为选择闭合导线，其后要求输入 A、B 两点的已知坐标，或 $A \rightarrow B$ 的方位角及 B 点坐标；当输入 A、B 两点的已知坐标时，程序自动计算出 $A \rightarrow B$ 的方位角。

按[1][EXE]键为选择附合导线，其后要求输入 A、B、C、D 四点的已知坐标，或 $A \rightarrow B$ 的方位角及 B 点坐标，$C \rightarrow D$ 的方位角及 C 点坐标；当输入 A、B 两点的已知坐标时，程序自动计算出 $A \rightarrow B$ 的方位角；当输入 C、D 两点的已知坐标时，程序自动计算出 $C \rightarrow D$ 的方位角。

观测数据为导线边的水平角与水平距离，设导线点总数为 P，则应输入 $P+2$ 个水平角，$P+1$ 条水平距离。程序设计闭合导线的方位角推算路线为 $A \rightarrow B \rightarrow 1 \rightarrow 2 \rightarrow 3 \rightarrow \cdots \rightarrow B \rightarrow A$，附合导线的方位角推算路线为 $A \rightarrow B \rightarrow 1 \rightarrow 2 \rightarrow 3 \rightarrow \cdots \rightarrow C \rightarrow D$，当水平角位于方位角推算路线左边时，角度应输入正数；水平角位于方位角推算路线右边时，角度应输入负数。

完成已知数据与观测数据的输入后，屏幕依次显示以秒为单位的方位角闭合差、分配方位角闭合差后的检核结果、x 和 y 坐标增量闭合差、导线全长相对闭合差、未知点的坐标、坐标计算检核结果等。

用户输入的已知点坐标依次存储在变量 A、B、C、D、E、F、G、H 中，角度观

测数据存储在扩充变量存储器 Z [1]、Z [5]、Z [9]、…中，边长观测数据存储在扩充变量存储器 Z [2]、Z [6]、Z [10]、…中，首次计算出导线边的 x 坐标增量存储在 Z [3]、Z [7]、Z [11]、…中，y 坐标增量存储在 Z [4]、Z [8]、Z [12]、…中。

7.2 高程控制测量

7.2.1 高程控制测量概述

7.2.1.1 国家高程控制测量

全国性高程控制从青岛水准原点出发，采用由高级到低级、由整体到局部的布设原则，用精密水准测量方法测定。按精度不同分为一等、二等、三等、四等四个等级。一等、二等水准路线是国家高程控制网的骨干，沿地质构造稳定、交通不繁忙、路线平缓的交通线布设。三等、四等水准路线是在一等、二等水准网的基础上加密，直接提供地形测图和各种工程建设所必需的高程控制点。

7.2.1.2 图根高程控制测量

对于小区域测量工作，高程控制点作为测绘地形图中地物、地貌点高程的依据。应根据测区面积大小和工程需要，分级建立。先以国家水准点为基础，在测区内建立三等、四等水准路线，再以三等、四等水准点为基础，测定图根水准点的高程。水准点间的距离一般地区为 2～3km，城市建筑区为 1～2km，工业区小于 1km。一个测区至少建立三个水准点。

通常采用四等水准测量、五等水准测量或三角高程测量方法。

7.2.2 三等、四等水准测量

7.2.2.1 水准路线的布设形式和技术要求

水准路线依据工程的性质和测区的情况，可布设成闭合水准路线、附合水准路线和支水准路线的形式。

《城市测量规范》（CJJ/T 8—2011）将城市水准测量分为二等、三等、四等。城市二等、三等、四等水准测量的主要技术指标见表 7.2.1。

表 7.2.1　城市水准测量的主要技术指标

等级	每公里高差中数中误差/mm	附合路线长度/km	水准仪类型	测段往返测高差不符值/mm	附合路线或环线闭合差/mm
二等	≤±2	400	DS1	$\leqslant\pm4\sqrt{R}$	$\leqslant\pm4\sqrt{L}$
三等	≤±6	45	DS3	$\leqslant\pm12\sqrt{R}$	$\leqslant\pm12\sqrt{L}$
四等	≤±10	15	DS3	$\leqslant\pm20\sqrt{R}$	$\leqslant\pm20\sqrt{L}$
图根	≤±20	8	DS 10		$\leqslant\pm40\sqrt{L}$

注　R 和 L 分别为测段与路线长度，单位为 km。

7.2.2.2 一测站的观测程序

三等、四等水准测量主要使用DS3水准仪进行观测，水准尺采用整体式双面水准尺，观测前必须对水准仪和水准尺进行检验。测量时水准尺应安置在尺垫上，并保证水准尺应扶立铅直。根据双面水准尺的尺常数即 $K_1=4687$ 和 $K_2=4787$，成对使用水准尺。三等、四等水准测量双面尺法的记录格式见表7.2.2。

1. 三等水准测量每一测站的观测程序

(1) 瞄准后视尺黑面，精平，读取上丝、下丝、中丝读数，即(1)、(2)、(3)。

(2) 瞄准前视尺黑面，精平，读取上丝、下丝、中丝读数，即(4)、(5)、(6)。

(3) 瞄准前视尺红面，精平，读取中丝读数，即(7)。

(4) 瞄准后视尺红面，精平，读取中丝读数，即(8)。

三等水准测量测站观测顺序为"后—前—前—后"(或黑—黑—红—红)。

2. 四等水准测量每一测站的观测程序

(1) 瞄准后视尺黑面，精平，读取上丝、下丝、中丝读数，即(1)、(2)、(3)。

(2) 瞄准后视尺红面，精平，读取中丝读数，即(8)。

(3) 瞄准前视尺黑面，精平，读取上丝、下丝、中丝读数，即(4)、(5)、(6)。

(4) 瞄准前视尺红面，精平，读取中丝读数，即(7)。

四等水准测量测站观测顺序为"后—后—前—前"(或黑—红—黑—红)。

7.2.2.3 记录与计算校核

记录与计算校核见表7.2.2。

1. 视距部分

后视距离(15)=[(1)−(2)]×100

前视距离(16)=[(4)−(5)]×100

前、后视距差(17)=(15)−(16)，对于三等水准(17)≤±3m；四等水准(17)≤±5m。

前、后视距累积差(18)=上站(18)+本站(17)，对于三等水准(18)≤±6m；四等水准(18)≤±10m。

2. 高差部分

同一水准尺红黑面中丝读数之差，应等于该尺红、黑面的零点常数差 K（设 $K_{01}=4.787$m；$K_{02}=4.687$m）。

(9)=(6)+K_{02}−(7)，对于三等水准(9)≤±2mm；四等水准(9)≤±3mm。

(10)=(3)+K_{01}−(8)，对于三等水准(10)≤±2mm；四等水准(10)≤±3mm。

黑面高差(11)=(3)−(6)

红面高差(12)=(8)−(7)

校核(13)=(11)−[(12)±0.100]=(10)−(9)，对于三等水准(13)≤±3mm；四等水准(13)≤±5mm。式中0.100为两根水准尺红面起点注记之差，即4.787−4.68=0.100。

平均高差(14)=$\frac{1}{2}$(11)+[(12)±0.100]

3. 每页的计算校核

(1) 高差部分。

测站数为偶数：

$$\sum[(3)+(8)]-[(6)+(7)]=\sum[(11)+(12)]=2\sum(14)$$

表 7.2.2　　三等、四等水准测量观测记录（三等）

自　　　　　天气：　　　　　测量者：

测至　　　　成像：　　　　　记录者：

20　年　月　日　　始：　时　分　　　终：　时　分

<table>
<tr><td rowspan="4">测站编号</td><td rowspan="4">点　号</td><td rowspan="2">后尺</td><td>下丝</td><td rowspan="2">前尺</td><td>下丝</td><td rowspan="4">方向及尺号</td><td colspan="2" rowspan="2">水准尺读数</td><td rowspan="4">K＋黑－红</td><td rowspan="4">平均高差/m</td><td rowspan="4">备注</td></tr>
<tr><td>上丝</td><td>上丝</td></tr>
<tr><td colspan="2">后视距</td><td colspan="2">前视距</td><td rowspan="2">黑面</td><td rowspan="2">红面</td></tr>
<tr><td colspan="2">视距差 d</td><td colspan="2">$\sum d$</td></tr>
<tr><td></td><td></td><td colspan="2">(1)
(2)
(15)
(17)</td><td colspan="2">(4)
(5)
(16)
(18)</td><td>后
前
后－前</td><td>(3)
(6)
(11)</td><td>(8)
(7)
(12)</td><td>(10)
(9)
(13)</td><td>(14)</td><td></td></tr>
<tr><td>1</td><td>BM_1-ZD_1</td><td colspan="2">1.426
0.995
43.1
＋0.1</td><td colspan="2">0.801
0.371
43.0
＋0.1</td><td>后 01
前 02
后－前</td><td>1.211
0.586
＋0.625</td><td>5.998
5.273
＋0.725</td><td>0
0
0</td><td>＋0.6250</td><td></td></tr>
<tr><td>2</td><td>ZD_1-ZD_2</td><td colspan="2">1.812
1.296
51.6
－0.2</td><td colspan="2">0.570
0.052
51.8
－0.1</td><td>后 02
前 01
后－前</td><td>1.554
0.311
＋1.243</td><td>6.241
5.097
＋1.144</td><td>0
＋1
－1</td><td>＋1.2435</td><td></td></tr>
<tr><td>3</td><td>ZD_2-ZD_3</td><td colspan="2">0.889
0.507
38.2
＋0.2</td><td colspan="2">1.712
1.333
38.0
＋0.1</td><td>后 01
前 02
后－前</td><td>0.698
1.523
－0.825</td><td>5.486
6.210
－0.724</td><td>－1
0
－1</td><td>－0.8245</td><td rowspan="2">K 为尺长数，如：
K_{01}：4.787
K_{02}：4.687
已知 BM_1 高程为
$H=56.345$m</td></tr>
<tr><td>4</td><td>ZD_3-A</td><td colspan="2">1.891
1.525
36.6
－0.2</td><td colspan="2">0.758
0.390
36.8
－0.1</td><td>后 02
前 01
后－前</td><td>1.708
0.574
＋1.134</td><td>6.395
5.361
＋1.034</td><td>0
0
0</td><td>＋1.1340</td></tr>
<tr><td colspan="2" rowspan="2">每页检核</td><td colspan="10">$\sum(15)=169.5$　$\sum[(3)+(8)]=29.291$　$\sum[(11)+(12)]=4.356$　$\sum(14)=+2.1780$
$\sum(16)=169.6$　$-\sum[(6)+(7)]=24.935$　$2\sum(14)=+4.356$</td></tr>
<tr><td colspan="10">$=-0.1$　　$=+4.356$
＝末站(18)　总视距$\sum(15)+\sum(16)=339.1$mm</td></tr>
</table>

测站数为奇数：

$$\sum[(3)+(8)]-[(6)+(7)]=\sum[(11)+(12)]=2\sum(14)\pm0.100$$

(2) 视距部分。

$$末站视距累积差=末站(18)=\sum(15)-\sum(16)$$

在完成一测段单程测量后，须立即计算其高差总和，完成水准路线往返观测或附合、闭合路线观测后，应尽快计算高差闭合差，并进行成果检验，若高差闭合差未超限，便可进行闭合差调整，最后按调整后的高差计算各水准点的高程。三等、四等水准测量的内业计算与等外水准测量相同，包括外业记录的检查、计算、高差闭合差的分配和待定点高程的计算。

7.2.3　三角高程测量

7.2.3.1　三角高程测量原理

三角高程测量的实质是根据两点间的水平距离或倾斜距离和竖直角计算两点间的高差。如图7.2.1所示，已知A点高程，现欲求B点的高程，则可在A点架设经纬仪，用望远镜瞄准B点目标，测得竖直角α，并量取经纬仪水平轴到A点的高度，称为仪器高i，量取望远镜中丝与目标的交点到B点的高度，称为觇标高v，测定AB两点间的水平距离D或倾斜距离L。根据

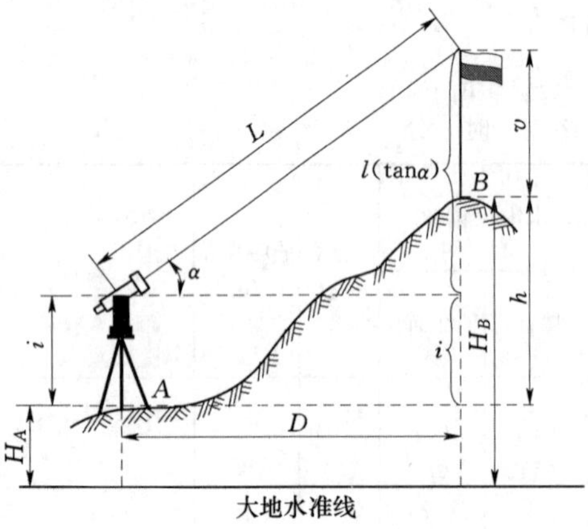

图7.2.1　三角高程测量

$$\left.\begin{aligned} h+v&=D\tan\alpha+i \\ h+v&=L\sin\alpha+i \end{aligned}\right\} \tag{7.2.1}$$

可得AB两点间的高差为

$$\left.\begin{aligned} h&=D\tan\alpha+i-v \\ h&=L\sin\alpha+i-v \end{aligned}\right\} \tag{7.2.2}$$

则B点的高程为

$$H_B=H_A+h=H_A+D\tan\alpha+i-v \tag{7.2.3}$$

7.2.3.2　球气差影响及改正方法

当AB两点间的距离大于300m时，则应考虑地球曲率和大气折光的影响，如图7.2.2所示。过I点的水准面IE与经纬仪水平视线IC在B点的铅垂方向上的差异是由于地球曲率上的影响而产生的，二者的差距CE即为“地球弯曲差”，简称“球差”。根据“水平面代替水准面的限度”一节中的介绍可知

$$CE=\frac{S_0^2}{2R} \tag{7.2.4}$$

因此，球差大小与两点间距离的平方成正比，与地面起伏无关，使所测高差减小。当地球半径$R=6371$km、$D=300$m时，球差改正为0.01m。如果高程计算要求0.01m的精度，则相距300m以上的两点间的观测高差需要加入球差改正。

由于地球被大气包裹着，且大气密度在垂直面上并不是均匀分布的，随着高度的增加而逐渐减少。因此当光线在大气中传播时，由于大气密度不均匀使光线产生折射，所以光线在大气中的传播并不是一条直线，而是一条凹向地面的曲线。如图7.2.2中，当照准目标M时，实际上是照准N点。MN是由于大气密度变换造成的，称为“大气折光差”，简称“气差”。

大气折光

$$MN=\frac{S_0^2}{2R'}=\frac{S_0^2}{2R}K \quad (7.2.5)$$

$$R'=R/K$$

式中 K——大气折光系数，通常取值0.08～0.15。

气差使高差变大了。球差与气差的共同影响称为“球气差”。在测量成果中加入“球气差”改正称为“两差改正”。设其大小为r，则

$$r=CE-MN=\frac{S_0^2}{2R}-\frac{S_0^2}{2R}K=\frac{S_0^2}{2R}(1-K) \quad (7.2.6)$$

实际工作中通常选取全国或地区平均K值，目前我国一般采用$K=0.11$。则三角高程测量公式为

$$H_B=H_A+h=H_A+D\tan\alpha+i-v+r \quad (7.2.7)$$

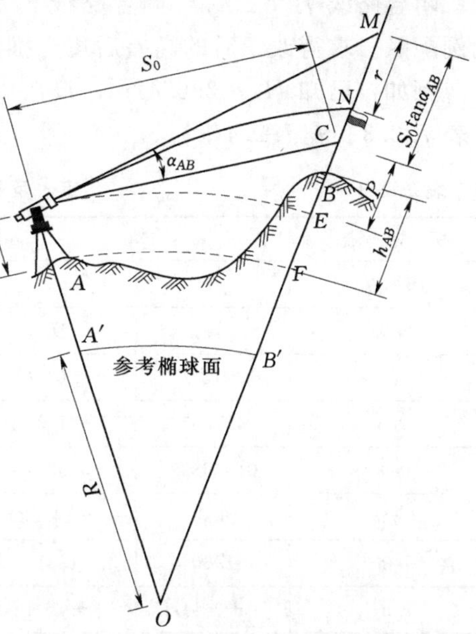

图7.2.2 球气差影响

7.2.3.3 三角高程导线测量外业工作

三角高程导线测量中三角高程导线类似于平面控制导线。其布设形式有附合高程导线和闭合高程导线，如图7.2.3所示。

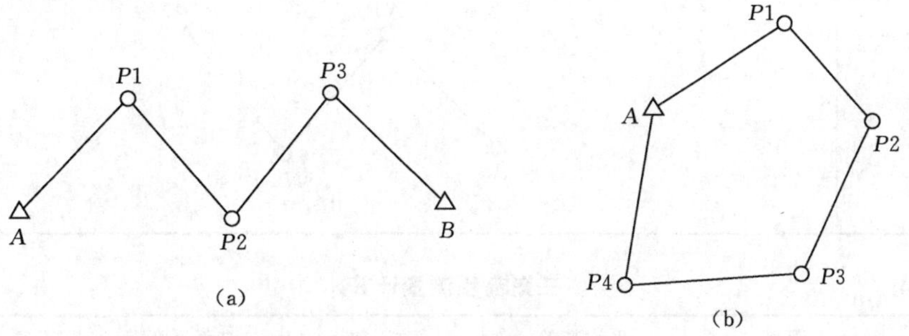

图7.2.3 三角高程导线

启闭于两个高程点间的高程导线称为附合高程导线，启闭于同一个高程点间的高程导线称为闭合高程导线。这两种布设形式均可应用于导线测量及三角锁三角测量。用于单一导线测量时，只要在观测水平角时同时观测竖直角，并量取仪器高和觇标高即可，各边的边长由平面点的坐标解算可得。

为了消除或减弱地球曲率和大气折光的影响，三角高程测量一般应进行对向观测，也称直、反觇观测。三角高程测量对向观测，所求得的高差较差若符合要求，取两次高差的平均值作为最终高差。

7.2.3.4 三角高程导线测量内业计算

三角高程导线的计算主要包括高程闭合差的计算及配赋与高程计算两部分。高差闭合差的计算与水准路线的计算完全相同。

闭合路线 $f_h=\sum h_{测}$，附合路线 $f_h=\sum h_{测}-(H_{终}-H_{起})$。闭合差不超限，按边长成比例配赋。求得改正后的高差后逐点推算高程。

例如：已知 $H_A=296.42\text{m}$，$H_B=293.11\text{m}$，观测略图、观测数据和待求点高程计算见表7.2.3、表7.2.4。

表7.2.3　　直、反觇三角高程测量计算

所求点	N1		N2		B	
起算点	A	A	N1	N1	N2	N2
觇法	直	反	直	反	直	反
α	+2°13′25″	−2°01′42″	−4°36′28″	+4°51′05″	+3°25′02″	−3°11′21″
D/m	421.35	421.35	500.16	500.16	406.76	406.76
tanα	0.038829	−0.035416	−0.080595	0.084876	0.059713	−0.055719
h′/m	16.36	−14.92	−40.31	42.45	+24.29	−22.66
i/m	1.60	1.61	1.58	1.62	1.61	1.59
r/m	+0.01	+0.01	+0.02	+0.02	+0.01	+0.01
t/m	−2.62	−2.02	−2.30	−3.10	−3.40	−1.46
h/m	+15.35	−15.32	−41.01	+40.99	+22.51	−22.52
中数/m	+15.34		−41.00		+22.52	
观测略图	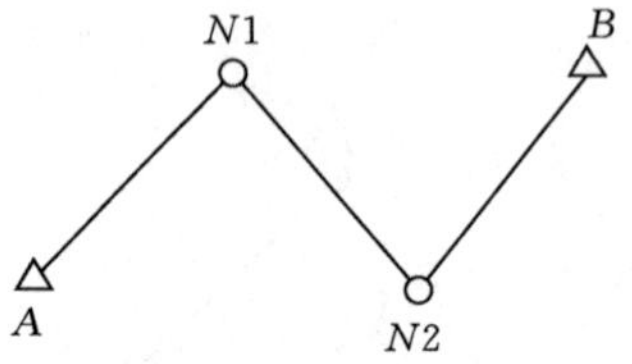					

表7.2.4　　三角高程测量计算　　　　单位：m

点号	距离	平均高差	改正数	改正后高差	高程
A					296.42
	421	+15.34	−0.05	+15.29	
N1					311.71
	500	−41.00	−0.07	−41.07	
N2					270.64
	407	+22.52	−0.05	+22.47	
B					293.11
Σ	1328	−3.14	−0.17	−3.31	
	$H_B-H_A=-3.31$　$f_h=-3.14+3.31=+0.17$ (m) 每百米改正数 $v=\dfrac{-0.17}{13.3}=-0.013$				

7.2.3.5 三角高程测量误差及注意事项

1. 竖角的测角误差

观测误差包括照准误差、读数误差、竖盘指标水准管气泡居中的误差等。竖盘指标有归零装置的经纬仪能减弱气泡居中误差的影响。仪器误差包括单指标竖盘偏心误差及竖盘分划误差等。外界条件影响有大气折射。空气对流、空气能见度等也影响照准精度。

2. 边长误差

边长误差的大小决定于测量的方法。解析法精度高，图解法精度低。

3. 折射系数的误差

大气折射系数 k（0.16）并非常数，其值主要取决于空气的密度。空气密度从早到晚不停地变化，一般认为早晚变化大，中午附近比较稳定，阴天与夜间空气的密度也较稳定。折射系数的变化大约在 －0.4～＋0.3 之间，通常采用不同地区的参考系数。另外，折射系数的误差对于短距离三角高程测量的影响较小；但对于长距离三角高程测量而言，其影响很显著。

4. 仪器高 i 和目标高 v 的测定误差

对于测定地形控制点高程的三角高程测量，仪器高、觇标高的测定误差，仅要求精确到厘米级，这是很容易达到的，测量时认真丈量即可。对于用光电测距三角高程代替四等水准测量时，仪器高和觇标高的测定要求达到毫米级，其丈量误差应注意控制，一般丈量两次取其平均值。

7.2.3.6 全站仪三角高程测量方法与要求

由于电磁波测距仪的发展异常迅速，不但其测距精度高，而且使用十分方便，可以同时测定边长和垂直角，提高了作业效率，因此，利用电磁波测距仪作三角高程测量已相当普遍。实测试验表明，当垂直角观测精度 $m_a \leqslant \pm 2.0''$，边长在 2km 范围内，电磁波测距三角高程测量完全可以替代四等水准测量，如果缩短边长或提高垂直角的测定精度，还可以进一步提高测定高差的精度。如 $m_a \leqslant \pm 1.5''$，边长在 3.5km 范围内可达到四等水准测量的精度；边长在 1.2km 范围内可达到三等水准测量的精度。电磁波测距三角高程测量的具体观测计算方法同表 7.2.3。

实训与习题

1. 实训任务、内容与能力目标

序号	任务	要求	能力目标
1	导线测量	选点、测量角度、边长，测定起始边磁方位角	1. 具有用全站仪测量水平角和距离的能力； 2. 具有用罗盘仪进行导线定向的能力
2	导线内业计算	每人利用外业观测数据和已知数据进行角度闭合差计算、调整和导线点坐标计算	具有闭合导线、附合导线和支导线计算的能力
3	四等水准测量	每组采用双面尺法按四等水准测量要求，完成四点构成的水准路线的观测，提交合格的水准测量外业成果	1. 具有三等、四等水准测量的观测、记录与计算能力； 2. 具有三等、四等水准测量成果处理能力

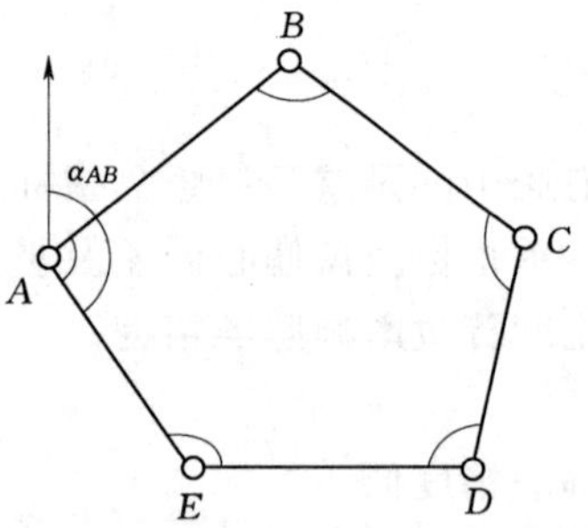

题图 7.1　闭合导线示意图

2. 习题

(1) 控制测量的目的是什么？

(2) 导线布设的主要形式是什么？

(3) 导线点的选择应注意哪些事项？

(4) 四等水准测量一测站的限差有哪些？

(5) 四等水准测量的观测程序是什么？

(6) 闭合导线计算，见题图 7.1 及题表 7.1。

(7) 附合导线计算，见题图 7.2 及题表 7.2。

题表 7.1　　**闭合导线计算**

点号	观测角(右) /(° ′ ″)	改正后角值 /(° ′ ″)	坐标方位角 /(° ′ ″)	边长 /m	坐标增量/m		坐标值/m	
					Δx	Δy	x	y
(1)	(2)	(3)	(4)	(5)	(6)	(7)	(8)	(9)
A							1050.00	2436.10
			65 18 00	200.37				
B	135 48 26							
				241.04				
C	84 10 06							
				263.39				
D	108 26 30							
				201.58				
E	121 27 24							
				231.32				
A	90 07 06						1050.00	2436.10
			65 18 00					
B								
Σ								
计算公式	$\sum\beta_{测}=$　　$f_x=$　　$f_y=$ $f_\beta=$ $f_{\beta容}=\pm 60''\sqrt{n}=$　　$f_D=\sqrt{f_x^2+f_y^2}=$　　$k=\frac{f_D}{\sum D}=$							

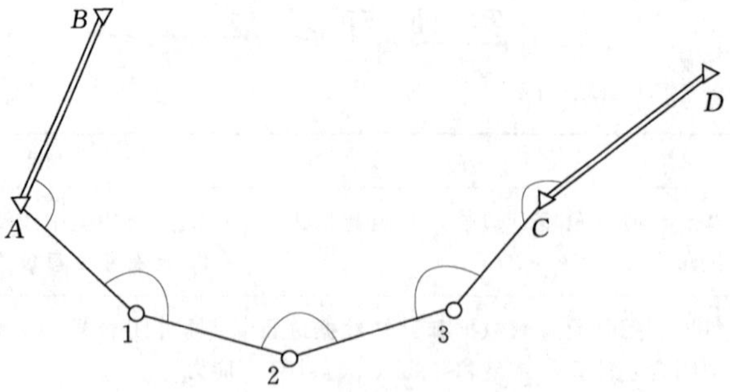

题图 7.2　附合导线示意图

题表 7.2　　　　　　**附 合 导 线 计 算**

点号	观测角 /(° ′ ″)	改正后角值 /(° ′ ″)	坐标方位角 /(° ′ ″)	边长 /m	坐标增量/m		坐标值/m	
					Δx	Δy	x	y
(1)	(2)	(3)	(4)	(5)	(6)	(7)	(8)	(9)
B								
			224 02 40					
A	114 17 06						741.97	1169.52
				182.20				
1	146 58 54							
				121.37				
2	135 12 12							
				189.60				
3	145 38 06							
				150.85				
E	158 02 48						638.43	1631.50
			24 10 48					
F								
Σ								
计算公式	$\alpha'_{CD}=\alpha_{AB}-n\times180°+\sum\beta_{测}=$　　$f_\beta=\alpha'_{CD}-\alpha_{CD}=$　　$f_{\beta容}=\pm60''\sqrt{n}=$ $f_x=$　　$f_y=$　　$f_D=\sqrt{f_x^2+f_y^2}=$　　$k=\frac{f_D}{\sum D}=$							

(8) 四等水准测量高程计算，见题图 7.3 及题表 7.3。

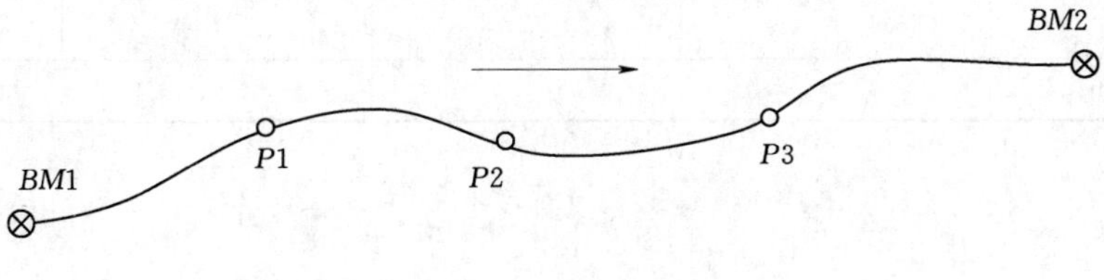

题图 7.3　四等水准测量示意图

$L_1=1120$m，$L_2=560$m，$L_3=840$m，$L_4=700$m，$h_1=1.332$m，$h_2=1.012$m，$h_3=-0.243$m，$h_4=-1.084$m。

$H_{BM1}=74.053$m，$H_{BM2}=75.100$m。

题表 7.3 **四等水准计算**

点名	距离/km	观测高差/m	改正数/m	改正后高差/m	高程/m
(1)	(2)	(3)	(4)	(5)	(6)
$BM1$					
$P1$					
$P2$					
$P3$					
$BM2$					
计算检核	$f_h=$ $\qquad$ $f_{h容}=\pm 20\sqrt{L}=$				

(9) 三角高程计算，观测数据和已知数据见题表 7.4。

题表 7.4 **三角高程计算**

所 求 点	$P1$		$P2$	
起始点	$N1$	$N1$	$N2$	$N2$
觇点	直	反	直	反
D/m	1170.20	1170.20	527.52	527.52
α	$-4°57'28''$	$+5°15'58''$	$+5°15'04''$	$+5°59'39''$
i/m	1.24	1.43	1.51	1.41
v/m	−4.49	−4.55	−5.00	−4.81
f/m				
h/m				
$H_{起}$/m	584.26 ($N1$ 高程)	584.26	284.16 ($N2$ 高程)	284.16
H_P/m				
中数 H_P/m				

第8章 地形图的基本知识

学习目标：

通过本章的学习，了解地形分类、地形图、地物、地貌、比例尺、图廓的概念，理解比例尺的精度及其应用、地形图的图廓外注记、地形图的分幅和编号，掌握地物、地貌在图上的表示方法及等高线的特性。

8.1 地形图概述

8.1.1 地形分类

地表（陆地和海底表面）上的物体不计其数、千姿百态，测绘工作中，把地表的形态和分布在地表上的所有固定物体统称为地形。所谓地表的形态系指由于自然力的因素（地震、风力、地壳运动等）引起的，地表高低起伏变化的形状和姿态，如平原、山地、丘陵、盆地等，我们把地表这种高低起伏变化的形状和姿态总称为地貌；所谓地表上的所有固定物体系指地表的一切自然物体（除山体外）和人工建筑物，前者如河流、森林、洞穴等，后者如房屋、道路、路灯等。我们把这些固定的自然物体和人工建筑物总称为地物。因此地形包含地物和地貌，或者说，地形分为地物和地貌。地物又分为自然地物与人工地物；根据大部分地区地面的倾斜程度和起伏状态的不同，地貌分为平地、丘陵地、山地、高山地等。地貌的分类见表8.1.1。

地貌虽然千姿百态，但所有的地貌均由以下几种基本形态相互组合而成。

表8.1.1　地貌分类

地貌类别	图幅内大部分地区	
	地面倾斜角/(°)	地面高差/m
平　地	<2	<20
丘陵地	2～6	20～150
山　地	6～25	—
高山地	>25	—

1. 山顶

地面隆起而高出四周的部分称为山。山的最高部位称为山头或山顶。山的侧面称为山坡。如图8.1.1（a）所示。山与平地的交线称为山脚线。

2. 凹地

地面凹下，低于四周的部分称为凹地。范围大而深的凹地称为盆地，如图8.1.1（b）所示。范围小而浅的凹地称为洼地，很小的凹地称为坑，小而长的凹地称为沟，如图8.1.1（h）所示。

3. 阶地

山坡上近乎水平的场地称为阶地，如图8.1.1（e）。海拔在500m以上，地势起伏不大的辽阔地区称为高原，面积不大的高原称为台地。

4. 鞍部

两座山或两座山头相连接，形态如马鞍形的部位，称为鞍部。如图8.1.1（d）所示。

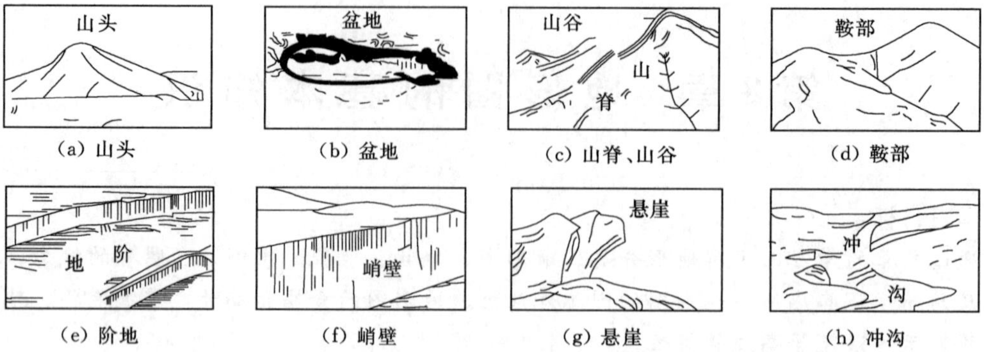

(a) 山头　(b) 盆地　(c) 山脊、山谷　(d) 鞍部
(e) 阶地　(f) 峭壁　(g) 悬崖　(h) 冲沟

图 8.1.1　地貌的基本形态

5. 山脊

沿着某一个方向延伸的高地称为山脊，如图 8.1.1（c）所示。山脊最高点的连线称为山脊线，山脊线又称为分水线。

6. 山谷

沿着某一个方向延伸的低地称为山谷，如图 8.1.1（c）所示。山谷最低点的连线称为山谷线，山谷线又称为集水线。

7. 峭壁、悬崖

形态壁立，有明显的棱线，坡度大于 70°，难于攀登的陡峭崖壁，称为峭壁或陡崖，如图 8.1.1（f）所示。坡度等于 90°的峭壁称为绝壁。上部突出、中部凹陷的陡崖称为悬崖，如图 8.1.1（g）所示。

8.1.2　地形图概念

将地物、地貌沿铅垂线方向投影（正射投影）到水平面上，并按一定的比例和规定的符号缩绘到图纸上所成的图形，称为地形图。地形图既表示地物的平面位置，又表示地貌的起伏形态。只表示地物的平面位置、不表示地貌起伏形态的正射投影图称为平面图。将地表上的自然、社会、经济等地理信息，按一定的要求及数学模式投影到旋转椭球面上，再按制图的原则和比例缩绘所成的图，叫做地图。如我们常见的中华人民共和国地图。

为了测绘、管理和使用上的方便，地形图必须按照国家统一规定的图幅、编号、图式进行绘制。

8.2　地形图的比例尺

8.2.1　比例尺的概念

由于图纸的尺寸有限以及用图时的方便，在测绘地形图时，不可能把地面上的地物、地貌按其实际大小测绘在图纸上，因此必须按一定的倍数缩小后，用规定的符号在图纸上表示出来。地形图上两点之间的距离与其实地距离之比，称为比例尺。例如，图上 AB 的长度为 0.1m，实地 AB 的水平距离为 100m，则该图的比例尺为 1∶1000，不能写成 0.001。同理，实地测得 M、N 两点的水平距离为 250m，则在 1∶1000 图上只能画

0.25m 的长度。国家统一规定的比例尺有 1∶100 万、1∶50 万、1∶25 万、1∶10 万、1∶5 万、1∶2.5 万、1∶1 万、1∶5000 千、1∶2000、1∶1000、1∶500。其中 1∶5000、1∶2000、1∶1000、1∶500 的比例尺，称为大比例尺，其余的比例尺为基本比例尺。

8.2.2 比例尺的种类

按照表示的方法不同，比例尺通常分为数字比例尺和图示直线比例尺。如上面所写的 1∶1000、1∶500 等，这种用分子为 1 的分数形式所表示的比例尺称为数字比例尺。在数字比例尺中，分数值越大，比例尺也越大。在地形图上绘制一条直线，并把直线分成若干等分段，每个等分段一般为 1cm（或 2cm），再将最左边的一个等分段进行 10 等分（或 20 等分），并以第 10（或第 20）等分处的分划线为零分划线，然后在零分划线的左右分划线处，标注按数字比例尺算出的实际距离，这种比例尺称为图示直线比例尺。如图 8.2.1 所示。直线比例尺因画在图纸上，可随着图纸一起伸缩，所以在测图或用图时可以避免因图纸伸缩引起的误差。

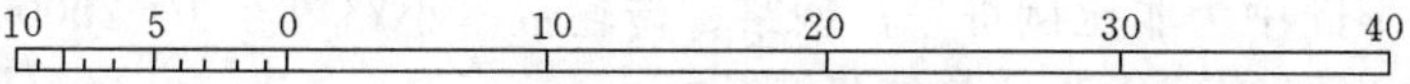

图 8.2.1 图示直线比例尺

8.2.3 比例尺精度及测图比例尺的确定

通常人们用肉眼只能分辨出图上最小的距离为 0.1mm，当图上两个点的距离小于 0.1mm 时，我们就认为这两个点为同一个点。因此在图上量度和描绘时，只能达到图上 0.1mm 的正确性。例如，在 1∶1000 的地形图上量取两点间的距离时，用眼睛最多只能辨别出 0.1mm×1000＝0.1m 的正确性。不可能辨别到 0.01mm×1000＝0.01m。同样，在测绘 1∶1000 比例尺地形图时，测量水平距离或计算的数据结果的取位也只需精确到 0.1m，如果要精确到 0.01m，图上的最小距离应为 0.01mm，则图上也无法表示出来。同理，如果要求图上能表示出地面线段精度不小于 0.1m，则采用的测图比例尺应不小于 1∶1000；如果要求图上能表示出地面线段精度不小于 0.05m，则采用的测图比例尺应不小于 1∶500。我们把图上 0.1mm 所代表的实地水平距离称为比例尺精度。如 1∶1000 地形图，其比例尺精度为 0.1mm×1000＝0.1m，1∶500 地形图，其比例尺精度为 0.05m。各种比例尺的比例尺精度可表达为

$$\delta = 0.1\text{mm} \times M \tag{8.2.1}$$

式中 δ——比例尺精度；

M——比例尺的分母。

8.3 地形图的图式

地形图的图式是根据国民经济建设各部门的共性要求制定的国家标准，是测制、出版地形图的基本依据之一，是识别和使用地形图的重要工具，也是地形图上表示各种地物、地貌要素的符号。

8.3.1 地物在图上的表示方法

地物在图上表示的方法用地物符号。地物符号根据其表示地物的大小和特性，分为比

例符号、非比例符号和线状符号。

1. 比例符号

在地形图上表示地物的形状、大小、位置，与地物的外轮廓线成相似图形的符号，称为比例符号，如房屋、河流、池塘等符号。

2. 非比例符号

在地形图上只表示地物的中心位置，不表示地物的形状、大小的象形符号。如三角点、水准点、路灯、独立树等符号。

3. 线状符号

在地形图上只表示地物的中心位置和长度，不表示地物宽度的线性符号。如通信线、电力线、篱笆、栏杆等。

地物符号随着地形图采用的比例尺不同而有所变化，比例符号可能变成非比例符号，线状符号可能变成比例符号。如蒙古包、水塔、烟囱等在1∶500的地形图中为比例符号，在1∶2000的地形图中为非比例符号；铁路、传输带、小路等在1∶2000地形图中为线状符号，在1∶500的地形图中为比例符号。

常见的1∶500～1∶2000的地形图的图式见表8.3.1。

表8.3.1　　地物和地貌符号

编号	符号名称	1∶500，1∶1000	1∶2000
1	GPS控制点	B 14 / 394.486；3.0	
2	三角点 凤凰山—点名 394.486—高程	凤凰山 / 394.486；3.0	
3	导线点 Ⅰ16—等级、点名 84.46—高程	2.0；Ⅰ 16 / 84.46	
4	埋石图根点 16—点名 84.46—高程	1.6；16 / 84.46；2.6	
5	一般房屋 混—房屋结构 3—房屋层数	混 3	1.6
6	简单房屋		
7	建筑中的房屋	建	
8	架空房屋	混凝土 2；1.0；混凝土；混凝土4	1.0
9	廊房	混 3；1.0	1.0
10	台阶	0.6；1.0；1.0	
11	过街天桥		
12	高速公路 a—收费站 0—技术等级代码	a；0；0.4	
13	等级公路 2—技术等级代码 G326—国道路线编码	0.2；0.4；2G326)	
14	乡村路 a—依比例尺的 b—不依比例尺的 c—小路	a 4.0 1.0 0.2；b 8.0 2.0 0.2；c 1.0 4.0 0.3	
15	场地	球	
16	旱地	1.0；2.0；10.0；10.0	

续表

编号	符号名称	1∶500，1∶1000	1∶2000	编号	符号名称	1∶500，1∶1000	1∶2000
17	花圃	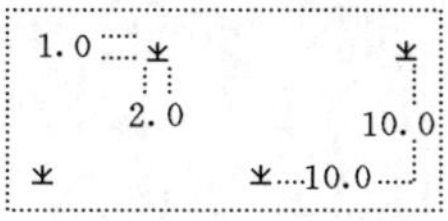		21	等高线 a. 首曲线 b. 计曲线 c. 间曲线	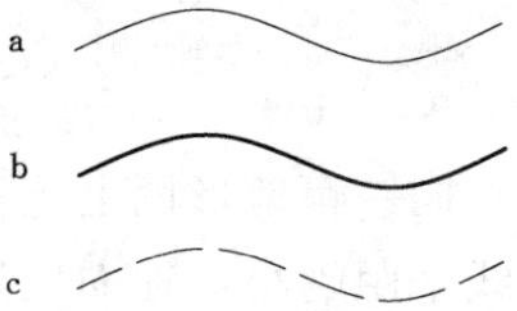	
18	林地	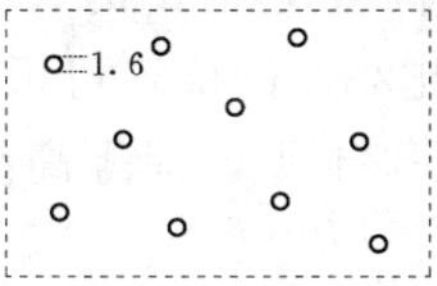					
19	人工草皮	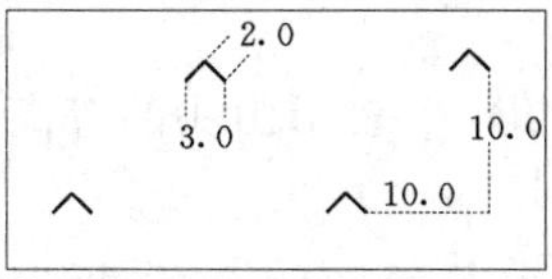		22	地貌表示		
20	稻田	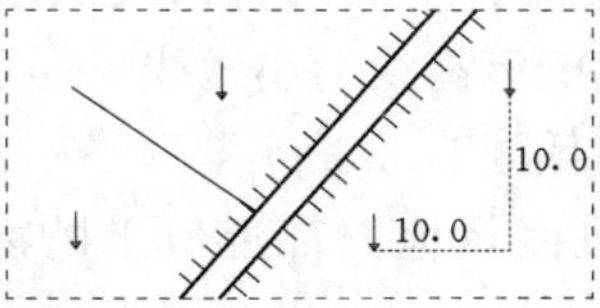		23	梯田坎	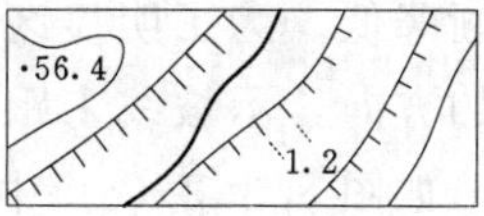	

8.3.2 地貌在图上的表示方法

地貌在图上表示的方法用等高线。

1. 等高线的概念

地面上高程相等的各相邻点所连成的闭合曲线。

2. 等高线表示地貌的原理

如图 8.3.1 所示，设想平静的湖水中有一座山头，当水面的高程为 90m 时，水面与山头相交得一条高程为 90m 的等高线；当水面上涨到 95m 时，水面与山头相交又得一条高程为 95m 的等高线；当水面继续上涨到 100m 时，水面与山头相交又得一条高程为 100m 的等高线。将这三条等高线垂直投影到水平面上，并注上高程，则这三条等高线的形状就显示出该山头的形状。因此，根据等高线表示地貌的原理，各种不同形状的等高线就表示出各种不同形状的地貌。

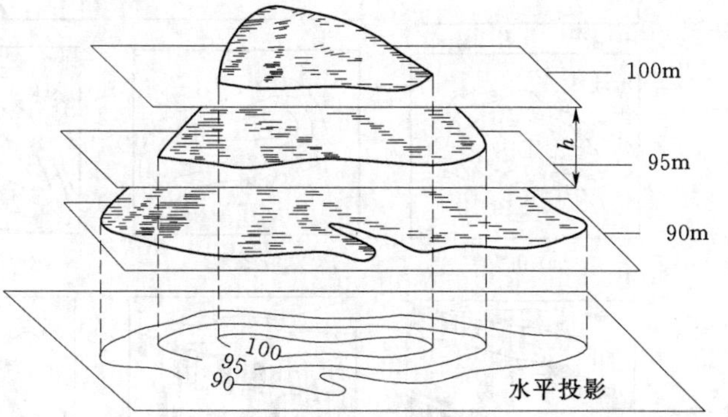

图 8.3.1　等高线地貌原理

3. 等高距

地形图上相邻两条等高线的高程之差称为等高距，常用符号 h 表示。常用的等高距有 1m、2m、5m、10m 等几种。图 8.3.1 中的等高距为 5m。从等高线表示地貌的原理来看，等高距越小，等高线表示的地貌越详细。

4. 等高线平距

相邻等高线间的水平距离称为等高线平距，常用符号 d 表示。则地面坡度 i 为

$$i=\frac{h}{d} \tag{8.3.1}$$

同一幅地形图上等高距是相同的。因此，等高线平距 d 的大小与地面坡度有关。等高线平距越小，地面坡度越大；平距越大，坡度越小。因此，可根据地形图上等高线的疏与密来判定地面坡度的缓与陡。如果等高线平距等于零，即等高线重叠，则地面坡度等于 90°。

5. 几种典型地貌的等高线

根据等高线表示地貌的原理，如图 8.3.2 (a) 中表示山头的等高线，其由若干圈闭合的曲线组成，高程自外向里逐渐升高。

如图 8.3.2 (b) 中表示盆地的等高线，也由若干圈闭合的曲线组成，高程自外向里逐渐降低。为了明显区别山顶和盆地，用垂直于等高线的小短线——示坡线来标明地面降低的方向，示坡线未跟等高线连接的一端朝向低处。

如图 8.3.2 (c) 中表示山脊和山谷的等高线，他们都近似于抛物线，山脊的等高线凸向低处，山谷的等高线凸向高处。

如图 8.3.2 (d) 中表示鞍部的等高线，其特征是四组等高线共同凸向一处。

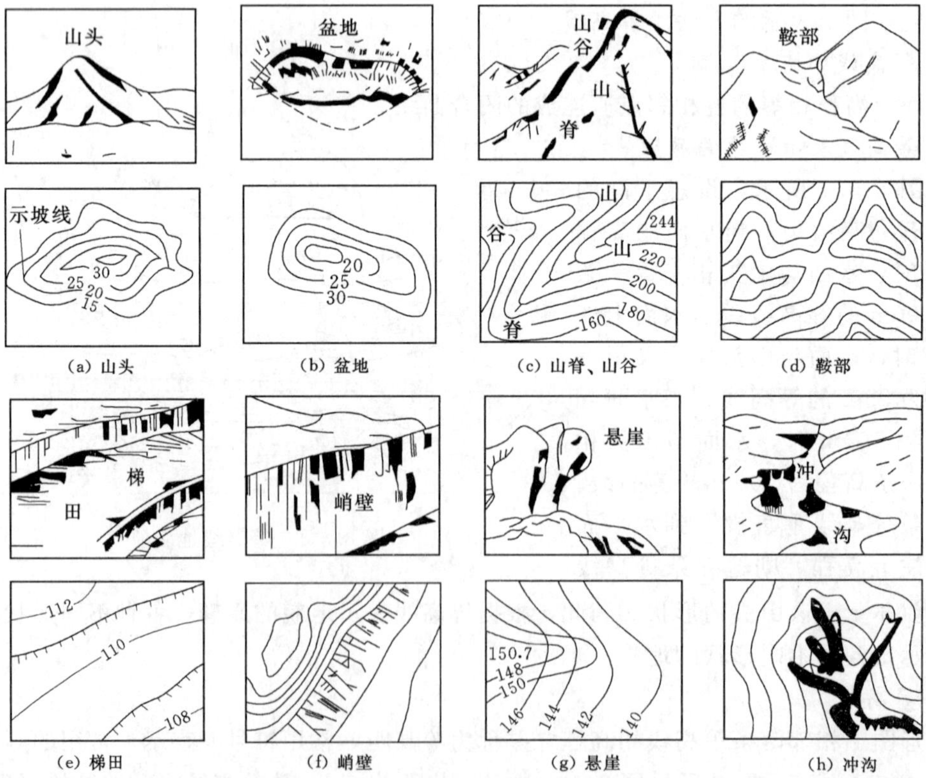

图 8.3.2 几种典型等高线的地貌

如图 8.3.2（e）中表示梯田的等高线，等高线的两侧均有陡坎符号。

如图 8.3.2（f）中表示峭壁的等高线，几条等高线几乎重叠。如果几条等高线完全重叠，那么该处的等高线表示绝壁。

如图 8.3.2（g）中表示悬崖的等高线，等高线两两相交，高程高的等高线覆盖高程低的等高线，覆盖的部分用虚线表示。

如图 8.3.2（h）中为冲沟等高线。

6. 等高线的特性

分析图 8.3.1 和图 8.3.2 可以得出，等高线具有如下的特性：

（1）同一条等高线上的各点，其高程相等。

（2）每一条等高线都是自行闭合的连续曲线，不在图内闭合，就在图外闭合。

（3）一组等高线能反映地面坡度的陡、缓，同一幅图上，等高线越密集的地方表示地面坡度越陡，反之，地面坡度越缓。

（4）除悬崖外，等高线不相交。

（5）等高线通过山脊或山谷时改变方向，并与山脊线或山谷线正交。

7. 等高线的种类

等高线一般分为首曲线、计曲线、间曲线和助曲线四种。

（1）首曲线。首曲线也叫基本等高线，是指按基本等高距绘成的等高线，一般用细实线描绘，线粗为 0.15mm，如图 8.3.3 中的 98m、100m、102m、104m、106m 和 108m 等高线。大比例尺地形图规定的基本等高距见表 8.3.2。

表 8.3.2　　大比例尺地形图基本等高距　　单位：m

地形类别 / 比例尺	平地	丘陵地	山地	高山地
1∶500	0.5	0.5	0.5 或 1.0	1.0
1∶1000	0.5	0.5 或 1.0	1.0	1.0
1∶2000	0.5 或 1.0	1.0	1.0 或 2.0	2.0
1∶5000	0.5 或 1.0	1.0 或 2.0	2.0 或 5.0	5.0

（2）计曲线。为了计算高程的方便，从零米起算，每间隔四条首曲线而加粗的一条等高线称为计曲线，其高程应满足

$$H_J = 5nh_d$$

式中　H_J——计曲线的高程；

n——自然数；

h_d——等高距。

计曲线也叫加粗等高线，一般用粗实线描绘，线粗为 0.30mm。并在适当位置断开注记高程，字头指向高处，如图 8.3.3 中的 100m 等高线。

（3）间曲线。当首曲线不能显示某些局部地貌时，按二分之一基本等高距绘成的等高线叫间曲线，间曲线也叫半距等高线，一般用长虚线表示，仅在局部地区使用，可不闭合，但应对称，如图 8.3.3 中的 101m 和 107m 等高线。

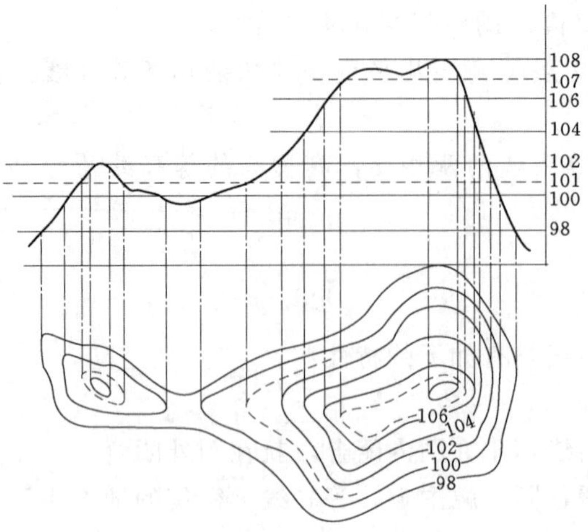

图 8.3.3 等高线的种类

(4) 助曲线 。当用间曲线仍不能表示局部地貌时，用四分之一基本等高距描绘的等高线叫助曲线，助曲线也叫辅助等高线，一般用短虚线表示（在 1 ∶ 500 ～ 1 ∶ 2000地形图上不表示）。

8.3.3 注记符号

为了更清楚地表示地物、地貌，采用一种对地物、地貌起补充说明作用的符号，称为注记符号。如房屋的层数注记、道路的路名及材料注记、水准点的点名及高程注记、河流的名称注记及说明水流方向的箭头、计曲线的高程注记、山头的高程注记、山名注记等都属于注记符号。

8.4 地形图的图廓外注记

图 8.4.1 表示的是一副任意图幅的 1 ∶ 500 比例尺的地形图，地形图的四周各有两条间隔 12mm 的直线，它们是地形图的边界线，也叫作地形图的图廓。

在地形图的四周有八条直线，里侧的四条直线是坐标方格网的边界线称为内图廓；外侧的四条直线称为外图廓，它比内图廓粗，是专门用来装饰和美化图幅用的。内外图廓之间的短线处标注以公里为单位的坐标值。地形图上，靠东、西、南、北的图廓又分别称为东图廓、西图廓、南图廓、北图廓。为了阅读和使用地形图的方便，国家图式规定在地形图的图廓外四周必须进行一系列的注记。图廓外注记的内容有如下几个方面。

8.4.1 图名与图号

图名选取本幅地形图内最著名的地名或重要的地名，标注于北图廓的正上方，如图 8.4.1 中的“金山岭”。当图名选取有困难时，也可不注图名，仅注图号。

图号是本图幅在测区内所处位置的编号。大比例尺地形图，其编号一般采用图廓西南角坐标公里数法，或采用流水编号法，或行列编号法。标注于北图廓和图名所夹位置的中间部位。当采用图廓西南角坐标公里数编号时，*X* 坐标写在前，*Y* 坐标写在后，1 ∶ 500 地形图的坐标标注取至 0.01km，1：1000 地形图坐标标注取至 0.1km，1 ∶ 2000 地形图坐标标注取至整公里……如图 8.4.1 所示，图廓西南角坐标公里数标注为 $X=80.85$，$Y=33.60$，所以该图幅的图号为 80.65－33.60；当采用流水编号法时，按测区统一的顺序，从左到右、从上到下用阿拉伯数字（数字码）1、2、3、4、…编定，如图 8.4.2 (a) 所示，打斜线的图幅编号为“15”，表示本幅图在测区的位置，按从左到右、从上到下的排列顺序为第 15 幅；当用行列编号法时，横行用拉丁字母（字符码）A、B、C、D、…为代号，由上到下排列，纵列用阿拉伯数字（数字码）1、2、3、…为代号，从左到右来编定。编定时，先行后列，如图 8.4.2 (b) 所示，因打斜线的图幅在测区的位置为第一行第四列，故其图幅编号为 A－4。

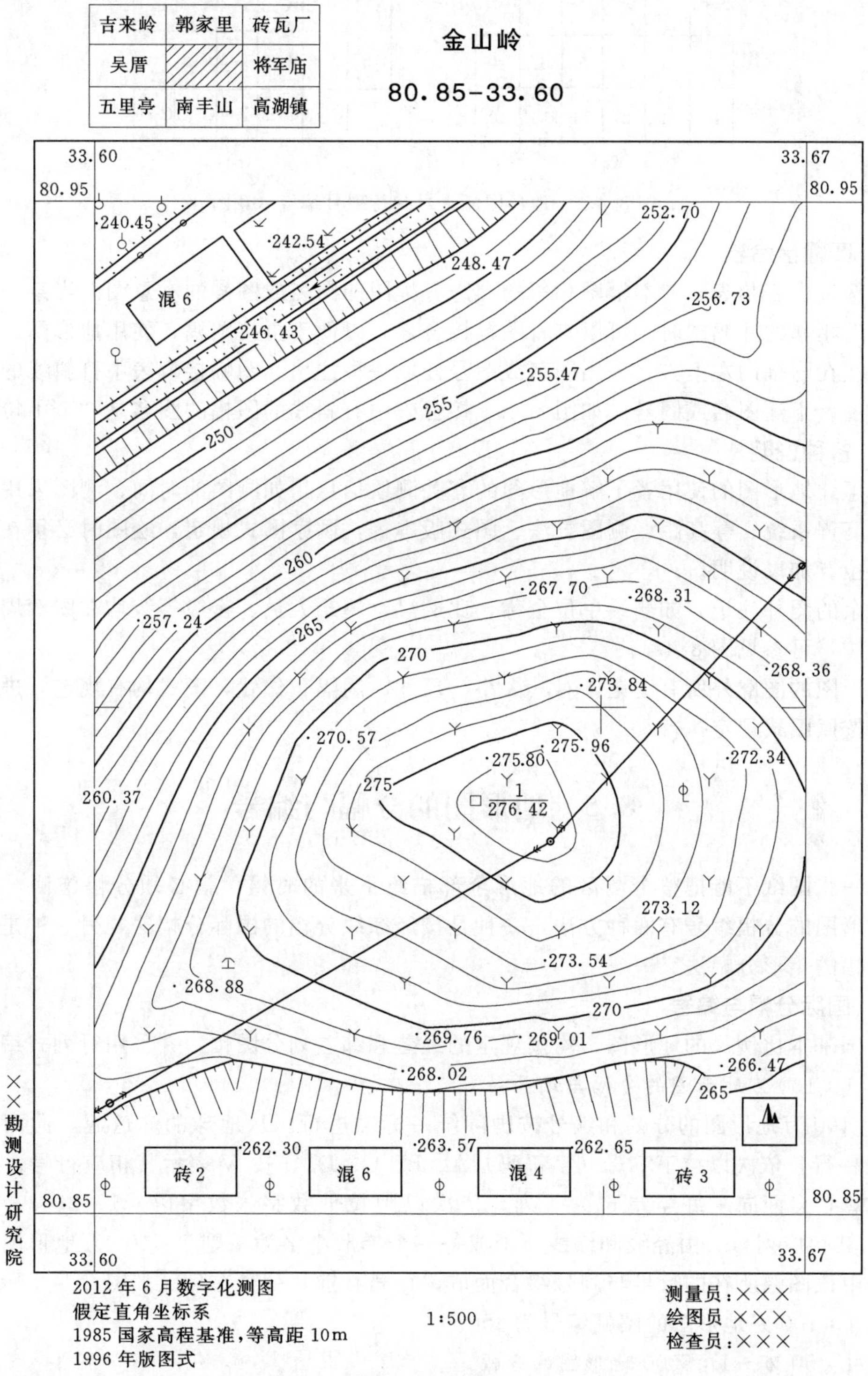
吉来岭
郭家里
砖瓦厂
吴厝
将军庙
五里亭
南丰山
高湖镇
金山岭
80.85-33.60
33.60
33.67
80.95
80.85
240.45
242.54
248.47
252.70
256.73
246.43
混 6
255.47
255
250
260
265
270
275
257.24
267.70
268.31
268.36
273.84
270.57
275.80
275.96
272.34
260.37
1
276.42
273.12
273.54
268.88
269.76
269.01
266.47
268.02
262.30
263.57
262.65
砖 2
混 6
混 4
砖 3
××勘测设计研究院
2012 年 6 月数字化测图
假定直角坐标系
1985 国家高程基准，等高距 10m
1996 年版图式
1:500
测量员：×××
绘图员：×××
检查员：×××

图 8.4.1 地形图

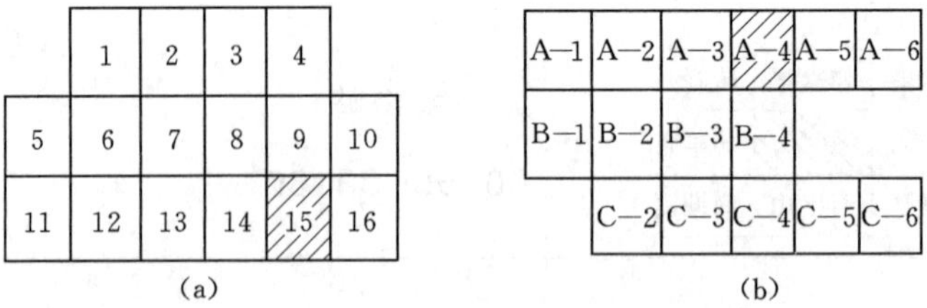

图 8.4.2 地形图流水号和行列号编号示意图

8.4.2 图幅接合表

图幅接合表是表示与本幅图相邻的周边各幅图的图名或图号的示意图。当某一工程的地形跨越相邻的几幅图时，可以查看图幅接合表，以便于拼接图幅，使用地形图。图幅接合表标注在图幅的左上方，采用图名或图号任取一种注出。图幅接合表中打斜线的位置表示本幅图，不注图名或图号。如图 8.4.1 接合表中有斜线的图幅的图名是“金山岭”。

8.4.3 各种说明

为了让地形图的使用者了解地形图的有关测绘信息，如测图的时间、测图采用的坐标系统、高程系统、等高距、测图方法、图式版本等，国家图式规定，绘图时必须在图幅的左下方位置加以说明。

其余的图外注记，如测绘单位全称、比例尺、测绘人员、密级等级均在图廓周边相应位置标注，可参见图 8.4.1。

地形图的图廓外所有注记，对其大小、尺寸、间隔、位置，图式均有规定，进行注记时必须按照图式规定执行。

8.5 地形图的分幅与编号

当一张图纸不能把整个测区的地形全部描绘下来的时候，就必须分幅施测，统一编号。地形图的分幅编号有两种方法，一种是按经纬线分幅的国际分幅法，另一种是按坐标格网分幅的矩形分幅法。

8.5.1 国际分幅与编号

我国基本比例尺的地形图，均按规定的经差和纬差划分图幅，并采用行列式编号。

1. 1∶100 万地形图的分幅与编号

1∶100 万地形图的分幅和编号按国际统一标准进行。从地球的赤道起，向两极每纬差 4°为一行，依次以拉丁字母（字符码）A、B、C、D、…、V 表示其相应行号；从 180°经线起算，自西向东每经差 6°为一列，依次以阿拉伯数字（数字码）1、2、3、4、…、60 表示其相应列号。由经线和纬线所围成每一个梯形小格为一副 1∶100 万地形图，它们的编号由该图幅所在的行号与列号组合而成，行号在前，列号在后。如图 8.5.1 所示，北京所在 1∶100 万地形图的图幅编号为 J50。

2. 1∶50 万～1∶5000 地形图的分幅

它们均以 1∶100 万地形图为基础，将一副 1∶100 万地形图按经差 3°、纬差 2°分成 2 行 2 列，形成 4 幅 1∶50 万地形图。将一副 1∶100 万地形图按经差 1°30′、纬差 1°分成 4

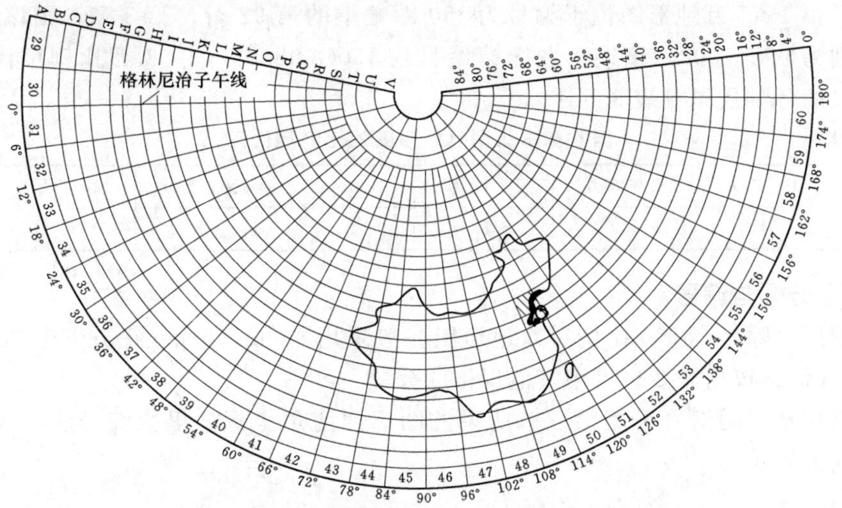

图 8.5.1　1：100 万地形图分幅与编号

行 4 列，形成 16 幅 1：25 万地形图。将一副 1：100 万地形图按经差 30′、纬差 20′分成 12 行 12 列，形成 144 幅 1：10 万地形图。将一副 1：100 万地形图按经差 15′、纬差 10′分成 24 行 24 列，形成 576 幅 1：5 万地形图。将一副 1：100 万地形图按经差 7′30″、纬差 5′分成 48 行 48 列，形成 2304 幅 1：2.5 万地形图。将一副 1：100 万地形图按经差 3′45″、纬差 2′30″分成 96 行 96 列，形成 9216 幅 1：1 万地形图。将一副 1：100 万地形图按经差 1′52.5″、纬差 1′15″分成 192 行 192 列，形成 36864 幅 1：5000 地形图。

3. 1：50 万～1：5000 地形图的编号

1：50 万～1：5000 地形图的编号仍然采用行列式方法编号。将一副 1：100 万地形图按上述各种比例尺地形图的经差和纬差分成若干行和列，行从上到下、列从左到右依次分别用阿拉伯数字（数字码）编号。图幅编号的行、列代码均以三位十进制数表示，不足三位数的用 0 补齐。图幅编号由本幅图所处的 1：100 万地形图图幅编号，再加本幅图比例尺的代码，最后加本幅图的行、列代码，行代码在前，列代码在后。如图 8.5.2 所示，北

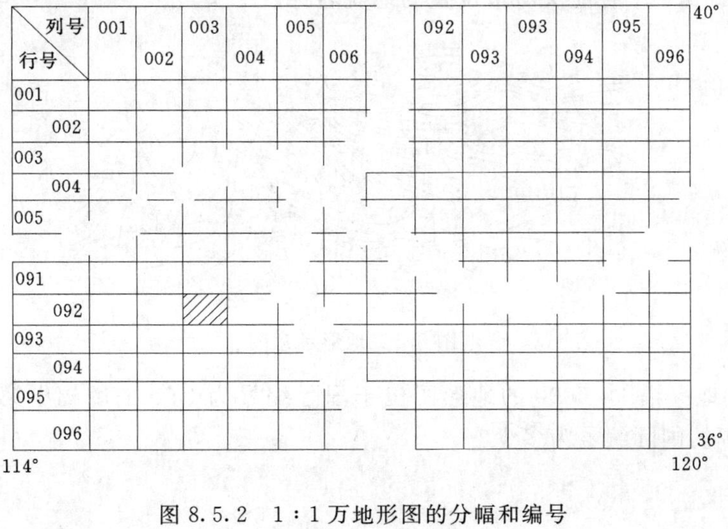

图 8.5.2　1：1 万地形图的分幅和编号

京某地区一幅1∶1万地形图位于编号为J50图幅中的第92行、第3列，则该图幅的行、列代码分别为092、003，该地形图图幅编号为J50G092003（1∶1万比例尺代码为G）。基本比例尺的各种代码见表8.5.1。

表8.5.1　　国家基本比例尺地形图的比例尺代码

比例尺	1∶50万	1∶25万	1∶10万	1∶5万	1∶2.5万	1∶1万	1∶5000
代码	B	C	D	E	F	G	H

8.5.2　矩形分幅与编号

大比例尺（除1∶5000比例尺）地形图一般采用50cm×50cm正方形分幅或40cm×50cm矩形分幅，根据需要也可用其他规格的分幅。

大比例尺地形图编号采用第三节所说的图廓西南角坐标公里数编号法，或流水编号法，或行列编号法。

实训与习题

1. 何谓地物和地貌？地物和地貌分别采用什么符号表示？

2. 地貌分为哪几种？如何确定测图区域的地貌分类？等高线有什么特性？

3. 何谓比例尺？比例尺有哪几种？什么是大比例尺地形图？

4. 何谓比例尺精度？1∶5000地形图的比例尺精度为多少？

5. 某单位要求测绘一幅图上能反映0.2m地面线段精度的地形图，测绘单位至少应选用多大比例尺进行测图？

6. 在1∶2000图上量得A、B两点的长度为0.1646m，则A、B两点实地的水平距离为多少米？

7. 等高线分为几种？何谓首曲线和计曲线？

8. 某幅地形图的等高距为2m，图上绘有38m、40m、42m、44m、46m、48m、50m、52m等8条等高线，其中哪几条为计曲线？

9. 说出题图8.1中各箭头所指位置的地貌名称。

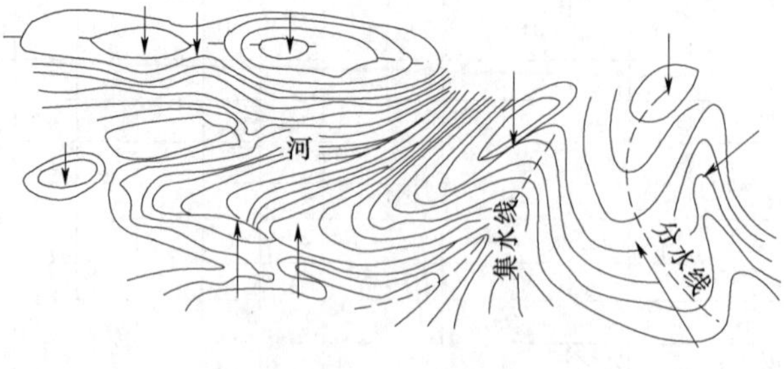

题图8.1　地形示意图

10. 我国某地一幅1∶5000的地形图位于国际编号为G50的图幅中第11行、22列，该幅地形图图幅的国际编号为多少？

第9章 大比例尺地形图的测绘

学习目标：

通过本章的学习，了解大比例尺地形图传统的测图方法和地籍测量方法，重点掌握数字化测图的组成、特点、控制的方法，掌握草图法野外数据采集和应用CASS成图软件绘图的方法，具有数字地形图测绘的能力。

9.1 地理信息与地理空间数据

1. 信息与数据

信息是信号、数据、情报、知识。可简单地描述为：客观事物在人们头脑中的反映。

数据是对某种情况的记录。包括数值数据和非数值数据两种，后者如各种图像、表格、文字和特殊符号等。而信息则是经过加工处理后的数据，它是一种资源。

2. 地理信息

地理信息是指研究对象的空间地理分布有关的信息。它是表示地表物体及环境固有的数量、质量、分布特征、属性、规律和相互联系的数字、文字、音像和图形等的总称。

地理信息不仅包含研究实体的地理空间位置、形状，还包括对实体特征的属性描述。

3. 地理空间数据

地理空间数据就是指人们通过测量所得到的地球表面上地物和地貌空间位置的数据。如地图是由形象符号表示的地球表面在平面上的图形。地图就是地理空间数据最直观、最易被人们认识和使用的形式之一。

9.2 传统测图方法简介

地面上地物和地貌的特征点统称为碎部点，其平面坐标和高程测定工作称为碎部测量。

9.2.1 测图前的准备工作

测图前，除做好仪器、工具及相关数据、资料的准备工作外，还应认真准备好测图板。它包括图纸的准备、绘制坐标格网及展绘控制点等工作。

1. 图纸准备

测绘部门采用厚度为0.07～0.1mm、表面磨毛后的聚酯薄膜代替图纸在野外测图。聚酯薄膜具有透明度好、伸缩性小、不怕潮湿、牢固耐用等优点，可用水洗涤以保持图面清洁，并可直接在底图上着墨复晒蓝图。但聚酯薄膜有易燃、易折和老化等缺点，故在使用过程中应注意防火防折，并妥善保管。

2. 绘制坐标格网

把控制点的坐标展绘在图纸上，它是碎部测量的依据，展点精度直接影响到测图的质量。为此，必须首先按规定精确地绘制坐标方格网。

测绘专用的聚酯薄膜，通常均印制有规范、精确的坐标方格网，无须自行绘制。若无坐标方格网，或采用普通绘图纸进行测图，可使用坐标仪或坐标格网尺等专用仪器工具绘制坐标方格网。若无上述专用设备，则可按下述对角线法绘制。

地形图的图幅一般分为 50cm×50cm、40cm×50cm 或 40cm×40cm，要求精确绘制成 10cm×10cm 的直角方格网。现以绘制 50cm×50cm 坐标方格网为例说明，如图 9.2.1 所示。

先在图纸上画出两条对角线，以其交点 M 为圆心，取适当长度为半径画弧，交对角线 A、B、C、D 点，用直线相连得矩形 $ABCD$。分别从 A、B 两点起沿 AD 和 BC 方向每隔 10cm 定点，共定出 5 点；再从 A、D 两点分别沿 AB 和 DC 方向每隔 10cm 定点，同样定出 5 点；连接对边的相应点，即得 50cm×50cm 的方格网。坐标格网绘好后，应立即用直尺检查方格顶点是否在同一直线上，如图 9.2.1 中的 ab 线，其偏离值不应超过 0.2mm，同时用比例尺检查各方格边长和对角线长度，方格边长应为 (100±0.2)mm，对角线长度应为 (141.4±0.3)mm。误差超过允许值时，应将方格网重绘或作修改。

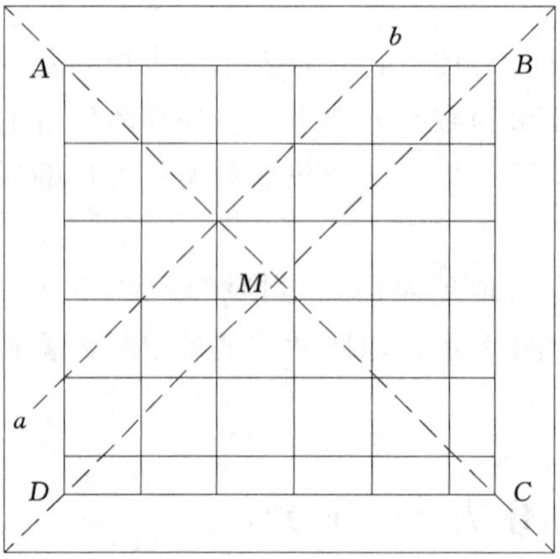

图 9.2.1　坐标格网绘制方法

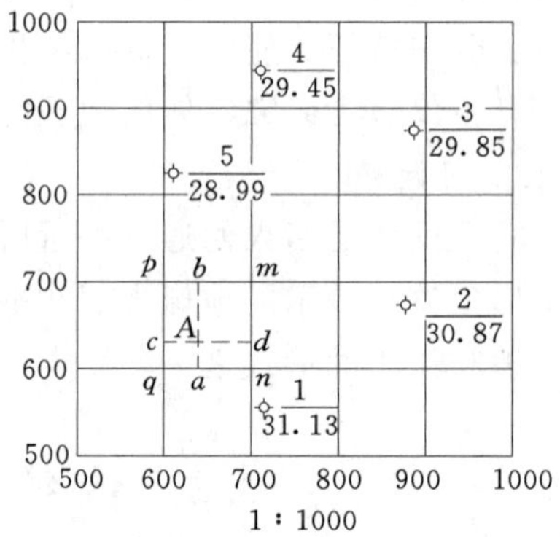

图 9.2.2　控制点展点方法

因绘制方格网的精度要求较高，故线条应很细 (0.1mm)，用 3H 铅笔绘制。方格网绘制完毕，应擦去辅助线条。

3. 展绘控制点

展点前，应将坐标值注在相应坐标格网边线的外侧 (图 9.2.2)。展点时，首先要确定图根点所在的方格，如 A 点坐标为 $x_A=627.43$m，$y_A=634.52$m，其位置在 $mnpq$ 方格内。然后按 y 坐标值分别从 p、q 点以测图比例尺向右各量取 34.52m，得 a、b 两点。从 p、n 两点向上分别量取 27.43m，同法可得 c、d 两点，连接 ab 和 cd，其交点即为 A 点位置。同法将其他各控制点展绘于图上，用比例尺量取相邻点间的长度，与相应的实际距离比较，其差值不应超过图上 0.3mm。经检查无误后，按图式规定绘出导线点符号，并在其右侧以分数形式注明点号及高程。如图 9.2.2 所示，分子为点号，分母为高程。坐标格网的表示，仅在边线（内图廓）上画 5mm 短线，图内方格顶点画 10mm 的“十”线即可。

9.2.2 经纬仪测绘法

1. 碎部点的选择

要使地形能准确全面地反映地面的实际状况，碎部点的选择至关重要。

对于地物，碎部点应选在地物轮廓线的方向变化处，如房角点，道路转折点、交叉点，河岸线转弯点以及独立地物的中心点。连接这些特征点，便得到与实地相似的地物图形。对于形状极不规则的地物，一般规定主要地物的凹凸部分在图上大于 0.4mm 时均应表示出来，小于 0.4mm 时，可直接用直线连接。

对于地貌，碎部点应选在最能反映地貌特征的山脊线、山谷线等地性线上，如山顶、鞍部、山脚及坡地的方向和坡度变化处。根据这些地貌特征点的位置和高程内插勾绘等高线，即可将实际地貌在图上表示出来。

图 9.2.3 为一地物、地貌透视图，图上立有尺子的地方表示碎部测量时，立尺员应选择的碎部点位置。这些点称为地形特征点。

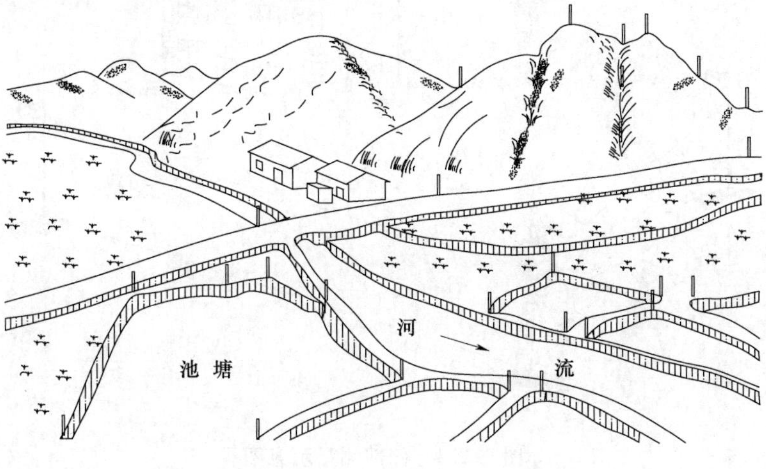

图 9.2.3 碎部点选择示意图

为了能准确地用等高线表示地貌形态，碎部点应有一定的密度。在地面平坦或坡度无显著变化的地区，碎部点间的最大间距和测碎部点的最大视距应符合表 9.2.1 的规定。

表 9.2.1 一般地区地形点的最大间距和最大视距表

测图比例尺	地形点最大间距/m	地物点/m		地表点/m	
		一般地区	城镇居住区	一般地区	城镇居住区
1∶500	15	60		100	70
1∶1000	30	100	80	150	120
1∶2000	50	180	150	250	200
1∶5000	100	300		350	

注 1∶500 比例尺测图时，在城镇居住区，地物点距离应实量，其最大长度不应超过 50m。

当采用全站仪极坐标法测图时坐标最大测距长度应符合表 9.2.2 的要求。

表 9.2.2　城市建筑区的最大视距表

测图比例尺	1∶500	1∶1000	1∶：2000	1∶5000
最大测距长/m	300	450	700	1000

2. 一个测站上的测绘工作

用经纬仪测绘法进行碎部测量，是将经纬仪安置在控制点上，测出起始方向和碎部点方向之间的水平夹角，再用视距测量方法测出碎部点与测站点之间的平距和高差。根据所测水平角和平距，用量角器和比例尺把碎部点展绘到图纸上，并以此点兼作高程的小数点注记高程。最后对照实地情况，按规定符号绘出地形图。测绘工作的具体操作步骤如下。

（1）测站上的准备工作。

1）如图 9.2.4 所示，将经纬仪安置在图根点 B 上，对中、整平，量出仪器高度 i。在测站附近适当地方安置绘图板。

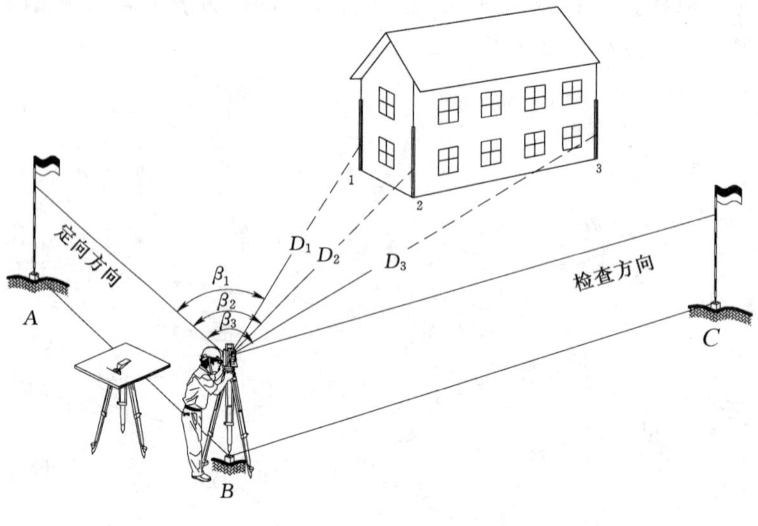

图 9.2.4　碎部测量示意图

2）测定竖盘指标差。

3）进行测站定向。选择已知点 A 作为定向点，并使经纬仪照准 A 点时，水平度盘读数为 0°00′。

4）连接图上相应已知点 b、a，并适当延长，即 ba 即为该测站起始方向线，又称定向线。然后用小针通过量角器圆心的小孔插进 b 点，固定量角器圆心位置。

（2）碎部点的施测。

1）立尺员立尺于待测点上。

2）观测员转动望远镜，以十字丝的纵丝对准尺的中央，读出水平角 β。

3）读出中丝读数。

4）转动微倾螺旋让上丝或下丝和一整刻画相重合，数出视距长度 KL 值。

5）使竖盘水准管气泡居中后，读出竖盘读数。

6）由测得的视距和天顶距，按视距公式计算出相应的水平距离和高差。碎部测量的观测手簿见表9.2.3。

如果测站周围地势平坦，测量时可利用水平视线测出碎部点与测站点之间的平距和高差，这时观测与计算工作都可简化，从而加快测量进度。

表 9.2.3　　碎部测量手簿

测站：B　　定向点：A　　测站高程：54.06m　　仪器高 i=1.47m　　指标差=+1′

点号	水平角	竖盘读数	视距	中丝	平距	高差	高程	备注
1	23°17′	87°07′	38.4	0.47	38.3	+2.92	56.98	房角
2	54°32′	90°58′	47.3	1.47	47.3	−0.81	53.25	房角
3	86°43′	87°36′	59.0	1.47	58.9	+2.45	56.51	路边
4	135°37′	92°18′	20.0	2.47	20.0	−1.81	52.25	塘角

（3）碎部点的展绘。在碎部点施测的同时，绘图员应根据测得的水平角和计算出来的水平距离与高程，用量角器（图9.2.5）把已测得的碎部点展绘到图纸上。

展点时，使图上定向线对准量角器上等于水平角β的刻划线，沿量角器的直尺边量出按测图比例尺缩小后的水平距离，即可得到图上相应碎部点的位置。高程的字头一律朝北，基本等高距为0.5m时，高程注记至cm，等高距大于0.5m时注记至dm。绘图员应边展点边参照实地情况绘出地物，并勾绘出等高线。同时应观察所绘地物、地貌与实际情况是否相符，以便及时发现问题，并及时改正。

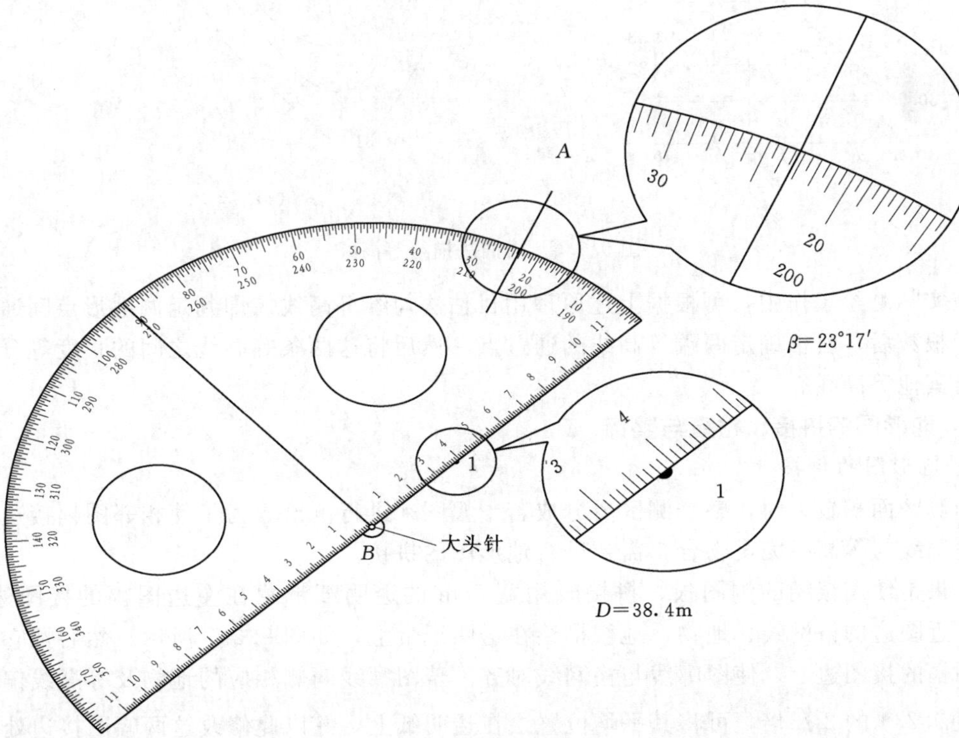

图9.2.5　量角器展绘碎部点

(4) 地物、地貌的描绘。测图时，碎部点的展绘应做到随展点、随连线随描绘成图。

1) 地物的描绘。一些能按比例表示的地物，如房屋、道路、河岸线等，按形状用直线或光滑曲线描绘出来；有些不能按比例描绘的地物，则按“地形图图式”所规定的非比例符号表示。

2) 地貌的描绘。能用等高线表示的地段，应先轻轻地描绘出山脊线、山谷线等地性线，然后按测点的高程勾绘出等高线。不能用等高线表示的地段，如悬崖、峭壁、土坎、冲沟、雨裂等地貌，则按图式规定的符号画出。如图 9.2.5 (a) 所示，A、B 两点的高程分别为 30.9m 和 37.6m，设等高距为 1m，则 A、B 两点间必有高程为 31m、32m、33m、34m、35m、36m、37m 七条等高线通过。首先确定 31m 和 37m 等高线通过的位置，即图 9.2.6 (a) 中的 c 和 i，图中 ab 是 A、B 两点间的图上平距，可用比例尺量得。算出 ac、bi 的距离后，即可定出 c 和 i 在图上的位置，然后将 ci 六等分，即得 32m、33m、34m、35m、36m 等高线的通过点 d、e、f、g、h。

同法求其他相邻两点间的等高线位置，把相同高程的相邻点用光滑曲线依照地面起伏趋势连接起来，就是所要描绘的等高线，如图 9.2.6 (b) 所示。

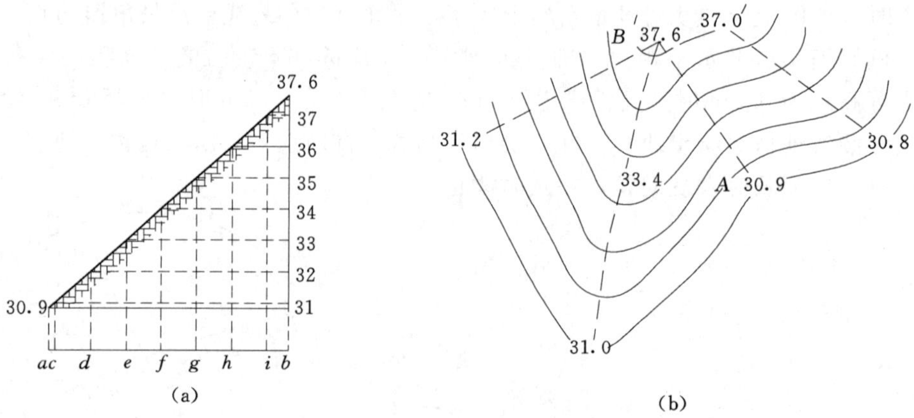

图 9.2.6　内插法描绘等高线

在实际测绘工作中，可根据上述原理用目估法勾绘等高线。即判定两地形点间通过的等高线根数后，目估确定两端等高线的通过点，然后将这两条等高线之间的长度等分，从而确定其他等高线。

9.2.3　地形图的拼接、检查与整饰

1. 地形图的拼接

当测区面积较大时，整个测区要分成若干幅图来进行测绘。为了使相邻图幅接边处的地物轮廓线与等高线完全吻合，需要进行地形图的拼接。

如果是使用裱糊的测图板，拼接时用宽 5cm 的透明纸带蒙在左边图幅的接图边上，并把靠近图边的格网线、地物、地貌描绘在透明纸带上，如图 9.2.7 所示。然后把它蒙在右边图幅的接图边上，使图廓线与格网线对齐。若图廓线两侧相应的地物及等高线偏差不超过表 9.2.4 的 $2\sqrt{2}$倍，可将其平均位置绘在透明纸上，并以此修改这两幅图接边处的地物和地貌位置。修改时应保证地物、地貌相互位置和走向的正确性。

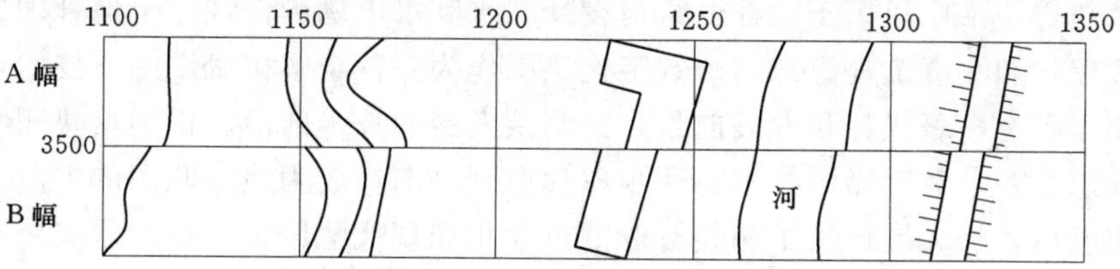

图 9.2.7 地形图拼接

表 9.2.4 **地物点平面位置中高差和地形点高程中误差**

地区分类	点位中误差（图上）/mm	地物点间距中误差（图上）/mm	等高线高程中误差（等高距）			
			平地	丘陵地	山地	高山地
城镇居住区	0.6	±0.4	1/3	1/2	2/3	1
一般地区	0.8	±0.6				

若使用聚酯膜测图时，可直接将相邻图幅的接图边接图廓线，格网线对齐进行拼接。拼接时如发现误差超限，则应到实地检查，补测修正。

2. 地形图的检查

为了保证地形图质量，在测图过程中应随时进行检查，以便及时发现问题及时纠正。地形图测完后，测图人员应再作一次全面检查，称为自检。检查工作可分室内检查、巡视检查和仪器设站检查。

（1）室内检查。室内检查的主要内容有：手薄记录计算有无错误，图根点的点数是否符合要求，控制测量和地形测量的误差是否在限差之内，展点精度是否合乎要求，等高线和地形点的高程是否相符，图边的拼接是否正确等。

（2）巡视检查。沿选定的巡视路线将原图与实地进行对照，查看地物有无遗漏，地物形状是否相似，等高线是否与实地地貌形态相符，符号、注记是否正确等。对巡视检查中所发现的问题应及时改正，或进行补测修正。

（3）仪器设站检查。检查时可在原已知点设站，重新测定其周围部分点的平面位置和高程，与原图相比，误差不得超过表 9.2.4 中的 2 倍。仪器检查量一般为整幅图的10%～20%左右。

3. 地形图的清绘与整饰

经过图边拼接，室内、外检查均符合要求，再进行最后的地形图清绘和整饰工作。内容包括：擦去不必要的线条、符号和数字；按图式规定绘制地物；以光滑匀称的线条按规定宽度描好等高线、加粗计曲线；用工整的字体进行注记；重新描好模糊的格网线；按规定整饰好图廓注记和接合图表。

通过清绘和整饰，做到内容齐全、线条清晰、取舍合理、注记正确、清除矛盾。最后将经过整饰的地形原图交上级检查验收。

9.3 数字化测图方法

数字化测图是随着计算机、电子测量设备、数字化成图软件的应用而迅速发展起来的全新的技术与方法。广泛用于工程测绘与设计、水利水电勘测设计、土地管理、城市勘测规划、环境保护和军事工程等部门。数字化测图作为一种全解析机助测图技术，与传统的白纸测图相比具有显著优势和发展前景，是测绘发展的技术前沿。作为反映测绘技术现代化水平的标志之一，数字测图技术将逐步取代白纸测图，成为地形测图的主流。数字测图技术的应用发展，极大地加快了测绘行业的自动化和现代化进程。使测量成果在利用、存储、管理、更新、显示以及传输方面有了革命性的改变。它为信息时代的地理信息应用提供了最可靠的保障。

9.4　数字化测图的组成

数字化测图是以计算机为核心，外加输入、输出设备，通过数据接口将采集的地物、地貌信息传输给计算机进行处理，转化为数字形式，得到内容丰富的电子地图。在实际工作中，大比例尺数字化测图主要指野外实地测量即地面数字测图，也称野外数字化测图。

数字化测图系统主要由数据输入、数据处理和成果与图形输出三部分组成，其流程如图 9.4.1 所示。

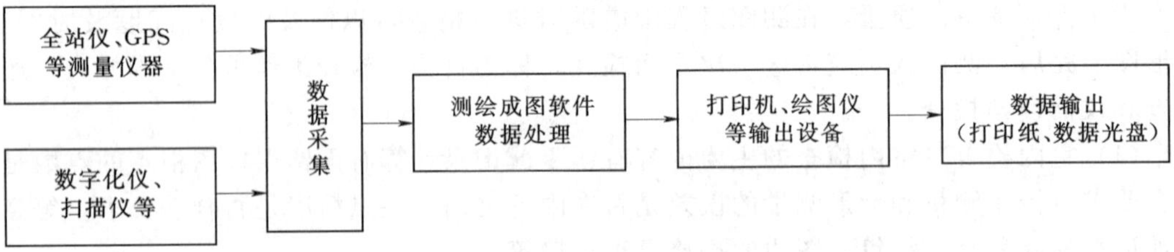

图 9.4.1　数字测图系统流程图

9.5　数字化测图的特点

1. 点位的精度高

传统的经纬仪配合量角器的图解测图方法，其平面位置误差主要受展绘点的误差和测定误差的影响。一般在图上误差可达±0.47mm。经纬仪视距法测定高程点时，在较平坦地区（0°～6°）视距为 150m，高程测定误差达±60mm，而且随着倾斜角的增大高程测定误差会急剧增加。如只用全站仪测定，虽然测距和测角的精度大大提高，但是沿用白纸测图的方法绘制，图解地形图的精度并没有提高，这就是白纸测图致命的弱点。而数字化测图则不同，全站仪的测量数据作为电子信息可以自动传输、记录、存储、更新。在数据处理和成图过程中原始数据的精度毫无损失，从而获得高精度的测量成果。数字地形图最好地反映了外业测量的高精度，也最好地体现了仪器发展更新、精度提高的高科技进步的价值。

2. 作业的方式便捷高效

传统的方式主要通过野外测定、人工记录、现场人工绘制地形图。数字测图则使野外测定自动记录、自动解算处理、自动成图。数字测图自动化程度高，读错、记错、展绘错的概率为零，绘制的地形图精确、规范、美观。

3. 图件的更新便捷、具有可靠性和现势性

城镇的发展加速了城镇建筑物和结构的变化，采用地面数字测图能克服大比例尺白纸测图连续更新的困难，在房屋的改建扩建、变更地籍或房产时，只须输入有关的信息，经过数据处理就能方便地做到更新和修改，始终保持图面整体的可靠性和现势性。

4. 图件的实用性和应用强大

计算机与显示器、打印机联机，可以显示或打印各种资料信息；与绘图机联机时，可以绘制各种比例尺的地形图，也可以分层输出各类专题地图，满足不同用户的需要。

5. 图件的深加工和利用便捷

数字化测图的成果是分图层存放，不受图面负载量的限制，从而便于成果的加工利用。比如房屋、电力线、铁路、道路、水系地貌等存于不同的图层中，通过打开或关闭不同的图层得到所需的各类专题图，如管线图、水系图、道路图、房屋图等。

6. GIS 的重要信息源

地理信息系统具有方便的信息查询功能、空间分析功能以及辅助决策功能。数字化测图作为 GIS 的信息源，能及时地提供各类基础数据更新 GIS 的数据库。

9.6 控制测量

目前大比例尺野外数字测图主要使用全站仪采集数据。野外数据采集包括两个阶段，即控制测量阶段和碎部点采集阶段。先进行首级控制测量，应有足够的精度和密度，再在首级控制点上做图根点加密。图根点加密可采用“辐射法”。辐射法就是在通视良好的首级控制点上，用坐标测量模式的方法，一次测定几个图根点。这种方法无须平差，可直接利用测定的坐标。为了保证图根点精度，一般要进行两次观测。由于采用全站仪采集数据，测站点到目标点的距离在 500m 以内可以保证测量精度，故图根点的密度一般以在 1000m 以内的点为原则。通视条件好的地方，图根点可稀疏些；但地物密集、通视困难的地方，图根点要密集些。

9.7 地面数字测图

地面数字测图也称为内外业一体化数字测图。地面数字测图法需要的生产设备为全站仪（或测距仪和经纬仪）、掌上电脑或笔记本电脑、计算机和数字化测图软件。

根据所使用的设备不同，地面数字测图主要有“草图法”“电子平板法”“简码法”“数字仪录入法”等多种成图作业方式。从实用性和篇幅考虑，本书只介绍“草图法”，其他几种方法读者可参阅有关书籍。

9.7.1 草图法工作流程

草图法是在野外利用全站仪采集并记录观测数据或坐标，同时勾绘现场地物属性关系草图。回到室内，再自动或手动连线成图。其流程如图 9.7.1 所示。

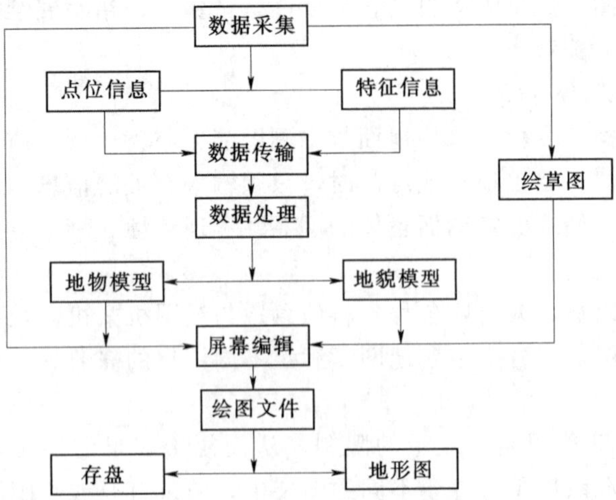

图 9.7.1　草图法测图流程

具体过程如下：

(1) 在野外，利用全站仪采集并记录观测数据或坐标，同时勾绘现场地物连接关系草图。

(2) 回到室内，将记录数据下载到电脑，得到观测数据文件或坐标数据文件。

(3) 将数据预处理为 .dat 格式。

(4) 直接展绘点位。

(5) 编辑修改，最终出图。

草图法是一种十分实用、快速的测图方法。其优点是：在野外作业时间短，大大降低外业劳动强度，提高作业效率。由于免去了外业人员记忆图形编码的麻烦，因而这种作业方法，更易让一般用户接受。其缺点为：不直观，容易出错，当草图有错误时，可能还需要到实地查错。

9.7.2　人员组织

1. 观测员 (1 人)

(1) 负责操作全站仪，观测并记录观测数据。

(2) 应注意经常对零方向，经常与领图员对点号。

2. 领图员 (1 人)

(1) 负责指挥跑尺员，现场勾绘草图。

(2) 要求对图式熟悉，以保证草图的简洁、正确。

(3) 当人员配备紧张时，许多单位的领图员还担负着后继处理图形数据的任务。

(4) 应注意经常与观测员对点号。

3. 跑尺员 (若干人)

(1) 负责现场跑尺。

(2) 要求对跑点有经验，以保证制图的方便。对于经验不足者，可由领图员指挥跑尺，以防引起内业制图的麻烦。

(3) 当人员充足时，可根据情况安排多一些人员跑尺。

4. 内业制图员 (若干人)

(1) 对于无专业制图人员的单位，通常领图员担负着后继制图的任务。

(2) 对于有专业制图人员的单位，通常将外业测量和内业制图人员分开，领图员只负责绘草图，内业制图员得到草图和坐标文件，即可连线成图。

(3) 草图质量一定要高，领图员绘制的草图好坏直接影响到内业成图速度及质量的高低。如果再配置一个 (A3 \ A4) 小型绘图仪，现场就可以按坐标实时展点绘图，及时检查和纠正绘图错误，减免了人工画草图的工作。对于外业经验丰富、水平相对较高的测绘小组，外业测量也可以只要观测员和跑尺员一起凭记忆将打印出来的点快速连绘成图，交给内业人员制图，这种成图方法非常高效。

9.7.3 数字成图软件的选择

实现内外业一体化数字测图的关键是要选择一种成熟的、技术先进的数字成图软件。目前，市场上比较成熟的大比例尺数字成图软件主要有：①广州南方测绘公司开发的CASS数字化地形地籍成图系统；②北京威远仪器公司开发的CitoMap地理信息采集系统；③北京清华山维公司开发的EPSW电子平板测图系统；④广州开思测绘软件公司开发的SCSG系列多用途数字测绘与管理系统。

这些数字化测图软件一般都应用了数据库管理技术并具有GIS前端数据采集功能，其生成的数字地图可以多种格式文件输出并可以供GIS软件读取。它们都是在AutoCAD平台上开发的，其优点是可以充分利用AutoCAD强大的图形编辑和计算功能。

虽然上述数字化测图软件都是在AutoCAD平台上开发的，但它们的图形数据和地形编码一般互不兼容。对于一个测绘生产单位而言，选择适合自己本单位使用的绘图软件是很必要的。首先要看该软件是否适合本单位的实际情况；再要看其可操作性、界面是否友好、是否简便易学等。本书只对南方测绘公司的CASS6.1地形地籍成图软件作简要介绍。

9.7.4 CASS6.1的运行环境

1. 硬件环境

处理器（CPU）：PentiumⅢ或更高版本，内存（RAM）最少128MB，至少300MB有效硬盘剩余空间，视频最低为1026×768真彩色。

2. 软件环境

Microsoft Windows9x或以上版本的操作系统，浏览器至少为Microsoft Internet Explorer 6.0或更高版本，平台为AutoCAD 2004或AutoCAD 2005版本。

9.7.5 CASS6.1的操作界面

现以AutoCAD 2005为平台介绍CASS6.1。点击安装在桌面上创建的CASS6.1图标，即可以启动安装在AutoCAD 2005上的CASS6.1的界面，如图9.7.2所示。

它与AutoCAD 2005的界面及操作方法相同。两者的区别在于下拉菜单及屏幕菜单的内容不同，各区的功能简介如下：

（1）下拉菜单区。执行主要的测量功能，通过点击下拉菜单中的命令，便可完成相应操作。

（2）屏幕菜单。所有图式符号均分门别类地设置于该菜单中，用来绘制各种类别地物，是绘图操作较频繁的菜单。

（3）绘图区域。是用户主要工作窗口，用户可以利用系统工具条中的“实时平移”与“实时缩放”按钮来动态调节视窗的大小和图形位置，是显示图形及其操作编辑区域。

（4）工具条区。各种AutoCAD 2005命令，是绘图最快捷的方式，用户也可以设置常用的CASS6.1测量工具在该区域，实质为快捷工具。

（5）命令提示区。是命令记录区，表示系统处于准备接受命令状态和系统对操作指令反映区域，提示用户操作。

（6）状态条按钮区。它在窗口最底部，功能同AutoCAD 2005，可以设置“对象捕捉”“对象追踪”等。

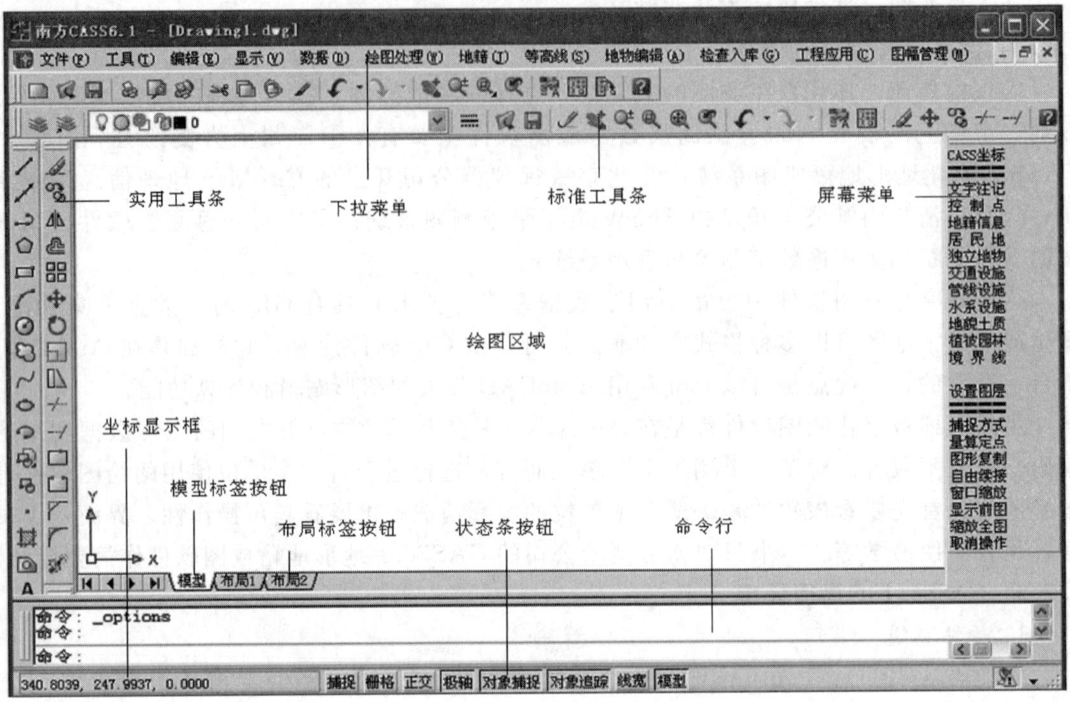

图 9.7.2　CASS6.1 操作界面

(7) 坐标显示框。在程序运行或有关操作过程中，有时显示程序运行进度或操作信息。

9.7.6　将野外采集数据传输到计算机并转换数据格式

打开传输软件，设置与全站仪一致的通信参数，包括“通讯口”“波特率”“数据位”和“校验位”。点击“下载”，将全站仪采集的数据导入计算机。在传输软件上点击“转换”，在“打开位置”输入下载下来的路径和文件夹，指定坐标转换的格式（CASS）和保存路径，单击“转换”按钮，将野外采集的数据自动转换扩展名为 .dat 的数据文件。

9.7.7　绘图处理

绘图处理分“定显示区”“展野外测点点号”和“展高程点”三步进行。

1. 定显示区

定显示区的作用是根据要输入的 CASS 坐标数据文件中的坐标值定义绘图区域的大小，以保证所有点都可见。

例如，执行下拉菜单“绘图处理 \ 定显示区”命令，弹出如图 9.7.3 所示的标准文件选择对话框，选择 CASS 自带的坐标数据文件“YMSJ.DAT”，点击“打开”按钮完成定显示区的操作。同时在命令行给出了下列提示：

最小坐标（米）：X=31067.315，Y=54075.471

最大坐标（米）：X=31241.270，Y=54220.000

2. 展野外测点点号

展野外测点点号是将 CASS 坐标数据文件中点的三维坐标展绘在绘图区，并在点位的右边注记点号，以方便用户结合野外绘制的草图绘制地物。该命令位于下拉菜单“绘图处理\展野外测点点号”，其创建的点位和点号对象位于“zdh”（意为展点号）图层，其中点位对象是 AutoCAD 的 Point 对象，用户可以执行 AutoCAD 的 Ddptype 命令修改点样式。

例如，执行下拉菜单“绘图处理\展野外测点点号”命令，在弹出的图 9.7.3 所示的标准文件选择对话框中，仍然可以选择“YMSJ.DAT”文件，单击“打开”按钮完成展点操作。用户可以在绘图区看见展绘好的碎部点点位和点号。

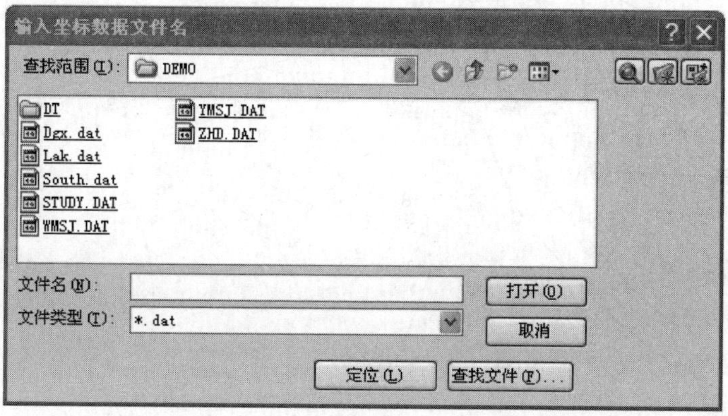

图 9.7.3　输入坐标数据文件名的对话框

要说明的是，虽然没有注记点的高程值，但点位本身包含高程坐标的三维空间点。用户可以 AutoCAD 的 Id 命令，打开“节点”拾取任一碎部点来查看。如 40 号点的坐标和高程在命令行显示为：

指定点：X=54106.1300　Y=31206.4300　Z=494.7000

3. 绘平面图

根据野外作业的草图，内业绘制平面图。点击屏幕菜单中的“定位方式”中的“坐标定位”。选择相应的地形图图式符号，然后在屏幕中将所有的地物绘制出来。系统中所有地形图图式符号都是按照图层来划分的，例如所有表示测量控制点的符号都放在“KZD”这一层，所有表示独立地物的符号都放在“DLDW”这一层，所有表示植被的符号都放在“ZBTZ”这一层，所有的居民地符号都放在“JMD”这一层。

根据外业草图，选择相应的地图图式符号在屏幕上将平面图绘出来。如草图 9.7.4 所示。

（1）绘制居民地。由 33 号、34 号、35 号点连成一间普通房屋。这时便可点击屏幕菜单“居民地”，系统便弹出如图 9.7.5 所示的对话框。选择“四点房屋”，这时命令区提示：

已知三点\2. 已知两点及宽度\3. 已知四点〈1〉：Enter

点击 33 号、34 号、35 号点（插入点）完成。

将 27 号、28 号、29 号点绘成四点房屋；37 号、38 号、41 号点绘成四点棚房；60 号、58 号、59 号点绘成四点破坏房子；12 号、14 号、15 号点绘成四点建筑中房屋。

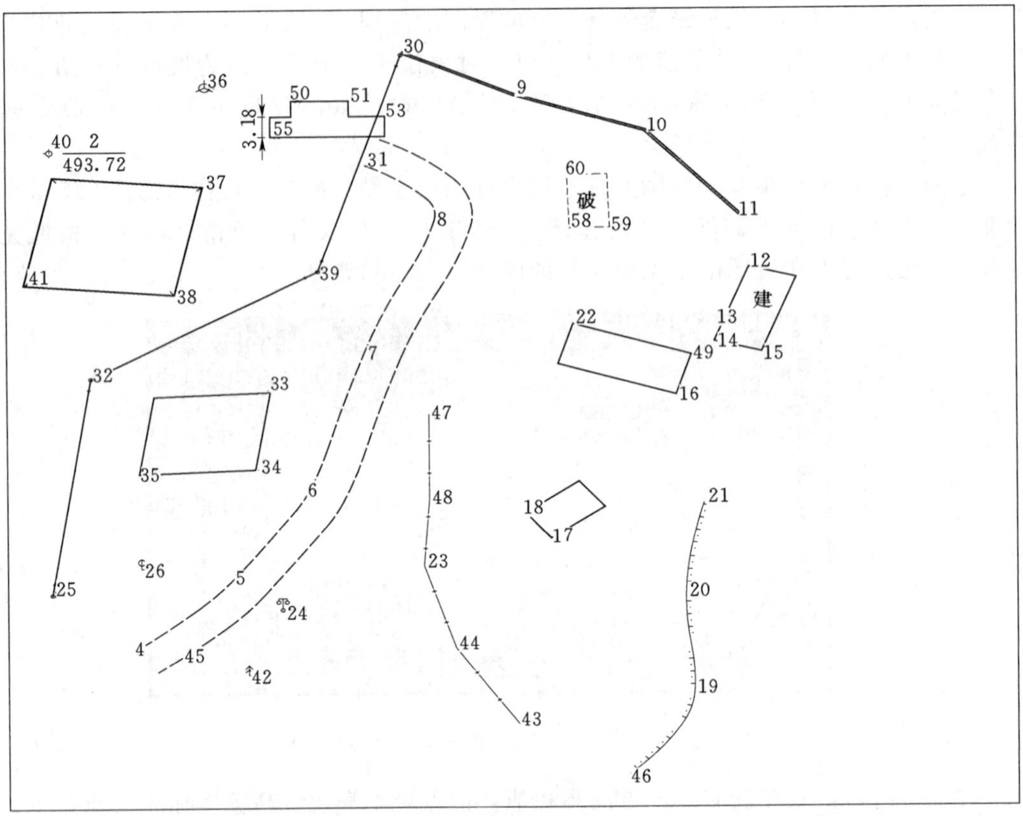

图 9.7.4　外业作业草图

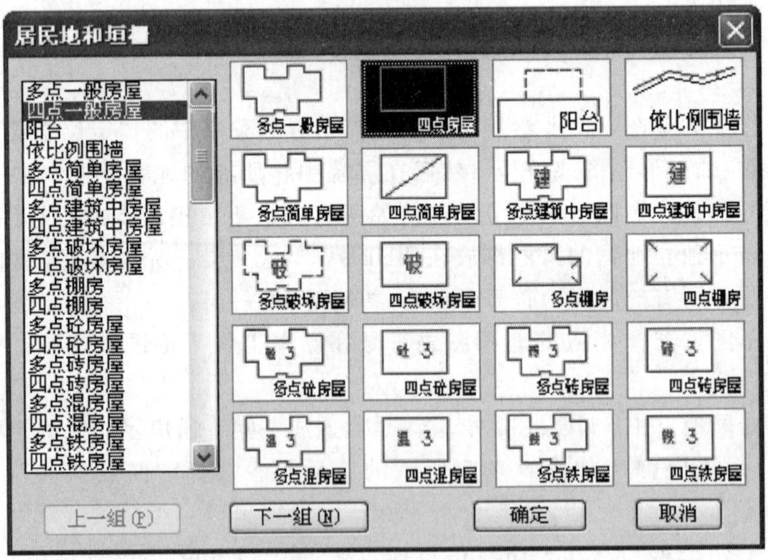

图 9.7.5　居民地和垣栅

注意：

1）已知三点是指测矩形房子时测了三个点；已知两点及宽度则是指测矩形房子时测

了两个点及房子的一条边；已知四点则是测了房子的四个角点。

2）当房子是不规则的图形时，可用“实线多点房屋”或“虚线多点房屋”来绘。

3）绘房子时，点号必须按顺序点击，如上例的点号按 34、33、35 或 35、33、34 的顺序，否则绘出来的房子就不对。

依草图绘对多点一般房屋，如图 9.7.6 所示，测量了 50 号、51 号、53 号、55 号四个点和丈量了一边长为 3.18m。绘制多点一般房屋的步骤为：

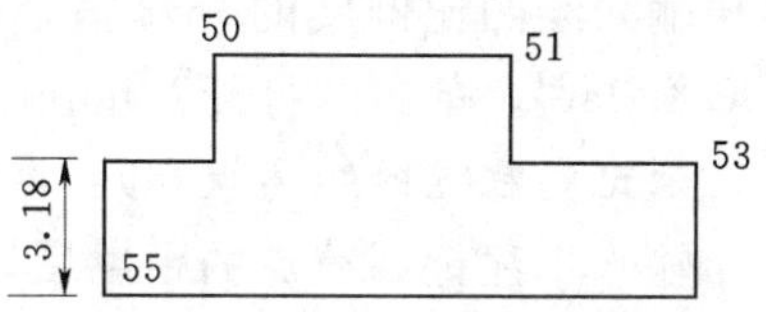

图 9.7.6 外业多点一般房屋草图

点击屏幕菜单的居民地选择多点一般房屋，点击 50 号、51 号点，这时在命令行提示：

曲线 Q 图边长交会 B\隔一点 J\微导线 A\延伸 E\插点 I\回退 U\换向 H〈指定点〉：

输入 J，回车，点击 53 号点；输入 J，回车，点击 55 号点；输入 A，回车，命令行提示：

微导线—键盘输入角度（K）\〈指定方向点（只确定平行和垂直方向）〉

输入 K，回车，按提示输入角度（度．分秒）270.0000；回车，输入距离（米），键入 3.18 回车，输入 G，回车完成多点一般房屋的绘制。

(2) 绘制交通设施。由 4、5、6、7、8、31 连接成平行建筑等外公路。点击屏幕菜单中的“交通设施”，弹出“交通及附属设施类”对话框，选择“平行建筑等外公路”按钮并“确定”，根据命令行提示分别捕捉 4、5、6、7、8、31 六个点按回车结束指定点位操作，命令行提示如下：

拟合线〈N〉? y

一般选择拟合，键入 y 点击回车命令行提示如下：

1. 边点式\2. 边宽式\(按 ESC 键退出)：〈1〉Enter

用鼠标点取 45 号点完成平行建筑等外公路的绘制。

9.7.8 等高线

1. 展高程点

白纸测图中，等高线是通过对测得的碎部点进行线性内插、手工勾绘而成的，这样勾绘的等高线精度较低。而在数字测图中，等高线是在 CASS 中通过创建数字地面模型 DTM 后自动生成的，生成的等高线精度相当高。

DTM 是指在一定的区域范围内，规则格网或三角形点的平面坐标（X，Y）和其他地形属性的数据集合。如果该地形属性是该点的高程坐标 H，则此数字地面模型又称为数字高程模型 DEM。DTM 从微分角度三维地描述了测区地形的空间分布，应用它可以按用户设定的等高距生成等高线、任意方向的断面图、坡度图、透视图、渲染图，与数字 DOM 复合生成景观图，或者计算对象的体积、覆盖面积等。

展高程点的作用是将 CASS 坐标数据文件中点的三维坐标展绘在绘图区，并根据用户给定的间距注记点位的高程值。该命令位于下拉菜单“绘图处理\展高程点”，其创建的点位对象位于“GCD”（意为高程点）图层，其中点位对象是半径为 0.5mm 的实心圆。

例如，执行下拉菜单“绘图处理\展高程点”命令，命令行提示如下：

绘图比例尺 1:〈500〉

输入绘图比例尺的分母值后，按回车键，在弹出的标准文件选择对话框中，选择“DGX. dat”，单击“打开”按钮，命令行提示如下：

注记高程点的距离（米）：

输入了注记高程点的距离后，按回车键完成展高程点操作。此时点位和高程注记对象与前面绘制的点位和点号对象重叠。为了绘制地物的方便，用户可以先关闭“GCD”图层。

2. 建立 DTM

执行下拉菜单“等高线\建立 DTM”命令，弹出如图 9.7.7 所示的“建立 DTM”对话框。在该对话框中有两种建立 DTM 的方式，一种是“由数据文件生成”，另一种是“由图面高程点生成”，默认是“由数据文件生成”。在建模过程中有两种情况可供选择，一种要考虑陡坎，一种要考虑地性线，不选也可以。在结果显示中有三种供选择，一是“显示建三角网结果”，二是“显示建三角网过程”，三是“不显示三角网”，默认是“显示建三角网结果”。在此时选择“DGX. dat”，并确定后，显示如图 9.7.8 所示的三角网，在命令行提示：

连三角网完成!，共 224 个三角形

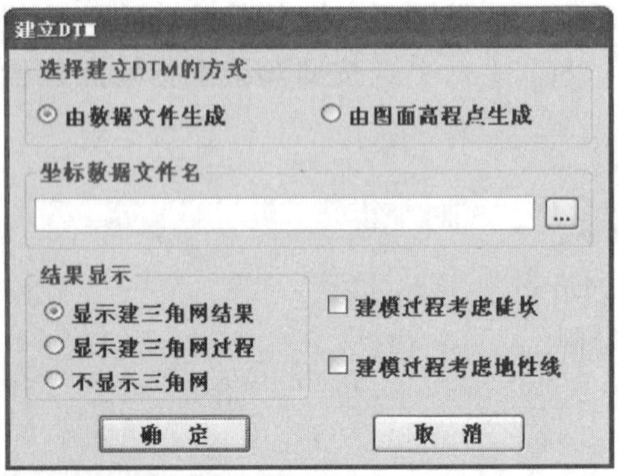

图 9.7.7　建立 DTM 对话框

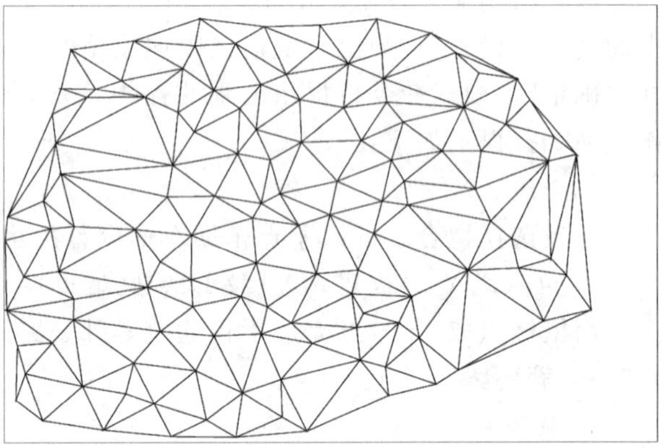

图 9.7.8　DGX. dat 文件生成的三角网

3. 修改数字地面模型

由于现实地貌的多样性、复杂性和某些点的高程缺陷（如控制点在楼顶），直接使用外业采集的碎部点很难一次性生成准确的数字地面模型，这就需要对生成的数字地面模型进行修改，它是通过修改三角网来实现的。

(1) 删除三角形。如果在某局部内没有等高线通过，则可将其局部内相关的三角形删除。删除三角形的操作方法是：选择“等高线\删除三角形”命令，提示“Select objects:”，这时便可选择要删除的三角形，如果误删，可用“U”命令恢复。

(2) 过滤三角形。如果 CASS 在建立三角网后无法绘制等高线或生成的等高线不光滑，可用此功能过滤掉部分形状特殊的三角形。这是由于某些三角形的内角过小或边长悬殊过大所致。

(3) 增加三角形。如果要增加三角形时，可选择“等高线”菜单中的“增加三角形”项，依照屏幕的提示在要增加三角形的地方用鼠标点取，如果点取的地方没有高程点，CASS 会提示输入高程。

(4) 三角形内插点。选择此命令后，可根据提示输入要插入的点：在三角形中指定点（可输入坐标或用鼠标直接点取），提示“高程（米）＝”时，输入此点高程。通过此功能可将此点与相邻的三角形顶点相连构成三角形，同时原三角形会自动被删除。

(5) 删三角形顶点。用此功能可将所有由该点生成的三角形删除。这个功能常用在发现某一点坐标错误时，要将它从三角网中剔除的情况下。

(6) 重组三角形。指定两个相邻三角形的公共边，系统自动将两个三角形删除，并将两个三角形的另两点连接起来构成两个新的三角形，这样做可以改变不合理的三角形连接。

(7) 删三角网。生成等高线后就不再需要三角网了，可以用此功能将整个三角网全部删除。

(8) 修改结果存盘。通过以上命令修改了三角网后，选择“等高线”菜单中的“修改结果存盘”项，把修改后的数字地面模型存盘。要注意的是，修改了三角网后一定要进行此步操作，否则修改无效！当命令区显示“存盘结束!”时，表明操作成功。

4. 绘制等高线

执行下拉菜单“等高线\绘制等高线”命令，弹出如图 9.7.9 所示的“绘制等值线”对话框。在该对话框中显示最小高程、最大高程和拟合方式。输入等高距值后点击“确定”，显示如图 9.7.10 所示的等高线，它位于“SJW”（意为三角网）图层。

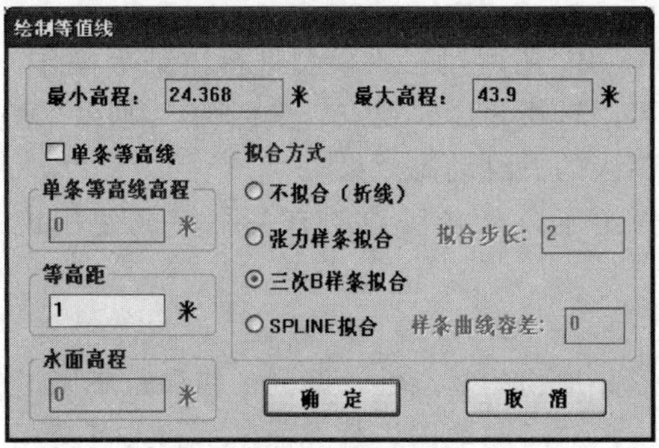

图 9.7.9 绘制等值线对话框

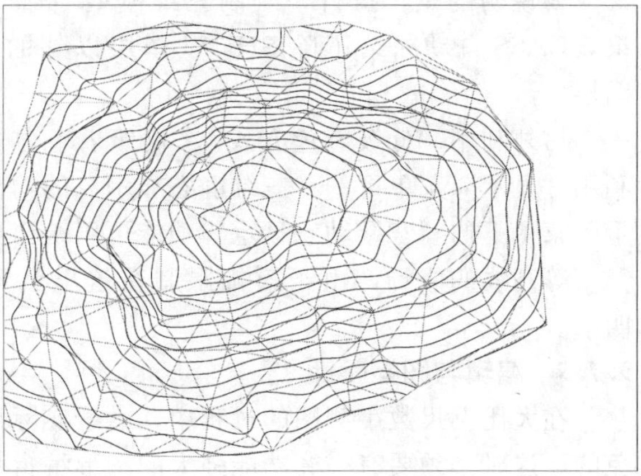

图 9.7.10 完成绘制等高线

5. 三维模型

建立了 DTM 之后，就可以生成三维模型，观察立体效果。

该命令位于下拉菜单“等高线\三维模型\绘制三维模型”项，按左键，命令区提示：

最大高程：43.90 米，最小高程：24.37 米输入高程乘系数〈1.0〉：键入 5。

整个区域东西向距离＝276.96 米，南北向距离＝224.77 米

输入格网间距〈8.0〉：键入 5

是否拟合？（1）是（2）否〈1〉Enter

如果用默认值，建成的三维模型与实际情况一致。如果测区内的地势较为平坦，可以输入较大的高程乘系数值，将地形的起伏状态放大。因为坡度变化不大，输入高程乘系数值为 5 将其夸张显示。这时将显示此数据文件的三维模型，如图 9.7.11 所示。它位于 SHOW 图层。

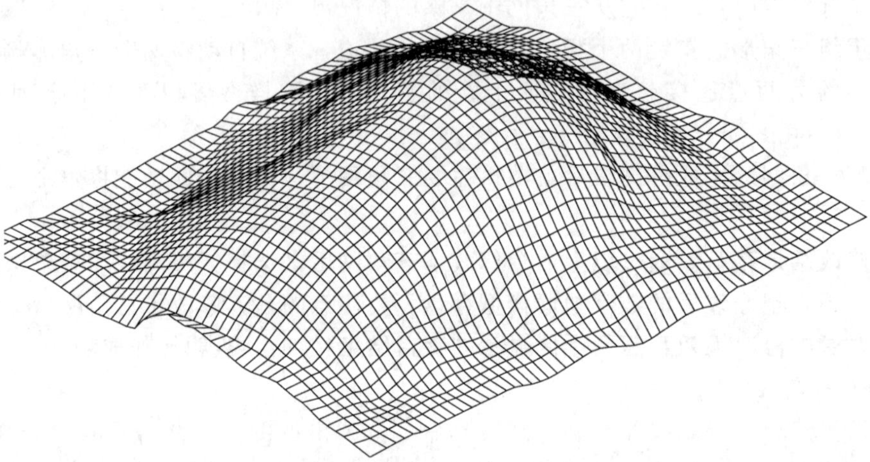

图 9.7.11　DGX.dat 文件生成的高程系数等于 5、格网间距等于 5 的三维模型效果图

要说明的是，执行“绘制三维模型”命令后，为了更清晰地观察三维地面模型效果，CASS 自动冻结了除 SHOW 图层以外的全部图层，并将 SHOW 图层设置为当前图层。

另外利用“低级着色方式”“高级着色方式”功能还可对三维模型进行渲染等操作，利用“显示”菜单下的“三维静态显示”的功能可以转换角度、视点、坐标轴，利用“显示”菜单下的“三维动态显示”功能可以绘出更高级的三维动态效果。

等高线的修饰，由于篇幅限制在这里就不介绍了，读者可参阅有关书籍或使用说明书。

9.7.9　编辑与图幅整饰

在大比例尺数字测图的过程中，由于实际地形、地物的复杂性，漏测、错测是难以避免的，这时必须要有一套功能强大的图形编辑系统，对所测地图进行屏幕显示和人机交互图形编辑，在保证精度情况下消除相互矛盾的地形、地物，对于漏测或错测的部分，及时进行外业补测或重测。另外，对于地图上的许多文字注记说明，如：道路、河流、街道等也是很重要的。

图形编辑的另一重要用途是对大比例尺数字化地图的更新，根据实测坐标和实地变化情况，随时对地图的地形、地物进行增加或删除、修改等，以保证地图具有现势性。

对于图形的编辑，CASS6.1 提供“编辑”和“地物编辑”两种下拉菜单。其中，“编

辑”是由 AutoCAD 提供的编辑功能，即图元编辑、删除、断开、延伸、修剪、移动、旋转、比例缩放、复制、偏移拷贝等，“地物编辑”是对地物进行编辑，即线型换向、植被填充、土质填充、批量删剪、批量缩放、窗口内的图形存盘、多边形内图形存盘等。下面只对“改变比例尺”“线型换向”“图形分幅”和“图幅整饰”加以说明。

1. 改变比例尺

执行“文件＼打开已有图形”命令，打开“STUDY.DWG”，屏幕上将显示如图 9.7.12 所示的 STUDY.DWG 文件图形。

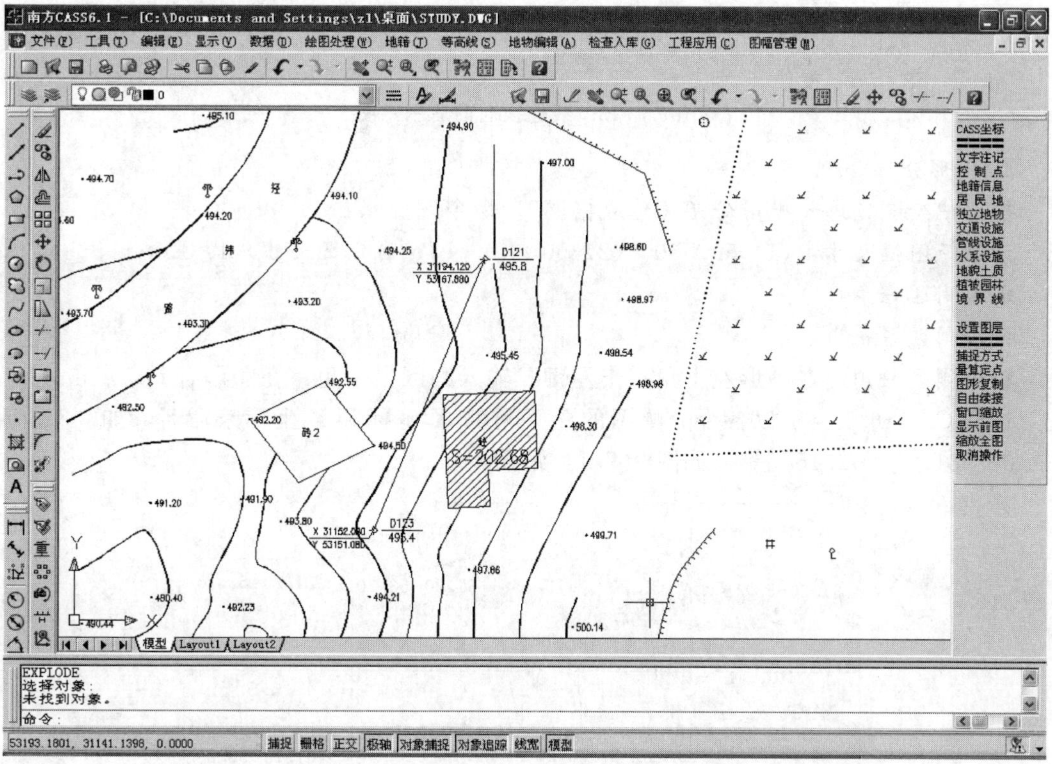

图 9.7.12 STUDY.DWG 图形文件示意图

执行“绘图处理＼改变当前图形比例尺”，命令区提示：

当前比例尺为 1∶500

输入新比例尺〈1∶500〉 1∶100（键入 100 的点击 Enter）

是否自动改变符号大小？(1) 是 (2) 否〈1〉Enter

这时屏幕显示的 STUDY.DWG 图就转变为 1∶100 的比例尺，各种地物包括注记、填充符号都已按 1∶100 的图示要求进行了转变。

2. 线型换向

通过屏幕菜单绘出未加固陡坎、加固斜坡、不依比例围墙各一个，如图 9.7.13 (a) 所示。

执行“地物编辑＼线型换向”命令，命令区提示：

请选择实体

用鼠标点击需要换向的实体，完成换向。结果如图 9.7.13（b）所示。

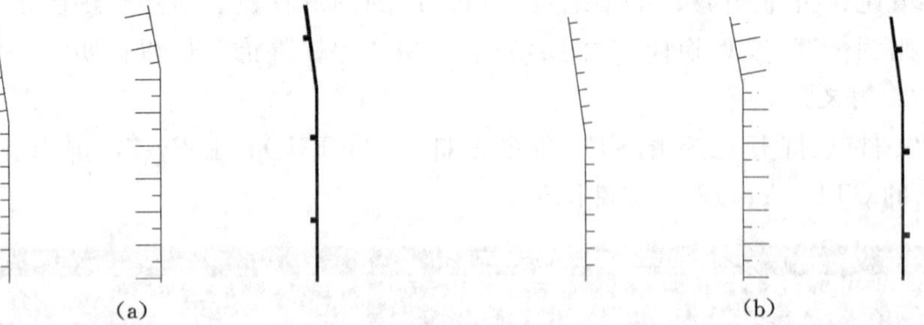

(a)　(b)

图 9.7.13　线性换向前后示意图

3. 图形分幅

执行“绘图处理 \ 批量分幅 \ 建立格网”，命令区提示：

请选择图幅尺寸：(1) 50 * 50　(2) 50 * 40　(3) 自定义尺寸〈1〉Enter

输入测区一角：

输入测区另一角：

输入测区一角：在图形左下角点击左键。输入测区另一角：在图形右上角点击左键。

这样 CASS6.1 自动以各个分幅图的左下角的 X 坐标和 Y 坐标来命名，如“31.05 - 53.10”“31.05 - 53.15”等，如图 9.7.14 所示。

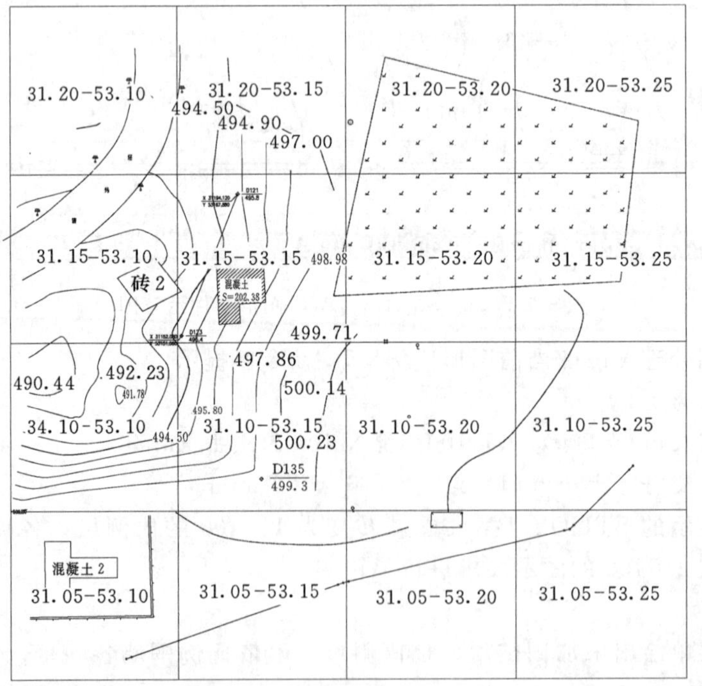

图 9.7.14　批量分幅建立的格网

执行“绘图处理\批量分幅\批量输出”命令，CASS6.1则自动将各个分幅图保存在用户指定的路径下。

4. 图幅整饰

执行“文件\CASS参数配置\图框设置”命令，屏幕显示如图9.7.15所示。完成设置后点击“确定”。

打开“31.15-53.15.dwg”文件图框显示如图9.7.16所示。因为CASS6.1系统所采用的坐标系统是测量坐标，即1∶1的真坐标，加入50cm×50cm图廓后。

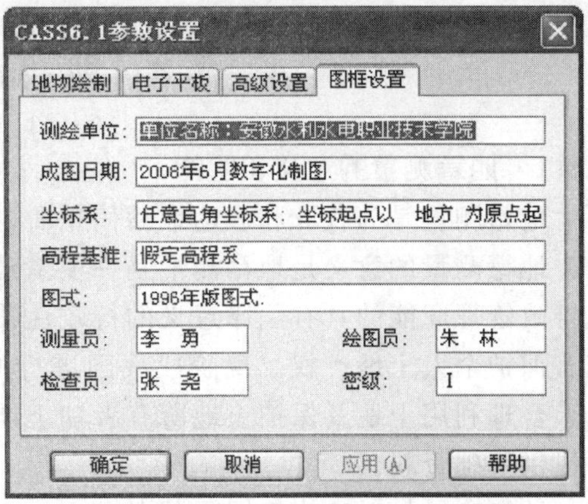

图 9.7.15 CASS参数设置中的图框设置

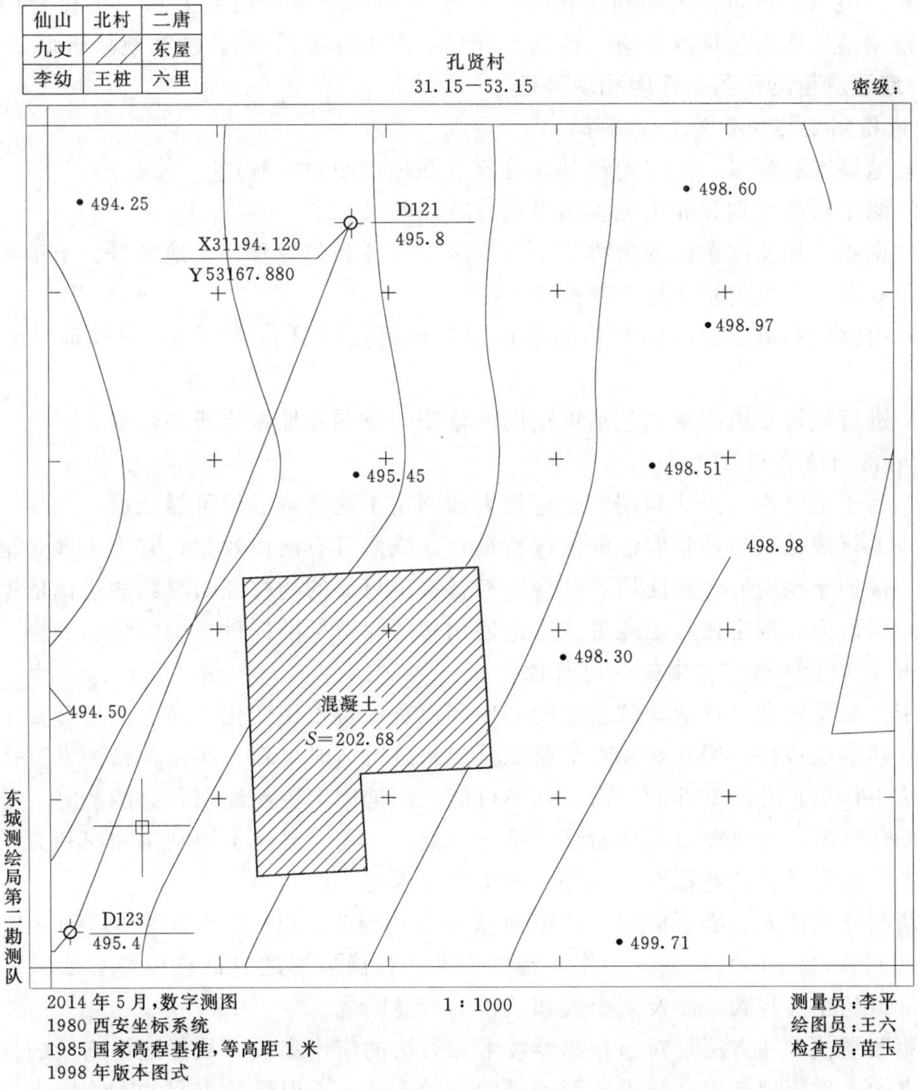

图 9.7.16 加入图廓的“31.15-53.15.dwg”平面图

9.8 地籍测量简介

9.8.1 地籍测量的意义和目的

地籍测量是为获取和表达地籍信息所进行的测绘工作。

地籍测量的意义是地籍测量是一项基础性的具有政府行为的测绘工作，是政府行使土地行政管理职能的具有法律意义的行政性技术行为。其目的是为保证政府对土地的税收并兼有保护个人土地产权。现阶段我国进行的地籍测量工作的根本的目的是国家为保护土地、合理利用土地及保护土地所有者和土地使用者的合法权益，为社会发展和国民经济计划提供基础资料。

地籍测量是对地块权属界线的界址点坐标进行精确测定，并把地块及其附着物的位置、面积、类型、权属界线和利用状况等要素准确地绘制在图纸上和记录在专门的表册中。地籍测量的成果包括数据集（控制点和界址点坐标等）、地籍图和地籍册。

9.8.2 地籍测量的任务、作用和现势性

1. 地籍测量的任务和工作顺序

（1）地籍控制测量，测定地籍基本控制点和地籍图根控制点。

（2）测定行政区划界和土地权属界的界址点的坐标。

（3）调查土地使用单位的名称或个人姓名、住址和门牌号、土地编号、土地数量、面积、利用状况、土地类别及房产属性等。

（4）由测定和调查获取的资料和数据编制地籍数字册和地籍图，测算地块和宗地的面积。

（5）进行地籍变更测量，包括地籍图的修测、重测和地籍簿册的修编。

2. 地籍测绘的作用

（1）为土地整治、土地利用、土地规划和制定土地政策提供可靠依据。

（2）地籍测量具有勘验取证的法律特征，其成果具有法律效力，它为土地登记和颁发土地证，保护土地所有者和使用者的合法权益提供可靠的物权证明材料的法律依据。

（3）为研究和制定征收土地税或土地使用费的收费标准提供准确的科学依据。

3. 地籍测量工作有非常强的现势性

由于社会发展和经济活动使土地的利用和权利经常发生变化，而土地管理要求地籍资料有非常强的现势性，因此必须对地籍测量成果进行适时更新，所以地籍测量工作比一般基础测绘工作更具有经常性的一面，且不可能人为地固定更新周期，只能及时、准确地反映实际变化情况。地籍测量工作始终贯穿于建立、变更、终止土地利用和权利关系的动态变化之中，并且是维持地籍资料现势性的主要技术之一。

地籍测绘工作人员必须按照《城镇地籍调查规程》（TD 1001—1993）和《地籍测绘规范》（CH 5002—1994）进行工作，特别是地产权属境界的界址点位置必须满足规定精度。界址点的正确与否，涉及到个人和单位的权益问题。

地籍测量技术和方法是对当今测绘技术和方法的应用集成。从事地籍测量的技术人员应有丰富的土地管理知识。从事地籍测量的技术人员，不但具备丰富的测绘知识，还应具

有不动产法律知识和地籍管理方面的知识。地籍测量工作从组织到实施都非常严密，它要求测绘技术人员要与地籍调查人员密切配合，细致认真地作业。

9.8.3 地籍平面控制测量

地籍图的精度优于地形图。根据《地籍测绘规范》（CH 5002—1994）的规定，地籍控制测量包括基本控制测量和图根控制测量。

1. 基本控制测量

基本控制点包括国家各级大地控制点和城镇二等、三等、四等控制点及一级、二级控制点。

控制网的布设应遵循由整体到局部，先控制后碎部，从高级到低级，分级布网，逐级加密的原则，也可以根据测区实际越级布网。控制测量可选用三角测量、三边测量、导线测量、GPS定位测量等方法。四等以下控制网最弱点对于起算点的点位中误差不得超过±5cm，四等控制网最弱相邻点相对中误差不得超过±5cm。地籍图根点的密度应根据测区内建筑物的稀密程度和通视条件而定，以满足地籍要素测绘需要为原则。一般每隔100～200m应有一点。

基本控制点应埋设固定标石，埋石有困难的沥青或水泥地面上可以打入刻有十字的钢桩代替标石，在四周凿刻深度为1cm，边长为15cm×15cm的方框，涂以红漆，内写等级及点号。

测量坐标系应采用国家统一坐标系，当投影长度变形大于2.5cm/km时，可采用任意带高斯平面坐标系或采用抵偿高程面上的高斯平面坐标系，也可采用地方坐标系。采用地方坐标系时应与国家坐标系联测。条件不具备的地方，也可采用任意坐标系。各级控制点应参照《城市测量规范》（CJJ/T 8—2011）规定要求测量其高程。

测区首级控制网是地籍测量控制的基础。可根据测区面积、自然地理条件、布网方法，并顾及规划发展远景，选择二等、三等、四等和一级控制网中的任一等级作为首级控制网。一般面积为100km^{2}以上的大城市应选二等，面积为30～100km^{2}的中等城市选二等或三等，面积为10～30km^{2}的县城镇选三等或四等，在10km^{2}以下的可选一级。首级控制应布成网状结构。

对测区内已有控制网点应分析其控制范围和精度。当控制范围、精度符合规范要求时，可直接利用，否则应根据实际情况，进行重建、改造或扩展。

导线测量的主要技术要求见表9.8.1。

表9.8.1　测距导线主要技术要求

等级	附合导线总长/km	平均边长/m	测距中误差/mm	测角中差/(″)	测距测回数				测角测回数			方位角闭合差/(″)	导线全长相对闭合差
					Ⅰ		Ⅱ		J1	J2	J6		
三等	15.0	3000	±18	±1.5	4	4	4	4	8	12		$\pm3\sqrt{n}$	1/60000
四等	10.0	1600	±18	±2.5	2	2	4	4	4	6		$\pm5\sqrt{n}$	1/40000
一级	3.6	300	±15	±5.0			2			2	6	$\pm10\sqrt{n}$	1/14000
二级	2.4	200	±12	±8.0			2			1	3	$\pm16\sqrt{n}$	1/10000

2. 图根控制测量

图根控制点是地籍要素测量的依据。图根点在基本控制点基础上加密，通常采用图根导线加密。在等级网点基础上可连续加密二级，当受地形条件限制导线无法附合时，可布设不超过四条边的支导线，支导线点不得发展新点。图根支导线的起点上应观测两个连接角，交点上应观测左、右角，距离应往返观测或单程双测。图根导线测量的主要技术要求见表9.8.2。

表9.8.2　　图根导线测量的主要技术要求

级别	导线长度/km	平均边长/m	测回数			测回差/(″)	方位角闭合差/(″)	导线全长相对闭合差
			测距/m	测角				
				DJ2	DJ6			
一级	1.2	120	1	1	2	18	$\pm 24\sqrt{n}$	1/5000
二级	0.7	70	1		1		$\pm 40\sqrt{n}$	1/3000

图根点的密度应满足地籍要素测量的需要，一般每幅1∶500图不少于8个点，1∶1000图不少于12个点，1∶2000图不少于15个点，图根点相对于起算点的点位中误差不得超过±5cm。

图根点一般可设临时标志，当测区内基本控制点密度较疏时，应在一级图根点上适当埋设固定标石。每幅图内埋石点数量1∶500图不少于4个点，1∶1000图不少于7个点，1∶2000图不少于9个点。每个埋石点至少应与另一埋石点通视。

图根导线边长用测距仪或用经检定的钢尺测定。钢尺丈量时须作往返测或单程双测。当尺长改正数大于尺长的1/10000时，应加尺长改正；量距时平均尺温与检定时温度相差超过±10℃时，应进行温度改正；尺面倾斜大于1.5%时，应进行倾斜改正。

图根导线内业计算可采用近似平差法。

9.8.4　地籍调查

地籍调查是土地管理的基础工作，内容包括土地权属调查、土地利用状况调查和界址调查，目的是查清每宗（块）土地的位置、权属、界线、数量、用途、等级，以及其地上附着物、建筑物等基本情况，满足土地登记的需要。地籍调查的工作程序如下：

（1）收集调查资料，准备调查底图。

（2）标绘调查范围，划分街道、街坊。

（3）分区、分片发放调查指界通知书。

（4）实地进行调查、指界、签界。

（5）绘制宗地草图。

（6）填写地籍调查审批。

（7）调查资料整理归档。

地籍调查底图可采用1∶500～1∶1000的大比例尺地形图，也可采用与上述相同比例尺的正射影像图或放大航片。没有上述图件的地区，可利用城镇规划图件作为调查底图，在调查时，按街坊或小区现状绘制宗地关系位置图，避免出现重漏。

根据城镇的具体情况，在调查底图上标绘调查范围界线、行政界线，统一进行街道、街坊划分。

9.8.5 地籍图测绘

地形图是地物和地貌的综合图件，地籍图的测绘方法与地形图测绘相同。地籍图则是必要的地形要素和地籍要素的综合图件。地籍要素是指行政界线、权属界址点、界址线、地类界线、地块界线、保护区界线，建筑物和构筑物，道路和与权界线关联的线状地物，水系和植被，同时调查房屋结构与层数、门牌号码、地理名称和大的单位名称等。地籍要素测量成果应能满足地籍图的编制、面积量算和统计的要求。

进行地籍要素测绘之前，应对地籍权属调查资料加以核实。核实工作应在土地管理部门已完成地籍权属调查工作的基础上进行，与地籍调查人员配合，到实地一一核对。

实 训 与 习 题

1. 实训任务、要求与能力目标

序号	任 务	要 求	能 力 目 标
1	测图外业数据采集	采用草图法，用全站仪对某区域进行地物地貌及其他信息的野外采集	1. 具有用全站仪进行数据采集的能力； 2. 具有数据传输和合并的能力
2	绘制地形图	根据外业采集的数据与绘制的草图，用南方CASS成图软件进行数据处理和绘图输出	1. 具有使用南方CASS绘图软件的进行数据处理的能力； 2. 具有使用南方CASS绘图软件进行编辑和绘制地形图能力

2. 习题

(1) 什么是信息？信息有哪些特性？

(2) 什么是地图？地图主要包括哪些内容？地图与地形图有什么不同？

(3) 试述数字化测图的组成、特点。

(4) 试述图根点控制测量的方法。

(5) 试述草图法数字测图的工作流程和具体操作方法？

(6) 数字地形图与普通纸质地形图相比各有哪些优缺点？

(7) 地籍测量的意义和目的是什么？

(8) 地籍调查的内容包括哪些？

(9) 地籍调查的工作程序是怎样的？

(10) 地籍测量的任务是什么？

(11) 地籍测绘的作用是什么？

(12) 地籍要素是指哪些？

第10章 地形图的应用

学习目标：

通过本章学习，具有在纸质地形图上正确求出点的坐标、两点间的距离与方位角，地面点的高程和两点间的坡度的能力，了解地形图在工程规划设计中的应用，了解南方CASS成图系统软件在工程上的应用，具有在电子地形图上正确求出任一点的坐标、两点间的距离与方位角、地面点的高程，图形的面积，断面图的绘制，填挖土（石）方计算的能力。

10.1 地形图的基本应用

10.1.1 确定点的平面直角坐标

如图10.1.1，在地形图上有一点A，过A点做坐标格网的平行线，与坐标格网交于e、f、g、h，量取af、ae，根据地形图的比例尺就可以算出A点坐标。

$$\begin{aligned} X_A &= X_a + af \cdot M \\ Y_A &= Y_a + ae \cdot M \end{aligned} \quad (M\text{:比例尺分母}) \tag{10.1.1}$$

为防止图纸伸缩变形的影响，还应量取fb和ed。若图纸变形使$af+bf \neq 10\text{cm}$，$ae+ed \neq 10\text{cm}$（这是对于10cm的坐标格网而言，假若坐标格网采用其他的长度，那么根据实际的长度进行计算，计算方法也是一样的），则A点坐标：

$$\left.\begin{aligned} X_A &= X_a + \frac{af}{af+bf} \times 10\text{cm} \times M \\ Y_A &= Y_a + \frac{ae}{ae+ed} \times 10\text{cm} \times M \end{aligned}\right\} \tag{10.1.2}$$

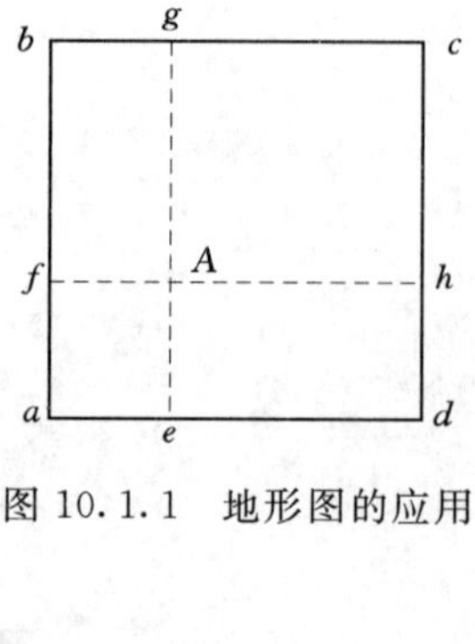

图10.1.1 地形图的应用

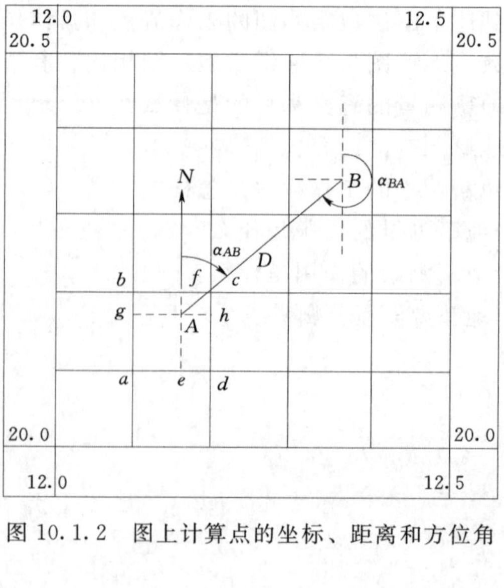

图10.1.2 图上计算点的坐标、距离和方位角

10.1.2 确定两点间的水平距离

如图10.1.2中，欲求 A、B 两点间的水平距离，可先求出 A、B 两点的坐标，再根据 A、B 两点坐标由式（10.1.3）计算：

$$D_{AB}=\sqrt{(x_B-x_A)^2+(y_B-y_A)^2} \tag{10.1.3}$$

当精度要求不高时，也可直接用图上的直线比例尺量取。

10.1.3 确定直线的坐标方位角

（1）直接测量。如图10.1.2所示，为了量测直线 AB 的坐标方位角，过 A、B 两点分别作平行于纵轴的直线，然后用量角器量出 AB 和 BA 的坐标方位角。α_{AB} 和 α_{BA} 量测时各量测两次并取平均值，α_{AB} 和 α_{BA} 应相差180°。由于图纸伸缩及测量误差的影响，一般来说，两者不会正好相差180°，即设

$$\alpha_{BA}\neq\alpha_{AB}\pm180°$$

$$\delta=\alpha_{AB}-\alpha_{BA} \tag{10.1.4}$$

求出 δ 值后，在 α_{AB} 的量测值上加改正数 $\frac{\delta}{2}$，再以此作为直线 AB 的坐标方位角。

（2）量测直线两端的坐标，反算直线的方位角。按上述方法量测出 A、B 的坐标 (x_A, y_A)、(x_B, y_B) 则

$$\tan\alpha_{AB}=\frac{y_B-y_A}{x_B-x_A}=\frac{\Delta y_{AB}}{\Delta x_{AB}} \tag{10.1.5}$$

按第4章方法算出 α_{AB}：

$$\alpha_{AB}=\arctan\frac{\Delta y_{AB}}{\Delta x_{AB}} \tag{10.1.6}$$

10.1.4 确定点的高程

利用等高线，可以确定点的高程。如图10.1.3所示，A 点在28m等高线上，则它的高程为28m。M 点在27m和28m等高线之间，过 M 点作一直线基本垂直这两条等高线，得交点 P、Q，则 M 点高程为

$$H_M=H_P+\frac{d_{PM}}{d_{PQ}}h \tag{10.1.7}$$

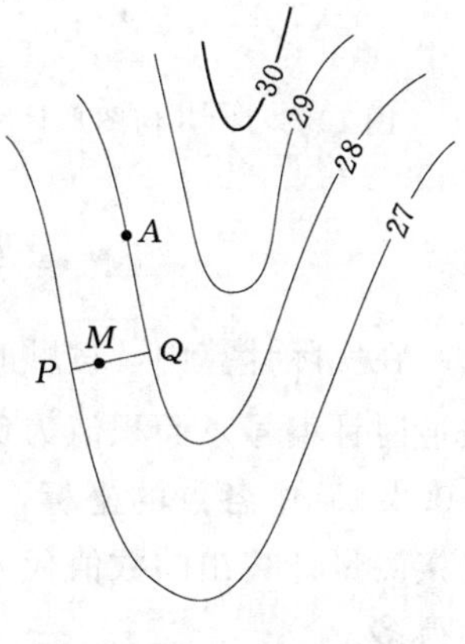

图10.1.3 确定点的高程

式中 H_P——P 点高程；

h——等高距；

d_{PM}、d_{PQ}——图上 PM、PQ 线段的长度。例如，设用直尺在图上量得 $d_{PM}=5$mm、$d_{PQ}=12$mm，已知 $H_P=27$m，等高距 $h=1$m，把这些数据代入式（10.1.7）得

$$h_{PM}=\frac{5}{12}\times1=0.4(\text{m})$$

$$H_M=27+0.4=27.4(\text{m})$$

求图上某点的高程时，在精度要求不高时也可根据等高线的高程用目估法求取。

11.1.5 确定图上两点连线的坡度

设地面两点间的水平距离距离是 D，高差为 h。而高差与水平距离之比称为坡度，以

i表示，即

$$i=\frac{h}{D}=\frac{h}{dM} \tag{10.1.8}$$

式中 d——图上两点的长度，m；

M——地形图比例尺的分母。

坡度通常用千分率（‰）或百分率（%）的形式表示，"+"为上坡，"−"为下坡。若 $cd=0.01\text{m}$，$h=+1\text{m}$，$M=5000$，则

$$i=\frac{h}{dM}=\frac{+1}{0.01\times5000}=+\frac{1}{50}=+2\%$$

10.2 面 积 量 算

在工程建设中使用地形图时，经常需要确定图上某些范围的面积，下面介绍几种在地形图上确定面积的常用方法。

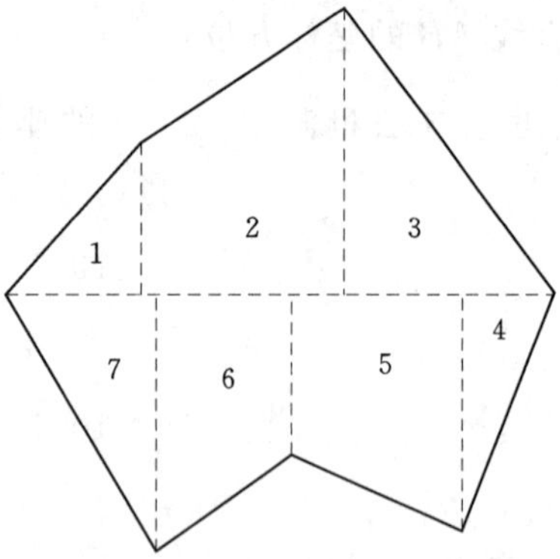

图 10.2.1 几何图形计算法

10.2.1 几何图形法

若图形是用直线连接的多边形，则可将图形划分为若干种闭合的几何图形。如图 10.2.1 中的三角形、矩形、梯形等，然后用比例尺量取计算时所需的元素（长、宽、高）。应用面积计算公式求出各个简中几何图形的而积，可汇总出多边形的面积。

10.2.2 坐标计算法

当在地形图上确定多边形的面积时，可以根据图上的坐标格网线来量取多边形各顶点的坐标，然后按下式计算面积，即

$$P=\frac{1}{2}\sum_{i=1}^{n}y_i(x_{i+1}-x_{i-1})=\frac{1}{2}\sum_{i=1}^{n}x_i(y_{i-1}-y_{i+1}) \tag{10.2.1}$$

在实际计算中，按顺时针编写点号，且 $y_{n+1}=y_1$、$y_0=y_n$ 或 $x_{n+1}=x_1$、$x_0=x_n$。若按逆时针编号，面积值为负号，但最终取值为正。式（10.2.1）中各点的坐标，如果用在野外根据图根点直接测量计算出的数值代入计算，其结果的精度要求高得多。

10.2.3 平行线法

将间距 1mm 或 2mm 的平行线绘在透明纸或透明模片上制成平行线扳。测量时将平行线板覆盖在图形上，并使图形的边缘尽量与平行线相切。如图 10.2.2 所示。整个图形被平行线分割成若干个等高的近似梯形，每个梯形的高为 h，底分别为 l_1、l_2、l_3、…、l_n，则各个梯形的面积为

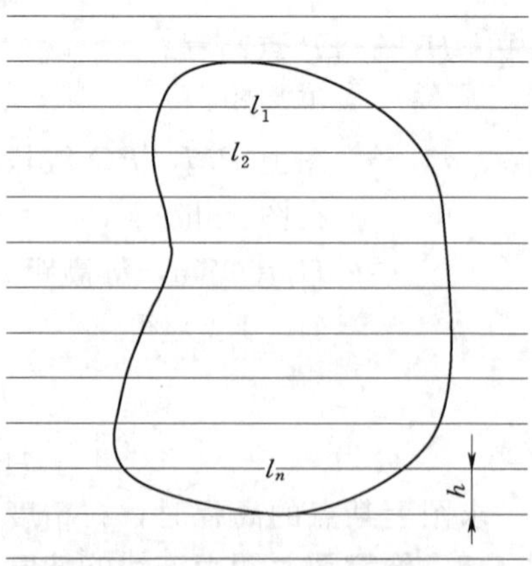

图 10.2.2 平行线法面积量算

$$P_1=\frac{1}{2}\times h\times(0+l_1)$$
$$P_2=\frac{1}{2}\times h\times(l_1+l_2)$$
$$\vdots$$
$$P_n=\frac{1}{2}\times h\times(l_{n-1}+l_n)$$
$$P_{n+1}=\frac{1}{2}\times h\times(l_n+0)$$

则总面积 P 为

$$P = P_1 + P_2 + \cdots + P_n + P_{n+1} = h\sum_{n=1}^{n} l_n \qquad (10.2.2)$$

10.2.4 透明方格纸法

要计算曲线内的面积（图 10.2.3），先将毫米透明方格纸覆盖在图形上，数出图形内整方格数 n_1 和不完整的方格数 n_2，则面积 A 按下式计算：

$$A=\left(n_1+\frac{1}{2}n_2\right)\frac{M^2}{10^6}m^2 \qquad (10.2.3)$$

式中 M——地形图比例尺分母；

m——单位方格面积。

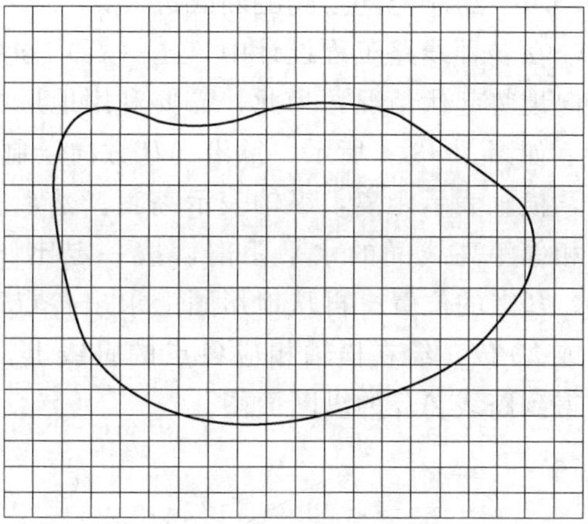

图 10.2.3 透明方格纸法图

10.2.5 求积仪法

求积仪是一种测定图形面积的仪器，它的优点是量测速度快、操作简便，能测定任意形状的图形面积，故得到广泛的应用。求积仪分机械求积仪和电子求积仪。现以日本生产的 KP-90N 型（图 10.2.4）为例，介绍电子求积仪。

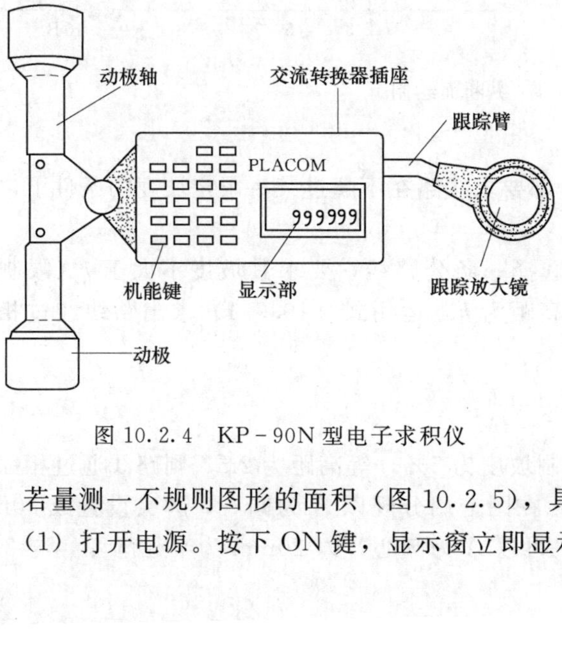

图 10.2.4 KP-90N 型电子求积仪

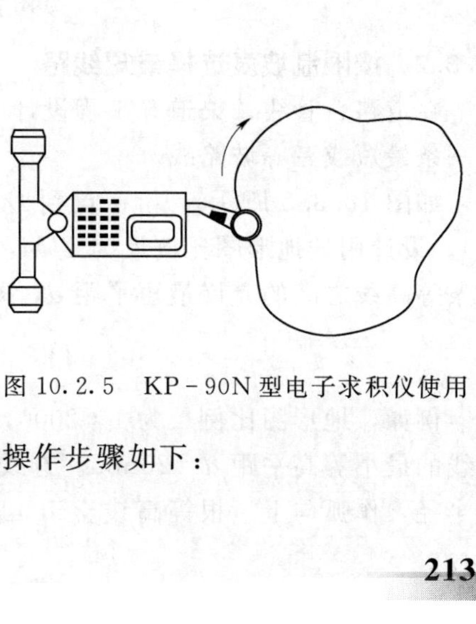

图 10.2.5 KP-90N 型电子求积仪使用

若量测一不规则图形的面积（图 10.2.5），具体操作步骤如下：

(1) 打开电源。按下 ON 键，显示窗立即显示。

（2）设定单位。用 UNIT－1 键及 UNIT－2 键设定。

（3）设定比例尺。用数字键设定比例尺分母，按 SCALE 键，再按 R－S 键即可。若纵横比例尺不同时，如某些纵断面的图形，设横比例尺 1：x、纵比例尺 1：y 时，按键顺序为 x、SCALE、y、SCALE、R－S 即可。

（4）面积测定。将跟踪放大镜十字丝中心，瞄准图形上一起点，按 START 即可开始，对一图形重复测量，两次读数之差以不超过 1/100 为控制，取其平均值。

10.3　地形图在工程建设中的应用

10.3.1　绘制已知方向的断面图

在各种线路工程设计中，土（石）方量的概算以及确定线路的纵坡都需要了解沿线路方向地势起伏情况，为此，需要利用地形图绘制沿设计线路方向的纵断面图。

如图 10.3.1 所示，欲沿 AB 方向绘制断面图，可在绘图纸或方格纸上绘两垂直的直线，横轴表示距离，纵轴表示高程。然后在地形图上，从 A 点开始，沿路线的方向量取两相邻等高线间的水平距离，按一定比例尺将各点依次绘在横轴上，得 A、1、2、…、10、B 点的位置。再从地形图上求出各点高程，按一定比例尺（一般为距离比例尺的 10 倍或 20 倍）绘在横轴相应各点的垂线上，最后将相邻的高程点用平滑的曲线连接起来，即得到路线 AB 的纵断面图。

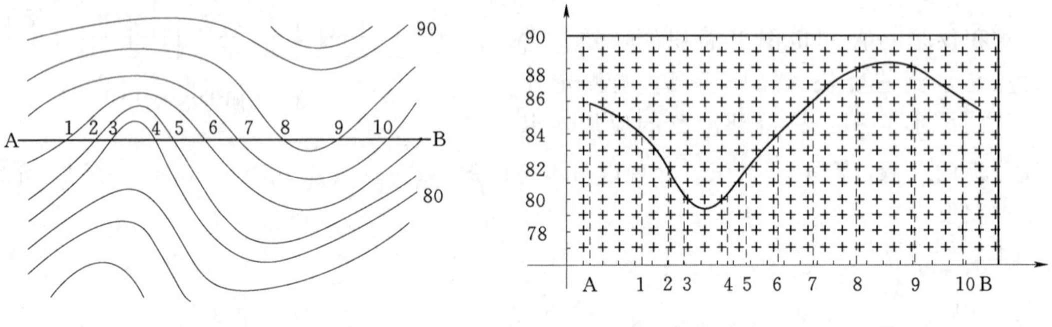

图 10.3.1　纵断面绘制

10.3.2　按限制坡度选择最短线路

在道路、管线、渠道等工程设计中，都要求线路在不超过某一限定坡度的条件下，选择一条最短或者等坡路线。

如图 10.3.2 所示，从 A 点到 D 点选择一条公路线，要求其坡度不大于 i（限制坡度）。设计用的地形图比例尺为 $1/M$，等高距为 h。运用式（10.3.1）求出路线经过相邻两条等高线之间的允许最短平距 d，即

$$d=\frac{h}{iM} \tag{10.3.1}$$

例如，地形图比例尺为 1：2000，限制坡度为 5%，等高距为 2m，则路线通过相邻等高线的最小等高平距 d=20mm。选线时，在图上用分规以 A 为圆心，脚尖设置成 20mm 为半径，作弧与上一根等高线交于 1 点；再以 A 为圆心，以 20mm 为半径画弧，与 39m

等高线交于 1 点；再以 1 为圆心，以 20mm 为半径画弧，与 40m 等高线交于 2 点；依此作法，到 D 点为止，将各点连接即得 $A-1-2-3-4-5-6-7-8-D$ 限制坡度的最短路线。还有另一条路线，即在交出点 3 之后，将 23 直线延长，与 42m 等高线交于 $4'$点，3、$4'$两点距离大于 1cm，故其坡度不会大于指定坡度 5%，再从 $4'$点开始按上述方法选出 $A-1-2-3-4'-5'-6'-7'-D$ 的路线。

最后线路的确定要根据地形图综合考虑各种因素对工程的影响，如少占耕地、避开滑坡地带、土石方工程量小等，以获得最佳方案。图 10.3.2 中，设最后选择 $A-1-2-3-4'-5'-6'-7'-D$ 为设计线路。按线路设计要求，将其去弯取直后，设计出图上线路导线 $ABCD$。根据地形图求出各导线点 A、B、C、D 坐标后，可用全站仪在实地将线路标定出来。

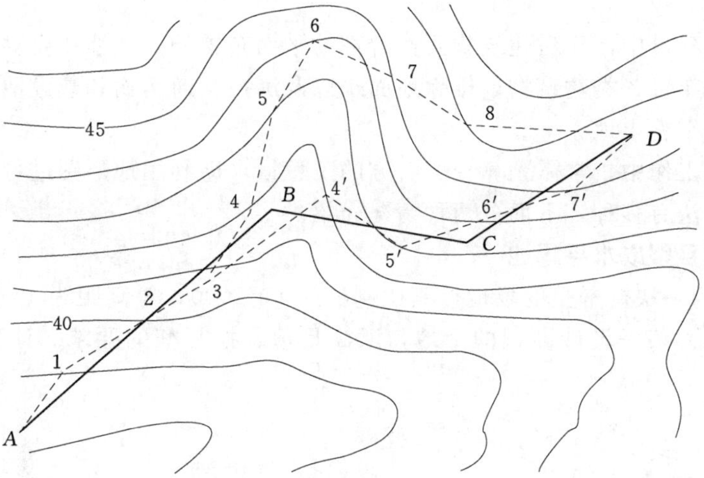

图 10.3.2　选定等坡路线

如遇到等高线之间的平距大于计算值时，以 d 为半径的圆弧不会与等高线相交。这说明地面实际坡度小于限制坡度，在这种情况下，路线可按最短距离绘出。

10.3.3　确定汇水面积

修筑道路时有时要跨越河流或山谷，这时就必须建桥梁或涵洞；兴修水库必须筑坝拦水。而桥梁、涵洞孔径的大小，水坝的设计位置与坝高，水库的蓄水量等，都要根据汇集于这个地区的水流量来确定。汇集水流量的面积称为汇水面积。

汇水面积的边界是根据等高线的分水线（山脊线）来确定的。如图 10.3.3

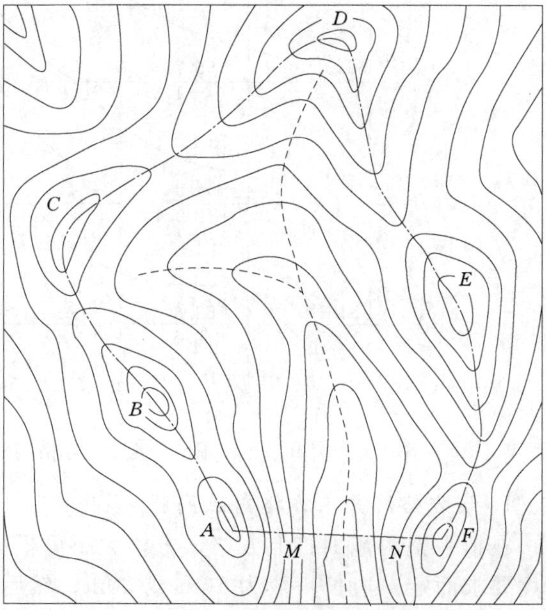

图 10.3.3　确定汇水面积边界线

所示，通过山谷，在 MN 处要修建水库的水坝，就须确定该处的汇水面积，即由图中分水线（点划线）AB、BC、CD、DE、EF 与 FA 线段所围成的面积；再根据该地区的降雨量就可确定流经 MN 处的水流量。这是设计桥梁、涵洞或水坝容量的重要数据。

确定汇水面积的边界线时，应注意以下几点：

(1) 边界线应与山脊线一致，且与等高线垂直。

(2) 边界线是经过一系列的山脊线、山头和鞍部的曲线，并与河谷的指定断面（公路或水坝的中心线）闭合。

10.4 地形图在平整土地中的应用

在各种工程建设中，除对建筑物要作合理的平面布置外，往往还要对原地貌作必要的改造，以便适于布置各类建筑物，排除地面水以及满足交通运输和敷设地下管道等。这种地貌改造称之为平整土地。

在平整土地工作中，常需预算土、石方的工程量，即利用地形图进行填挖土（石）方量的概算。其方法有多种，下面分两种情况介绍。

10.4.1 将地面平整成水平场地

图 10.4.1 为一块待平整的场地，其比例尺为 1∶1000，等高距为 1m，要求在划定的范围内将其平整为某一设计高程的平地，以满足填、挖平衡的要求。计算土方量的步骤如下。

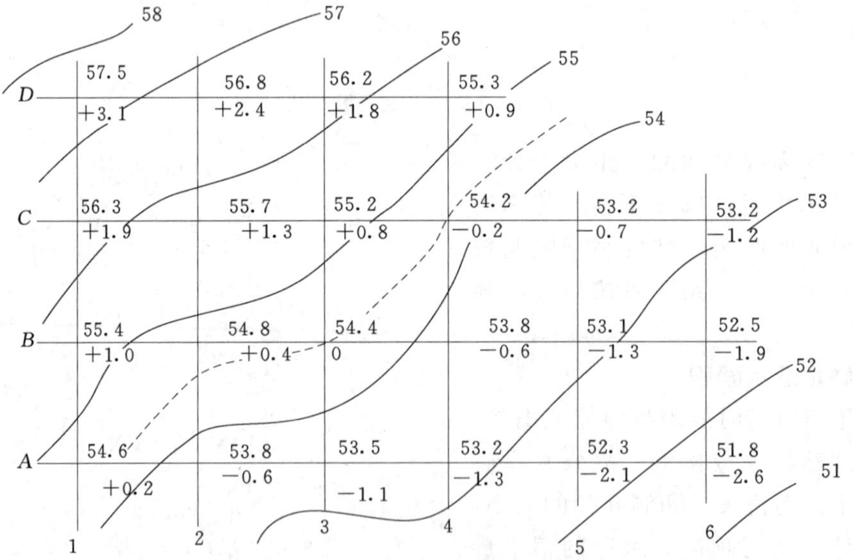

图 10.4.1 方格网法估算土石方量

1. 绘方格网并求方格角点高程

在拟平整的范围打上方格，方格大小可根据地形复杂程度、比例尺的大小和土方估算精度要求而定，边长一般为 10m 或 20m，然后根据等高线内插方格角点的地面高程，并注记在方格角点右上方。本例是取边长为 10m 的格网。

2. 计算设计高程

把每一方格 4 个顶点的高程加起来除以 4，得到每一个方格的平均高程。再把每一个方格的平均高程加起来除以方格数，即得到设计高程：

$$H_{设} = \frac{H_1 + H_2 + \cdots + H_n}{n} = \frac{1}{n}\sum_{i-1}^{n} H_i \tag{10.4.1}$$

式中 H_i——每一方格的平均高程；

n——方格总数。

为了计算方便，我们从设计高程的计算中可以分析出角点 A_1、A_6、C_6、D_1、D_4 的高程在计算中只用过一次，边点 A_2、A_3、A_4、A_5、B_1、C_1、…的高程在计算中使用过两次，拐点 C_4 的高程在计算中使用过三次，中点 B_2、B_3、B_4、B_5、C_2、C_3、…的高程在计算中使用过四次，这样设计高程的计算公式可以写成

$$H_{设}=\frac{\sum H_{角}\times 1+\sum H_{边}\times 2+\sum H_{拐}\times 3+\sum H_{中}\times 4}{4n}=54.4(\mathrm{m}) \tag{10.4.2}$$

式中 n——方格总数；

$\sum H_{角}$、$\sum H_{边}$、$\sum H_{拐}$、$\sum H_{中}$——角点、边点、拐点和中点高程的和。

用式（10.4.2）计算出的设计高程为 54.4m，在图 10.4.1 中用虚线描出 54.4m 的等高线，称为填挖分界线或零线。

3. 计算方格顶点的填挖高度

根据设计高程和方格顶点的地面高程，计算各方格顶点的挖、填高度。

$$h = H_{地} - H_{设} \tag{10.4.3}$$

式中 h——填挖高度（施工厚度），正数为挖，负数为填；

$H_{地}$——地面高程；

$H_{设}$——设计高程。

4. 计算填挖方量

填、挖方量计算一般在表格中进行，我们可以使用 Excel 计算图 10.4.1 中的填、挖方量。如图 10.4.2 所示，A 列为各方格顶点点号；B\C 列为各方格顶点的填挖高度；D 列为方格顶点的性质；E 为顶点所代表的面积；F 列为挖方量，其中 F3 单元的计算公式为“＝B3＊E3”，其他单元计算类推；G 为填方量，其中 G3 单元的计算公式为“＝C3＊E3”，其他单元计算类推；总挖方（F25 单元）和总填方（G25 单元）计算公式分别为“＝SUM(F3：F24)”和“＝SUM(G3：G24)”。

$$\left.\begin{array}{ll}
\text{角点} & \text{填(挖)方高度}\times\frac{1}{4}\text{方格面积} \\
\text{边点} & \text{填(挖)方高度}\times\frac{2}{4}\text{方格面积} \\
\text{拐点} & \text{填(挖)方高度}\times\frac{3}{4}\text{方格面积} \\
\text{中点} & \text{填(挖)方高度}\times\frac{4}{4}\text{方格面积}
\end{array}\right\} \tag{10.4.4}$$

由本例列表计算可知，挖方总量为 $3416\mathrm{m}^3$，填方总量为 $3422\mathrm{m}^3$，两者基本相等，满

Microsoft Excel - 土石方量计算.xls

文件(F) 编辑(E) 视图(V) 插入(I) 格式(O) 工具(T) 数据(D) 窗口(W) 帮助(H)

J29

	A	B	C	D	E	F	G
1	挖、填土石方量计算表						
2	点号	挖深（m）	填高（m）	点的性质	代表面积（m²）	挖方量（m³）	填方量（m³）
3	A1	0.2		角	25	5	0
4	A2		-0.6	边	50	0	-30
5	A3		-0.9	边	50	0	-45
6	A4		-1.2	边	50	0	-60
7	A5		-2.1	边	50	0	-105
8	A6		-2.6	角	25	0	-65
9	B1	1		边	50	50	0
10	B2	0.4		中	100	40	0
11	B3	0		中	100	0	0
12	B4		-0.6	中	100	0	-60
13	B5		-1.3	中	100	0	-130
14	B6		-1.9	边	50	0	-95
15	C1	1.9		边	50	95	0
16	C2	1.3		中	100	130	0
17	C3	0.8		中	100	80	0
18	C4		-0.2	拐	300	0	-60
19	C5		-0.7	边	50	0	-35
20	C6		-1.2	角	25	0	-30
21	D1	3.1		角	25	78	0
22	D2	2.4		边	50	120	0
23	D3	1.8		边	50	90	0
24	D4	0.9		角	25	23	0
25	求和				1525	710	-715

图 10.4.2 使用 Excel 计算填挖土石方量

足填挖平衡的要求。

10.4.2 将地面平整成倾斜场地

将原地形改造成某一坡度的倾斜面，一般可根据填、挖平衡的原则，绘出设计倾斜面的等高线。但是有时要求所设计的倾斜面必须包含不能改动的某些高程点（称为设计斜面的控制高程点），例如，已有道路的中线高程点，永久性或大型建筑物的外墙地坪高程等。

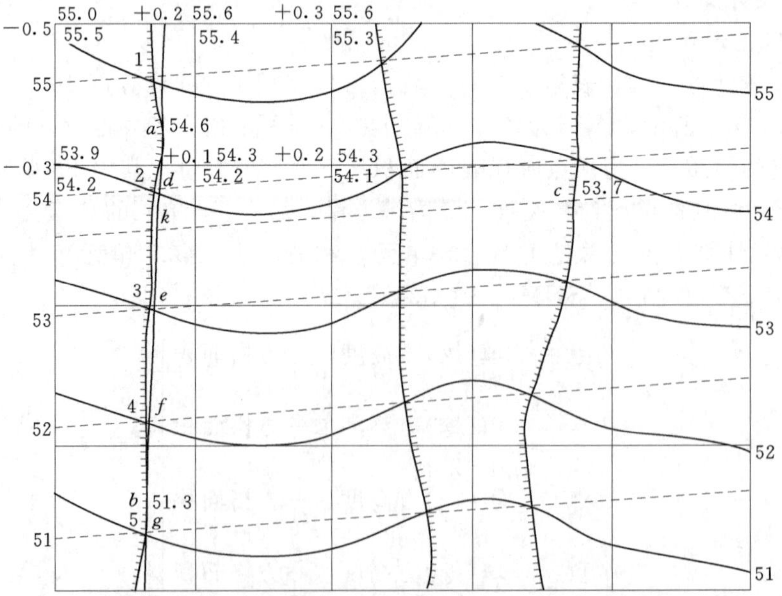

图 10.4.3 倾斜面土方量计算

如图10.4.3所示，设a、b、c三点为控制高程点，其地面高程分别为54.6m、51.3m和53.7m。要求将原地形改造成通过a、b、c三点的斜面，其步骤如下。

1. 确定设计等高线的平距

过a、b两点作直线，用比例内插法在ab曲线上求出高程为54m、53m、52m、…各点的位置，也就是设计等高线应经过ab线上的相应位置，如d、e、f、g、…点。

2. 确定设计等高线的方向

在ab直线上求出一点k，使其高程等于c点的高程（53.7m）。过kc连一线，则kc方向就是设计等高线的方向。

3. 插绘设计倾斜面的等高线

过d、e、f、g…各点作kc的平行线（图中的虚线），即为设计倾斜面的等高线。过设计等高线和原同高程的等高线交点的连线，如图中连接1、2、3、4、5等点，就可得到挖、填边界线。图中绘有短线的一侧为填土区，另一侧为挖土区。

4. 计算挖、填土方量

与前面方格网法相同，首先在图上绘方格网，并确定各方格顶点的挖深和填高量。不同之处是各方格顶点的设计高程是根据设计等高线内插求得的，并注记在方格顶点的右下方。其填高和挖深量仍记在各顶点的左上方。挖方量和填方量的计算和前面方格网法相同。

10.5 数字地形图的应用

传统纸质地形图通常是以一定的比例尺并按图式符号绘制在图纸上的，即通常所称的白纸测图。这种地形图具有直观性强、使用方便等优点，但也存在不易保存、易损坏、难以更新等缺点。数字地形图是数字化的地图，不仅能表示地形的空间信息（包括位置、大小、形状及相互关系等），也能够表述地形的属性信息（包括性质、特征及相关说明，例如建筑物的建造时间、建筑面积、权属及使用单位等）。数字测图的基本成果通常是输出.dwg文件格式的数字地形图。工程技术人员可以直接利用AutoCAD相应功能或者利用相关专业软件中的功能，很方便地从数字地图上查询点、线、面等地形图应用的基本信息。

传统的纸质地形图在工程建设中的应用主要包括：量测图上点的平面坐标和高程、量测（算）两点间的距离、量测（算）直线的坐标方位角、确定两点间的坡度、按一定方向绘制断面图、面积量算、土方量计算、按限制坡度选线等。

目前，用于数字成图的软件很多，大多数都具有在工程中应用的某些功能。有些功能是CAD平台本身已经具备的，本节借助CASS9.0数字测图系统软件从基本几何要素的查询、断面图绘制、面积量算和土石方量计算等方面介绍数字地形图在工程建设中的应用。

10.5.1 基本几何要素的查询

在CASS9.0的“工程应用”菜单中，提供了很多查询与计算功能，如图10.5.1所示。

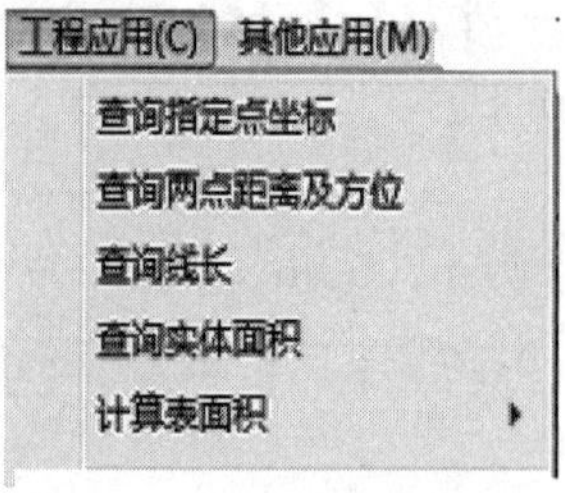

图 10.5.1 工程应用菜单

1. 查询指定点的坐标与坐标标注

执行下拉菜单“工程应用/查询指定点坐标”命令或单击实用工具栏中的“查询坐标”按钮，用鼠标捕捉需要查询的点，在命令行或者鼠标十字标靶附近则显示测量坐标。也可以先进入点号定位方式，再输入要查询的点号。

在屏幕菜单“文字注记/坐标平高”，选择注记坐标，则可以在所需位置将该点的坐标标注在图上。

直接利用 AutoCAD 的功能，在命令行输入 ID 或者在查询工具栏单按钮，也可以在命令行显示查询的点的坐标，不过需要注意的是 CAD 系统中直接显示的屏幕坐标 x、y 对应于测量高斯平面坐标的 y、x。在命令行输入“Dimorldinate”或者在标注工具栏单击“坐标标注”按钮，也可以实现点的 x 或者 y 的坐标标注。

2. 查询两点的距离和方位角

执行 CASS 下拉菜单“工程应用＼查询两点距离及方位”命令或单击实用工具栏中的“查询距离和方位角”选项，按提示用鼠标捕捉需要查询的两个点，在命令行则显示两点间距离和坐标方位角。也可以先进入点号定位方式，再输入两点的点号。

同样在 AutoCAD 中，直接利用系统本身功能，实现查询两点的距离和方位角，具体步骤如下：

(1) 先进行 AutoCAD 系统图形单位设置，可在命令行输入 Units 命令，显示如图 10.5.2 (a) 所示，选择角度类型和精度，选择方位角按照顺时针定义方式。

(2) 选择方位角起始方向（CAD 系统默认为笛卡儿坐标系），进行方向控制设置，如图 10.5.2 (b)，选取“北 (N) 270.00”，按确定后即可完成相应设置。

(3) 在 AutoCAD 查询工具栏中单击查询距离盆按钮，或者在命令行输入 Dist 命令，实现与 CASS 软件中查询距离和方位角的类似功能。

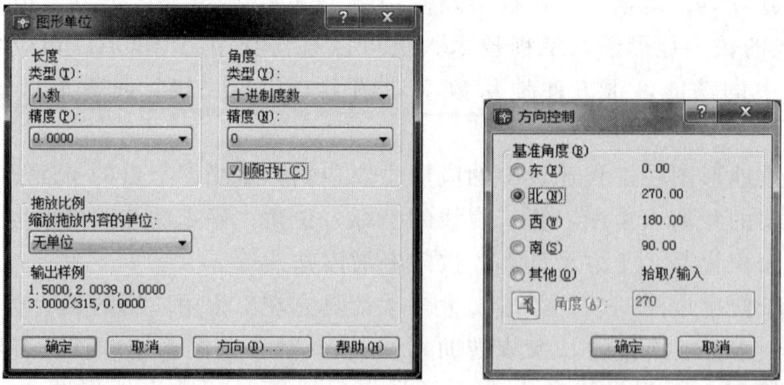

(a) (b)

图 10.5.2 图形单位设置

3. 查询线长

执行下拉菜单“工程应用＼查询线长”命令，选择实体（直线或曲线），弹出提示框，给出查询的线长值。也可以直接利用 AutoCAD 系统本身功能来直接进行查询，在命令行键入 List，回车按命令行提示选择查询对象即可得该对象在空间的线长、表面积及拐点坐标等信息。或者直接点取“查询”工具栏上面的“列表”按钮，进行相同操作即可。

4. 查询实体面积

执行下拉菜单“工程应用\查询实体面积”命令，按提示选取实体边线或点取实体内部任意位置，命令行显示实体面积，要注意实体应该是闭合的。或者在 AutoCAD 中点取“查询”工具栏上面的区域面积按钮，根据命令行提示进行相应操作即可得到实体在空间的表面积和周长信息。

5. 计算对象的表面积

对于不规则地貌表面积的计算，系统通过 DTM 建模，将高程点连接为带坡度的三角形，再通过每个三角形面积累加得到整个范围内的表面积。执行下拉菜单“工程应用\计算表面积”命令，可选择根据坐标数据文件或根据图上高程点两种方式进行计算总表面积大小，同时系统自动将面积注记于每块对象的中部位置。

10.5.2 断面图的绘制

在进行道路、隧道、管线等工程设计时，往往需要了解线路的地面起伏情况，这时，可根据等高线地形图来绘制断面图。在 CASS9.0 中绘制断面图的方法有 4 种：①根据已知坐标；②根据里程文件；③根据等高线；④根据三角网。

1. 里程文件的生成

里程文件（*.hdm）用离散的方法描述了实际地形。可以用断面线、复合线、等高线、三角网、坐标文件 5 种方法生成里程文件，如图 10.5.3 所示。如选择“由纵断面生成\新建”菜单项，显示对话框如图 10.5.4 所示。

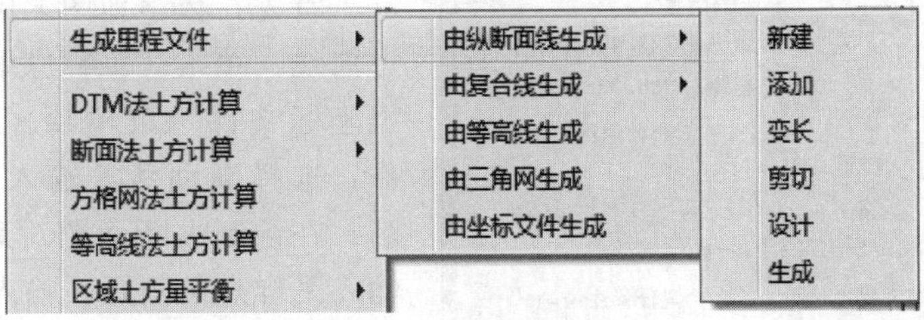

图 10.5.3 生成里程文件菜单

（1）由纵断面生成。先用复合线绘制出纵断面线，单击“工程应用\生成里程文件\由纵断面生成\新建”菜单项，点取所绘纵断面线后在弹出的对话框中中桩点获取方式，横断面间距，横断面左、右边长度后则自动沿纵断面线生成横断面线。

（2）由复合线生成。这种方法用于生成纵断面的里程文件。它从断面线的起点开始，按间距依次记下每一交点在纵断面线上离起点的距离和所在等高线的高程。

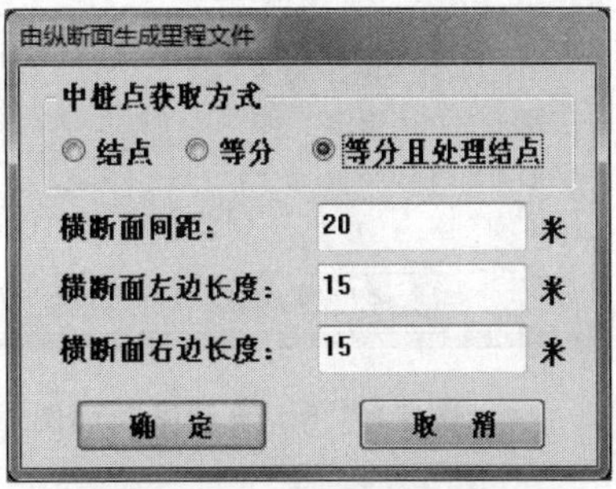

图 10.5.4 纵断面生成里程文件对话框

（3）由等高线生成。这种方法只能用来生成纵断面的里程文件。它从断面线的起点开始，处理断面线与等高线的所有交点，依次记下每一交点在纵断面线上离散点的距离和所在等高线的高程。

（4）由三角网生成。这种方法只能用来生成纵断面的里程文件。它从断面线的起点开始，处理断面线与三角网的所有交点，依次记下每一交点在纵断面线上离起点的距离和所在三角形的高程。

（5）由坐标文件生成。用鼠标单击“工程应用/生成里程文件/由坐标文件生成”菜单项。屏幕上弹出“输入简码数据文件名”的对话框来选择简码数据文件。这个文件的编码必须按以下方法定义，具体例子见 CASS 安装目录下“DEMO”子目录下的“ZHD. DAT”文件。

总点数
点号，M1，y 坐标，x 坐标，高程
点号，1，y 坐标，x 坐标，高程
……
点号，M2，y 坐标，x 坐标，高程
点号，2，y 坐标，x 坐标，高程
……
点号，Mi，y 坐标，x 坐标，高程
点号，i，y 坐标，x 坐标，高程
……

2. 根据坐标文件生成断面图

首先在数字地图上用复合线画出断面方向线。单击“工程应用\绘断面图\根据坐标文件”菜单项。按命令行提示操作：选择断面线，输入高程点数据文件名。在绘制纵断面图对话框（图 10.5.5）输入采样点的间距，输入起始里程、横向比例、纵向比例、隔多少里程绘一个标尺等后，在屏幕上则显示所选断面线的断面图，如图 10.5.6 所示。

一个里程文件通常包含多个横断面的信息，此时绘横断面图时就可一次绘出多个断面。里程文件的一个断面信息内允许有该断面不同时期的断面数据，这样绘制这个断面时就可以同时绘出实际断面线和设计断面线。

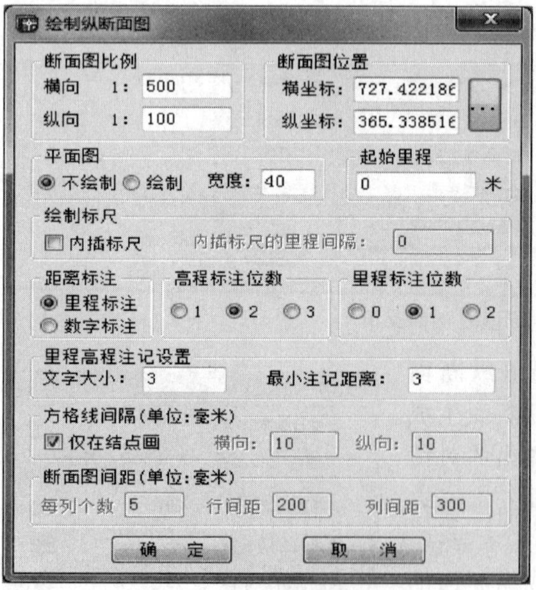

图 10.5.5　绘制纵断面图对话框

3. 根据里程文件生成断面图

一个里程文件可包含多个断面的信息，此时绘断面图就可一次绘出多个断面。里程文

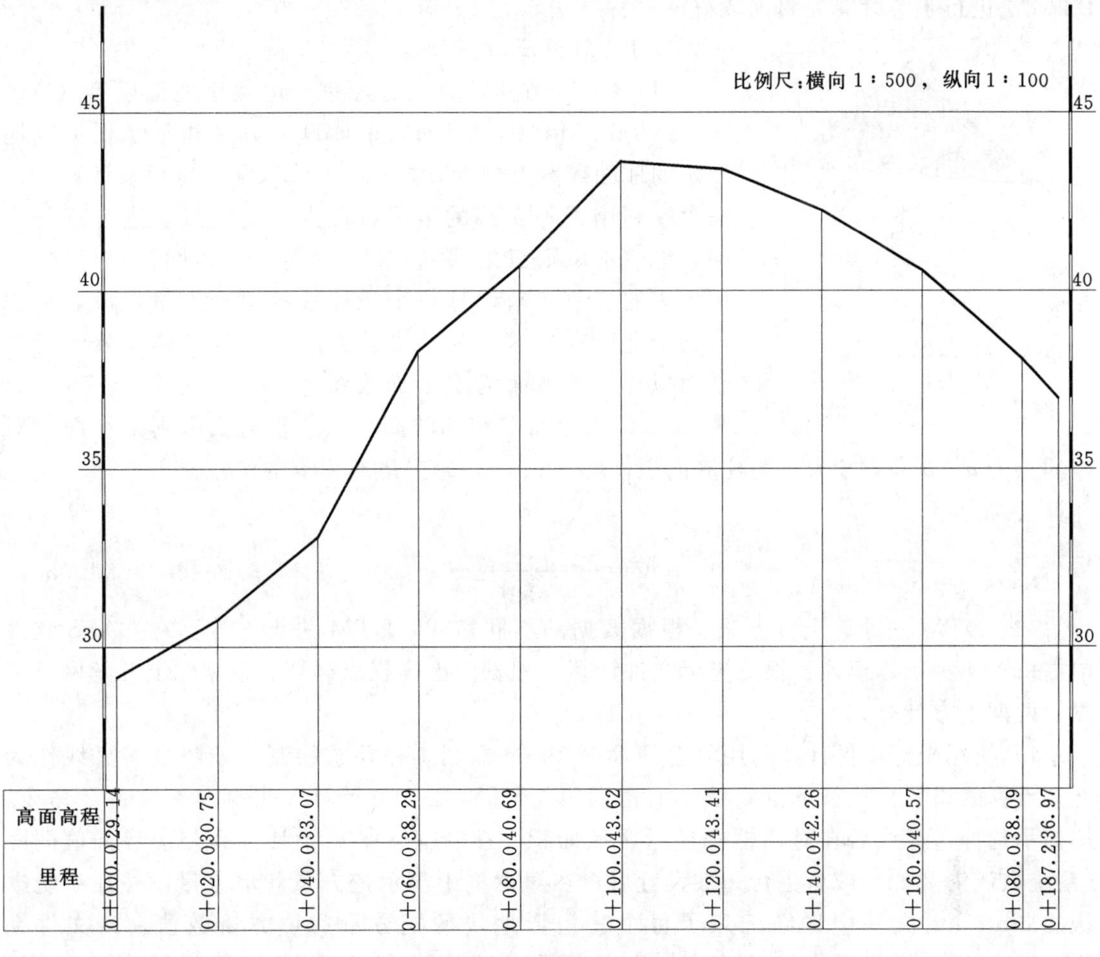

图 10.5.6　纵断面图的绘制

件的一个断面信息内允许有该断面不同时期的断面数据，这样绘制这个断面时就可以同时绘出实际断面线和设计断面线。

4. 根据等高线生成断面图

如果图面存在等高线，则可以根据断面线与等高线的交点来绘制纵断面图。单击“工程应用＼绘断面图＼根据等高线”菜单项，按照命令行提示选择要绘制断面图的断面线后屏幕弹出绘制纵断面图对话框，操作方法详见根据坐标文件生成断面图。

5. 根据三角网生成断面图

如果图面存在三角网，则可以根据断面线与三角网的交点来绘制纵断面图。单击“工程应用＼绘断面图＼根据三角网”菜单项，依据命令行提示选择要绘制断面图的断面线，屏幕弹出绘制纵断面图对话框，操作方法详见根据坐标文件生成断面图。

10.5.3　土石方量计算

在“工程应用”下拉菜单中提供了5种土方量的相关计算方法，即DTM法土方计算、断面法土方计算、方格网法土方计算、等高线法土方计算、区域土方量平衡。其中按

DTM法进行土方计算是目前较好的一种方法。

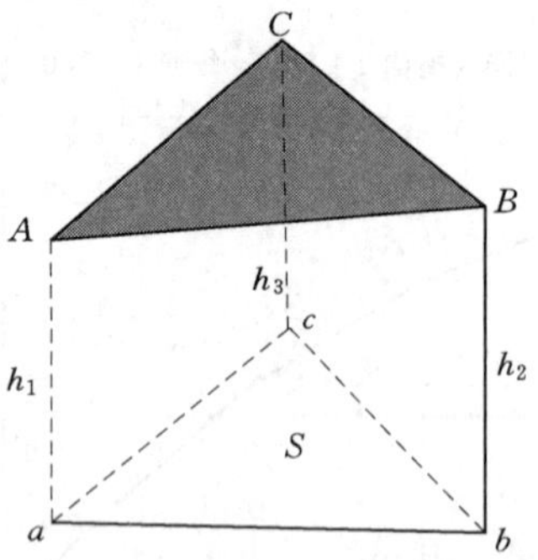

图 10.5.7 DTM计算原理

1. DTM法土方量计算

(1) DTM方法计算土方原理。由数字地面模型(Digital Terrain Model, DTM)来计算土方量通常是根据实地测定的地面离散点坐标(x, y, z)和设计高程来计算。该法直接利用野外实测的地形特征点(离散点)进行三角构网,组成不规则三角网(TIN)结构。三角网构建好之后,用生成的三角网来计算每个三棱柱的填挖方量,最后累积得到指定范围内填方和挖方分界线,三棱柱体上表面用斜平面拟合,下表面为水平面或参考面。如图 10.5.7 所示,A、B、C为地面上相邻的高程点,垂直投影到某平面上对应的点为a、b、c,S为三棱柱底面积,h_1、h_2、h_3为三角形角点的填挖高差。填、挖方计算公式为

$$V=\frac{h_1+h_2+h_3}{3}S \tag{10.5.1}$$

(2) DTM法计算土方方法。根据数据的不同格式,DTM法土方计算在CASS软件中提供了4种计算模式:根据坐标文件计算、根据图上高程点计算、根据图上三角网计算以及两期土方计算。

1) 根据坐标文件计算。用复合线命令Pline根据工程要求绘制一条闭合多义线作为土方计算的边界。执行下拉菜单"工程应用\DTM法土方计算\根据坐标文件"命令,按提示选择边界线后在对话框中显示区域面积,接着输入平场设计标高与边界插值间隔(系统默认为20m)或者进行边坡设置后,在对话框中显示挖方量和填方量,并在系统默认的dtmt.log文件中详细记录了每个三角形地块的挖方量和填方量数值,该文件在CASS系统安装目录的DEMO文件中。同时还可以指定表格左下角所在位置后,CASS9.0将在指定点处绘制一个图10.5.8所示的土石方计算专用表格。

2) 根据图上高程点计算。首先要展绘高程点,然后用复合线画出所要计算土方的区域。选取"工程应用\DTM法土方计算\根据图上高程点计算"命令,根据系统提示,选取计算边界,设置土方计算参数,其计算方法和根据坐标文件计算方法一致。

3) 根据图上的三角网计算。对已经生成的三角网进行必要的添加和删除,使结果更接近实际地形。选取"工程应用\DTM法土方计算\根据图上三角网"命令,系统提示输入"平场标高(米)",然后在图上选取三角网,可以逐个选取也可拉框批量选取。回车后屏幕上显示填挖方的提示框,同时图上绘出所分析的三角网、填挖方的分界线。

4) 两期土方计算。两期土方计算指的是对同一个区域进行了两期测量,利用两次观测得到的高程数据建模后叠加,计算出两期之中的区域内土方的变化情况。适用的情况是两次观测时该区域都是不规则的表面。

两期土方计算之前,要先对该区域分别进行建模,即生成DTM模型,并将生成的DTM模型保存起来。然后点取"工程应用\DTM法土方计算\计算两期土方量",分别输入两次的DTM模型,就会计算出两期之间的土方量。

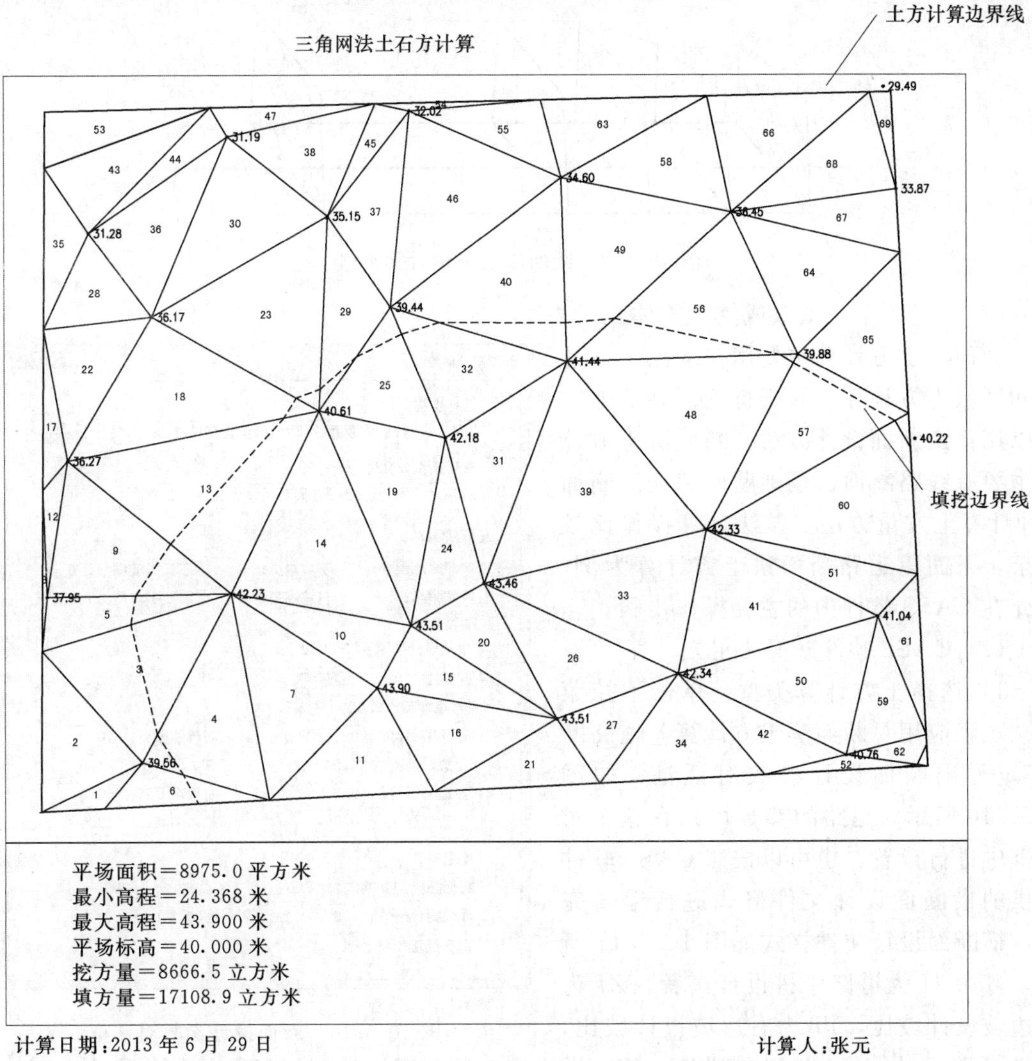

图 10.5.8 三角网土方量计算

2. 断面法土方量计算

(1) 断面法土方计算土方原理。当地形复杂、起伏变化较大，或地块狭长、挖填深度较大，断面又不规则时，宜选择断面法进行土方量计算。图 10.5.9 为线路的测量断面图形，利用横断面法进行计算土方量时，可根据线路长度，一般都采用按一定的间距 L 截取平行的断面，计算出各横断面的面积为 S_1，S_2，S_3，…，S_n，然后用梯形公式计算出总的土方量。

断面法计算土方量的计算公式为

$$V=\sum_{i=2}^{n}V_i=\sum_{i=2}^{n}\frac{(S_{i-1}+S_i)L}{2} \tag{10.5.2}$$

式中 S_{i-1}、S_i——第 i 单元线路起终断面的填（或挖）方面积；

L——间隔长；

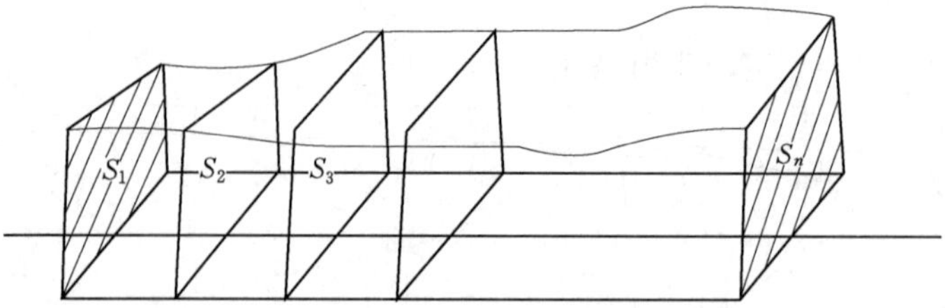

图 10.5.9　断面法土方量计算原理

V_i——填（或挖）方体积。

断面法土方计算主要用在线路土方计算和区域土方计算，对于特别复杂的地方可以用任意断面设计方法。断面法土方计算主要有线路断面、场地断面和任意断面3种计算土方量方法。该法计算操作比较复杂，下面以道路断面法土方计算为例，简介在CASS软件中的主要操作步骤。

（2）CASS软件断面法土方计算。

1）选择土方计算类型。单击下拉菜单“工程应用＼断面法土方计算＼道路断面”，弹出断面设计参数对话框，如图10.5.10所示。道路的参数可以在这个对话框中进行设置，也可以按照CASS软件提供的横断面设计文件格式进行编辑完成，横断面设计文件格式如图10.5.11所示，其中H为道路中桩设计高程，ZI为左边坡设计坡比，YI为右边坡设计坡比，W为道路设计宽度，A为横坡率，WG为边沟上部宽度设计值，HG为边沟设计沟高。当使用编写完成的横断面数据文件时，在断面设计参数对话框中可以不进行具体参数设置。

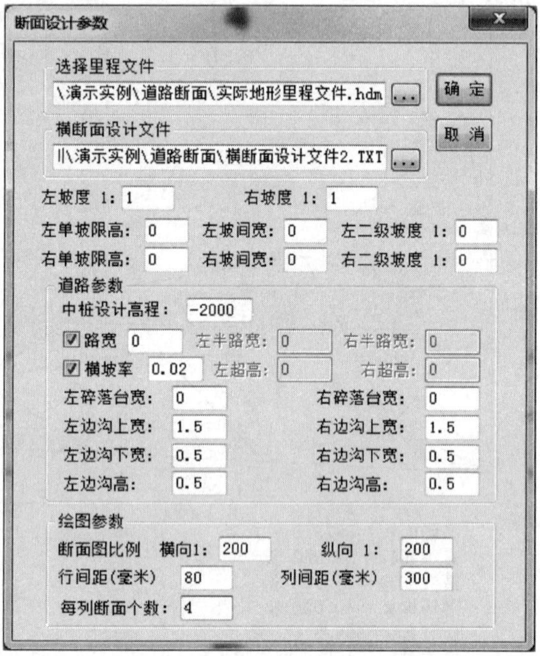

图 10.5.10　断面设计参数对话框

2）给定计算参数。在“断面设计参数”对话框中输入道路的各种参数。确定后命令行提示输入绘制断面图的横向比例和纵向比例，在屏幕指定横断面图起始位置，即可绘出道路的纵断面图及每一个横断面图，如图10.5.12所示。

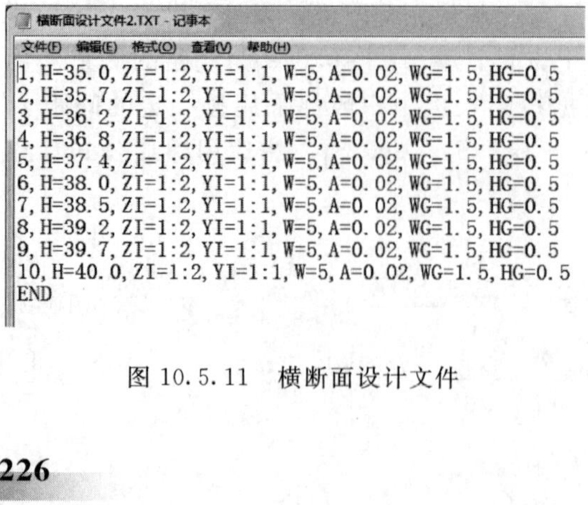
横断面设计文件2.TXT - 记事本
文件(F)　编辑(E)　格式(O)　查看(V)　帮助(H)

```
1, H=35.0, ZI=1:2, YI=1:1, W=5, A=0.02, WG=1.5, HG=0.5
2, H=35.7, ZI=1:2, YI=1:1, W=5, A=0.02, WG=1.5, HG=0.5
3, H=36.2, ZI=1:2, YI=1:1, W=5, A=0.02, WG=1.5, HG=0.5
4, H=36.8, ZI=1:2, YI=1:1, W=5, A=0.02, WG=1.5, HG=0.5
5, H=37.4, ZI=1:2, YI=1:1, W=5, A=0.02, WG=1.5, HG=0.5
6, H=38.0, ZI=1:2, YI=1:1, W=5, A=0.02, WG=1.5, HG=0.5
7, H=38.5, ZI=1:2, YI=1:1, W=5, A=0.02, WG=1.5, HG=0.5
8, H=39.2, ZI=1:2, YI=1:1, W=5, A=0.02, WG=1.5, HG=0.5
9, H=39.7, ZI=1:2, YI=1:1, W=5, A=0.02, WG=1.5, HG=0.5
10, H=40.0, ZI=1:2, YI=1:1, W=5, A=0.02, WG=1.5, HG=0.5
END
```

图 10.5.11　横断面设计文件

如果生成的部分断面参数需要修改，可单击“工程应用”菜单下的“断面法土方计算”子菜单中的“修改设计参数”，在弹出的“断面设计参数”对话框中，可以非常直观地修改相应参数。修改完毕后单击“确定”按钮，系统取得各个参数，自动对断面图进行修正，实现“所改即所得”。

1

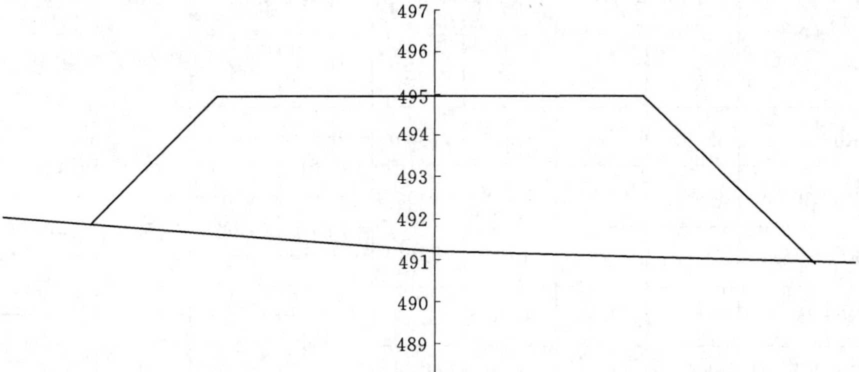

距离	10.00	5.00	0.00	5.00	10.00
高程	492.05	491.63	491.20	491.07	490.94

K0+0.000

TA=49.25　WA=0.00

2

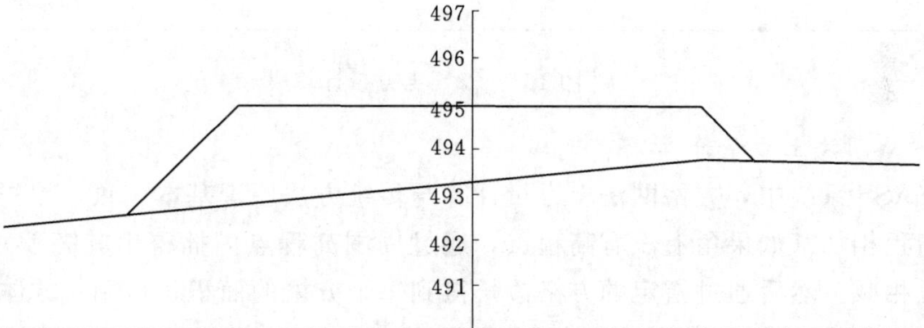

距离	10.00	5.00	0.00	5.00	10.00
高程	492.35	492.84	493.28	493.72	493.62

K0+25.00

TA=19.76　WA=0.00

图 10.5.12　横断面图

3）计算工程量。执行“工程应用＼断面法土方计算＼图面土方计算”命令，按命令行提示，选择要计算土方的断面图和指定土方计算表位置，系统自动在图上绘出土石方计算表，如图 10.5.13 所示。

土石方数量计算表

里程	中心高(m)		横断面积(m^2)		平均面积(m^2)		距离/m	总数量/m^2	
	填	挖	填	挖	填	挖		填	挖
K0+0.00	3.80		49.25	0.00					
					34.51	0.00	25.00	862.75	0.00
K0+25.00	1.71		19.76	0.00					
					10.80	0.22	25.00	270.00	5.50
K0+50.00	0.42		1.84	0.43					
					0.92	11.11	25.00	23.01	277.86
K0+75.00		1.89	0.00	21.80					
					0.00	20.14	25.00	0.00	503.57
K0+100.00		1.64	0.00	18.49					
					0.00	11.60	25.00	0.00	289.97
K0+125.00		0.37	0.00	4.71					
					0.63	2.99	25.00	15.77	74.64
K0+150.00	0.21		1.26	1.26					
					4.73	0.63	25.00	118.31	15.80
K0+175.00	1.30		8.20	0.00					
					15.54	0.00	25.00	388.58	0.00
K0+200.00	2.92		22.88	0.00					
					28.04	0.00	10.96	307.14	0.00
K0+210.96	3.70		33.19	0.00					
合　计								1985.56	1167.34

图 10.5.13　土方量计算表

3. *方格网法土方量计算*

在 CASS 系统中，方格网法土方量计算与传统方法原理基本一致。首先将方格的 4 个角上的高程相加（如果角上没有高程点，通过周围高程点内插得出其高程），取平均值与设计高程相减。然后通过指定的方格边长得到每个方格的面积，再用长方体的体积计算公式得到填挖方量。

方格网法计算简便直观、易于操作，方格网法土方计算适用于地形变化比较平缓的地形情况，用于计算场地平整的土方量计算较为精确，当测区地形起伏较大时，用格网点计算会产生地形代表性误差，造成计算精度偏低。

用方格网法计算土方量，设计面可以是水平的，也可以是倾斜的，还可以是三角网。用复合线画出所要计算土方的闭合区域，执行“工程应用＼方格网法土方计算”命令，然后按照方格网土方计算对话框进行相应设置确定后，选择土方计算封闭边界，显示挖方量、填方量。同时，图上绘出所分析的方格网，填挖方的分界线，并给出每个方格的填挖方，每行的挖方和每列的填方。

4. *等高线法土方量计算*

当数字地形图没有对应的高程数据文件时，无法用前面的几种方法来计算土方量。如通常将纸质地形图矢量化后得到电子地图，这种情况下则可采用已有等高线计算法计算土方量。用此方法可计算任意两条等高线之间的土方量，但所选等高线在CASS软件中要求必须是闭合的，还不能处理任意边界为多边形的情况。由于两条等高线所围面积可求，两条等高线之间的高差已知，则可求出这两条等高线之间的土方量。执行“工程应用\等高线法土方计算”命令，选择参与计算的等高线，再在屏幕指定表格左上角位置，系统将在该点绘出计算成果表格，如图10.5.14所示。从表格中可以看到每条等高线围成的面积和两条相邻等高线之间的土方量以及相应的计算公式等。当然也可以采用由等高线生成数据文件后再按照前面方法进行计算。

等高线法土石方计算

计算日期：2011年10月4日　　　　计算人：

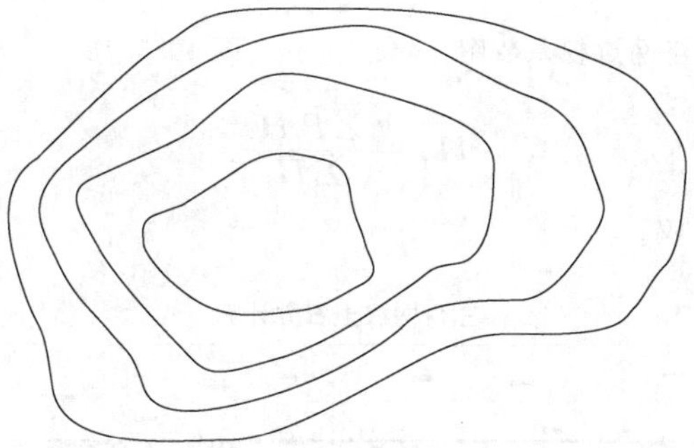

计算公式：$M=A_1+A_2+\sqrt{A_1*A_2})*(h_2-h_1)/3$

A_1/m^2	h_2/m	A_2/m^2	h_1/m	V/m^3
5822.88	40.000	3958.81	41.000	4907.9
3858.81	41.000	2218.57	42.000	3047.8
2219.57	42.000	734.15	43.000	1410.1
734.15	43.000	0.00	43.900	220.2
合计				8585.9

图10.5.14　等高线法计算土方成果示意图

5. 区域土方平衡

土方平衡的功能常在场地平整时使用。当一个场地的土方平衡时，挖方量刚好等于填方量。以填挖方边界线为界，从较高处挖得的土方直接填到区域内较低的地方，就可完成场地平整。这样可以大幅度减少运输费用。

（1）计算平整场地平均高程。在方格网中，一般认为各点间的坡度是均匀的，因此各点在格网中的位置不同，它的地面高程所影响的面积也不相同，如果以四分之一方格为一单位面积，定权为1，则方格网中各点高程的权分别是：角点为1，边点为2，拐点为3，中心点为4（图10.5.15）。这样就可以用加权平均值的算法，计算整个方格网点的地面平

均高程 $H_{平}$。

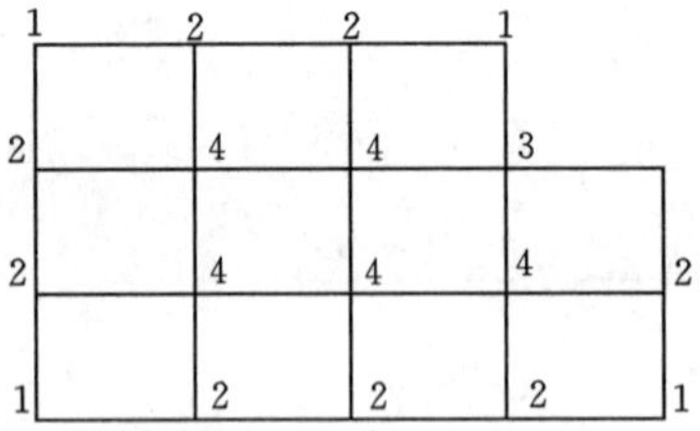

图 10.5.15　方格网点权系数图

图 10.5.16　土方平衡结果对话框

$$H_{平}=\frac{\sum P_i H_i}{\sum H_i} \tag{10.5.3}$$

式中　P_i——各点高程的权。

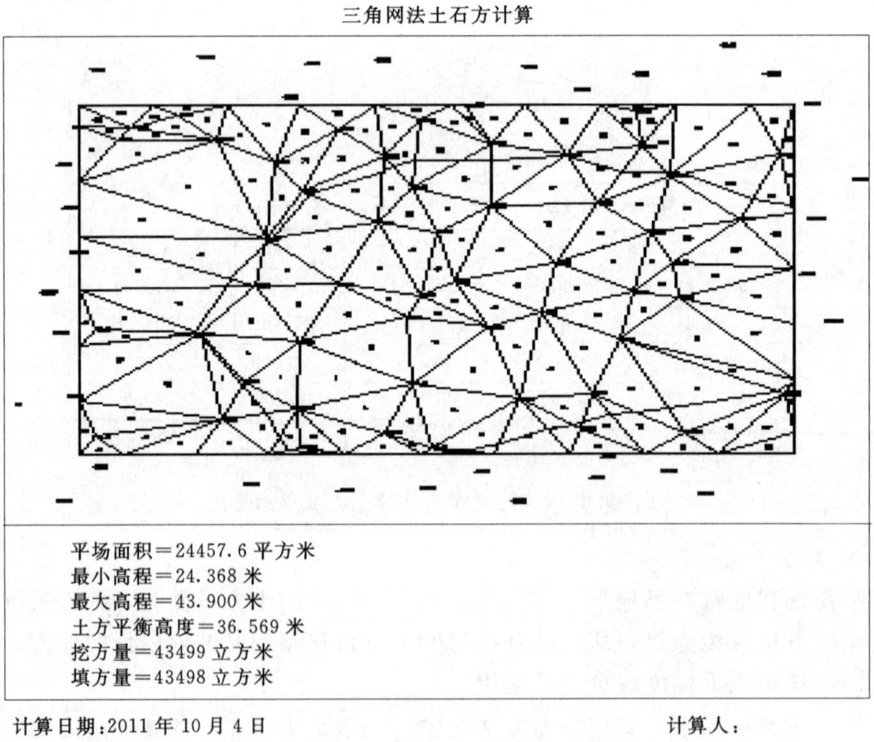

图 10.5.17　土方平衡计算成果示意图

（2）在 CASS 软件中的计算步骤。在图上展绘出高程点，用复合线绘出需要进行土方平衡计算的边界。单击“工程应用\区域土方平衡\根据坐标数据文件（或根据图上高程点）”菜单项，命令行提示选择计算区域边界线，点取第一步所画闭合复合线，显示输入边界插值间隔，回车后弹出土方平衡计算结果对话框（图 10.5.16），也可以生成区域土方平衡计算成果表，如图 10.5.17 所示。

实 训 与 习 题

1. 题图 10.1 是某地 1∶2000 比例尺地形图的一部分。试求算：

(1) A、C 两点的坐标和高程。

(2) AC 直线的长度和方位角。

(3) 绘制 AB 方向的断面图。

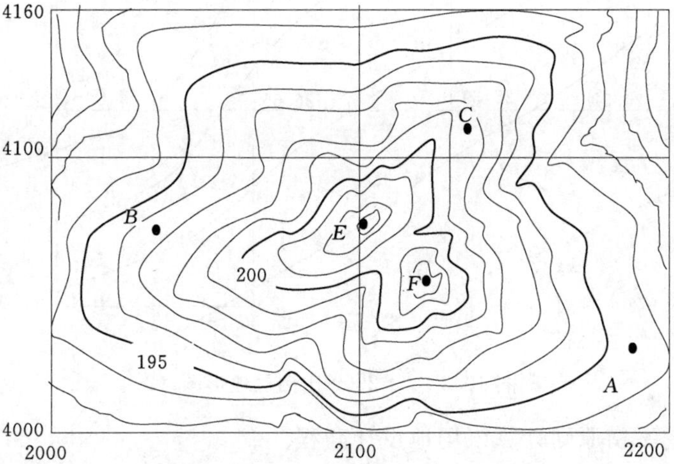

题图 10.1　1∶2000 比例尺地形图（1）

2. 如题图 10.2 所示，A 点位于等高线上，mn=7.6cm，Bn=3.4cm，A、B 两点实地水平距离为 119.178m，计算 B 点到 A 点的坡度。

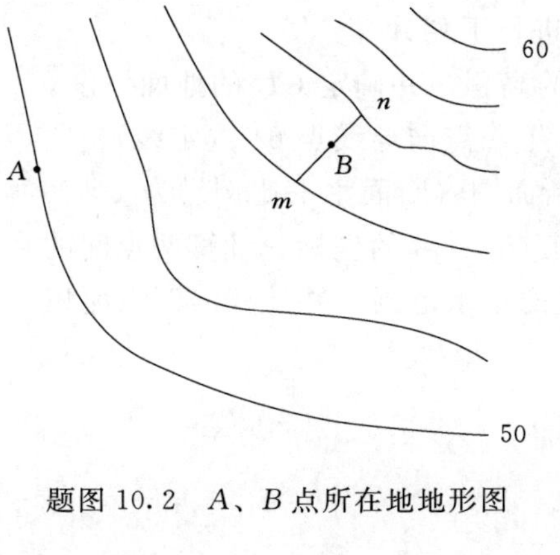

题图 10.2　A、B 点所在地地形图

3. 题图 10.3 为 1：2000 比例尺地形图（实际比例已缩小），方格边长为实地 20m，现要求在图示方格范围内平整为水平场地。

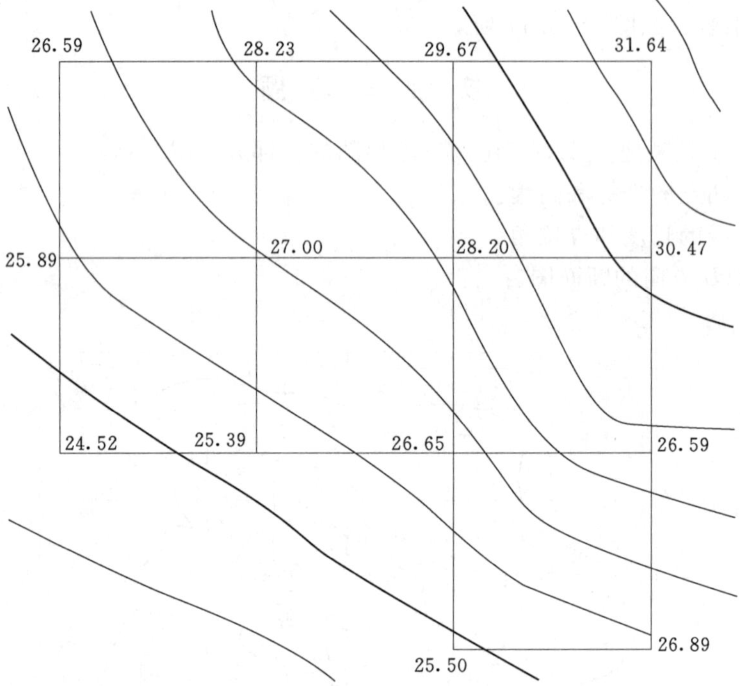

题图 10.3　1：2000 比例尺地形图（2）

（1）根据填挖平衡原则计算该场地设计高程。

（2）在图中绘出挖填分界线。

（3）计算填挖土方量。

4. 在 CASS 数字测图系统中绘制断面图有几种方法?

5. 在 CASS 数字测图系统中如何生成里程文件?

6. 题图 10.4 的比例尺原为 1：2000，（实际比例因版面原因缩小到 1：3000 左右），等高距为 1m，试根据本图进行下列计算：

（1）量出 *C* 点和 *D* 点的高程，并确定 *CD* 的地面坡度。

（2）按 5%的坡度要求自 *A* 点向导线点 61 选定线路。

（3）绘制 *MN* 方向的断面图（断面水平比例尺为 1：2000，高程比例尺为 1：200）。

（4）量出图根点 61 和三角点 08 的坐标，计算两点间的水平距离和方位角。

（5）绘出水坝轴线 *AB* 的汇水范围，并计算出汇水面积（单位取平方米、公顷、亩）。

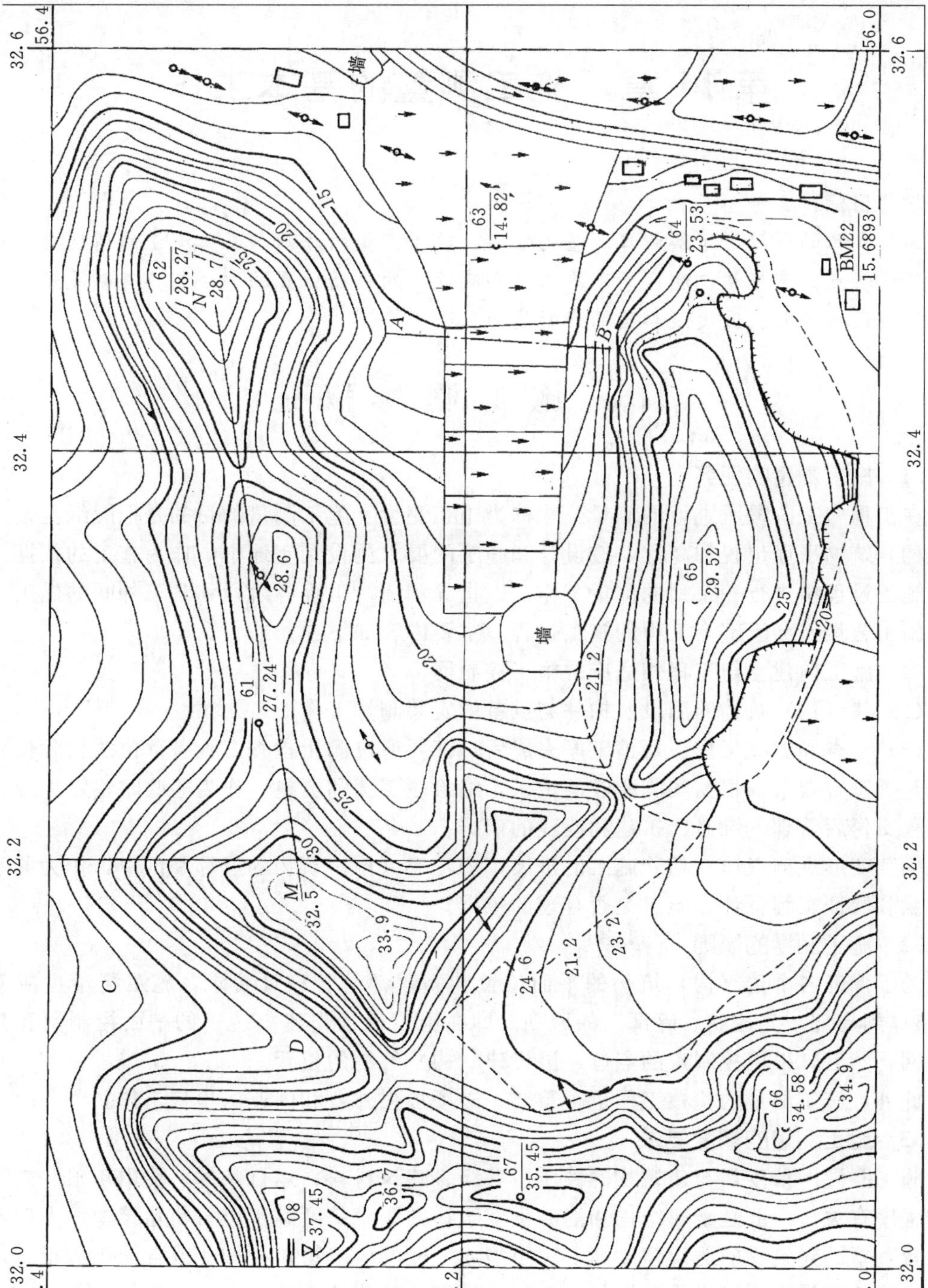

题图 10.4　1：2000 比例尺地形图（3）

第 11 章　施工测量的基本工作

学习目标：

通过本章的学习，了解施工测量的任务、施工测量的原则、施工测量的精度要求和施工测量的特点。掌握施工测设的基本工作和测设点的平面位置的方法。具有测设点的平面位置、测设水平面、坡度线和圆曲线的能力。

11.1　施工测量概述

11.1.1　施工测量的任务

在工程施工阶段所进行的测量工作称为施工测量。施工测量的目的是把图纸上设计的建（构）筑物平面位置和高程，按设计和施工的要求测设到实地中，作为施工的依据。另外在施工过程中进行一系列的测量工作，以指导和衔接工程各阶段和各工种间的施工。

施工测量贯穿于整个工程的施工过程。主要内容如下：

（1）施工前建立与工程相适应的施工控制网。

（2）建（构）筑物的测设及构件与设备的安装测量工作。

（3）检查和验收工作。每道工序完成后，都要通过测量检查工程各部位的实际位置和高程是否符合要求，根据实测验收的记录，编绘竣工图和资料，作为验收时鉴定工程质量和工程交付后管理、维修、扩建和改建的依据。

（4）变形观测工作。随着施工的进展，测定建（构）筑物的位移和沉降，作为鉴定工程质量和验证工程设计、施工是否合理的依据。

11.1.2　施工测量的原则

为了保证各个建（构）筑物的平面位置和高程都符合设计要求，施工测量也应遵循“从整体到局部，先控制后碎部”的原则。即在施工现场先建立统一的平面控制网和高程控制网，然后，根据控制点的点位，测设建（构）筑物的位置。

此外，施工测量的检核工作也很重要，必须加强外业和内业的检核工作。

11.1.3　施工测量的精度要求

施工测设的精度，与建筑物的性质、等级、建筑材料、运行条件、使用年限、施工方法和程序有关。一般是金属结构和混凝土建筑物的测设精度高于土石料建筑物，大型或地理位置重要的建筑物的测设精度高于中小型或一般的建筑物，机械化或自动化运行、永久性建筑物的测设精度高于临时性的、运行条件较差的建筑物等。

建筑物主轴线的测设精度与施工场地的地质和地形条件有关，受到周围建筑物的约束，施工控制网的精度是容易满足这一要求。但是，为了测设辅助轴线和建筑物细部，施工控制网的精度还应该提高，因为辅助轴线是直接测设建筑物细部的依据。建筑物的细部因建筑材料的不同，测设精度有明显的差异。例如，土石料建筑物轮廓点测设平面位置的中误差为±(30～50)mm，而机电与金属结构物平面位置测设中误差仅为±(1～10)mm。

在工程测量中，主轴线的测设精度称为第一种测设精度，或称绝对精度；辅助轴线和细部的测设精度称为第二种测设精度，或称相对精度。有些建筑物的相对精度高于绝对精度。因此，为了满足某些细部测设精度的需要，可建立局部独立坐标系统的控制网点。

11.1.4 施工测量的特点

（1）施工测量是直接为工程施工服务的，因此它必须与施工组织计划相协调。测量人员必须了解设计内容、性质及其对测量工作的精度要求，随时掌握工程进度及现场变动，使测设精度和速度满足施工的需要。

（2）施工测量的精度主要取决于建（构）筑物的大小、性质、用途、材料、施工方法等因素。一般高层建筑施工测量精度应高于低层建筑，装配式建筑施工测量精度应高于非装配式，钢结构建筑施工测量精度应高于钢筋混凝土结构建筑。往往局部精度高于整体定位精度。

（3）由于施工现场各工序交叉作业、材料堆放、运输频繁、场地变动及施工机械的震动，使测量标志易遭破坏，因此，测量标志从形式、选点到埋设均应考虑便于使用、保管和检查，如有破坏，应及时恢复。

11.2 施工测量的基本工作

11.2.1 测设已知水平距离

根据一个设计的起点和已知方向，利用仪器或者工具标定另一个点，使其与已知点之间的距离为设计长度就是已知距离的测设。目前，工程建筑物中的距离测设工作，一般使用钢卷尺或测距仪（全站仪）。

11.2.1.1 钢尺测设水平距离

1. 一般方法

如图 11.2.1（a）所示，测设过程如下：

（1）在地面上，由已知点 A 开始，沿给定方向，用钢尺量出设计水平距离 D 定出 B' 点。

（2）在点 A 处改变钢尺读数，按同法定出 B'' 点。

（3）其相对误差在允许范围内时，则取两点的中点作为 B 点的位置。

2. 精确方法

如图 11.2.1（b）所示，当水平距离的测设精度要求较高时，精密方法测设距离的过程如下：

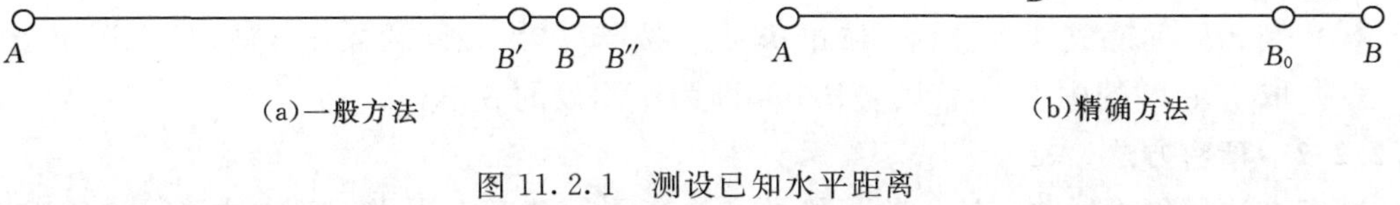

图 11.2.1 测设已知水平距离

（1）按照一般方法测设出 B_0 点。

(2) 加上尺长改正 ΔD_d、温度改正 ΔD_t 和倾斜改正 ΔD_h，计算实际所测设的水平距离 D'。

$$D'=D+D\frac{\Delta l}{l}+D\alpha(t-t_0)-\frac{h^2}{2D} \tag{11.2.1}$$

式中　D'——用钢尺测设的实际距离（设计距离），m；

D——用钢尺名义长度测设的距离，m；

Δl——尺长改正数，m；

l——钢尺名义长度，m；

α——钢尺的线膨胀系数，0.000012/℃；

t——测设时平均气温，℃；

t_0——钢尺检定时温度，℃；

h——设计距离两端点高差，m。

(3) 在 B_0 点处根据 $\Delta D=D'-D$ 的正负向后或向前再测设 ΔD，确定最终的点位 B，AB 就是要测设的距离。

由于现场测定高差并进行倾斜改正容易发生差错，所以在实际工作中，常避免加倾斜改正数，把钢尺拉平使钢尺两端等高，直接测设水平距离。

11.2.1.2　测距仪（全站仪）测设已知水平距离

用光电测距仪（全站仪）进行直线长度测设时，在 A 点安置仪器，在 AB 方向线上，估计测设的位置，安置反射棱镜，用测距仪测出的水平距离设为 D'。若 D' 与欲测设的距离 D 相差 ΔD，则可前后移动反射棱镜，直至测出的水平距离为 D 为止。如测距仪有自动跟踪装置，可对反射棱镜进行跟迹，到需测设的距离为止。

11.2.2　测设已知水平角

根据已知边和一个设计的水平角，测设出另一条边，使所测出的边与已知边的夹角等于设计的角值，这项工作为水平角测设。在施工方格网的测设和建筑物的测设中，经常采用极坐标法定点。这种方法就是已知水平角值测设的具体应用之一。

已知水平角值可以用经纬仪或全站仪测设，也可以用几何学上的勾股定理，也就是通常所说的“勾三股四弦五”法。还可以根据等腰直角三角形法测设直角及 45°角等。

11.2.2.1　一般方法

又称正倒镜分中法，如图 11.2.2 (a) 所示，设 AB 为地面上已知方向线，要在 A 点，AB 方向右侧测设出设计水平角 β。其测设步骤如下：

(1) 将经纬仪（或全站仪）安置在 A 点，盘左瞄准 B 点，读取水平度盘读数为 L（一般置为 0°00′00″）。

(2) 顺时针转动照准部，当水平度盘读数为 $L+\beta$ 时，在视线方向上定出 C' 点。

(3) 倒转望远镜成盘右位置，瞄准 B 点，按与 (2) 相同的操作方法定出 C''。

(4) 取 C'、C'' 的中点 C_0，则 $\angle BAC_0$ 即为所测设的 β 角。

11.2.2.2　精密方法

精密方法又称垂线改正法，为了检核和提高测设精度，当用一般方法测设 β 角后，再用测回法将 $\angle BAC$ 测几个测回，设其平均值为 β'，如图 11.2.2 (b) 所示，测设步骤

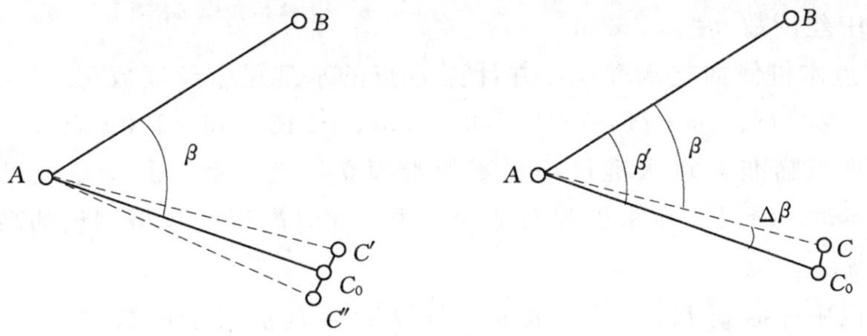

(a)一般方法　　(b)精密方法

图 11.2.2　测设已知水平角

如下：

(1) 先用一般方法测设角度 β，定出 C_0。

(2) 然后用多测回测量$\angle BAC_0$（测回数据测设精度定），设其平均值为 β'，当 $\Delta\beta=\beta'-\beta>10''$时，应改正初次测设的 AC_0 方向，根据 $\Delta\beta$ 和 AC_0 的水平距离，计算出垂直距离 CC_0 为

$$CC_0=AC_0\ \frac{\Delta\beta}{\rho} \tag{11.2.2}$$

其中

$$\rho=206265''$$

(3) 根据 $\Delta\beta$ 的正负，测设时可用小尺从 C_0 点起沿 C_0A 的垂直方向量取 CC_0，得 C 点，$\angle BAC$ 即为精确测设的角度 β。当 $\Delta\beta$ 为正时，应向内改，为负时向外改。

11.2.3　测设已知高程

在工程建筑物的基础开挖、浇筑立模和结构安装等各施工工序中，常遇到点的高程由设计部门给定，需要在实地标定这个高程位置。例如，房屋建筑中室内地坪的设计高程，在图纸上往往标成±0.000，需要通过高程测设，把其高程位置在地面上标定出来。高程测设主要采用水准测量方法，有时也采用钢卷尺测设竖直距离或用三角高程测量的方法。根据设计部门提出的要求，以及施工场地条件，高程测设有以下几种情况。

11.2.3.1　已知高程点的测设

应用几何水准测量方法测设高程时，首先应在工作区域内引测高程控制点，所引测的高程控制点要相对稳定，并利于保存和便于测设，其密度应保证只架设一次仪器就可以测设出所需要的高程。

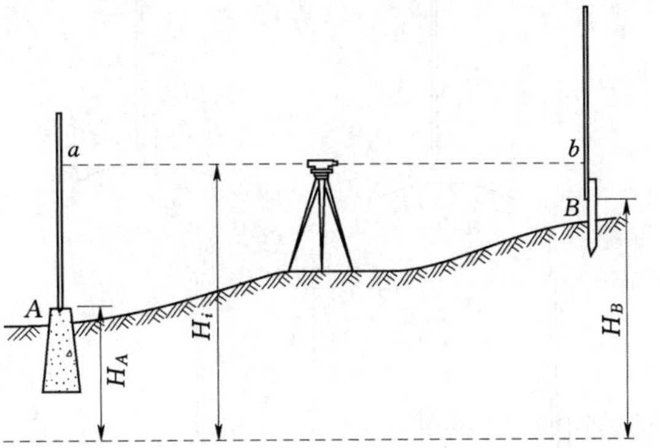

图 11.2.3　高程测设

应用几何水准测量方法测设，已知高程如图 11.2.3 所示，水准点 A 的高程 $H_A=212.780\text{m}$，欲在 B 点测设出某建筑物的室内地坪高程 $H_B=213.056\text{m}$（建筑物的±0.000 标高）。

测设过程如下：

(1) 首先在 A 点竖立水准尺，将水准仪在 A、B 两点的中间位置安置好，后视 A 点

水准尺，读取中丝读数 $a=1.368$m。

（2）在 B 点木桩侧面立水准尺，并计算 B 点的水准尺中丝读数 b。

$$b=H_A+a-H_B=212.780+1.368-213.056=1.092(\text{m})$$

（3）将水准仪瞄准 B 点水准尺，观测者指挥立尺者，上下移动水准尺，当中丝读数刚好为 1.092m 时，沿尺底在木桩侧面画一横线，此时高程就是需测设的高程，即建筑物的±0.000 标高。

在高程测设中如遇到 $H_B>H_A+a$ 时，计算所得 B 点尺子读数为 $-b$，这时可以将水准尺倒立并上下移动，当读数为 b 时，尺子的零点即为所放样的高程，如图 11.2.4 所示。

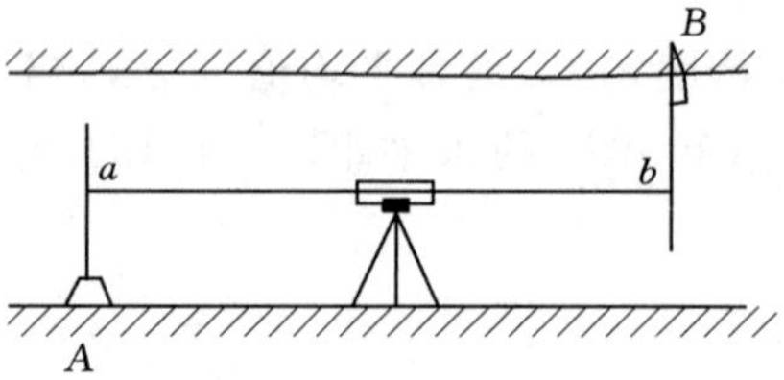

图 11.2.4　倒尺法测设高程

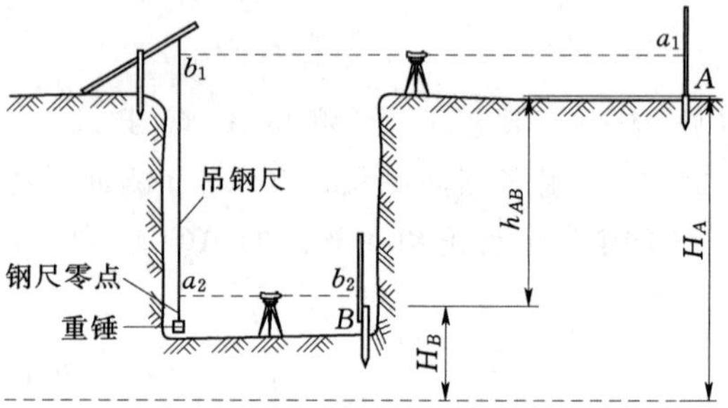

图 11.2.5　高程传递

11.2.3.2　传递高程的测设

当待测设点的高程与已知高程点高差过大，如放样建筑物地基的壕沟或从地面上放样高层建筑物时，可采用悬挂钢尺与水准仪联合作业的方法，也称为高程传递，测设过程如图 11.2.5 所示，A 点为已知点，B 点为待测设的高程点，可得测设数据为

$$b_2=H_A+a_1+a_2-b_1-H_B \tag{11.2.3}$$

从地面上测设高层建筑物高程的情况与基坑内测设大致相同，不再叙述。

11.2.3.3　测设已知高程的水平面

在施工测量中，往往需要测设具有同一高程值的许多点位，如在平整场地、梁面水平控制等工作中，这项工作在施工中称为"抄平"。

抄平工作除了可应用上述已知高程点测设方法逐点测设外，为提高测设速度，避免发生错误或减少测设时的误差影响，通常用如下方法进行。

如图 11.2.6 所示，要求在实地 A、B、C、D、E 木桩上测设出具有同一高程的位置。可先用几何水准法测设某一点高程位置，如 A 点。然后选择一根长约 1.5～2.0m 的木条，立在 A 点上，水准仪视线水平时照准木

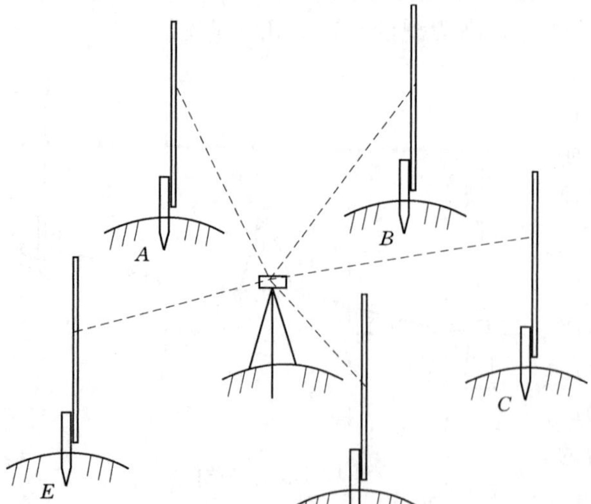

图 11.2.6　抄平

条，在木条上画一水平横线与十字丝横丝重合，再将木条逐次地立于 B、C、D、E 点，并靠在各点木桩侧壁上，在水准仪不动的情况下使视线与木条上的横线重合，然后贴着木条底部将线画在桩侧壁上。则 A、B、C、D、E 各点处所测设高程位置即构成了水平面，可以这些高程位置整平场地。也可以用这种方法进行场地或构件表面不同位置是否水平的检验，并指导调整。

11.3 测设地面点平面位置的基本方法

地面点平面位置的测设是根据已布设好的施工控制点将待测设点的坐标位置利用仪器和一定的方法标定到实地中。

11.3.1 一般方法

测设地面点平面位置的一般方法有：极坐标法、直角坐标法、角度交会法、距离交会法。

11.3.1.1 极坐标法

极坐标法是在一个控制点上，以已知方向线为后视边，顺时针方向测设一个水平角，在前视方向上从测站点起测设一段设计距离，来确定设计点的平面位置。如图 11.3.1 所示，AB 为已知方向线，P 为设计点。已知 $A(X_A, Y_A)$，$B(X_B, Y_B)$，测设 $P(X_P, Y_P)$ 点。首先计算测设数据，AB、AP 边的坐标方位角，水平角 β 以及边长 D_{AP}。

测设时先在点 A 安置经纬仪，后视 B 点，顺时针方向测设角度 β；在视线方向上，从 A 点起测设距离 D_{AP}，则终点就是设计点 P 的位置。

$$\begin{aligned}&\alpha_{AB}=\tan^{-1}\frac{y_B-y_A}{x_B-x_A},\alpha_{AP}=\tan^{-1}\frac{y_P-y_A}{x_P-x_A}\\&\beta=\alpha_{AP}-\alpha_{AB}(\beta\text{小于 0 时应加上 }360^\circ)\\&D_{AP}=\sqrt{(x_P-x_A)^2+(y_P-y_A)^2}\end{aligned}\tag{11.3.1}$$

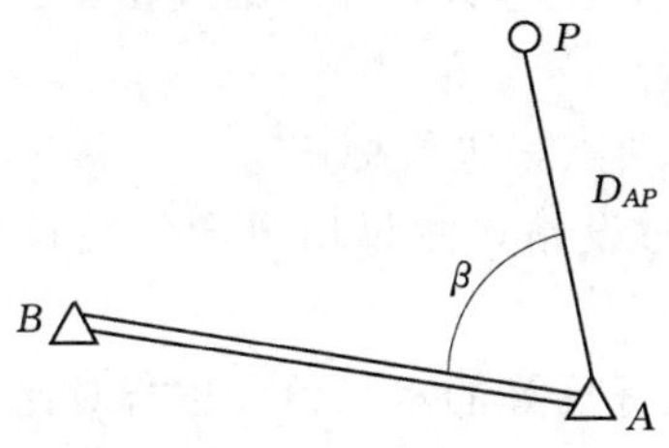

图 11.3.1 极坐标法测设点位

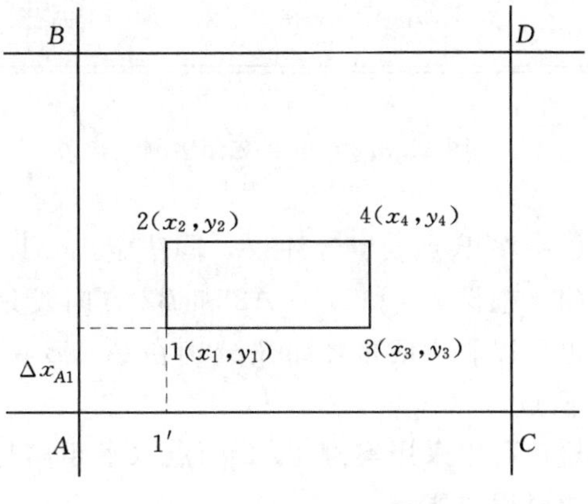

图 11.3.2 直角坐标法测设点位

11.3.1.2 直角坐标法

当施工场地布设有建筑方格网或相互垂直的轴线时，可以根据已知两条互相垂直的方向线来进行测设。该法具有计算简单、测设方便等优点。

如图 11.3.2 所示，A、B、C、D 为建筑方格网（或建筑基线）控制点，1、2、3、4 点为待测设建筑物轴线的交点，建筑方格网（或建筑基线）分别平行或垂直于待测设建筑物的轴线。根据控制点的坐标和待测设点的坐标可以计算出两者之间的坐标增量 Δy_{A1}。

测设 1 点位置时，步骤如下：

(1) 在 A 点安置经纬仪，照准 C 点，沿此视线方向从 A 向 C 测设水平距离 Δy_{A1} 定出 $1'$点。

(2) 安置经纬仪于 $1'$点，盘左照准 C 点（或 A 点）测设 90°，并沿此方向测设出水平距离 Δx_{A1} 定出 1 点。

(3) 盘右再测设一次 1 点，取平均位置作为所需放样点的位置。

采用同样的方法可以测设其他点。检核时，在测设好的点上，检测各个角度是否符合设计要求，并丈量各条边长是否满足相对误差要求。

11.3.1.3　角度交会法

大中型混凝土拱坝、深水中的桥墩和高层建筑物定位时，由于结构物的尺寸较大，形状复杂，直接测设距离困难，因此，可采用角度交会法测设，它是工程建设中常用的一种测设方法。

角度交会法是在两个控制点上分别安置经纬仪，根据相应的水平角测设定出相应的方向，并根据两个方向交会定出点位的一种方法。此法适用于待测设点位离控制点较远或量距有困难的情况。

如图 11.3.3 所示，测设过程如下：

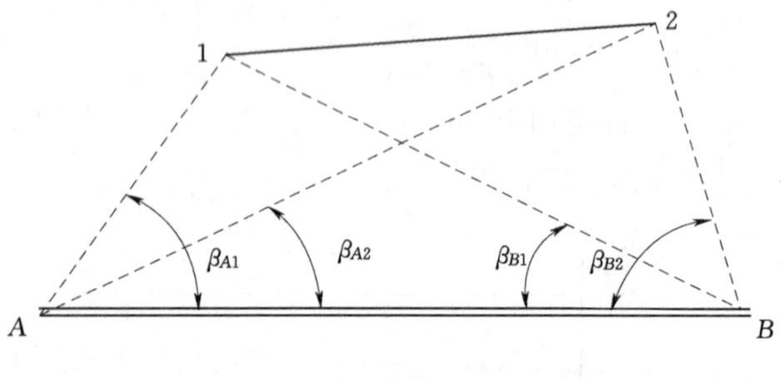

图 11.3.3　角度交会法测设点位

(1) 根据控制点 A、B 和待测设点 1、2 的坐标，反算出测设数据 β_{A1}、β_{A2}、β_{B1} 和 β_{B2} 角度值。

(2) 将经纬仪安置在 A 点，瞄准 B 点，利用 β_{A1}、β_{A2} 角值按照角度测设一般方法，定出 $A1$、$A2$ 方向线，并在其方向线上的 1、2 两点前后各打上两个木桩（俗称骑马桩），桩上钉上小钉，并用细线拉紧。

(3) 在 B 点安置经纬仪，同法定出 $B1$、$B2$ 方向线。

(4) 根据 $A1$ 和 $B1$、$A2$ 和 $B2$ 方向线分别交出 1、2 两点，进行标定。

也可以利用两台经纬仪分别在 A、B 两个控制点同时设站，测设出方向线后标定出 1、2 两点。

检核可以采用实测 1、2 两点水平距离与 1、2 两点坐标反算的水平距离进行对比，应满足相对误差要求。

当待测设点位要求精度较高时，可采用角度交会的精确方法测设。也可以在已知点和所测设的点上观测各个角度，构成单三角形，然后，进行平差，计算所测设点的实测坐标，将实测坐标与设计坐标进行比较，按其差值将初步标出的点位改正到设计的位置。也可以采用精确测设水平角的方法对已测设的 β_{A1} 与 β_{B1} 精确测定，然后改正 $A1$ 和 $B1$ 方向，交会出改正后的点位。

11.3.1.4　距离交会法

距离交会法是利用两个控制点与待测设点的距离进行交会定点的方法，适用于场地平坦、距离较短且方便量取时的情况。

如图 11.3.4 所示，A、B 为控制点，1 点为待测设点。测设步骤如下：

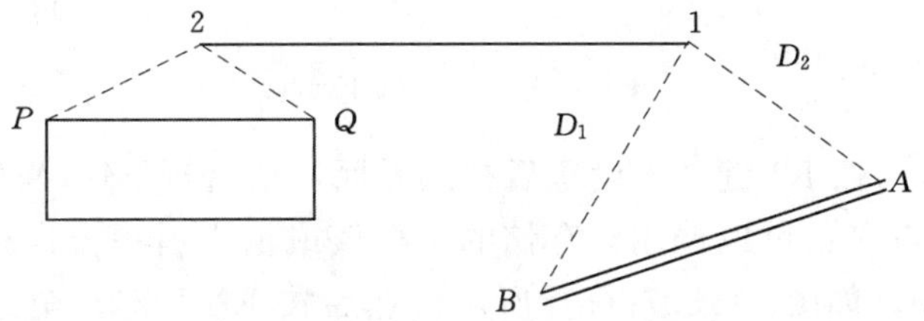

图 11.3.4　距离交会法测设点位

（1）根据 A、B 点和 1 点的坐标反算出测设数据 D_1 和 D_2。

（2）用钢尺从 A、B 两点分别测设 D_1 和 D_2，其交点即为所求 1 点的平面位置。

（3）同样的方法交会出 2 点。

检核时利用实地丈量的 1、2 两点的水平距离与 1、2 两点设计坐标反算出的水平距离进行比较，应满足相对误差要求。

11.3.2　全站仪法

点的平面位置测设可以通过全站仪的坐标放样功能来实现，下面以南方测绘 NTS－332R 全站仪为例说明实地点位的测设过程。

（1）选择坐标数据文件。先按 S.0 键进入坐标放样功能界面，如图 11.3.5（a）所示，选择一个文件（可以调用已有坐标数据文件或输入新的坐标数据文件名），然后按 ENT 键，进入坐标放样菜单界面，如图 11.3.5（b）所示。

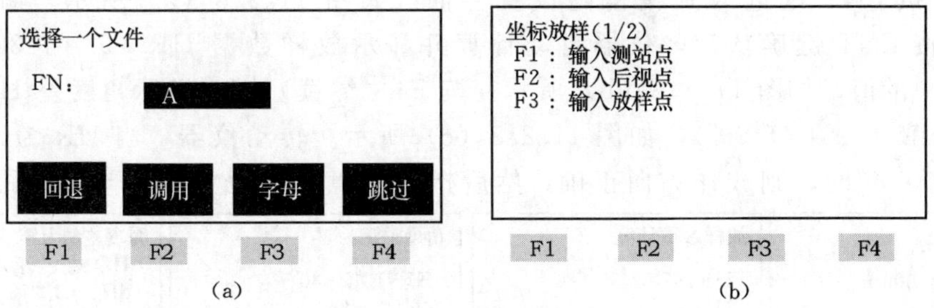

图 11.3.5　选择文件

（2）设置测站点。按 F1 键进入设置测站点界面，然后按 F4（坐标）直接输入测站点坐标值 N、E、Z（输入点名也可以调用已存储的坐标值）分别为 65.000m、90.000m、10.000m，如图 11.3.6（a）所示。然后按 ENT 键确认后，进入仪器高设置界面，输入仪器高 1.500m，如图 11.3.6（b）所示，然后按 ENT 键进入坐标放样菜单界面图 11.3.5（b）。

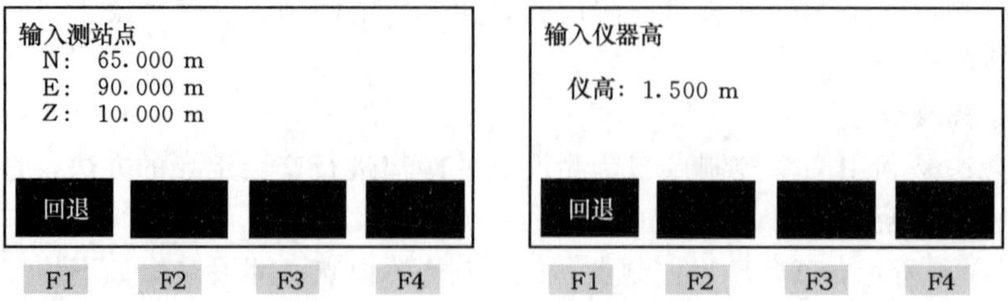

(a)　　　　(b)

图 11.3.6　设置测站点

(3) 设置后视点。按 F2 键进入设置后视点界面，然后按 F4（坐标）直接输入后视点坐标值 N、E（输入点名也可以调用已存储的坐标值或输入后视方向坐标方位角）分别为 100.000m、98.000m，如图 11.3.7（a）所示。然后按 ENT 键，全站仪计算并显示后视方向的坐标方位角 12°52′30″，如图 11.3.7（b）所示。然后转动仪器瞄准后视点棱镜，按 F4（是）键回到坐标放样菜单界面图 11.3.5（b）。

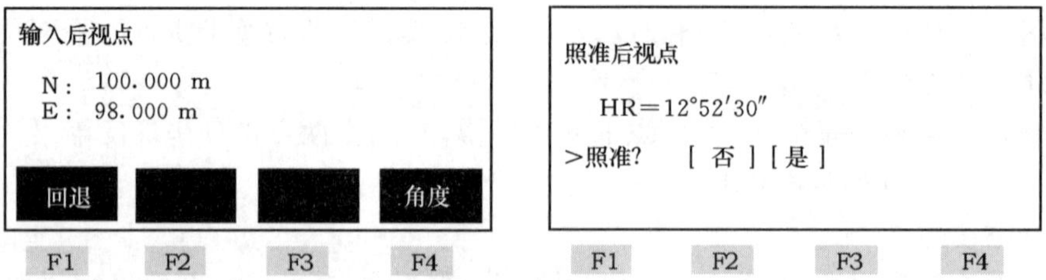

(a)　　　　(b)

图 11.3.7　设置后视点

(4) 设置放样点，实施放样。按 F3 键进入放样点设置界面，按 F4（坐标）直接输入放样点坐标值 N、E、Z（也可以调用已存储的坐标值）分别为 60.000m、130.000m、10.100m。按 ENT 键进入到棱镜高设置界面，如图 11.3.8（a）所示，输入棱镜高 2.000m，按 ENT 键确认后，仪器自动计算并显示放样数据 HR（97°07′30″）和 HD（40.311m）的值，如图 11.3.8（b）所示。按 F4（继续）键，显示角度差 HR（12°52′30″）和 dHR（−84°15′00″），如图 11.3.8（c）所示。转动仪器，当 HR 为 97°07′30″、dHR 为 0°00′00″时，则放样方向正确，然后指挥棱镜置于此方向并与仪器距离大致为

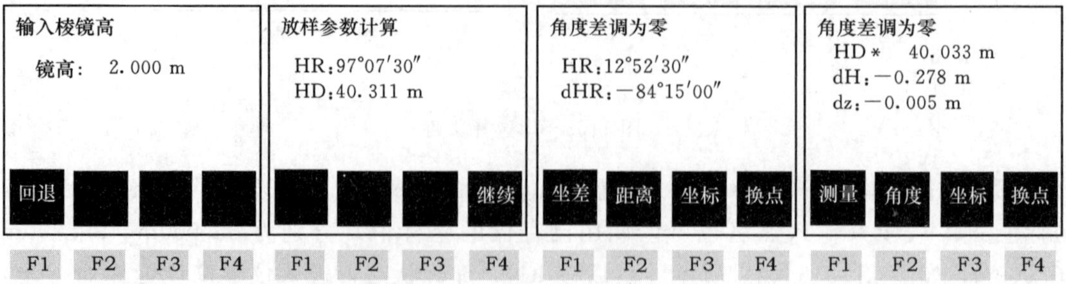

(a)　　(b)　　(c)　　(d)

图 11.3.8　设置放样点实施放样

40.311m 处，瞄准棱镜按 F2（距离）键，则显示棱镜距仪器的水平距离 HD（40.033m）、与待测设距离之差 dH（－0.278m）和高度差 dz（－0.005m），如图 11.3.8（d）所示，指挥棱镜移动，当 dH 与 dz 为 0 时则放样点位正确。按 F4（换点）进入新点测设。

11.4 测设已知坡度线

在很多工程的施工中，需要在地面上测设出设计的坡度线，以指导工程施工。如管道工程中测设坡度钉的高程，或者测设已知坡度的场地，都须要进行斜坡测设，测设仪器可采用水准仪、经纬仪或全站仪。

11.4.1 水平视线法

如图 11.4.1 所示，A、B 为坡度线的两端，其水平距离为 D，A 点的设计高程为 H_A，为了施工方便，要沿 AB 方向每隔一点距离 d 打一木桩，并在木桩上测设一条坡度为 i 的坡度线。测设方法如下：

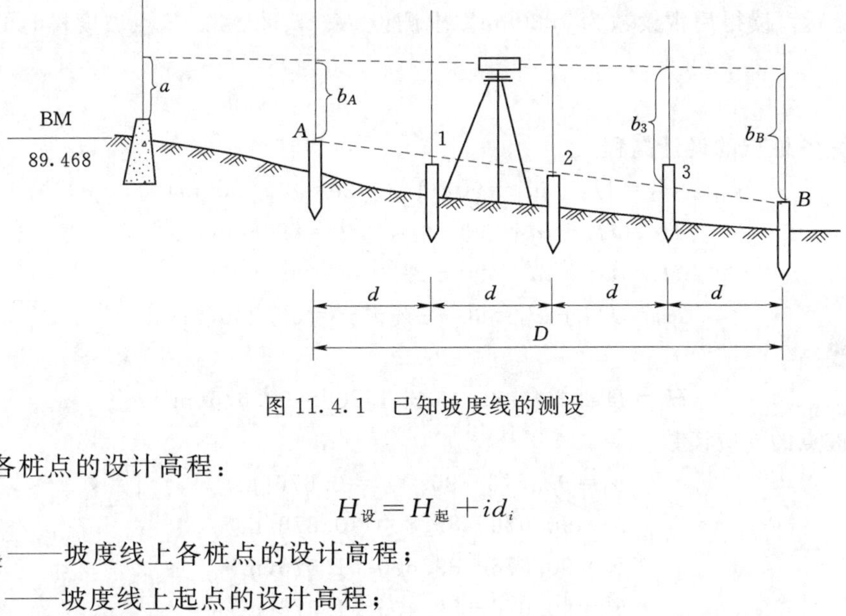

图 11.4.1 已知坡度线的测设

计算各桩点的设计高程：

$$H_{设}=H_{起}+id_i \tag{11.4.1}$$

式中 $H_{设}$——坡度线上各桩点的设计高程；

$H_{起}$——坡度线上起点的设计高程；

i——设计的坡度；

d_i——各桩点到坡度线起点间平距。

（1）按式（11.4.1）计算各点的设计高程。

第 1 点的设计高程

$$H_1=H_A+id_1$$

第 2 点的设计高程

$$H_2=H_A+id_2$$

第 3 点的设计高程

$$H_3=H_A+id_3$$

B 点的设计高程

$$H_B = H_A + id_4$$

(2) 沿 AB 方向，按规定间距 d 标定出中间 1、2、3 各点。

(3) 安置水准仪于水准点 BM 附近，读后视读数 a，并计算视线高程 H_i：

$$H_i = H_{BM} + a \tag{11.4.2}$$

(4) 用视线高减去各桩的设计高程，计算各桩点上水准尺的应读数 $b_{应}$：

$$b_{应} = H_i - H_{设} \tag{11.4.3}$$

(5) 在各桩处立水准尺，上下移动水准尺，当水准仪对准应读前视数时，水准尺零端对应位置即为测设出的高程标志线。当木桩无法继续向下打时，可直接读取水准尺桩顶上的读数 b'，b' 与应读数 $b_{应}$ 之差即为桩的填挖土高度。也可以将水准尺立在桩的侧面上，上下移动水准尺，直至水准尺上的读数为 b，沿水准尺底面在桩的侧面画一条红线，该线即在 AB 的坡度线上。

【例 11.4.1】 如图 11.4.1 所示，已知 BM 点的高程为 89.468m，A 点的设计高程为 90.000m，AB 坡降为 −2%，AB 的平距为 80m，按间隔 20m 测设一个坡度桩，仪器安置在适当位置后，读得后视读数为 1.208m，求测设 A、1、2、3、B 点坡度桩时的应读数是多少？

解：

1. 计算各桩点的设计高程

$$H_1 = H_A + id_1 = 90 - 1\% \times 20 = 89.800(\text{m})$$
$$H_2 = H_A + id_2 = 90 - 1\% \times 40 = 89.600(\text{m})$$
$$H_3 = H_A + id_3 = 90 - 1\% \times 60 = 89.400(\text{m})$$
$$H_B = H_A + id_4 = 90 - 1\% \times 80 = 89.200(\text{m})$$

2. 视线高

$$H_i = H_{BM} + a = 89.468 + 1.208 = 90.676(\text{m})$$

3. 各桩点的 b 应读数

$$b_A = 90.676 - 90.000 = 0.676(\text{m})$$
$$b_1 = 90.676 - 89.800 = 0.876(\text{m})$$
$$b_2 = 90.676 - 89.600 = 1.076(\text{m})$$
$$b_B = 90.676 - 89.400 = 1.276(\text{m})$$
$$b_B = 90.676 - 89.200 = 1.476(\text{m})$$

4. 测设各坡度桩，保持仪器不动，将水准尺移到 A 点，在尺侧面上、下移动，当中丝读数刚好等于应读数时，在尺底画线，该线表示其设计高程。同法测设各坡度桩。

5. 检查。重新设置水准仪，测出各桩坡度线的高程与设计高程进行比较，符合要求测设工作结束。

11.4.2 倾斜视线法

如图 11.4.2 所示，当设计坡度 i 较小时，使用水准仪的测设方法如下：

(1) 首先计算出 B 点的设计高程为 $H_B = H_A + iD_{AB}$，并将其测设出来。

(2) 在 A 点安置水准仪，使一脚螺旋在 AB 方向线上，另两脚螺旋的连线垂直于 AB

方向线，并量取水准仪的高度 i_A。

(3) 用望远镜瞄准 B 点上的水准尺，旋转 AB 方向上的脚螺旋，使视线倾斜至水准尺读数为仪器高 i_A 为止，此时，仪器视线坡度即为 i。

(4) 在中间点 1、2 处打木桩，然后在桩侧面上立水准尺使其读数均等于仪器高 i_A，沿尺底画一横线，各桩横线的连线就是测设在地面上的设计坡度线。

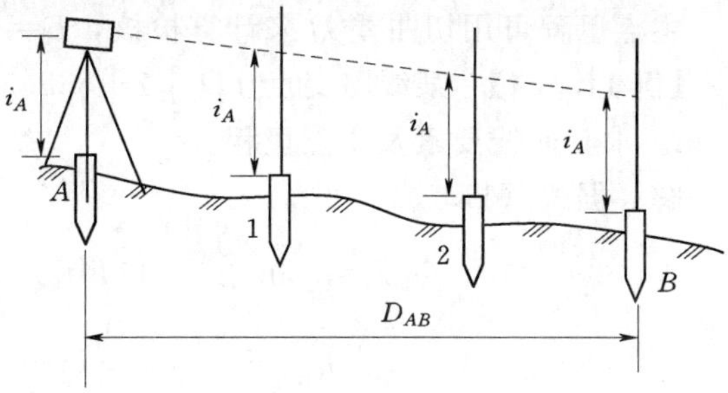

图 11.4.2 倾斜视线法坡度测设

当设计坡度 i 较大时，可利用经纬仪使用同样的方法或设置相应的竖直角度进行坡度线的测设。也可以利用全站仪竖直角测量状态或坡度显示状态，读取仪器高法进行坡度测设。

11.5 圆曲线的测设方法

在线路工程中，由于地形条件或其他因素影响，线路不可避免地要从一个方向转到另一个方向。为了工程自身和使用安全需要，必须用曲线来连接。连接平面上不同走向线路的曲线称为平面曲线。连接上坡和下坡的曲线称为竖曲线。连接不同平面内线路的曲线称为立交曲线。曲线的形式较多，常用的曲线是圆曲线。

11.5.1 圆曲线主点的测设

11.5.1.1 圆曲线要素及其计算

圆曲线是具有固定半径的圆弧，它有三个主点：即直圆点（ZY）（曲线起点）、曲线中点（QZ）、圆直点（YZ）（曲线终点）控制着曲线位置和线路走向，如图 11.5.1 所示，转向角 α 在线路定测阶段测得，曲线半径 R 根据地形条件和工程要求由设计人员选定。圆曲线要素有 T（切线长）、L（曲线长）、E（外矢距），可以根据 α 和 R 计算，公式如下：

$$\left.\begin{aligned} T&=R\tan\frac{\alpha}{2} \\ L&=R\alpha\frac{\pi}{180} \\ E&=R\left(\sec\frac{\alpha}{2}-1\right) \end{aligned}\right\} \tag{11.5.1}$$

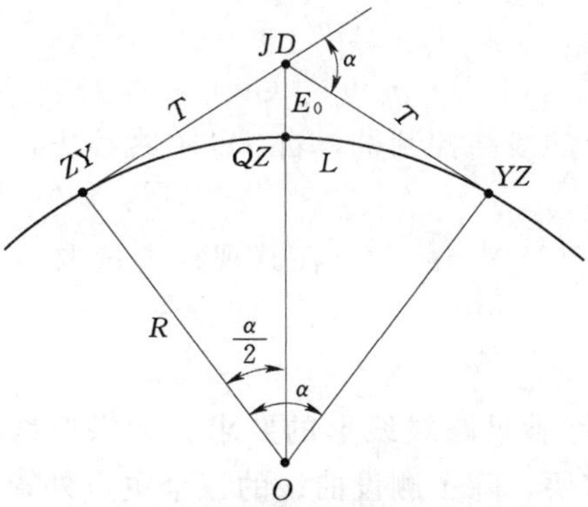

图 11.5.1 圆曲线主点及要素

11.5.1.2 圆曲线主点里程计算

从图 11.5.1 可知，根据交点的里程和圆曲线要素可计算圆曲线各主点的里程。

$$\left.\begin{aligned} ZY_{里程}&=JD_{里程}-T \\ QZ_{里程}&=ZY_{里程}+\frac{L}{2}=YZ_{里程}-\frac{L}{2} \\ YZ_{里程}&=QZ_{里程}+\frac{L}{2}=ZY_{里程}+L \end{aligned}\right\} \tag{11.5.2}$$

主点里程可用切曲差 D 来计算检核，$D=2T-L$，$YZ_{里程}=JD_{里程}+T-D$。

【例 11.5.1】 某线路交点 $JD_{里程}2+538.50$，测得右转角 $\alpha=42°25'$，圆曲线半径 $R=240m$。求圆曲线要素及主点里程。

解： 据式（11.5.1）得

$$T=R\tan\frac{\alpha}{2}=240\times\tan(42°25'/2)=93.12(m)$$

$$L=R\alpha\frac{\pi}{180}=240\times42°25'\times\frac{\pi}{180}=177.68(m)$$

$$E=R\left(\sec\frac{\alpha}{2}-1\right)=240\times[\sec(42°25'/2)-1]=17.44(m)$$

$$D=2T-L=8.56m$$

据式（11.5.2）得

JD	$K2+538.50$
$-T$	93.12
ZY	$K2+445.38$
$+L$	177.68
YZ	$K2+623.06$
$-L/2$	88.84
QZ	$K2+534.22$

检核

JD	$K2+538.50$
$+(T-D)$	84.56
YZ	$K2+623.06$

表明没有计算错误。

11.5.1.3　圆曲线主点的测设

圆曲线主点的测设步骤如下：

（1）在交点处安置经纬仪，分别照准两直线段上的线路控制桩，自 JD 沿视线方向量取切线长 T 得 ZY 点和 YZ 点，并打桩标定。

（2）转动经纬仪照准部，自 ZY 或 YZ 方向拔角（$180°-\alpha$）/2，在其视线上量取 E 长即得 QZ 点，打桩标定。

11.5.2　圆曲线细部点的测设

当曲线长小于 40m 时，测设曲线的三个主点已能满足路线线形的要求。如果曲线较长或地形变化较大时，为了满足线形和工程施工的需要，除了测设曲线的三个主点外，还要每隔一定的距离测设里程桩和加桩，进行曲线加密，将曲线的形状和位置详细地表示出来。根据地形情况和曲线半径及长度，一般每隔 5m、10m、20m 测设一点。圆曲线详细测设的方法很多，可视地形条件加以选用，下面介绍几种常用的方法。

11.5.2.1 偏角法

偏角法是根据一个角度和一段距离的极坐标定位原理来定点，是曲线上任一点至曲线起点或终点的弦与切线的偏角 δ（即弦切角）和相邻点间的弦长 c 作方向与长度交会来测定曲线上点位的方法。如图 11.5.2 所示，以 l 表示两点间弧长，c 表示两点间弦长，根据几何原理可知，弦切角等于弧长所对圆心角的一半。则有

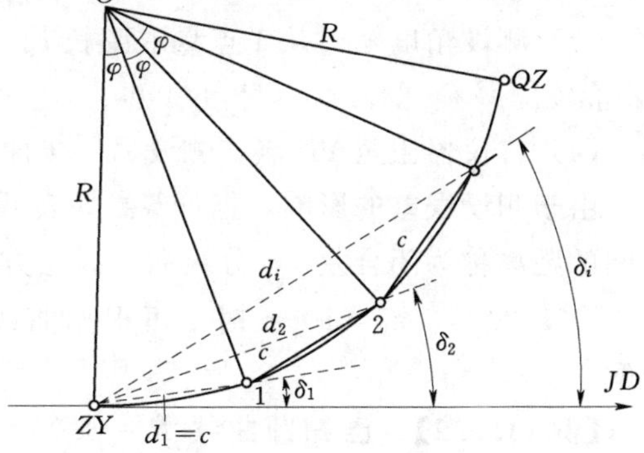

图 11.5.2 偏角法测设圆曲线

l 所对圆心角

$$\varphi=\frac{l}{R}\frac{180^\circ}{\pi}$$

偏角

$$\delta=\frac{\varphi}{2}=\frac{l}{2R}\frac{180^\circ}{\pi} \tag{11.5.3}$$

当圆曲线半径 R 较大时，可认为弦长 c 与弧长 l 相等，R 较小时 c 单独计算。如果曲线上各点间距相等时，则各点的偏角都为第一点偏角的整数倍，即

$$\left.\begin{aligned}
\delta_1&=\frac{\varphi}{2}=\frac{l_1}{2R}\frac{180^\circ}{\pi}=\delta\\
\delta_2&=2\delta\\
\delta_3&=3\delta\\
&\vdots\\
\delta_n&=n\delta
\end{aligned}\right\} \tag{11.5.4}$$

实际工作中为了测量与施工方便，在偏角法设置曲线时，通常是以整里程设桩，然而曲线起点、终点的里程一般都不是整数，因此在曲线两端会出现不是 c 长的弦，这样的弦称为分弦。分弦偏角值要单独计算，这样就不会出现后面的各点偏角值为第一个偏角值的倍数。要首先计算出曲线首尾段弧长 l_1、l_n 及相应的偏角 δ_1、δ_n，其余中间各段弧长均为 l 及其偏角 δ。则式（11.5.4）成为

$$\left.\begin{aligned}
\delta&=\frac{\varphi}{2}=\frac{l}{2R}\frac{180^\circ}{\pi}\\
\delta_1&=\frac{\varphi_1}{2}=\frac{l_1}{2R}\frac{180^\circ}{\pi}\\
\delta_2&=\delta_1+\delta\\
\delta_3&=\delta_1+2\delta\\
&\vdots\\
\delta_n&=\delta_1+(n-1)\delta
\end{aligned}\right\} \tag{11.5.5}$$

在实际测设时，偏角值一般依曲线半径 R 和弧长 l 为引数查取《曲线测设用表》获得。具体测设步骤如下：

（1）将经纬仪安置于 ZY 点，瞄准切线方向，水平度盘置零。

（2）测设角度 δ_1，在此方向上用钢尺从 ZY 点量取弦长 c_1，标定 1 点。

（3）测设角度 δ_2，从 1 点量取弦长 c，标定 2 点。同法测设其余各点至 QZ 附近，用 QZ 检核。

（4）将仪器搬至 YZ 点，测设另一半曲线，直至 QZ。

由于测设误差的影响，据计算数据测设的 QZ 不会正好与主点测设的 QZ 重合，两者之间的距离称为闭合差 f，分纵向（线路方向）闭合差 f_x 与横向（半径方向）闭合差 f_y，当 $f_x<1/2000$、$f_y<10\text{cm}$ 时，可根据曲线上各点到 ZY（或 YZ）的距离，按长度比例分配。

【例 11.5.2】 已知圆曲线 $R=800\text{m}$，转角 $\alpha=13°32'40''$，起点桩 ZY 桩号为 2+269.24，中点桩 QZ 桩号为 2+363.75，终点桩 YZ 桩号为 2+458.26，利用偏角法进行圆曲线详细测设，请计算曲线上各点的偏角值。采用整桩号法，整弧长 $l=20\text{m}$。

解： 结合图 11.5.2，由于起点桩号为 2+269.24，其前面最近整数里程桩应为 2+280，其首段弧长 $l_1=280-269.24=10.76(\text{m})$，而终点桩号为 2+458.26，其后面最近的整数里程桩应为 2+440，其尾段弧长 $l_n=458.26-440=18.26(\text{m})$，中间各段弧长均为 $l=20\text{m}$。按式（11.5.5）可计算出各段弧长相应的偏角为

$$\delta=\frac{\varphi}{2}=\frac{l}{2R}\frac{180°}{\pi}=\frac{20}{800}\times\frac{90°}{\pi}=0°43'00''$$

$$\delta_1=\frac{\varphi_1}{2}=\frac{l_1}{2R}\frac{180°}{\pi}=\frac{10.76}{800}\times\frac{90°}{\pi}=0°23'08''$$

$$\delta_n=\frac{\varphi_n}{2}=\frac{l_n}{2R}\frac{180°}{\pi}=\frac{18.26}{800}\times\frac{90°}{\pi}=0°39'15''$$

计算成果见表 11.5.1，自曲线两端向 QZ 计算偏角值。

表 11.5.1　　偏角法数据计算表

点　号	里　程	偏角 δ_i	曲线点间距/m
起点 ZY	2+269.24	0°00′00″	
			10.76
1	2+280	0°23′08″	
			20
2	2+300	1°06′08″	
			20
3	2+320	1°49′08″	
			20
4	2+340	2°32′08″	
			20
5	2+360	3°15′08″	
			3.75
QZ	2+363.75	3°23′10″	
			16.25
6	2+380	2°48′15″	
			20
7	2+400	2°05′15″	
			20
8	2+420	1°22′15″	
			20
9	2+440	0°39′15″	
			18.26
终点 YZ	2+458.26	0°00′00″	

11.5.2.2 切线支距法

切线支距法又称直角坐标法。如图 11.5.3 所示，以曲线起点 ZY 或终点 YZ 为坐标原点，切线方向为 X 轴，过原点的半径为 Y 轴，建立直角坐标系。

P_i 点为曲线上的任一点，其与 ZY 点的弧长为 l_i，所对圆心角为 φ_i，$\varphi_i=\frac{l_i\times180^\circ}{R\pi}$，按照几何关系，可得到各点的坐标值为

$$\left.\begin{aligned}x_i&=R\sin\varphi_i\\y_i&=R(1-\cos\varphi_i)\end{aligned}\right\}\quad(11.5.6)$$

在实际测设中，x、y 值可以据半径 R 和曲线长 l 为引数，从《曲线测设用表》中查取。具体测设步骤如下：

(1) 从 ZY 开始，沿切线方向量取 x_i 定出各点，并做标记。

(2) 在 x_i 点切线做垂线，并量出 y_i 定出各点，即为曲线上的 P_i 点，测设至 QZ 附近。

(3) 从 YZ 开始同法测设另一半曲线至 QZ 附近。

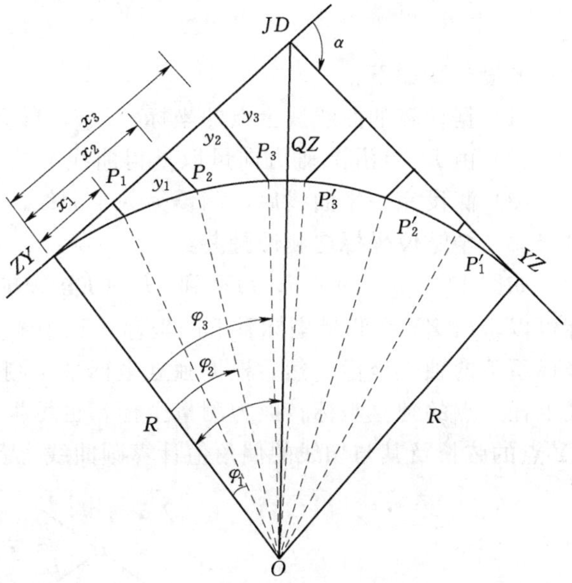

图 11.5.3 切线支距法测设圆曲线

(4) 检核所测设相邻各点的弦长 S，S 应为 $2R\sin\frac{\varphi_i}{2}$。若无误，即可固定桩位、注明相应的里程桩。

用切线支距法测设曲线，由于各曲线点是独立测设的，其测角及量边的误差都不累积，所以在支距不太长的情况下，具有精度高、操作较简单的优点，故应用也较广泛，适用于地势平坦、便于量距的地区。但它不能自行检核，所以对已测设的曲线点，要实量相邻两点间弦长校核。

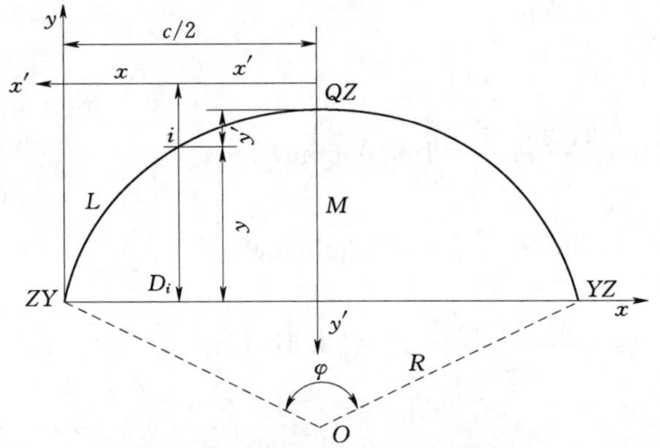

图 11.5.4 弦线支距法测设圆曲线

11.5.2.3 弦线支距法

弦线支距法是以 ZY（或 YZ）为原点，以 $ZY-YZ$ 的弦为 x 轴，其垂线曲线凸出方向为 y 轴正向建立直角坐标系，如图 11.5.4 所示，求取坐标系内曲线点的坐标 x、y，然后进行测设。先建立图 11.5.4 中的坐标系 $x'-QZ-y'$，设曲线上 i 点的坐标为 x'、y'，则可求得弦线支距法坐标系内曲线点 i 的坐标 x、y。

其中 c 是 $ZY-YZ$ 的弦长，M 为

QZ 到 x 轴的垂线距离，$M=R-R\cos\frac{\varphi}{2}$，$x'$、$y'$可按式（11.5.6）计算，则

$$\left.\begin{aligned}x&=\frac{c}{2}-x'\\y&=M-y'\end{aligned}\right\}\qquad(11.5.7)$$

测设步骤如下：

（1）据计算的曲线线上点的坐标 x、y，自 ZY 点沿 YZ 方向量取 x 得 D_i 点。

（2）由 D_i 点沿 Y 轴方向量取 y 得曲线上的 i 点。

（3）测设完一半曲线后，测设另一半曲线。

11.5.3　全站仪坐标法测设圆曲线

如图 11.5.5 所示，设 JD_5 到 JD_6 的坐标方位角为 α_0，则根据切线长 T 和 JD_5 的坐标可以求出 ZY 在测量坐标系下的坐标。利用式（11.5.6）求出曲线上各点在所建立直角坐标系下的独立坐标。然后根据独立坐标系与测量坐标系的关系进行坐标转换，可将圆曲线上任一点的独立坐标转换为测量坐标，也可根据 ZY 点的测量坐标、圆曲线上任一点到 ZY 点的弦长及其与切线的偏角值计算圆曲线上各点的测量坐标。

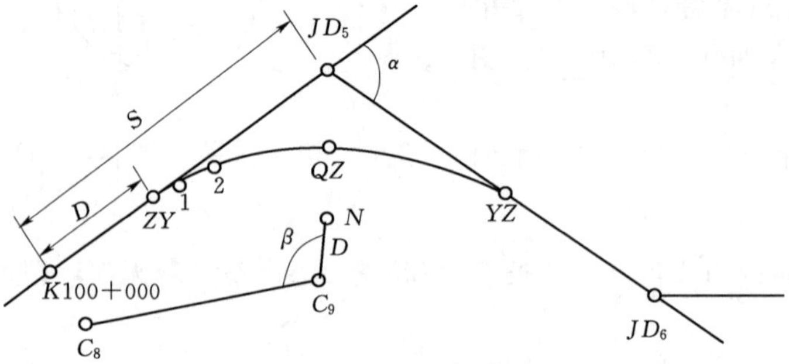

图 11.5.5　全站仪测设圆曲线

【例 11.5.3】　如图 11.5.5 所示，已知桩 $K100+000$ 的坐标为（13850.125m，38245.679m），JD_5 的坐标为（14350.257m，38845.982m），JD_5 的转向角 $\alpha=31°28'36''$，圆曲线半径 $R=600$m，已知实地有点 C_8 和 C_9 等导线点。计算并简要说明全站仪坐标放样法测设圆曲线上点的过程。

解：（1）计算曲线要素。

$$T=R\tan\frac{\alpha}{2}=600\times\tan\frac{31°28'36''}{2}=169.086(\text{m})$$

$$L=R\alpha\frac{\pi}{180°}=600\times31°28'36''\times\frac{\pi}{180°}=329.623(\text{m})$$

$$E=R\left(\sec\frac{\alpha}{2}-1\right)=600\times(\sec\frac{31°28'36''}{2}-1)=23.370(\text{m})$$

（2）计算各主点里程。

$$S=\sqrt{(x_{JD_5}-x_{K100+000})^2+(Y_{JD_5}-Y_{K100+000})^2}$$

$$=\sqrt{500.132^2+600.302^2}=781.342(\mathrm{m})$$

$$JD_{里程}=K100+000+S=K100+781.342(\mathrm{m})$$

$$ZY_{里程}=JD_{里程}-T=K100+781.342-169.086=K100+612.256$$

$$QZ_{里程}=ZY_{里程}+\frac{L}{2}=K100+612.256+164.812=K100+777.068$$

$$YZ_{里程}=QZ_{里程}+\frac{L}{2}=K100+777.068+164.812=K100+941.880$$

(3) 计算主点 ZY 的测量坐标。

ZY 到 $K100+000$ 的距离和坐标方位角分别为

$$D=K100+612.256-K100+000=612.256(\mathrm{m})$$

$$\alpha_0=\arctan\frac{y_{JD_5}-y_{K100+000}}{x_{JD_5}-x_{K100+000}}=50°12'04''$$

计算可得 ZY 点测量坐标：

$$X_{zy}=X_{K100+000}+\Delta X_{zy-K100+000}=13850.125\mathrm{m}+D\cos 50°12'04''=14242.027(\mathrm{m})$$

$$Y_{zy}=Y_{K100+000}+\Delta Y_{zy-K100+000}=38245.679\mathrm{m}+D\sin 50°12'04''=38716.073(\mathrm{m})$$

按式（11.5.6）可计算独立坐标系下圆曲线上各点的坐标，然后利用独立坐标系与测量坐标系的关系将其转换为测量坐标。也可利用各点偏角和弦长计算曲线上各点测量坐标。实际工作中，通常先编好程序，利用计算机计算，然后编制放样数据表，见表 11.5.2。

表 11.5.2　　线路中线上点的坐标计算

里程桩号	坐标		备注
	x	y	
K100+000	13850.125m	38245.679m	直线段
K100+020	13862.927m	38261.045m	
K100+040	13875.729m	38276.411m	
⋮	⋮	⋮	
K100+612.256(ZY)	14242.027m	38716.073m	曲线起点
K100+620.000(1)	14246.945m	38722.054m	曲线细部点
K100+640.000(2)	14259.287m	38737.792m	
⋮	⋮	⋮	
K100+777.068(QZ)	14328.918m	38855.509m	曲线中点
⋮	⋮	⋮	

测设曲线上点位时可以在附近导线点上（或为了方便于测设工作可在附近选取任意一点 N，并确定其坐标，如图 11.5.5 所示）设站，利用 11.3.2 全站仪法测设曲线段上的点位。

实训与习题

1. 实训任务、要求与能力目标

序号	任　务	要　求	能 力 目 标
1	测设水平面	1. 每人独立测设一个已知高程点的位置，构成一水平面； 2. 检查测量	1. 能够计算高程测设数据； 2. 具有高程测设的能力
2	测设已知坡度线	1. 每组测设一条已知坡度线，每人测设一个坡度桩高程位置，构成一坡度线； 2. 检查测量	1. 能够计算坡度测设数据； 2. 具有坡度测设的能力
3	测设圆曲线	1. 根据已知数据，计算测设要素和主点里程； 2. 测设一条圆曲线主点及细部点	1. 掌握圆曲线测设元素的计算； 2. 掌握圆曲线主点里程的计算； 3. 具有圆曲线主点的测设能力； 4. 初步具有用偏角法测设圆曲线的能力

2. 习题

(1) 设钢尺的名义长度为 30m，检定时的实际长度为 30.004m，用此钢尺测设水平距离为 29.000m 的直线 AB，测设时的拉力与检定时相同，温度比检定时高 5℃，A、B 两点的高差 $h_{AB}=0.300$m，试求测设时沿地面需要量出的长度？

(2) 先用一般方法测设一角度$\angle BAC=60°00'00''$，再进行多测回观测得其角值为 $60°00'18''$，已知 AC 距离为 80.000m，试计算改正该角值的垂距，改正的方向是向内还是向外？

(3) 利用水准点 A 测设高程为 11.086m 的室内地坪±0，已知 $H_A=10.935$m，水准点上的后视读数 $a=1.480$m，试计算±0 的前视应读数 b。

(4) 已知 A、B 为施工场地上的两控制点，其坐标方位角为 $\alpha_{AB}=300°00'00''$，A 点的坐标为（314.220，386.710），现将仪器安置于 A 点，用极坐标法测设 P 点（342.340，385.000），计算所需的测设数据，并说明测设过程。

(5) 简单叙述全站仪进行点位测设的过程。

(6) 已知交点（JD）的桩号为 $K1+532.558$，右转角 $\alpha=35°22'36''$，圆曲线半径为 560m。

1) 计算圆曲线要素。

2) 计算主点桩号。

3) 在圆曲线起点（ZY）和终点（YZ）用偏角法进行详细测设，试计算各曲线点（20m 倍数整桩号）的偏角值。

(7) 简要说明全站仪法进行圆曲线测设的过程。

第 12 章　工业与民用建筑施工测量

学习目标：

通过本章学习，了解工业与民用建筑施工测量的基本要求和内容，掌握施工控制网建立的方法与要求、建筑施工测量基本方法。理解建筑基线、建筑方格网和建筑物的定位放线等内容。具有建筑物施工放样测量、构件安装测量及标高传递的能力。

工业与民用建筑测量是建筑工程在勘测设计、施工和竣工后各个阶段所进行的测量工作。主要是施工阶段的测量工作，任务是将设计好的建筑物、构筑物的平面位置和高程，按设计要求以一定的精度测设在地面上，以指导和衔接各工序间的施工，从而保证施工质量。

12.1　建筑场地施工控制测量

在工程建设勘测阶段已建立了测图控制网，由于测图时未考虑施工的要求，因此控制点的分布、密度、精度都难以满足施工测量的要求。此外，平整场地时控制点大多受到破坏，因此，在施工之前必须建立施工控制网。

12.1.1　平面控制

建筑场地的平面控制网视场地面积大小及建筑物的布置情况，通常布设成三角网、导线网、GPS 网、建筑基线或建筑方格网的形式。三角网、导线网、GPS 网，其测量方法在其他章节已作介绍，本节重点介绍建筑基线和建筑方格网的布设方法。

12.1.1.1　建筑基线

1. 建筑基线的设计

建筑场地的施工控制基准线，称为建筑基线。建筑基线的布置，主要根据建筑物的分布、场地的地形和原有测图控制点的情况而定。常用建筑基线的布设形式有四种，如图 12.1.1 所示。

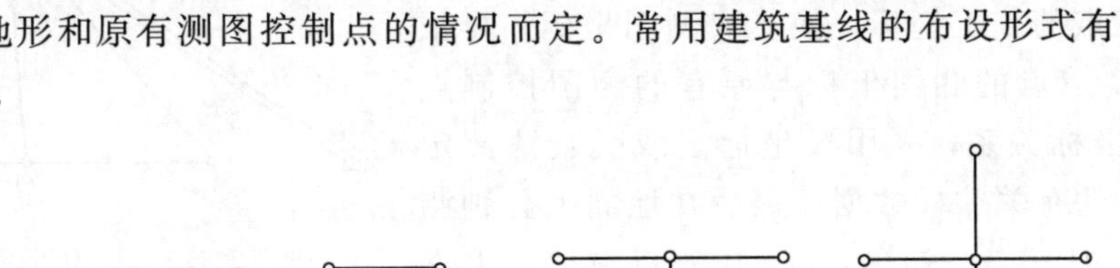

(a) 三点直线形　(b) 三点直角形　(c) 四点丁字形　(d) 五点十字形

图 12.1.1　建筑基线的布设形式

建筑基线布设的位置，应尽量临近建筑场地中的主要建筑物，且与其轴线相平行，以便采用直角坐标法进行放样。为了便于检查基线点位有无变动，基线点不得少于三个，边长一般为 100～500m。基线点位应选在通视良好而不受施工干扰的地方。为能长期保存，要建立永久性标志。

2. 建筑基线的测设

根据建筑场地的不同，测设建筑基线的方法主要有以下两种。

（1）用建筑红线测设。在城市建设中，建筑用地的界址由规划部门确定，并由拨地单位在现场直接标定出用地边界点（界址点），边界点的连线，称为建筑红线。拟建的主要建筑物或建筑群中的多数建筑物的主轴线与建筑红线平行。因此，可根据建筑红线用平行线推移法测设建筑基线。

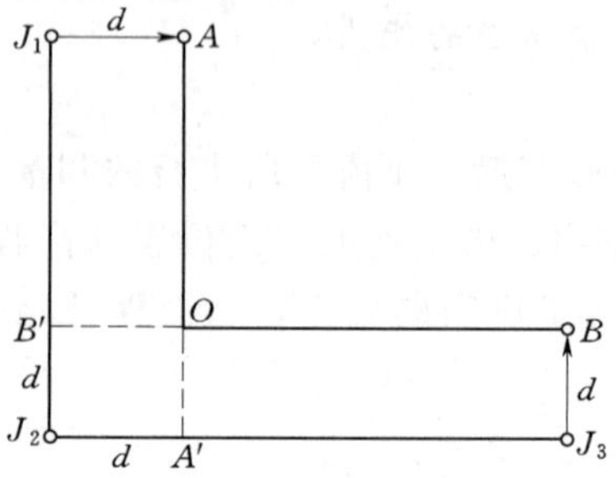

图 12.1.2　建筑红线测设建筑基线

如图 12.1.2 所示，J_1-J_2 和 J_2-J_3 是两条互相垂直的建筑红线，A、O、B 三点是欲测的建筑基线点。其测设过程：从 J_2 点出发，沿 J_2J_3 和 J_2J_1 方向分别量取 d 长度得出 A' 和 B' 点；再过 J_1、J_3 两点分别用经纬仪作建筑红线的垂线，并沿垂线方向分别量取 d 的长度得出 A 点和 B 点；然后，将 AA' 与 BB' 连线，则交会出 O 点。A、O、B 三点即为建筑基线点。

当把 A、O、B 三点在地面上做好标志后，将经纬仪安置在 O 点上，精确观测 $\angle AOB$，若 $\angle AOB$ 与 90° 之差不在容许值以内时（±20″），应进一步检查测设数据和测设方法，并应对 $\angle AOB$ 按水平角精确测设法来进行点位的调整，使 $\angle AOB=90°$。

如果建筑红线完全符合作为建筑基线的条件时，可将其作为建筑基线使用，即直接用建筑红线进行建筑物的放样，既简便又快捷。

（2）用附近的控制点测设建筑基线。

在新建筑区，没有建筑红线作依据时，就需要在建筑设计总平面图上，根据建筑物的设计坐标和附近已有的测图控制点来选定建筑基线的位置，并在实地采用极坐标法或交会法把基线点在地面上标定出来。

如图 12.1.3 所示，M_1、M_2 两点为已有的控制点，A、O、B 三点为欲测设的建筑基线点。首先将 A、O、B 三点的施工坐标，换算成测图坐标；再根据 A、O、B 三点的测图坐标与原有的测图控制点 M_1、M_2 的坐标关系，采用极坐标法或交会法测定 A、O、B 点的有关放样数据；最后在地面上分别测设出 A、O、B 三点。当 A、O、B 三点在地面上做好标志后，在 O 点安置经纬仪，测量 $\angle AOB$ 的角值，丈量 OA、OB 的距离。若检查角度的误差（$\Delta\beta=\angle AOB-180°$，$|\Delta\beta|\leqslant 20''$）与丈量边长的相对误差均不在容许值以内时，就要调整 A、B 两点，使其满足规定的精度要求。

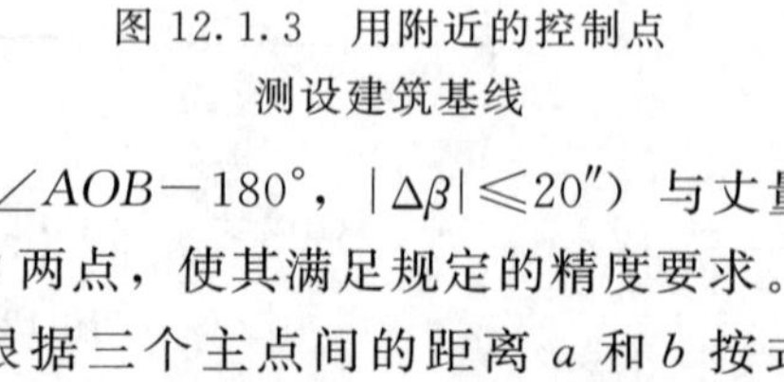

图 12.1.3　用附近的控制点测设建筑基线

调整三个点的位置时，如图 12.1.4 所示，应先根据三个主点间的距离 a 和 b 按式（12.1.1）计算调整 δ 值，即

$$\delta=\frac{ab}{a+b}\frac{180°-\beta}{2\rho} \tag{12.1.1}$$

式中 ρ——弧度对应的秒值，$\rho=206265''$。

将 A'、O'、B' 三点沿与轴线垂直方向移动一个改正值 δ，但 O' 点与 A'、B' 两点移动的方向相反，移动后得 A、O、B 三点。为了保证测设精度，应再重复检测 $\angle AOB$，如果检测结果与 180°之差仍旧超过限差时，需再进行调整，直到误差在容许值以内为止。

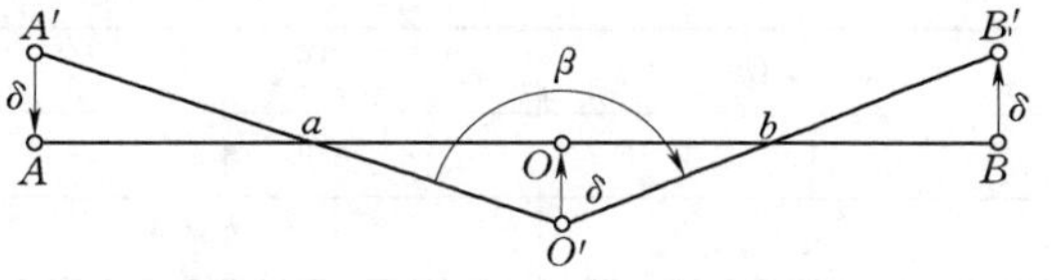

图 12.1.4 调整三个主点的位置

除了调整角度之外，还要调整三个主点间的距离。先丈量检查 AO 及 OB 间的距离，若检查结果与设计长度之差的相对误差大于规定，则以 O 点为准，按设计长度调整 A、B 两点。调整需反复进行，直到误差在容许值以内为止。

【例 12.1.1】 如图 12.1.4 所示，要测设一个建筑基线，其中：$a=b=100$m，初步测定后，定出 A'、O'、B'，测出 $\beta=180°01'36''$，问其改正值 δ 为多少？方向如何？

解：

(1) $\delta=\frac{ab}{a+b}\frac{180°-\beta}{2\rho''}=\frac{100\times100}{100+100}\times\frac{180°-180°01'36''}{2\times206265''}=-0.012(\text{m})$

(2) 在 A' 和 B' 点处 δ 向上，O' 点处 δ 向下。

注意：$\rho''=206265''$，$(180°-\beta)$ 单位要化成秒。

12.1.1.2 建筑方格网

1. 建筑方格网的设计

由正方形或矩形的格网组成建筑场地的施工平面控制网，称为建筑方格网。其适用于大型的建筑场地。建筑方格网的布置，应根据建筑设计总平面图上各种建筑物、道路、管线的分布情况，并结合现场地形条件而拟定。方格网的形式，可布置成正方形或矩形。布置建筑方格网时，先要选定两条互相垂直的主轴线，如图 12.1.5 中的 AOB 和 COD，再全面布设格网。当建筑场地占地面积较大时，通常是分两级布设，首级为基本网，先测设十字形、口字形或田字形的主轴线，然后再加密次级的方格网。当场地面积不大时，尽量布置成全方格网。

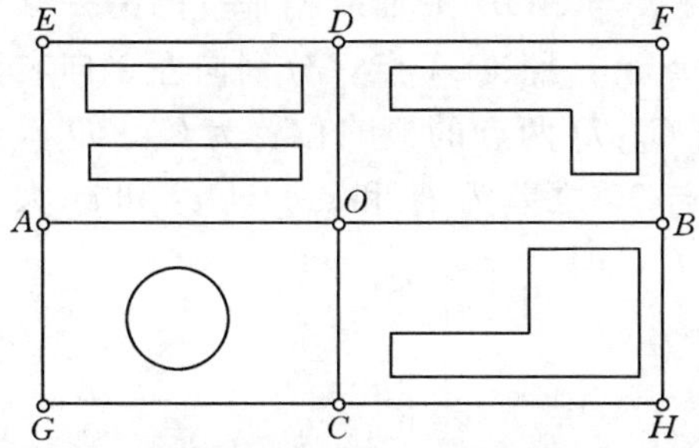

图 12.1.5 建筑方格网

方格网的主轴线，应布设在整个建筑场地的中央，其方向应与主要建筑物的轴线平行或垂直，并且长轴线上的定位点不得少于三个。主轴线的各端点应延伸到场地的边缘，以便控制整个场地。主轴线上的点位，必须建立永久性标志，以便长期保存。

当方格网的主轴线选定后，就可根据建筑物的大小和分布情况而加密格网。在选定格网点时，应以简单、实用为原则，在满足建筑物施工放样的前提下，格网点的点数应尽量减少。方格网的转折角应严格为 90°，相邻格网点要保持通视，点位要能长期保存。建筑方格网的主要技术要求见表 12.1.1。

表 12.1.1　　建筑方格网的主要技术要求

等　级	边长/m	测角中误差/(″)	边长相对中误差
Ⅰ	100～300	5	≤1/30000
Ⅱ	100～300	8	≤1/20000

2. 建筑方格网的测设

(1) 主轴线的测设。由于建筑方格网是根据场地主轴线布置的，因此在测设时，应首先根据场地原有的控制点，测设出主轴线的三个主点。

如图 12.1.6 所示，M_1、M_2、M_3 三点为已有的测图控制点，其坐标已知；A、O、B 三点为选定的主轴线上的主点，其坐标可以从设计图纸上求取。根据三个测图控制点 M_1、M_2、M_3，采用极坐标法即可测设出 A、O、B 三个主点。

测设三个主点的过程：先将 A、O、B 三点的施工坐标换算成测图坐标；再根据它们的坐标与测图控制点 M_1、M、M_3 的坐标关系，计算出放样数据 β_1、β_2、β_3 和 D_1、D_2、D_3，如图 12.1.6 所示，然后用极坐标法测设出三个主点 A、O、B 的概略位置为 A'、O'、B'。

当三个主点的概略位置在地面上标定出来后，要检查三个主点是否在一条直线上。由于测量误差的存在，使测设的三个主点 A'、O'、B'不在一条直线上，三个主点的调整方法和建筑基线三个主点的调整方法相同。

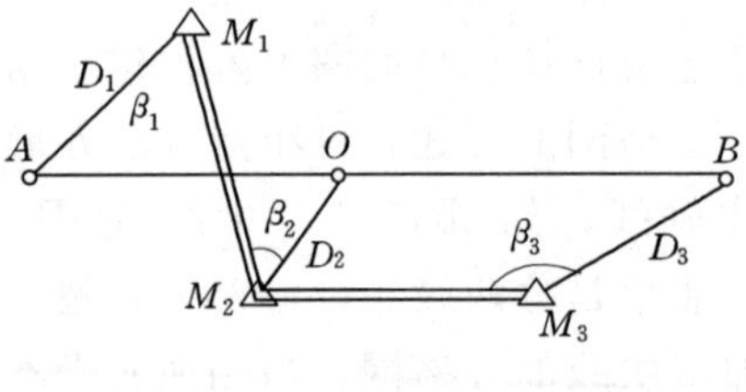

图 12.1.6　主轴线的测设

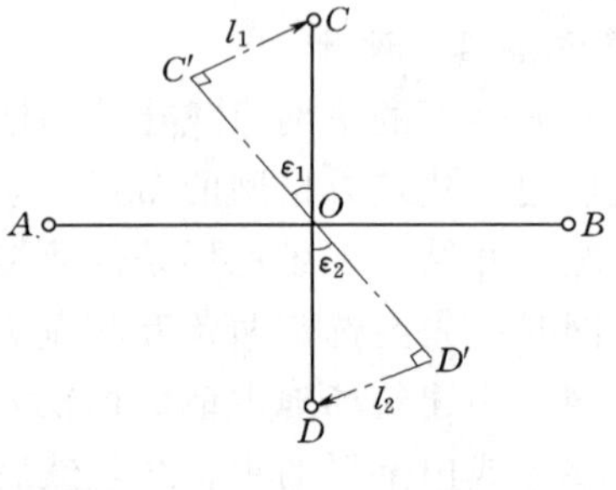

图 12.1.7　测设主轴线 COD

当主轴线的三个主点 A、O、B 定位后，就可测设与 AOB 主轴线相垂直的另一条主轴线 COD。如图 12.1.7 所示，将经纬仪安置在 O 点上，照准 A 点，分别向左、向右测设 90°；并根据 OC 和 OD 的距离，在地面上标定出 C、D 两点的概略位置为 C'、D'；然后分别精确测出$\angle AOC'$及$\angle AOD'$的角值，其角值与 90°之差为 ε_1 和 ε_2，若 ε_1 和 ε_2 大于表 12.1.1 的规定，则按式（12.1.2）求改正数 l_1、l_2，即

$$l=L\frac{\varepsilon''}{\rho''} \tag{12.1.2}$$

式中　L——OC'或OD'的距离。

ε_1、ε_2 的单位为秒。

根据改正数，将 C'、D'两点分别沿 $C'C$、$D'D$ 的垂直方向移动 l_1、l_2，得 C、D 两

点。然后检测$\angle COD$，其值与180°之差应在规定的限差之内，否则需要再次进行调整。仿照上述同样方法检测CO、DO的距离。

(2) 方格网点的测设。主轴线确定后，先进行主方格网的测设，然后在主方格网内进行方格网的加密。主方格网的测设，采用角度交会法定出格网点。其作业过程如图12.1.5所示，用两台经纬仪分别安置在A、C两点上，均以O点为起始方向，分别向左、向右精确地测设出90°角，在测设方向上交会G点，交点G的位置确定后，进行交角的检测和调整，同法测设出主方格网点E、F、H，这样就构成了“田”字形的主方格网。

当主方格网测定后，以主方格网点为基础，加密其余各格网点。

3. 建筑方格网的精度要求

《工程测量规范》(GB 50026—1993) 规定：建筑场地大于1km² 或重工业区，宜建立相当于一级导线精度的平面控制网；建筑场地小于1km² 或重工业区，宜建立相当于二级、三级导线精度的平面控制网。

建筑方格网的主要技术要求应符合表12.1.1的规定，角度观测应符合表12.1.2中的规定，距离测量应符合表12.1.3中的规定。

表12.1.2　　方格网测设的限差要求

方格网等级	经纬仪型号	测角中误差/(″)	测回数	测微器两次读数/(″)	半测回归零差/(″)	一测回2C值互差/(″)	各测回方向互差/(″)
Ⅰ级	DJ1	5	2	≤1	≤6	≤9	≤6
	DJ2	5	3	≤3	≤8	≤13	≤9
Ⅱ级	DJ2	8	2	—	≤12	≤18	≤12

表12.1.3　　测距仪测设方格网边长的限差要求

方格网等级	仪器分级	总测回数
Ⅰ级	Ⅰ级精度、Ⅱ级精度	4
Ⅱ级	Ⅱ级精度	2

12.1.1.3　施工坐标和测图坐标的换算

1. 测图坐标系

为了便于地形图的使用，在测图时采用国家统一的(高斯平面坐标系)或任意的平面直角坐标系。南北方向为X轴，东西方向为Y轴。

2. 施工坐标系

为了便于建筑物的设计和施工放样，设计总平面图上的建(构)筑物的平面位置常采用施工坐标系(又叫建筑坐标系)的坐标。其纵坐标用A表示，横坐标用B表示，坐标原点常设在总平面图的西南角。

3. 坐标换算

如图12.1.8所示，XOY为测量坐标系，AMB为施工坐标系，P点在两个坐标系中的坐标值分别为：(X_p，Y_p)，(A_p，B_p)。若点在施工坐标系中坐标值为已知，则可按下式将其换算成测图坐标系中的坐标值。

$$\left.\begin{aligned}X_p&=X_m+A_p\cos\alpha-B_p\sin\alpha\\Y_p&=Y_m+B_p\cos\alpha+A_p\sin\alpha\end{aligned}\right\}\qquad(12.1.3)$$

式中　X_m，Y_m——施工坐标系原点在测图坐标系中的坐标值；

α——施工坐标系相对测图坐标系的旋转角。

若点在测图坐标系中坐标值为已知，则可按下式将其换算成施工坐标系中的坐标值。

$$\left.\begin{aligned}A_p&=(X_p-X_m)\cos\alpha+(Y_p-Y_m)\sin\alpha\\B_p&=-(X_p-X_m)\sin\alpha+(Y_p-Y_m)\cos\alpha\end{aligned}\right\}\qquad(12.1.4)$$

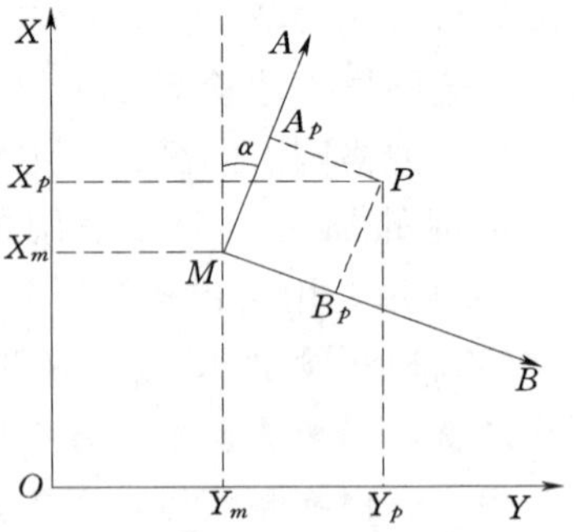

图 12.1.8　施工和测图坐标系的关系

12.1.2　高程控制测量

1. 高程控制点布设要求

由于测图高程控制网不能满足施工测量的需要，因此在施工场地建立平面控制网的同时还必须重新建立施工高程控制网。当建筑场地面积不大时，可按四等或等外水准测量来布设高程控制网。当建筑场地面积较大时，可分为两级布设，即首级高程控制网（三等水准）和加密高程控制网（四等水准）。首级高程控制网，应在原有测图高程网的基础上单独增设水准点，并建立永久性标志。场地水准点的间距宜小于 1km，距离建筑物、构筑物不应小于 25m，距离振动影响范围以外不应小于 5m，距离回填土边线不应小于 15m。整个建筑场地至少要设置三个永久性的水准点，并应布设成闭合水准路线或附合水准路线。高程测量精度，不应低于三等水准测量。其点位要选择恰当，不受施工影响，并便于施测，又能永久保存。

加密高程控制网一般不单独布设，要与建筑方格网合并，即在各格网点标志上加设一突出的半球状标志以示点位。各点间距宜在 200m 左右，以便施工时安置一次仪器即可测出所需高程。加密高程控制网应按四等水准测量进行观测，并附合在首级水准点上。

表 12.1.4　　水准测量的主要技术要求

等级	每千米高差中误差/mm	路线长度水准/km	仪器型号	水准尺种类	测量次数		限差	
					与已知点连测	附和或环线	平地/mm	山地/mm
二等	2	—	DS_1	铟瓦	往返各一次	往返各一次	$4\sqrt{L}$	—
三等	6	≤50	DS_1	铟瓦	往返各一次	往一次	$12\sqrt{L}$	$4\sqrt{n}$
			DS_3	双面		往返各一次		
四等	10	≤16	DS_3	双面	往返各一次	往一次	$20\sqrt{L}$	$6\sqrt{n}$
五等	15	—	DS_3	单面	往返各一次	往一次	$30\sqrt{L}$	—

为了测设方便，通常在较大的建筑物附近建立专用的水准点，即±0.000 标高水准

点，其位置多选在较稳定的建筑物墙面上，用红色油漆绘成上顶成为水平线的倒三角形，如“▼”。

必须注意，在设计中各建筑物的±0.000高程是不相等的，应严格加以区别，防止用错设计高程。

2. 高程控制测量的精度要求

高程控制的主要精度要求应符合表12.1.4的规定。

12.2 民用建筑施工测量

12.2.1 施工测量前准备工作

1. 熟悉设计图纸

设计图纸是施工测量的主要依据，测设前应充分熟悉各种有关的设计图纸，以便准确无误地获取测设工作中所需要的各种定位数据。与测设工作有关的设计图纸如下。

(1) 建筑总平面图。建筑总平面图是建筑规划图。它表示新建、已建建筑物和道路的平面位置及其主要点的坐标和高程，以及建筑物之间的相对位置，总平面图是测设建筑物总体位置的重要依据，如图12.2.1所示。

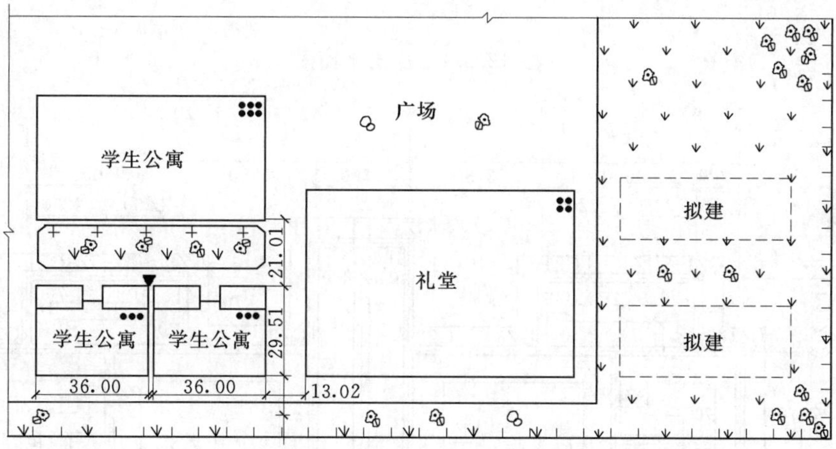

图12.2.1 建筑总平面图

(2) 建筑平面图。建筑平面图标明了建筑物底层、标准层等各楼层的总体尺寸和细部尺寸，以及各承重构件之间位置关系，图12.2.2所示为底层平面图。建筑平面图是测设建筑物细部轴线的依据。

(3) 基础平面图及基础详图。基础平面图及基础详图标明了基础形式、基础平面布置、基础中心或中线的位置、基础边线与定位轴线之间的尺寸关系、基础横断面的形状和大小，以及基础不同部位的设计标高等，它是测设基槽（坑）开挖边线和开挖深度的依据，也是基础定位及细部放样的依据，图12.2.3为基础平面图。

(4) 立面图。立面图标明了室内地坪、门窗、阳台等的设计高程，这些高程通常是以±0.000标高为起算点的相对高程，它是测设建筑物各部位高程的依据，如图12.2.4所示。

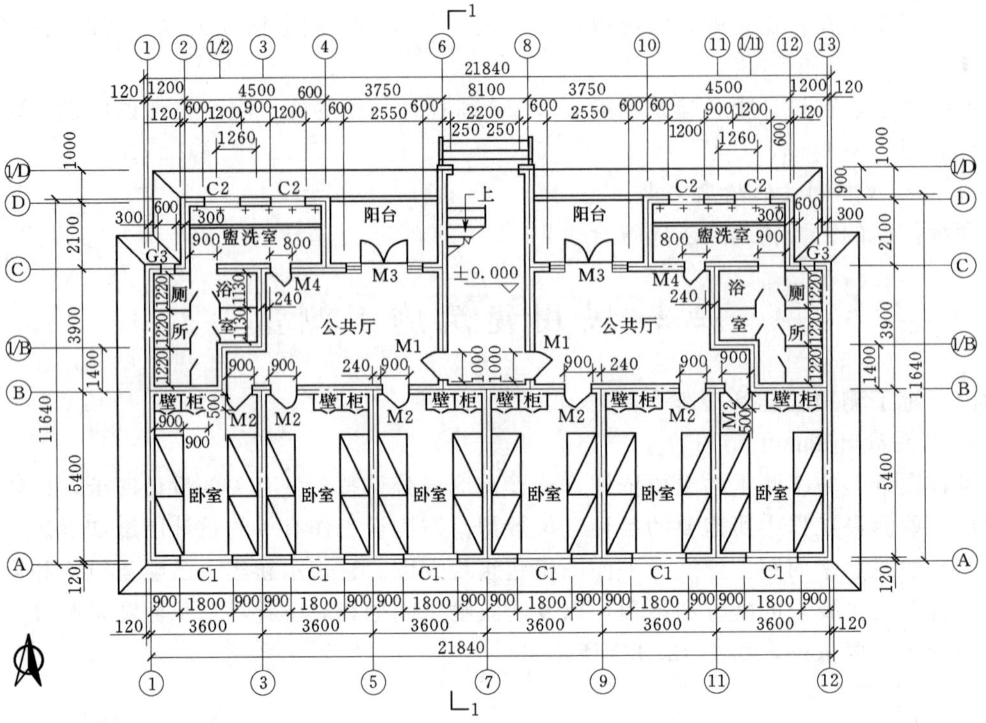

图 12.2.2　底层平面图

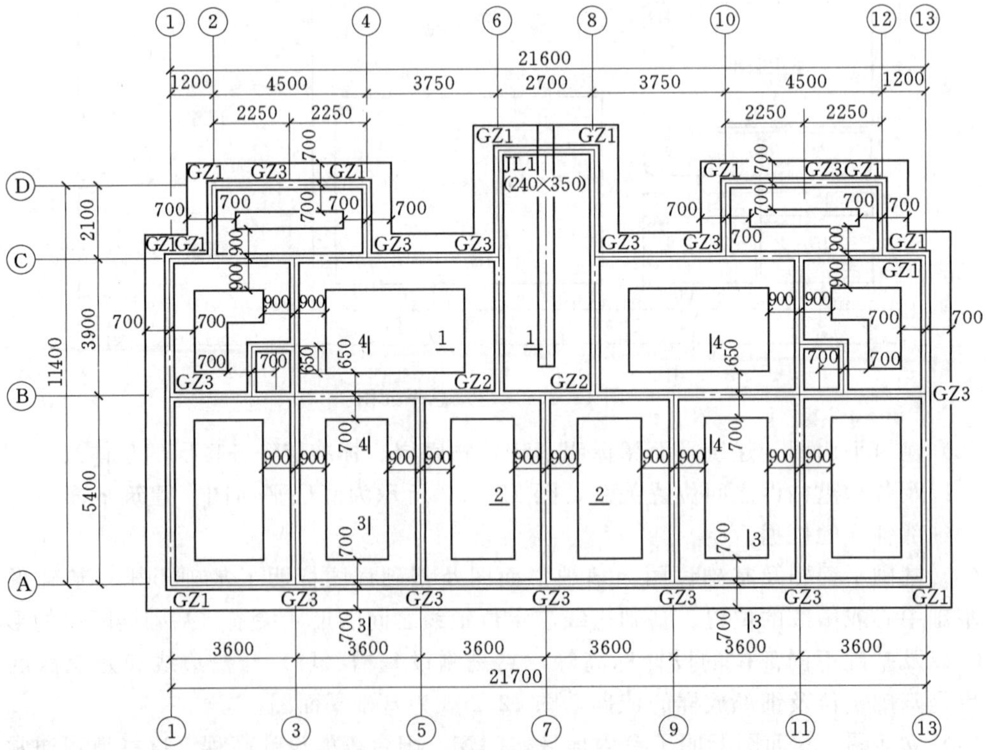

图 12.2.3　基础平面图

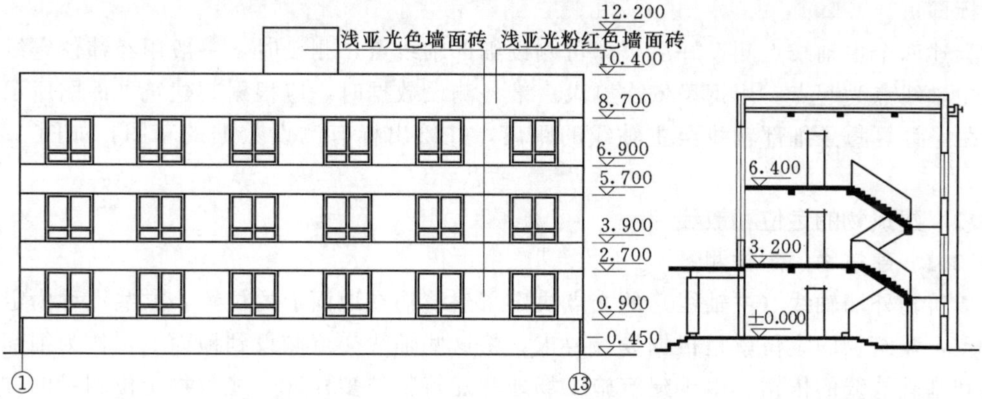

(a) 立面图 (b) 剖面图

图 12.2.4 立面图和剖面图

(5) 剖面图。剖面图标明了室内地坪、楼梯平台、楼板、屋面及屋架等的设计高程，这些高程通常是以±0.000 标高为起算点的相对高程，它是测设建筑物各部位高程的依据，如图 12.2.4 所示。

在熟悉图纸的过程中，应仔细核对各种图纸上相同部位的尺寸是否一致，同一图纸上总尺寸与各有关部位尺寸之和是否一致，以免发生错误。

2. 现场踏勘

在进行施工测量前必须了解施工现场地物、地貌以及现有测量控制点的分布情况，应进行现场踏勘，以便根据场地实际情况编制测设方案。

3. 确定测设方案

在熟悉设计图纸、掌握施工计划和施工进度的基础上，结合施工现场的实际情况，拟定测设方案。测设方案包括测设方法、测设步骤、采用的仪器工具、精度要求、时间安排等。每次现场测设之前，应根据设计图纸和测量控制点的分布情况，计算好相应的测设数据并对数据进行检核，施工场地较复杂时还可绘出测设草图，把测设数据标注在草图上，使现场测设时更方便快速，并减少出错的可能。

如图 12.2.5 所示，现场已有 A、B 两个平面控制点，欲用经纬仪和钢尺，按极坐标法将图中所示设计建筑物测设于实地上。定位测量一般测设建筑物的四大角点，即图中所示的 1、2、3、4 点，应先根据有关数据计算其坐标；此外，应根据 A、B 的已知坐标和 1～4 点的设计坐标，计算各点的测设角度值和距离值，以备现场测设之用。如果是用全站仪按极坐标法测设，由于全站仪能自动计算方位角和水平距离，则只需准备好每个角点

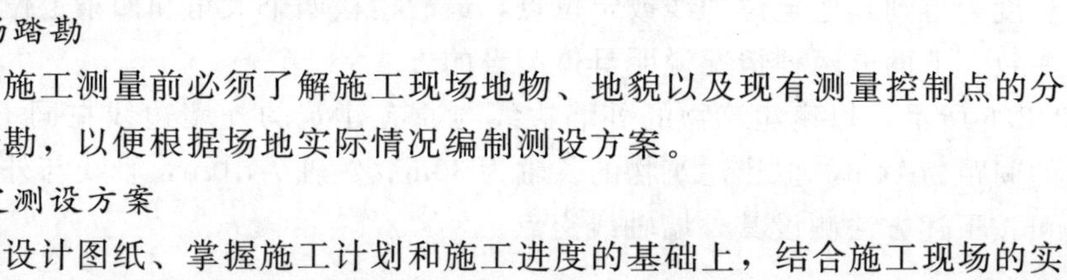

图 12.2.5 建筑物测设草图

的坐标即可。

上述四个主轴线点测设好后，即可测设细部轴线点，测设时，一般用经纬仪定线，然后以主轴线点为起点，用钢尺依次测设。准备测设数据时，应根据其建筑平面图所示的轴线间距，计算每条细部轴线至主轴线的距离，并绘出标有测设数据的草图，如图 12.2.5 所示。

12.2.2　建筑物的定位和放线

12.2.2.1　建筑物的定位测量

建筑物外墙轴线（主轴线）的交点决定了建筑物在地面上的位置，这些点称为定位点或角点，建筑物的定位就是根据设计要求，将这些轴线交点测设到地面上，作为细部轴线放线和基础放线的依据。由于建筑施工场地和建筑物的多样性，建筑物定位测量的方法也有所不同，下面介绍五种常见的方法。

1. 根据与原有建筑物的关系测设

如果设计图上只给出新建筑物与附近原有建筑物的相互关系，没有提供建筑物定位点的坐标，周围又没有可供利用测量控制点、建筑方格网或建筑基线，可根据原有建筑物的边线，将新建筑物的定位点测设出来。

具体测设方法就是在现场先找出原有建筑物的边线，再用经纬仪和钢尺将其延长、平移或旋转，得到新建筑物的一条定位轴线，然后根据这条定位轴线，用经纬仪测设角度，用钢尺测设长度，得到其他定位轴线或定位点，最后检核四个大角和四条定位轴线长度是否与设计值一致。下面分两种情况说明具体测设的方法。

如图 12.2.6 所示，拟建建筑物的外墙边线与原有建筑的外墙边线在同一条直线上，两栋建筑物的间距为 14m，拟建建筑物的长轴为 30m、短轴为 10m，轴线与外墙边线间距为 0.12m，可按下述方法测设其外墙轴线交点。

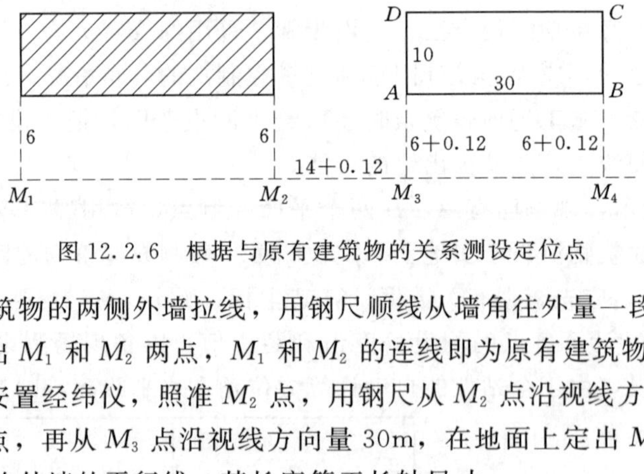

图 12.2.6　根据与原有建筑物的关系测设定位点

(1) 沿原有建筑物的两侧外墙拉线，用钢尺顺线从墙角往外量一段较短的距离（设为 6m），在地面上定出 M_1 和 M_2 两点，M_1 和 M_2 的连线即为原有建筑物外墙的平行线。

(2) 在 M_1 点安置经纬仪，照准 M_2 点，用钢尺从 M_2 点沿视线方向量 14m＋0.12m，在地面上定出 M_3 点，再从 M_3 点沿视线方向量 30m，在地面上定出 M_4 点，M_3 和 M_4 的连线即为拟建建筑物外墙的平行线，其长度等于长轴尺寸。

(3) 在 M_3 点安置经纬仪，照准 M_1 点，顺时针测设 90°，在视线方向上量 6m＋0.12m，在地面上定出 A 点，再从 A 点沿视线方向量 10m，在地面上定出 D 点。同理，在 M_4 点安置经纬仪，照准 M_1 点，顺时针测设 90°，在视线方向上量 6m＋0.12m，在地面上定出 B 点，再从 B 点沿视线方向量 10m，在地面上定出 C 点。则 A、B、C 和 D 点即为拟建建筑物的四个定位轴线点。

(4) 在 A、B、C、D 点上安置经纬仪，检核四个大角是否为 90°，用钢尺丈量四条轴线的长度，检核长轴是否为 30m，短轴是否为 10m。

注意用此方法测设定位点时不能先测定短轴的两个点，而应先测长轴的两个点，然后在长轴的两个点设站测设短轴上的两个点，否则误差容易超限。

2. 根据建筑红线测设

如图 12.2.7 所示，J_1、J_2、J_3 为建筑红线桩，其连线 J_1-J_2、J_2-J_3 为建筑红线，A、B、C、D 为建筑物的定位点。因 AB 平行于 J_2-J_3 建筑红线，故用直角坐标法测设轴线较为方便。其具体测量方法如下：

(1) 用钢尺从 J_2 沿 J_2-J_3 量取 Sm 定出 A'点，再量 $S+25$m 定出 B'点。

(2) 将经纬仪安置在 A'点，照准 J_3 点逆转 90° 定出短轴 AD 方向，沿此方向量取 dm 定出 A 点，沿此方向量取 $d+10$m 定出 D 点。

(3) 将经纬仪安置在 B'点，照准 J_2 点顺转 90° 定出短轴 BC 方向，沿此方向量取 dm 定出 B 点，沿此方向量取 $d+10$m 定出 C 点。

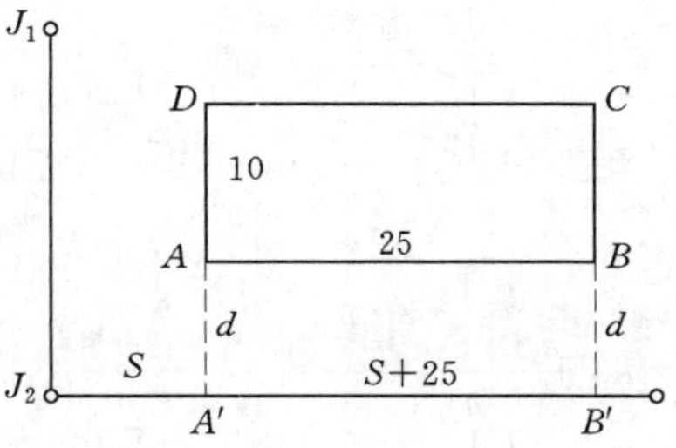

图 12.2.7　根据建筑红线测设定位点

(4) 用经纬仪，检核四个大角是否为 90°，用钢尺丈量四条轴线的长度，检核长轴是否为 30m，短轴是否为 10m。

3. 根据建筑基线测设

建筑基线测设时一般与拟建建筑物的主轴线平行，因此根据建筑基线测设建筑物主轴线的方法和根据建筑红线测设主轴线的方法相同。

4. 根据建筑方格网测设

如果建筑物的定位点有设计坐标，且建筑场地已设有建筑方格网，可利用直角坐标法测设定位点。用直角坐标法测设点位，所需的测设数据计算较为方便。可用经纬仪和钢尺进行测设，建筑物总尺寸和四个大角的精度应进行控制和检核。

5. 根据测量控制点测设

如果已经给出拟定位建筑物定位点的设计坐标，且附近有高级控制点，即可根据实际情况选用极坐标法、角度交会法或距离交会法来测设定位点。在这三种方法中，极坐标法适用性最强，是用得最多的一种定位方法。

12.2.2.2　建筑物的放线

建筑物的放线，是指根据现场上已测设好的建筑物定位点（角桩），详细测设各建筑物细部轴线交点位置，并将其延长到安全地方做好标志，然后以细部轴线为依据，按基础宽度和放坡要求，用白灰撒出基础开挖边线的作业过程。

基础开挖后建筑物定位点将被破坏，为了恢复建筑物定位点，常把主轴线桩引测到安全地方加以保护，引测到安全地方的轴线桩称为轴线控制桩。除测设轴线控制桩外，可以设置龙门板来恢复建筑物的主轴线。

1. 轴线控制桩的测设

轴线控制桩一般设在开挖边线 4m 以外的地方，并用水泥砂浆加固。若附近有固定建筑物和构筑物，这时应将轴线投测在这些物体上，使轴线更容易得到保护，但每条轴线至少应有一个控制桩是设在地面上的，以便日后能安置经纬仪来恢复轴线。

如图 12.2.8 所示，A 轴、E 轴、①轴和⑥轴是建筑物的四条外墙主轴线，其交点 A_1、A_6、E_1 和 E_6，是建筑物的定位点，这些定位点已在地面上测设完毕并打好桩点。轴线控制桩的测设方法如下。

将经纬仪安置在 A_1 点，照准 E_1 点向外延长到安全地方定出 1－1 轴的一个控制桩，转动望远镜 180°定出 1－1 轴的另一个控制桩。用同样的方法定出其他轴线控制桩。

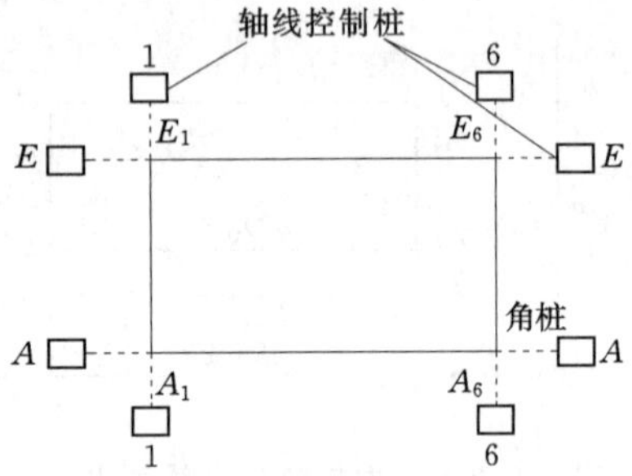

图 12.2.8　轴线控制桩的测设

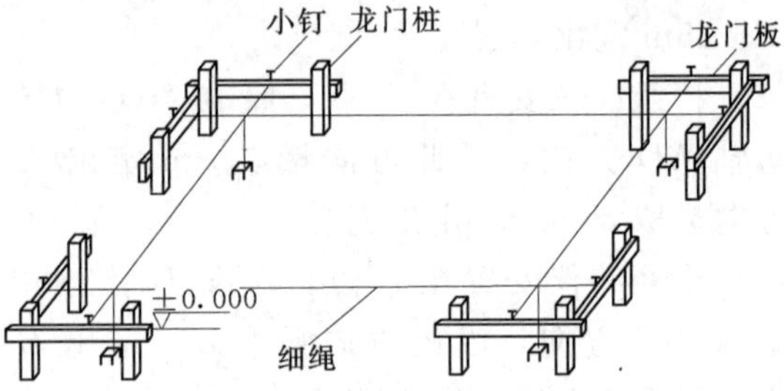

图 12.2.9　龙门桩与龙门板测设

2. 龙门板的测设

如图 12.2.9 所示，在建筑物四角和中间隔墙的两端，距基槽边线约 2m 以外，牢固地埋设大木桩，称为龙门桩，并使桩的一侧平行于基槽；根据附近水准点，用水准仪将±0.000标高测设在每个龙门桩的外侧上，并画出横线标志；在相邻两龙门桩上钉设横向木板，称为龙门板，龙门板的上沿应和龙门桩上的横线对齐，使龙门板的顶面标高在同一个水平面上，并且标高为±0.000，龙门板顶面标高的误差应在±5mm 以内；根据轴线桩，用经纬仪将各轴线投测到龙门板的顶面，并钉上小钉作为轴线标志，称为轴线钉，投测误差应在±5mm 以内。由于龙门板需要较多木料，而且占用场地，使用机械开挖时容易被破坏，因此现在施工中很少采用，大多是采用引测轴线控制桩的方法。

12.2.3　建筑物的基础施工测量

工业与民用建筑基础按其埋置的深度不同，可分为浅基础和深基础两大类。一般埋置深度在 5m 左右且能按一般方法施工的基础称为浅基础。浅基础的类型有：刚性基础、扩展基础、柱下条形基础、伐板基础、箱型基础和壳体基础等。当需要埋设在较深的土层中，采用特殊的方法施工的基础则属于深基础，如桩基础、深井基础和地下连续墙等。这里介绍条形基础和桩基础的施工测量内容和方法。

12.2.3.1　条形基础施工测量

1. 基槽开挖线的放样

如图 12.2.10 所示，先按基础剖面图给出的设计尺寸，计算基槽的开挖宽度 d。

$$d=B+2mh \tag{12.2.1}$$

式中　B——基底宽度，可由基础剖面图查取；

h——基槽深度；

m——边坡坡度的分母。

根据计算结果，在地面上以轴线为中线往两边各量出 $d/2$，拉线并撒上白灰，即为开挖边线。如果是基坑开挖，则只需按最外围墙体基础的宽度、深度及放坡确定开挖边线。

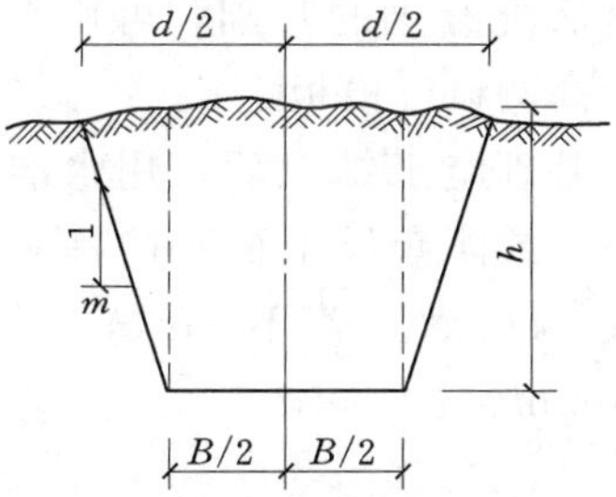

图 12.2.10 基槽开挖宽度

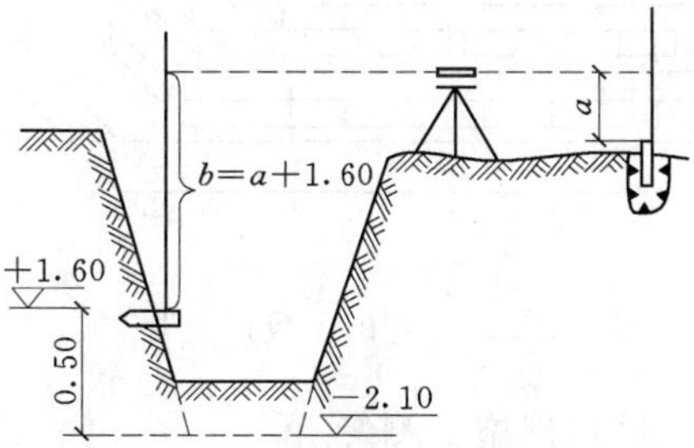

图 12.2.11 基槽水平桩测设（单位：m）

2. 基坑抄平（水平桩的测设）

如图 12.2.11 所示，为了控制基槽开挖深度，当基槽挖到接近坑底设计高程时，应在槽壁上测设一些水平桩，水平桩的上表面离坑底设计高程为某一整分米数（例如 0.5m），用以控制挖槽深度，也可作为槽底清理和打基础垫层时控制标高的依据。一般在基槽各拐角处均应打水平桩，在直槽上则每隔 8～15m 打一个水平桩，然后拉上白线，线下 0.5m 即为槽底设计高程。

水平桩测设时，以画在龙门板上或周围固定地物的±0.000 标高线为已知高程点，用水准仪进行测设，水平桩上的高程误差应在±10mm 以内。

例如，设龙门板顶面标高为±0.000，槽底设计标高为－2.1m，水平桩高于槽底 0.5m，即水平桩高程为－1.6m，用水准仪后视龙门板顶面上的水准尺，读数 $a=1.006$m，则水平桩上标尺的应有读数为

$$b=0.000+1.006-(-1.6)=2.606(\text{m})$$

测设时沿槽壁上下移动水准尺，当读数为 2.606m 时沿尺底水平地将桩打进槽壁，然后检核该桩的标高，如超限便进行调整，直至误差在规定范围以内。

3. 建筑物轴线的恢复

垫层打好后，根据龙门板上的轴线钉或轴线控制桩，用经纬仪或拉线挂吊锤的方法，把轴线投测到垫层面上，然后根据投测的轴线，在垫层面上将基础中心线和边线用墨线弹出，以便砌筑基础或安装基础模板。如果未设垫层，可在槽底打木桩，把基础中心线和边线投测到桩上。

4. 基础标高的控制

房屋基础指±0.000 以下的墙体，它的标高一般是用基础“皮数杆”来控制的，皮数杆是一根木制的杆子，在杆上按照设计尺寸将砖和灰缝的厚度、防潮层的标高及±0.000 的位置，从下往上一一画出来，如图 12.2.12 所示。

立皮数杆时，应先在立杆处打一木桩，用水准仪在木桩侧面测设一条高于垫层设计标

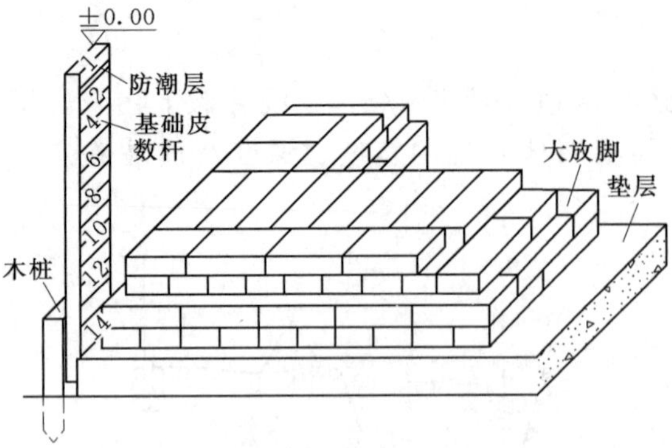

图 12.2.12　基础皮数杆设置

高某一数值（如 200mm）的水平线，然后将皮数杆上标高相同的一条线与木桩上的水平线对齐，并用铁钉把皮数杆和木桩钉在一起，这样立好皮数杆后，即可作为砌筑基础墙标高的依据。对于采用钢筋混凝土的基础，可用水准仪将设计标高测设于模板上。

基础施工结束后，用水准仪检查基础面（或防潮层上面）的标高与设计标高是否一致，若不一致，允许误差为±10mm。

12.2.3.2　桩基础施工测量

高层建筑和有防震要求的多层建筑物在软土地基区域常用桩基，一般要打入预制桩或灌注桩。由于高层建筑物的荷重主要由桩基承受，所以对桩位要求较高，桩位偏差不得超过 $D/2$（D 为桩的直径或边长）。

1. 桩位的测设

桩基的定位测量与前述建筑物轴线桩的定位方法基本相同，桩基一般不设龙门板。桩位的测设方法如下：

（1）熟悉并详细核对各轴线桩布置情况，是单排桩、双排桩还是梅花桩，每排桩与轴线的关系，是否偏中，桩距多少，桩的数量，桩顶的标高等。

（2）用全站仪或经纬仪采用极坐标法或交会法测定各个角桩的位置。

（3）将经纬仪安置在角桩上照准同轴的另一个角桩定线，也可采用拉纵横线的方法定线，沿标定的方向用钢尺按桩的位置逐个定位，在桩中心打上木桩或钉上系有红绳的大铁钉。

若每一个桩位的坐标确定较方便，用全站仪采用极坐标法放样，则更为方便快捷。桩位全部放完后，结合图纸逐个检查，合乎要求后方可施工。

2. 桩深计算

桩的深度是指桩顶到进入土层的深度。预制桩的深度可直接量取每一根预制桩的长度和打入桩的根数来计算；灌注桩的深度直接量取没有浇筑混凝土前挖井的深度，测深时一般采用细钢丝一端加绑重物吊入井中来量取。

12.2.4　主体施工测量

房屋主体指±0.000 以上的墙体，多层民用建筑每层砌筑前都应进行轴线投测和高程传递，以保证轴线位置和标高正确，其精度要求应符合表 12.2.1 的要求。

12.2.4.1　楼层轴线的投测

首层楼面建好后，为了保证继续砌筑墙体时，对应墙体轴线均与基础轴线在同一铅垂面上，应将基础或首层墙面上的轴线投测到施工楼面上，并在施工楼面上重新弹出墙体的轴线，复核满足要求后，以此为依据弹出墙体边线，继续砌筑墙体。在这个测量工作中，从下往上进行轴线投测是关键，一般民用多层建筑常用重锤线法、经纬仪投测法或激光铅垂仪投测法投测轴线。

1. 重锤线法

当施工场地周围建筑物密集、场地窄小、无法在建筑物外的轴线上安置经纬仪时，可采用此法进行竖向投测。用较重的垂球悬吊在楼板或柱顶边缘，当垂球尖对准基础墙面上的轴线标志时，线在楼板或柱边缘的位置即为楼层轴线点位置，并画出标志线。用同样的方法投测各轴线端点。经检测各轴线间距符合要求后可继续施工。这种方法简便易行，一般能保证施工质量，但当风力较大或建筑物较高时，投测误差较大，应采用其他方法投测。

2. 经纬仪投测法（又称外控法）

当施工场地比较宽阔时，可使用此法进行竖向投测，如图 12.2.13 所示，安置经纬仪于轴线控制桩上，严格对中整平，盘左照准建筑物底部的轴线标志，往上转动望远镜，用其竖丝指挥在施工层楼面边缘上画一点，然后盘右再次照准建筑物底部的轴线标志，同法在该处楼面边缘上画出另一点，取两点的中间点作为轴线的端点。其他轴线端点的投测与此法相同。

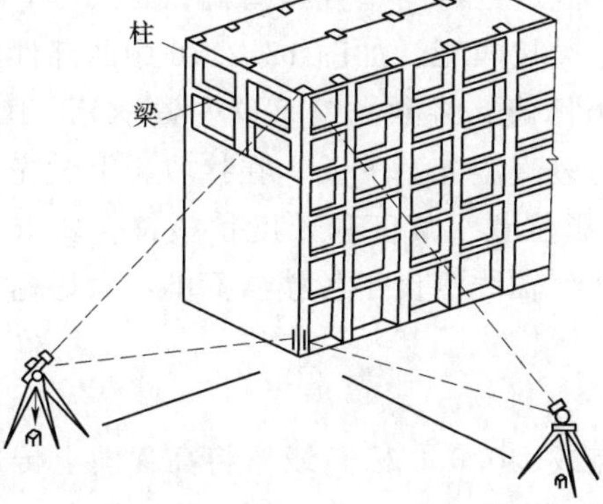

图 12.2.13 经纬仪轴线投测

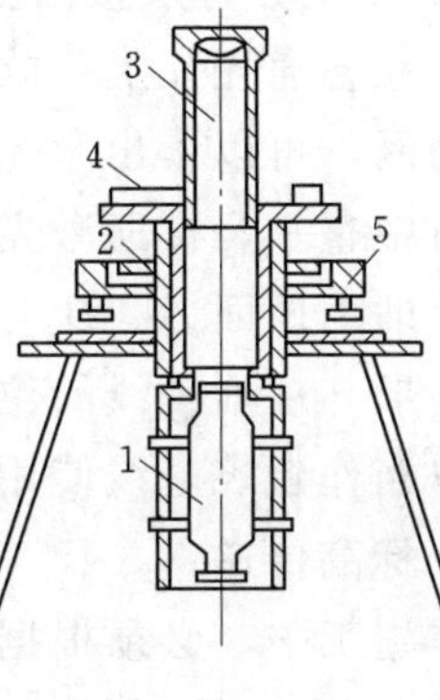

图 12.2.14 激光铅垂仪基本构造

1—氦氖激光器；2—竖轴；3—竖直发射望远镜；4—管水准器；5—基座

3. 激光铅垂仪投测法

激光铅垂仪是一种专用的铅直定位仪器，多用于高层建筑物、烟囱及高塔架的定位测量。激光铅垂仪的基本构造如图 12.2.14 所示，主要由氦氖激光器、竖直发射望远镜、管水准器、基座、激光电源和接受靶组成。

激光器通过两组固定螺钉在套筒内，激光铅垂仪的竖轴是空心筒轴，两端有螺纹，与发射望远镜和氦氖激光器相连接，二者可以对调，可以向上或向下发射激光束。仪器上设有两个高灵敏度水准管，用以精确整平仪器，并配有专用的激光电源。

激光铅垂仪投测轴线的原理，如图 12.2.15 所示。在首层控制点安置仪器，接通电源；在施工搂面留孔处放置接收靶，移动接收靶使激光铅垂仪发射激光束和靶心一致；靶心即为轴线控制点在搂面上的投测点。

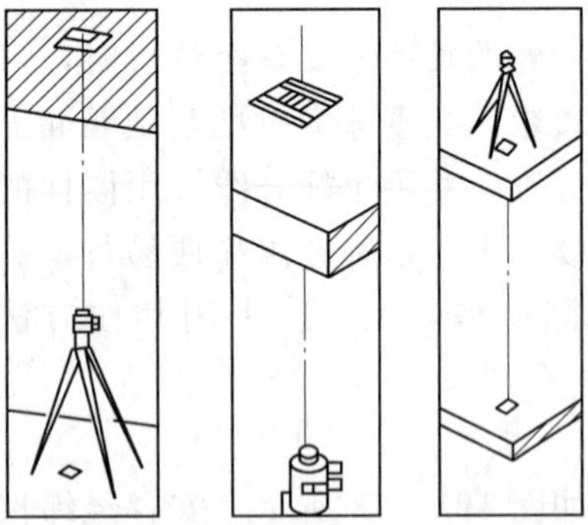

图 12.2.15　激光铅垂仪投测原理

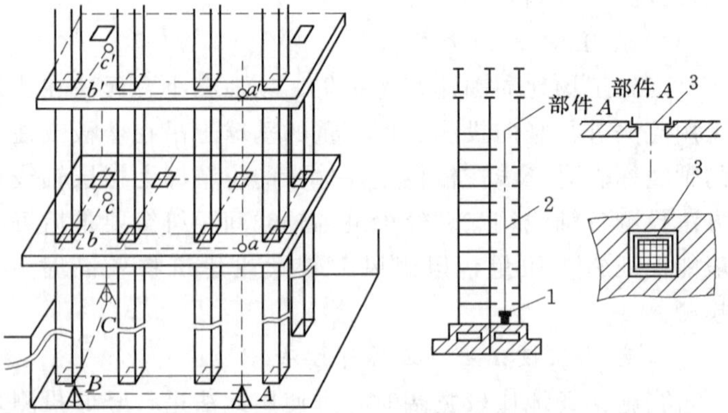

图 12.2.16　激光铅垂仪进行轴线投测

1—激光铅垂仪；2—激光束；3—接受靶

图 12.2.16 为某一建筑工程用激光铅垂仪投测轴线的情况。在建筑底层地面，选择与柱列轴线有确定方位关系的三个控制点 A、B、C。三点距轴线 0.5m 以上，使 AB 垂直于 BC，并在其正上方各层楼面上，相对于 A、B、C 三点的位置预留洞口 a、b、c 作为激光束通光孔。在各通光孔上各放置一个水平的激光接收靶，如图 12.2.16 中的部件 A，靶上刻有坐标格网，可以读出激光斑中心的纵横坐标值。将激光铅垂仪安置于 A、B、C 三点上，严格对中整平，接通激光电源，即可发射竖直激光基准线。在接收靶上激光光斑所指示的位置，即为地面 A、B、C 三点的竖直投影位置。角度和长度检核符合要求后，按底层直角三角形与柱列轴线的位置关系，将各柱列轴线测设于各楼层面上，做好标记，施工放样时可以当作建筑基线使用。

12.2.4.2　标高传递

在墙体施工中，必须根据施工场地水准点或±0.000 标高线，将高程向上传递。标高传递有以下两种方法。

1. 水准测量法

如图 12.2.17 所示，图 12.2.17（a）为室内标高传递，图 12.2.17（b）为室外标高传递。

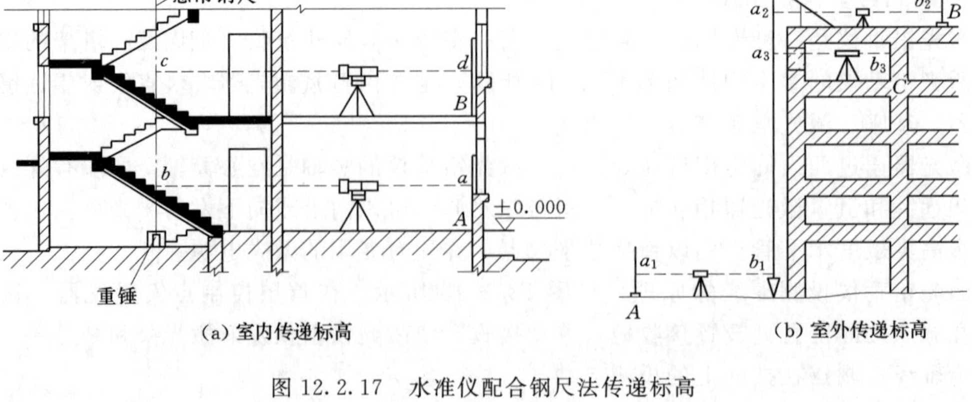

(a) 室内传递标高　　(b) 室外传递标高

图 12.2.17　水准仪配合钢尺法传递标高

(1) 先将钢尺固定好，水准仪安置在以现场水准点或±0.000标高线后视，树立起水准尺，水准仪安置在两尺中间，读取两尺的读数 a、b（a_1、b_1）。

(2) 将水准仪安置在施工楼层上，用水泥堆砌一固定点作前视，树立起水准尺，吊起的钢尺作后视，读取两尺的读数 c、d（a_2、b_2）。

(3) 传递到施工楼层的高程：如图12.2.17（a）所示，$H_B=0.000+a+(c-b)-d$；如图12.2.17（b）所示，$H_B=H_A+a_1+(a_2-b_1)-b_2$；$H_c=H_A+a_1+(a_3-b_1)-b_3$。

另外，也可用水准仪根据在现场水准点或±0.000标高线，在首层墙面上测出一条整米的标高线，以此线为依据，用钢尺向施工楼层直接量取。

以上两种方法可作相互检查，误差应在±6mm以内。

2. 全站仪测量法

如图12.2.18所示，首层已知水准点 $A(H_A)$，将其高程传递至某施工楼层 B 点处，其具体方法如下：

(1) 将全站仪安置在首层适当位置，以水平视线后视水准点 A，读取水准尺读数 a。

(2) 将全站仪视线调至铅垂视线（通过弯管目镜）瞄准施工楼层上水平放置的棱镜，测出铅直距离，即竖向高差 h。

(3) 将水准仪安置在施工楼层上，后视竖立在棱镜面处的水准尺，读数为 b，前视施工楼层上 B 点水准尺，读数为 c，则 B 点的高程为

$$H_B=H_A+a+h+b-c \qquad (12.2.2)$$

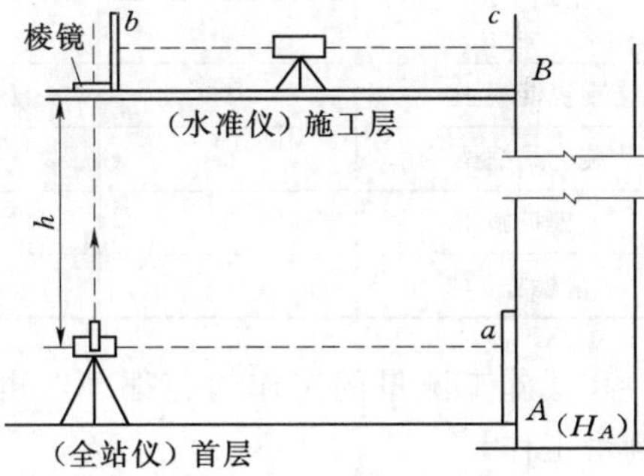

图12.2.18 水准仪配合全站仪法

这种方法传递高程与钢尺竖直丈量方法相比，不仅精度高，而且不受钢尺整尺段影响，操作也较方便。如果用很薄的反射镜片代替棱镜，将会更为方便与准确。

注意：水准仪和全站仪使用前应检验与校正，施测时尽可能保持水准仪前后视距相等；钢尺应检定，应施加尺长改正和温度改正（钢结构不加温度改正），当钢尺向上铅直丈量时，应施加标准拉力。

12.2.5 高层建筑施工测量

12.2.5.1 高层建筑施工测量的特点

高层建筑由于层数多、高度高、结构复杂，设备和装修标准较高以及建筑平面、立面造型新颖多变，所以高层建筑施工测量较之多层民用建筑施工测量有如下特点：

(1) 高层建筑施工测量应在开工前，制定合理的施测方案，选用合适的仪器设备和严密的施工组织与人员分工，并经有关专家论证和上级有关部门审批后方可实施。

(2) 高层建筑施工测量的主要问题是控制竖向偏差（垂直度），故施工测量中要求轴线竖向投测精度高，应结合现场条件、施工方法及建筑结构类型选用合适的投测方法。

(3) 高层建筑施工放线与抄平精度要求高，测量精度至毫米，并应使测量误差控制在总的偏差值以内。

(4) 高层建筑由于工程量大、工期长且大多为分期施工，不仅要求有足够精度与足够

密度的施工控制网（点），而且还要求这些施工控制点稳固，能够保存到工程竣工，有些还应能保存到工程交工后继续使用。

（5）高层建筑施工项目多，多为立体交叉作业，而受天气变化、建材性质、不同施工方法影响，而且施工测量时干扰大，故施工测量必须精心组织，充分准备，快、准、稳地配合各个工序的施工。

（6）高层建筑一般基础基坑深、自身荷载大、周期较长，为了保证安全，应按照国家有关规范要求，在施工期间进行相应项目的变形监测。

高层建筑的施工测量工作，重点是轴线竖向传递，控制建筑物的垂直偏差，保证各个楼层的设计尺寸。

根据施工规范规定，高层建筑竖向及标高施工偏差应符合表 12.2.1 的要求。

表 12.2.1　　高层建筑竖向及标高施工偏差限差

结构类型	竖向施工偏差限差/mm		标高偏差限差/mm	
	每层	全高	每层	全高
现浇混凝土	8	$H/1000$（最大 30）	±10	±30
装配式框架	5	$H/1000$（最大 20）	±5	±30
大模板施工	5	$H/1000$（最大 30）	±10	±30
滑模施工	5	$H/1000$（最大 50）	±10	±30

高层施工测量的工作内容很多，也较复杂。下面主要介绍轴线投测和高程传递两方面的测量工作。

12.2.5.2　轴线投测（竖向）

无论采用何种方法投测轴线，都必修在基础施工完成后，根据施工控制网，检测建筑物的轴线控制桩符合要求后，将建筑物的各轴线精确弹到±0.000 首层平面上，作为投测轴线的依据。目前，高层建筑的轴线投测方法分为内空法和外空法两类。

1. 外控法

当拟建建筑物外围施工场地比较宽阔时，常用外空法。它是根据建筑物的轴线控制桩，使用经纬仪（或全站仪）正倒镜向上投测，故称经纬仪竖向投测。它和多层民用建筑的经纬仪投测方法相同。但为了减小投测角度也可以将轴线投测到周围的建筑物上，再向上投测。用经纬仪投测时要注意以下几点：

（1）投测前对使用的仪器一定要进行严格检校。

（2）投测时要严格对中、整平，用正倒镜取中法向上投测，以减小视准轴误差和横轴误差的影响。

（3）控制桩或延长线桩要稳固，标志明显，并能长期保存。

2. 内控法

施工场地狭小特别是周围建筑物密集的地区，无法用外空法投测时，宜采用内空法投测轴线。在建筑物首层的内部细致布置内控点（平移主轴线），精确测定内控点的位置。内空法有以下两种：吊垂线法投测；垂准经纬仪或激光铅垂仪法投测。激光铅垂仪法投测在多层建筑轴线投测部分已经讲过，在此不再赘述。垂线法方法投测在多层建筑轴线投测部分也已讲过但有所不同，下面就吊垂线法加以介绍。

该法与一般的吊锤线法的原理是一样的，只是线坠的重量更大，吊线（细钢丝）的强度更高。

如图 12.2.19 所示，事先在首层地面上埋设轴线点的固定标志，轴线点之间应构成矩形或十字形等，作为整个高层建筑的轴线控制网。各标志上方的每层楼板都预留孔洞，供吊锤线通过。投测时，在施工层楼面上的预留孔上安置挂有吊线坠的十字架，慢慢移动十字架，当吊锤尖静止地对准地面固定标志时，十字架的中心就是应投测的点，在预留孔四周做上标志即可，标志连线交点，即为从首层投上来的轴线点。同理测设其他轴线点。

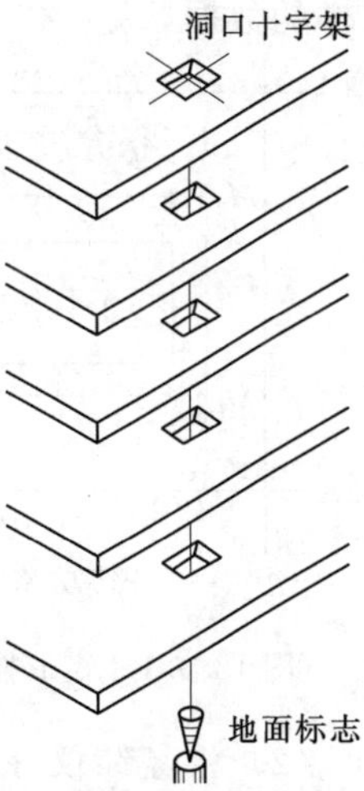

图 12.2.19　吊线坠法投测轴线

使用吊线坠法进行轴线投测，经济、简单且直观，精度也比较可靠，但投测较费时费力。

12.2.5.3　标高传递

墙体砌筑时，其首层标高用墙身“皮数杆”控制，二层以上楼房标高传递用前面将过的水准仪法和全站仪法传递标高，在此不再赘述。

基础标高传递，基坑开挖完成后，应及时用水准仪根据地面上的±0.000 水平线，将高程引测到坑底，并在基坑护坡的钢板或混凝土桩上做好标高为负的整米数标高线。由于基坑较深，引测时可多设几站观测，也可用悬吊钢尺代替水准尺进行观测。在施工过程中，如果是桩基，要控制好各桩的顶面高程；如果是箱基和筏基，则直接将高程标志测设到竖向钢筋和模板上，作为安装模板、绑扎钢筋和浇筑混凝土的标高依据。

12.3　工业厂房施工测量

工业建筑主要以厂房为主，厂房多采用预制构件在现场装配的方法施工。厂房的预制构件有柱子、吊车梁和屋架等。厂房柱子的跨距和间距大，隔墙少，其施工测量精度要求高。厂房施工测量主要内容：厂房矩形控制网的测设、厂房柱基础测设与厂房构件的安装测量。

12.3.1　施工放样的准备工作

1. 熟悉设计图纸和制定矩形控制网方案

设计图纸是施工测量的基础资料，工业厂房测设前应充分熟悉各种有关的设计图纸，以便了解建筑物与相邻地物的相互关系，以及建筑物本身的结构和内部尺寸关系，以获取测设工作中所需要的各中定位数据。

工业厂房大多为矩形，柱子为阵列式，其控制测量可根据建筑方格网或已有的其他控制点，在厂房外距外墙 4～6m 范围内布设一个和厂房平行的矩形网格，作为厂房施工测量的控制网，如图 12.3.1 所示。

2. 绘制放样略图和准备放样数据

施工放样前，根据施工图纸和已有控制点的位置绘制一张放样略图，并根据放样的方法计算好放样数据，标绘于略图上，以方便施工放样。如图 12.3.1 所示，是采用直角法放样的数据。

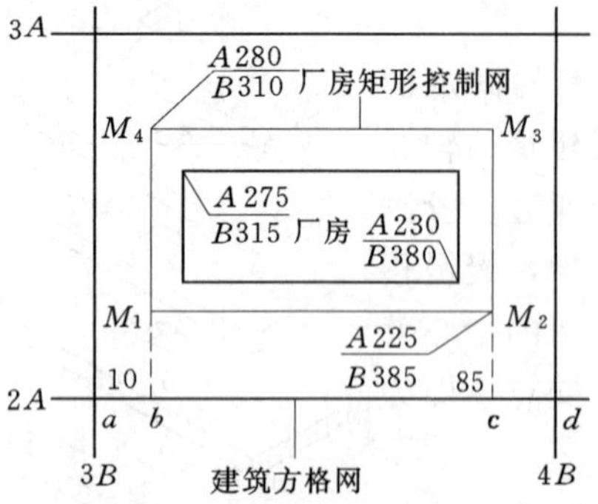

图 12.3.1　矩形控制网示意图

12.3.2　厂房矩形控制网的测设

1．测设方法

如图 12.3.1 所示，M_1、M_2、M_3、M_4 为欲要测设厂房矩形控制网的四个角点，称为厂房控制桩。矩形控制网的边线距厂房主轴线的距离为 5m，厂房控制桩的坐标可根据厂房角点的坐标计算得到。测设方法如下：

（1）将纬仪安置在建筑方格网点 a 上，精确照准 d 点，自 a 点沿视线方向分别量取 ab＝10.00m 和 ac＝85.00m，定出 b、c 两点。

（2）将经纬仪分别安置于 b、c 两点上，用测设直角的方法分别测出 bM_1、cM_2 方向线，沿 bM_1 方向测设出 M_1、M_4 两点，沿 cM_2 方向测设出 M_2、M_3 两点，分别在 M_1、M_2、M_3、M_4 四点上钉立木桩，做好标志。

（3）最后检查 M_1、M_2、M_3、M_4 四个控制桩各点的距离和角度是否符合精度要求。

2．精度要求

一般情况下，测设角度误差不应超过±10″，各边长度相对误差不应超过 1/10000～1/25000。然后在控制网各边上按一定距离测设距离指示桩，以便对厂房进行细部放样。

12.3.3　厂房基础施工测量

1．厂房柱列轴线测设

如图 12.3.2 所示，M_1、M_2、M_3、M_4 是厂房矩形控制网的角桩，A、B、C 及 1、2、3、4、5、6 轴线分别是厂房的纵、横柱列轴线，又称定位轴线。纵向轴线间的距离表示厂房的跨度，横向轴线的距离表示厂房的柱距。在进行柱基测设时，应注意定位轴线不一定是柱的中心线，一个厂房的柱基类型很多，尺寸不一，放样时应特别注意。

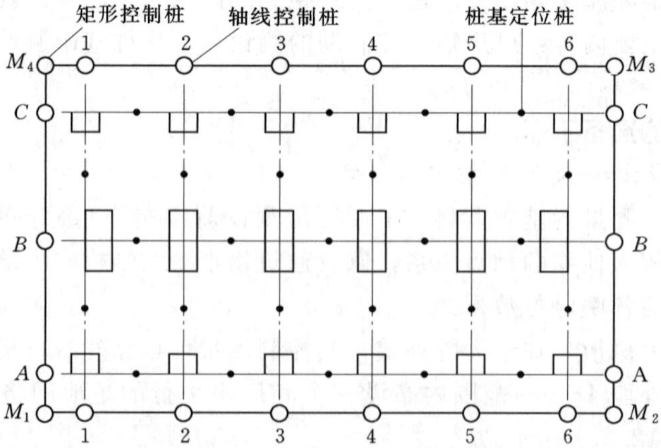

图 12.3.2　厂房柱列轴线测设示意图

如图 12.3.2 所示，在厂房控制网建立以后，在 M_1 点上安置经纬仪，照准 M_2 定线，即可按柱列间距用钢尺从 M_1 量起，沿矩形控制网边定出 M_1 到 M_2 上各轴线桩的位置，用同样方法定出其他各边轴线桩的位置，并在桩顶上钉入小钉，作为桩基放线和构件安装的依据。

2. 混凝土杯型基础的放样

图 12.3.3 为混凝土杯型基础的剖面图。

柱基的测设应以柱列轴线为基线，按基础施工图中基础与柱列轴线的关系尺寸进行。现以图 12.3.2 中 B 轴与 5 轴交点处的基础详图为例，说明柱基的测设方法。

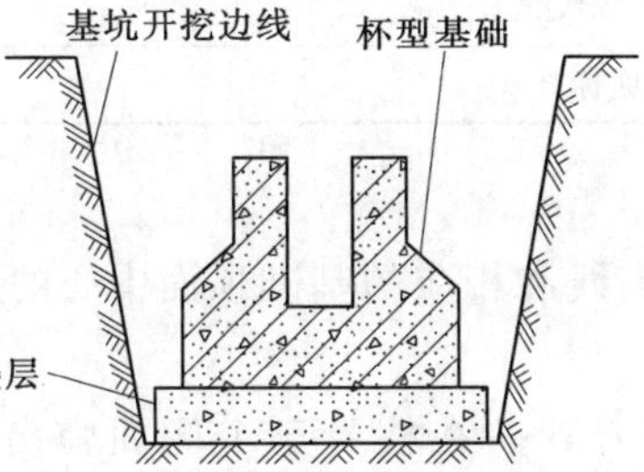

图 12.3.3 杯型基础的剖面图

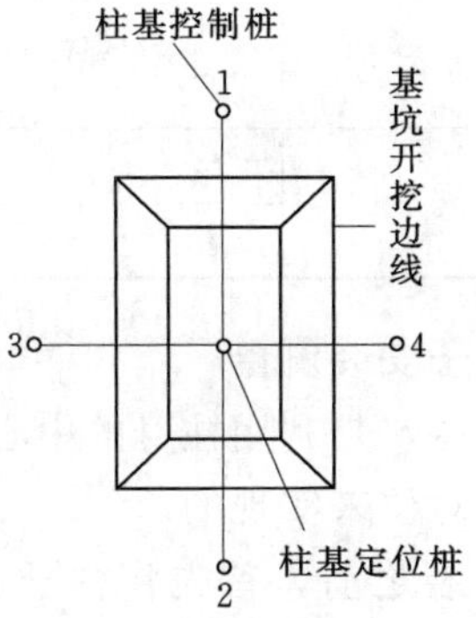

图 12.3.4 柱基测设示意图

首先将两台经纬仪分别安置在 B 轴与 5 轴一端的轴线控制桩上，瞄准各自轴线另一端的轴线控制桩，交会定出轴线交点作为该基础的定位点（注意：该点不一定是基础中心点）。在轴线上沿基础开挖边线以外 1～2m 处打入四个小木桩，并在桩上用小钉标明点位。如图 12.3.4 所示，木桩应钉在基础开挖线以外一定位置，留有一定空间以便修坑和立模；再根据基础详图的尺寸和放坡宽度，量出基坑开挖的边线，并撒上石灰线，此项工作称为柱基线的放线。

3. 基坑的抄平

柱基测设完成并符合精度要求后，可按石灰边线和设计坡度开挖。当挖到一定深度后，用水准仪在坑壁四周离坑底 0.3～0.5m 处测设几个水平桩以用作检查坑底标高和打垫层的依据，基坑水平桩和民用建筑基坑的测设方法相同，在此不再赘述。

基础垫层做好后，根据基坑旁的柱基控制桩，用拉线吊锤球法将基础轴线投测到垫层上，弹出墨线，作为柱基础立模和布置钢筋的依据。立模板时，将模板底线对准垫层上的定位线，并用锤球检查模板是否垂直。最后将柱基顶面设计高程测设在模板内壁。

12.3.4 厂房构件的安装测量

装配式工业厂房的构件安装时，必须使用测量仪器严格检测、校正，各构件才能正确安装到位并符号设计要求。安装的部件主要有柱子、梁和屋架等，其安装精度应符合表 12.3.1 的规定。

表 12.3.1　　厂房构件的安装容许误差

项　目			容许误差/mm
杯型基础	中心线对轴线偏移		10
	杯底安装标高		+0，−10
柱	中心线对轴线偏移		5
	上下柱接口中心偏移		3
	垂直度	柱高≤5m	5
		柱高>5m	10
		柱高≥10m 多节柱	1/1000 柱高，不大于 20
	牛腿面和柱高	柱高≤5m	+0，−5
		柱高>5m	+0，−8
梁或吊车梁	中心线对轴线偏移		5
	梁上面标高		+0，−5

12.3.4.1　柱子安装测量

柱子的安装，是利用柱身的中心线、标高线和相应的基础顶面中心的定位线、基础内侧标高线进行对位来实现的。

在柱子安装之前，首先将柱子按轴线编号，并在柱身三个侧面弹出柱子的中心线，并且在每条中心线的上端和靠近杯口处画上“▶”标志。并根据牛腿面设计标高，向下用钢尺量出一 60cm 的标高线，并画出“▼”标志，如图 12.3.5 所示，以便校正时使用。

在杯形基础上，由柱列轴线控制桩用经纬仪把柱列轴线投测到杯口顶面上，如图 12.3.5 所示，并弹出墨线，用红油漆画上“▼”标志，作为柱子吊装时确定轴线的依据。当柱子中心线不通过柱列轴线时，还应在杯形基础顶面四周弹出柱子中心线，仍用红油漆画“▼”标志。同时用水准仪在杯口内壁测设一条−60cm 标高线，并画“▼”标志，用以检查杯底标高是否符合要求，然后用 1∶2 水泥砂浆抹在杯底进行找平，使牛腿面符合设计高程，如图 12.3.6 所示。

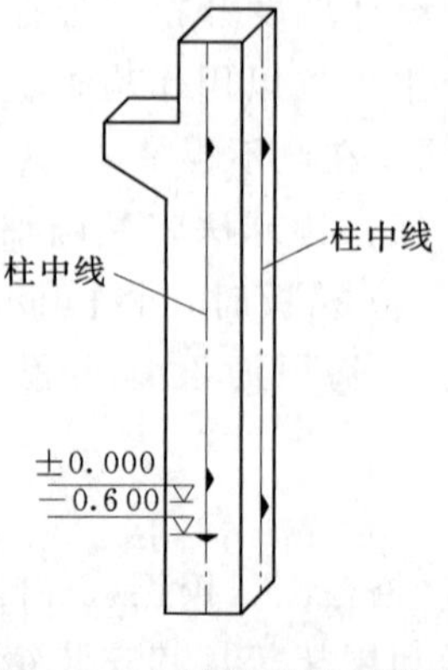

图 12.3.5　柱身弹线示意图

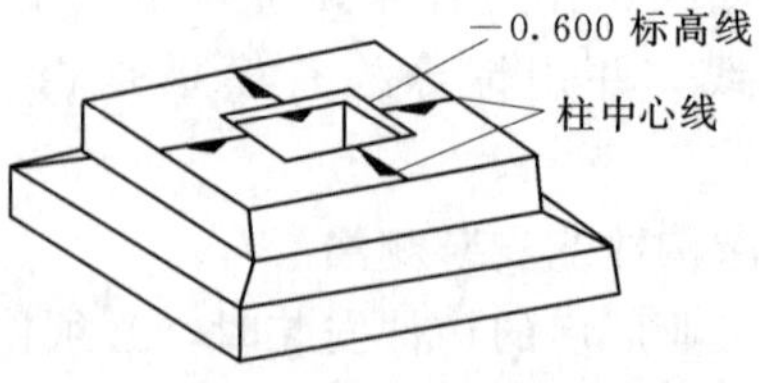

图 12.3.6　基础杯口弹线示意图

柱子被吊装进入杯口后，先用木楔或钢楔暂时进行固定。用铁锤敲打木楔或者钢楔，使柱在杯口内平移，直到柱中心线与杯口顶面中心线对齐（偏差不大于5mm）。用水准仪检测柱身的标高线，然后用两台经纬仪分别在相互垂直的两条柱列轴线上，相对于柱子的距离大于1.5倍柱高处同时观测，如图12.3.7所示，进行柱子校正。观测时，将经纬仪照准柱子底部中心线上，固定照准部，逐渐上仰望远镜，通过校正使柱身中心线与十字丝竖丝相重合。

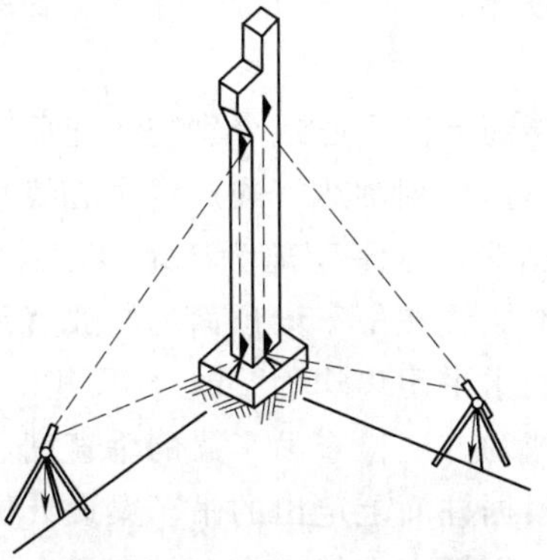

图12.3.7　单根柱子校正示意图

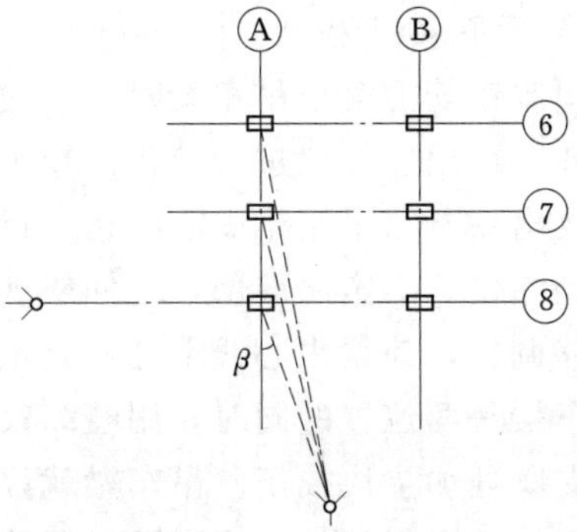

图12.3.8　多根柱子校正示意图

为了提高工作效率，一般可以将经纬仪安置在轴线的一侧，与轴线成10°左右的方向线上，一次可以校正几根柱子，如图12.3.8所示。当校正变截面柱子时，经纬仪必须放在轴线上进行校正，否则容易出现差错。

柱子校正时的注意事项如下：

(1) 校正前经纬仪应经过严格检校，因为校正柱子垂直度时，往往只用盘左或盘右观测，仪器误差影响很大。

(2) 柱子在两个方向的垂直度都校正好后，应再复查平面位置，看柱子下部的中心线是否仍对准基础的轴线。

(3) 考虑到过强的日照将使柱子产生弯曲，使柱顶发生位移，当对柱子垂直度要求较高时，柱子垂直度校正应尽量选择在早晨无阳光直射或阴天时校正。柱长小于10m时可不考虑温度的影响。

12.3.4.2　吊车梁和吊车轨的安装测量

吊车梁安装时，测量工作的任务是使柱子牛腿上的吊车梁的平面位置、顶面标高及端面中心线的垂直度都符合要求。

1. 准备工作

首先在吊车梁顶面和两端弹出中心线，再根据柱列轴线把吊车梁中心线投测到柱子牛腿侧面上，作为吊装测量的依据。投测方法如图12.3.9所示，先计算出轨道中心线到厂房纵向柱列轴线的距离e，

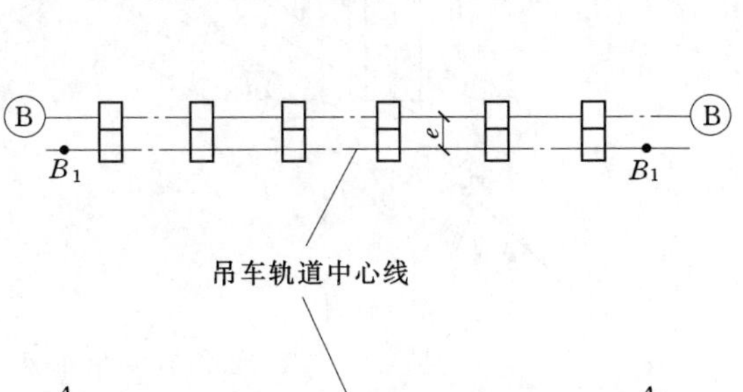

图12.3.9　吊车梁中心线投测示意图

再分别根据纵向柱列轴线两端的控制桩，采用平移轴线的方法，在地面上测设出吊车轨道中心线 A_1A_1 和 B_1B_1。将经纬仪分别安置在 A_1A_1 和 B_1B_1 一端的控制点上，严格对中、整平，照准另一端的控制点，仰视望远镜，将吊车轨道中心线投测到柱子的牛腿侧面上，并弹出墨线。

同时根据柱子±0.000 位置线，用钢尺沿柱侧面量出吊车梁顶面设计标高线，在柱子上画出标志线作为调整吊车梁顶面标高用。

吊车梁中心线也可用厂房中心线为依据进行投测。

2. 吊车梁吊装测量

吊装预制钢筋混凝土吊车梁时，应使其两个端面上的中心线分别与牛腿面上梁端中心线初步对齐，再用经纬仪进行校正。校正方法是根据柱列轴线（或厂房中心线）用经纬仪在地面上放出一条与吊车梁中心线相平行的校正轴线，水平距离为 1m。在校正轴线一端点处安置经纬仪，固定照准部，上仰望远镜，照准放置在吊车梁顶面的横放直尺，对吊车梁进行平移调整，使梁中心线上任一点距校正轴线水平距离均为 1m，如图 12.3.10 所示。在校正吊车梁平面位置的同时，用经纬仪或吊锤球的方法检查吊车梁的垂直度，不满足时在吊车梁支座处加垫块校正。吊车梁就位后，先根据柱面上定出的吊车梁设计标高线检查梁面的标高，并进行调整，不满足时用抹灰调整。再把水准仪安置在吊车梁上，精确检测实际标高，其误差应在±3mm 以内。

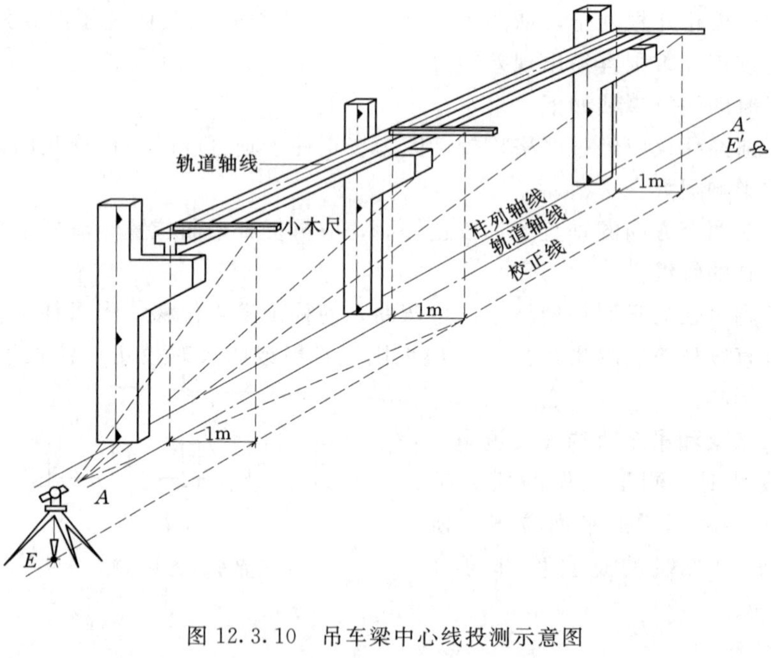

图 12.3.10　吊车梁中心线投测示意图

3. 吊车轨道安装测量

当吊车梁安装到位以后，用经纬仪将吊车轨道线投测到吊车梁顶面上。由于安置在地面上的经纬仪可能与吊车梁顶面不通视，因此吊车轨道安装测量仍可采用与吊车梁的安装校正相同的方法测设，如图 12.3.9 所示。

用钢尺检查两轨道中心线之间的跨距，其跨距与设计跨距之差不得大于 3mm。在轨道的安装过程中，要随时检测轨道的跨距和标高。

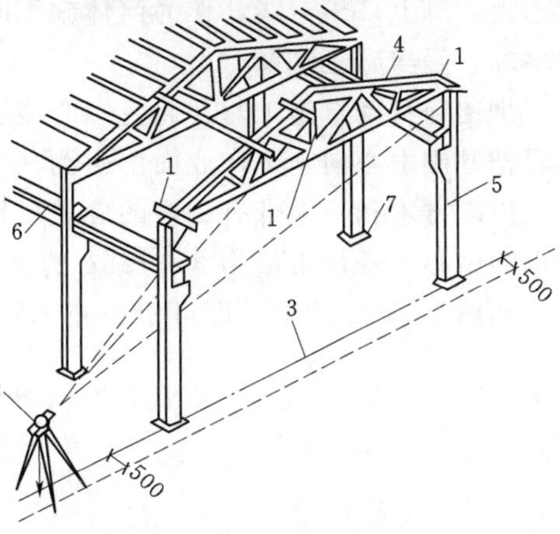

图 12.3.11　屋架安装示意图

1—卡尺；2—经纬仪；3—定位轴线；4—屋架；5—柱；6—吊车梁；7—基础

12.3.4.3　屋架安装测量

屋架安装测量的主要任务同样是使其平面位置及垂直度符合要求。

如图 12.3.11 所示，屋架的安装测量与吊车梁安装测量的方法基本相似。屋架的垂直度是靠安装在屋架上的三把卡尺（在安装前，固定在屋架上。），通过经纬仪进行检查、调整。屋架垂直度的允许误差为：薄腹梁为 5mm，桁架屋架为高度的 1/250。

12.4　烟囱施工测量

烟囱是典型的高耸构筑物，其特点是：基础小，主体高，抗倾覆性能差。因此施工测量工作主要是确保主体竖直。按施工规范规定：筒身中心轴线垂直度偏差最大不得超过 $H/1000$（H 以 mm 为单位）。

12.4.1　烟囱中心定位测量

烟囱中心定位测量，根据已知控制点或原有建筑物与烟囱中心的尺寸关系，在施工场地上用极坐标法或其他方法测设出基础中心位置 O 点。如图 12.4.1 所示，在通过 O 点定出两条互相垂直的直线 AB 和 CD，其中 A、B、C、D 各控制桩至烟囱中心的距离应大于其高度的 1～1.5 倍，同时在 AB 和 CD 方向上定出 E、F、G、H 四个点作基础的定位桩，并应妥善保护。E、F、G、H 四个定位桩，应尽量靠近所建构筑物但又不影响桩位的稳固，用于修坑和恢复其中心位置。

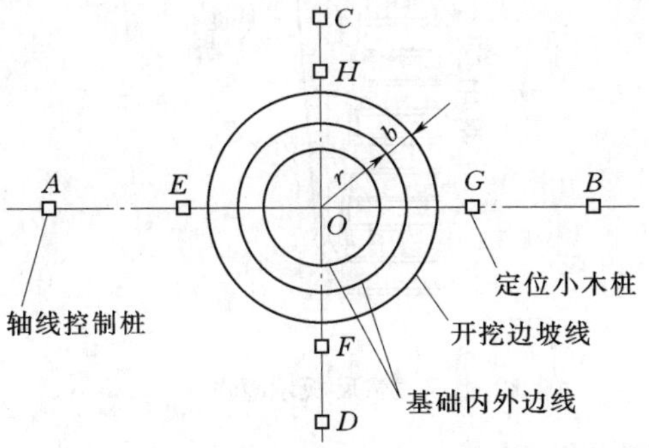

图 12.4.1　烟囱基础定位放线图

（b 为基坑的放坡宽度；r 为构筑物基础的外侧半径）

12.4.2　基础施工测量

如图 12.4.1 所示，以基础中心点 O 为圆心，以 $r+b$ 为半径，在场地上画圆，撒上石灰线以标明基础开挖范围。

当基坑开挖到接近设计标高时，按房屋施工测量中基槽开挖深度控制的方法，在基坑内壁测设水平桩，作为检查基础深度和浇筑混凝土垫层的依据。

浇筑混凝土基础时，应在基础中心位置埋设钢筋作为标志，并在浇筑完毕后，依据定位桩用经纬仪把基础中心点 O 精确地引测到钢筋标志上，刻上“+”线，作为筒体施工时控制筒体中心位置和筒体半径的依据。

12.4.3　筒身施工测量

烟囱筒身砌筑施工时，筒身中心线、直径、收坡应严格控制，通常是每施工到一定高度要把基础中心向施工作业面上引测一次。具体引测方法是：先在施工作业面上横向设置一根控制方木和一根带有刻度的旋转尺杆，如图 12.4.2 所示，尺杆零端铰接于方木中心。方木的中心下悬挂质量为 8～12kg 的锤球。平移方木，将锤球尖对准基础面上的中心标志，如图 12.4.3 所示，即可检查施工作业面的偏差，并在正确位置继续进行施工。

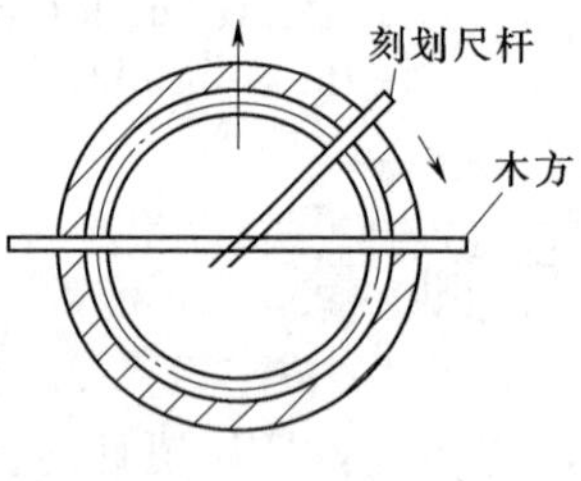

图 12.4.2　旋转尺杆

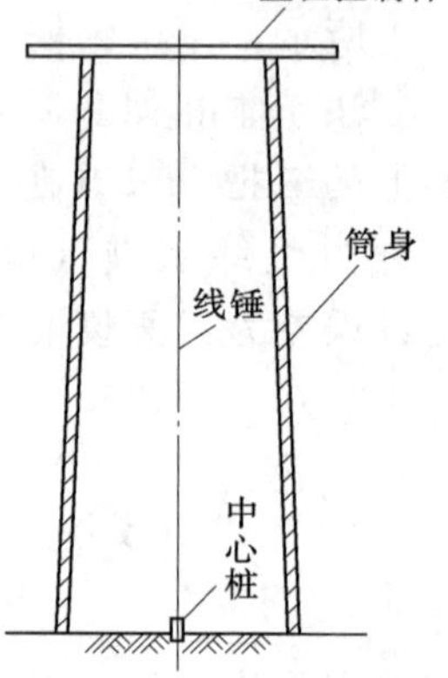

图 12.4.3　筒体中心线引测示意图

对较高的混凝土烟囱，为保证施工精度要求，可采用激光铅垂仪进行烟囱铅垂定位。定位时将激光铅垂仪安置在烟囱基础的中心点上，在工作面中央处安放激光铅垂仪接收靶，每次提升工作平台前后都应进行铅垂定位测量，并及时调整偏差。

在筒体施工的同时，还应检查筒体砌筑到某一高度时的设计半径。如图 12.4.4 所示，某高度的设计半径 $r_{H'}$ 为

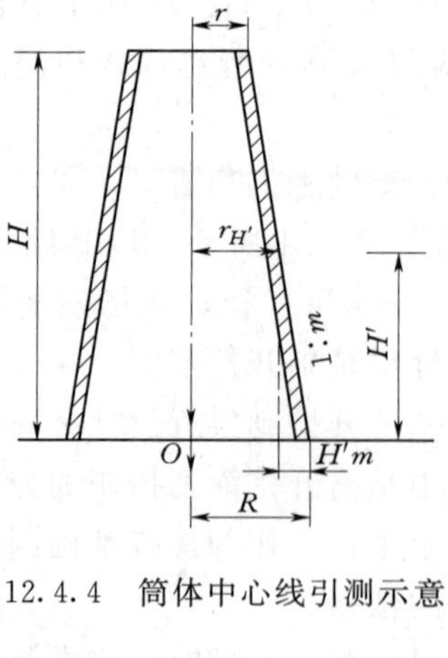

图 12.4.4　筒体中心线引测示意图

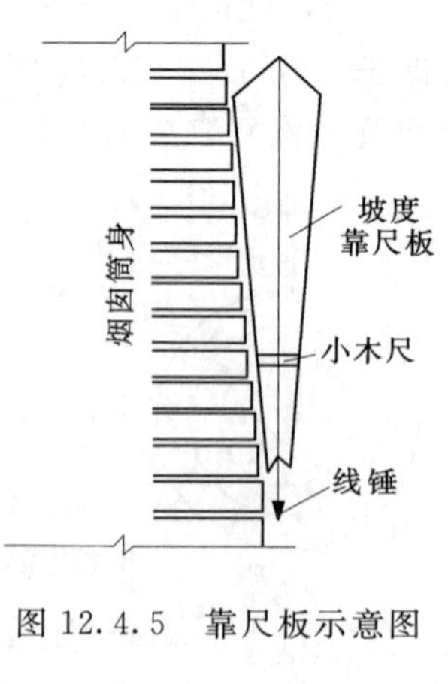

图 12.4.5　靠尺板示意图

$$r_{H'} = R - H'm \qquad (12.4.1)$$

式中　R——筒体底面外侧设计半径；

m——筒体的收坡系数。

收坡系数的计算公式为

$$m=(R-r)/H \tag{12.4.2}$$

式中 r——筒体顶面外侧设计半径；

H——筒体的设计高度。

为了保证筒身收坡符合设计要求，还应随时用靠尺板来检查。靠尺形状如图 12.4.5 所示，两侧的斜边是严格按照设计要求的筒壁收坡系数制作的。在使用过程中，把斜边紧靠在筒体外侧，如筒体的收坡符合要求，则锤球线正好通过下端的缺口。如收坡不符合要求，可通过坡度尺上小木尺读数反映其偏差大小，以便使筒体收坡及时得到控制。

12.4.4 标高传递

筒体的标高控制是用水准仪在筒壁上测出＋0.500m（或任意整分米）的标高控制线，然后以此线为准用钢尺量取筒体的高度；也可用带有弯管目镜的全站仪向上传递高程。

实 训 与 习 题

1. 实训任务、要求与能力目标

任务	要 求	能 力 目 标
建筑物施工放样	1. 测设建筑基线； 2. 测设各轴线交点； 3. 引桩测设； 4. 龙门桩测设； 5. 放样检查	1. 具有建筑基线测设的能力； 2. 具有用直角坐标法测设各轴线交点的能力； 3. 具有测设轴线引桩、龙门桩的能力

2. 习题

（1）什么是建筑基线？建筑基线的常用形式有哪几种？

（2）建筑施工测量前有哪些准备工作？

（3）原有建筑物与新建筑物的相对位置关系，新旧建筑物的外墙间距 10m，右侧墙边对齐，新建建筑物的长轴为 30m、短轴为 10m，轴线与外墙边线间距为 0.12m，试述根据原有建筑物测设新建筑物轴线交的方法。

（4）房屋主体施工测量轴线投测的方法？

（5）在墙体施工中，如何使用水准仪将室内标高向上传递？

（6）高层建筑施工测量有哪些特点？

（7）厂房主轴线如何测设？如题图 12.1 所示，测得 $\angle A'O'B'=180°01'42''$，设计 $a=100$m，$b=100$m。假设主轴线上 A、O、B 三点测设于地面上的点位为 A'、O'、B'，试求调整值 δ，并说明如何调整才能使三点成为一直线？

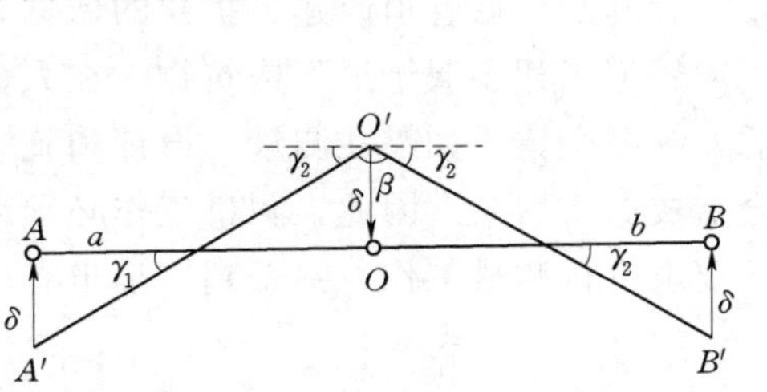

题图 12.1 调整三个主点的位置

（8）如何进行柱子的校正工作及应注意什么问题？

第13章 管道工程测量

学习目标：

通过本章的学习，了解管道工程测量的基本过程；了解管道工程各阶段的测量工作，掌握管道工程中线测设、纵横断面测量、纵横断面图绘制及土方计算的方法；掌握管道施工测量的方法及步骤。具有一般管道施工中线测设、纵横断面测量、管道施工放样的能力。

13.1 概　　述

在城市和工业建设中，常见的管道有给水、排水、煤气、暖气、电缆、通信、输油、输气等管道。管道工程测量就是为各种管道的设计和施工服务的，其主要内容包括管道中线测量、管道纵、横断面测量、管道施工测量。主要任务是为管道工程设计提供地形图及纵、横断面图并将设计的管道位置测设到实地上。管道工程各阶段所需的具体测量工作包括以下几项：

（1）收集确定区域内大中比例尺地形图、控制点资料、原有各种管道的平面图及断面图等。

（2）勘测与定线。利用已有地形图，结合现场勘测，进行规划和纸上定线。

（3）地形图测绘。根据初步规划的线路，实地测量管道附近的带状地形图或修测原有地形图。

（4）管道中线测量。根据设计要求，在实地标定出管道中线位置。

（5）纵、横断面图测量。测绘管道中心线和垂直于中心线方向的地面高低起伏情况。

（6）管道施工测量。根据定线成果及设计要求，将管道敷设于实地所需进行的测量工作。

（7）竣工测量。将施工成果通过测量绘制成图，反映实际施工情况，作为使用期间维修、管理及今后管道改建、扩建的依据。

管道工程多属于地下构筑物，在大、中城镇和工矿企业中，各种管道往往互相上下穿插，纵横交错。如果在测量、设计和施工中出现差错而没有及时发现，一经埋设，以后将会造成严重后果。因此，测量工作必须采用城市和厂区的统一坐标和高程系统，严格按设计要求进行测量工作，并做到“步步有检核”，只有这样才能保证施工质量。

13.2 中 线 测 设

管道中线测设的任务是将设计的管道中心线的位置测设于实地，并用木桩标定出来。其主要工作内容是主点桩测设、中桩的测设及线路转向角测量、里程桩和加桩的标定等。

13.2.1 主点测设

所谓管道的主点指的是管道的起点、转向点、终点等。主点的位置及管道方向在设计时确定。主点测设的数据可用图解法或解析法求得。

1. 图解法

当管线规划设计图的比例尺较大，而且管线交点附近又有明显可靠的地物时，可采用图解法，交点桩的测设可按几何关系取得数据。沿管线转点进行导线测量，与附近的测量控制点连测，构成附合导线形式，以检查转点测设的正确性。

2. 解析法

当管线规划设计图上已给出主点坐标，而且主点附近有控制点时，可以用解析法计算出测设数据。

管道主点测设是利用上述准备好的数据，采用直角坐标法、极坐标法、角度交会法和距离交会法等测设出各点，打桩作为点的标志。具体测设时，各种方法可独立使用，也可相互配合。

主点测设完毕必须进行校核。校核的方法是通过主点的坐标，计算出相邻主点间的距离，然后实地进行测量，看其是否满足工程的精度要求。在管道建筑规模不大且无现成地形图可供参考时，也可由工程技术人员现场直接确定主点位置。

13.2.2 中桩测设

为了测定管道长度和测绘纵、横断面图，从管道起点开始，沿中线设置整桩和加桩，这项工作称为中桩测设。沿管道中心线，每隔某一整数设置一桩，这种桩称为整桩。整桩间距为 20m、30m 或 50m。在相邻两整桩之间如有地面坡度变化以及重要地物（铁路、公路、桥梁等），还需要打加桩，在新管线与旧管线及道路的交叉处，也应打加桩。整桩和加桩的桩号是它距离管道起点的里程，一般用红油漆写在木桩的侧面。例如某一加桩距管道起点的距离为 2184.54m，则其桩号为 2＋184.54，即公里数＋米数（“＋”号前的数值表示 km 数，“＋”号后的数值表示 m 数）。

不同管道的起点不一定相同，例如给水管道以水源为起点，排水管道以下游出水口为起点，煤气、热力等管道以来气方向为起点，电力、电信管道以电源为起点。

13.2.3 转向角测量

如图 13.2.1 所示，转向角（或称偏角）是指管道转变方向时，转变后的方向与原始方向之间的夹角 α。转向角有左、右之分，偏转后的方向位于原来方向右侧时，称为右转向角；偏转后的方向位于原来方向左侧时，称为左转向角。当桩定到转折点上时，应用仪器测定转向角 α。管道工程对转向角的测设有严格的要求，它直接影响工程质量及管道的正常使用。

13.2.4 绘制管道里程桩图

在中桩测设和转向角测量的同时，应将管线情况标绘在已有的地形图上，如无现成地形图，应将管道两侧带状地区的情况绘制成草图，这种图称为里程桩图（或里程桩手簿）。带状地形图的宽度一般以中线为准，左、右各 20m，如遇建筑物，则需测绘到两侧建筑物，并用统一图式表示。测绘的方法主要用皮尺以距离交会法或直角坐标法为主进行，也可用皮尺配合罗盘仪以极坐标法进行测绘，如图 13.2.2 所示。

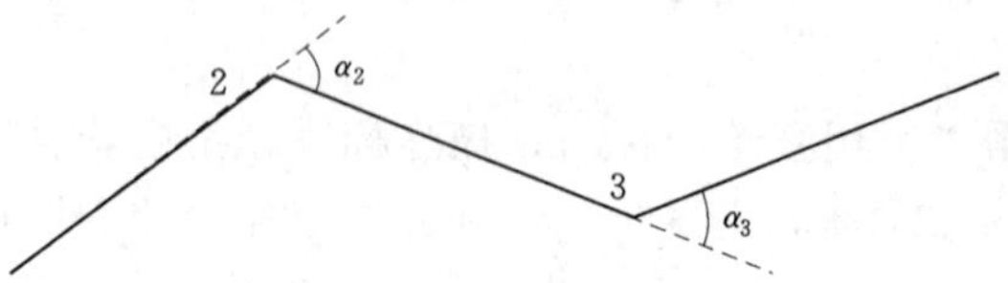

图 13.2.1　转向角

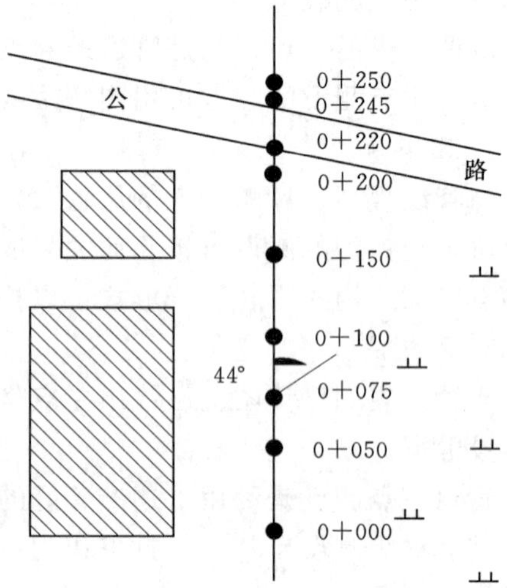

图 13.2.2　里程桩

13.3　纵、横断面测量

13.3.1　管道纵断面测量

管道纵断面测量的内容是根据沿管线中心线所测得的桩点高程和桩号绘制成纵断面图。

1. 水准点的布设

为保证管线全线的高程测量精度，一般在管道沿线每隔 1～2km 设置一永久性水准点，作为全线高程的主要控制点，中间每隔 300～500m 设置一临时性水准点，作为纵断面水准测量附合检查和施工时引测高程的依据。水准点应布设在便于引测，便于长期保存，且在施工范围以外的稳定建（构）筑物上。水准点的高程可用附合或闭合水准路线，自高一级水准点按四等水准测量的精度和要求进行引测。

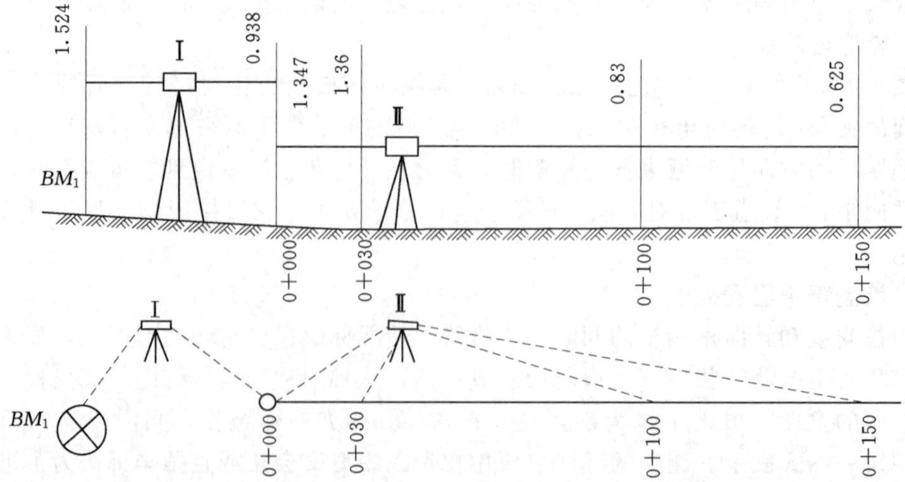

图 13.3.1　纵断面水准测量

2. 纵断面水准测量

如图13.3.1所示，纵断面测量采用普通水准测量方法进行，通常以相邻两水准点为一测段，从一个水准点出发，逐点测量各中桩的高程，再附合到另一水准点上，进行校核。实际测量中，可采用中间点法。由于相邻各桩之间距离不远，一站上可以测定若干个桩点的高程（地面高程），除其中最端头的一个桩点用作转点传递高程外，中间各个不用作传递高程的桩点称作间视点。观测和记录应按桩号顺序进行，先读取后视转点读数，再依次读取各间视点读数，最后读取前视转点读数（注意转点桩位观测时地面应放置尺垫）；采用视线高法计算各点高程。转点读数和高程计算取至mm，间视点读数和高程计算取至cm。记录方法见表13.3.1。

表13.3.1　纵断面水准测量计算

点　号	后视 /m	视线高程 /m	中间点 /m	前视 /m	高程 /m	备注
BM_1	1.524	501.524			500.000	$H_{BM_1}=500.000$
0+000	1.347	501.933		0.938	500.586	
0+030			1.36		500.57	
0+100			0.83		501.10	
0+150				0.625	500.308	
…	…	…	…	…	…	…

3. 管道纵断面图的绘制

纵断面图反映了沿管线中心线的地面起伏和坡度陡缓情况，是设计管道埋深、坡度和计算土方量的主要依据。纵断面图是依据整桩和加桩的桩号及高程，绘制在印有毫米方格的坐标纸上，图上纵向表示高程，横向表示里程（平距）。为了明显反映地面起伏情况，通常高程比例尺为平距比例尺的10倍或20倍。里程比例尺有1∶5000、1∶2000和1∶1000几种。纵断面图分为上下两部分。图的上半部绘制原有地面线和管道设计线。下半部分则填写有关测量及管道设计的数据。管道纵断面图绘制步骤如下：打格制表、填写数据、绘地面线、标注设计坡度线、计算管底设计高程、绘制管道设计线、计算管道埋深、在图上注记有关资料。

13.3.2　管道横断面图测绘

横断面测量是指在整桩和加桩处，垂直于中线的方向，测出两侧地形变化点至管道中线的平距和高差，依此绘制的断面图，称为横断面图。平距和高差的测量方法可用标杆皮尺法、水准仪皮尺法、经纬仪视距法等。横断面图为确定线路横向施工范围、计算土石方数量提供资料。横断面测量的宽度视线路规模及精度要求而定，一般以能在横断面图上套绘出设计横断面为原则，并留有余地。

横断面图一般绘制在毫米方格纸上。为了方便计算面积，横断面图的距离和高差采用相同的比例尺，通常为1∶100或1∶200。绘制横断面图时，先在适当位置标定桩点，并注上桩号和高程；然后以桩点为中心，以横向代表平距，纵向代表高差，根据所测横断面成果标出各断面点的位置，用直线依次连接各点，即绘出管道的横断面图。依据纵断面的管底埋深、纵坡设计以及横断面上的中线两侧地形起伏，可以计算出管道施工时的土石方量。

由于横断面图数量较多，为了节约纸张和使用方便，在一张坐标纸上往往要绘很多个横断面图，必须依照桩号顺序从上至下、从左至右排列；同一纵列的各横断面中心桩应在同一纵线上，彼此之间隔开一定距离。

当然上述断面图除了手工绘制外，现在也可以在AutoCAD或者CASS软件中绘制相应的断面图，并可计算出线路施工的土方量。

13.4 管道施工测量

在纵断面图上完成管道设计后，就可以开始进行管道施工测量。

13.4.1 测量工作

1. 熟悉图纸和现场情况

施工测量前，应收集管道测量所需要的管道平面图、纵横断面图、附属构筑物图等有关的设计资料和测量资料，认真熟悉和核对设计图纸，了解精度要求和工程进度安排等，还要深入施工现场，熟悉地形，找出各交点桩、里程桩、加桩和水准点位置并加以检核。

2. 校核中线

管道中线测量时所钉设的中线桩、交点桩、转点桩的位置，施工开挖时可能会碰动或者破坏，为了保证中线位置的准确性，在开工前需要对中线进行检核，并将丢失和被破坏或移动的桩点补齐或重设。在检核中线时，应根据检查井、支管等附属构筑物的设计数据将其位置标定出来。

3. 测设施工控制桩

由于施工时中线上各桩要被挖掉，为了便于恢复中线和其他附属构筑物的位置，应在不受施工干扰、引测方便和易于保存桩位处设置施工控制桩。施工控制桩分中线控制桩和位置控制桩两种。

中线控制桩一般测设在管道起止点和各转折点处的中线延长线上，若管道直线段较长，可在中线一测的管槽边线外测设一条与其平行的轴线，利用该轴线表示恢复中线和构筑物的位置。位置控制桩测设在与管道中线垂直的方向上，控制桩要钉在槽口外0.5m左右，与中线的距离最好是整米数。恢复附属构筑物的位置时，通过两控制桩拉细绳，细绳与中线的交点即为构筑物的中心位置。

4. 水准点的加密

为了便于在施工期间测设高程，应根据设计阶段布设的水准点，在沿线附近每隔100～150m增设一个临时水准点，其精度要求由管线工程性质和有关规范确定。

13.4.2 确定开槽口边线

根据管道的设计埋置深度、管径大小，再根据沿线的土质情况，决定管槽开挖的宽度，在地面上定出槽边线的位置，撒上白灰线，作为开槽的依据。

当地面平缓时，如图13.4.1所示，开槽宽度按式（13.4.1）计算：

$$B=b+2mh \tag{13.4.1}$$

当地面有起伏时，如图13.4.1所示，中线两侧槽口并不一致，半槽口宽度按下式计算：

$$B_1=\frac{b}{2}+m(h-h_1) \tag{13.4.2}$$

$$B_2=\frac{b}{2}+m(h+h_2) \tag{13.4.3}$$

式中 B——左、右边桩的距离；

b——槽底宽度；

$1:m$——边坡坡度；

h——挖槽深度。

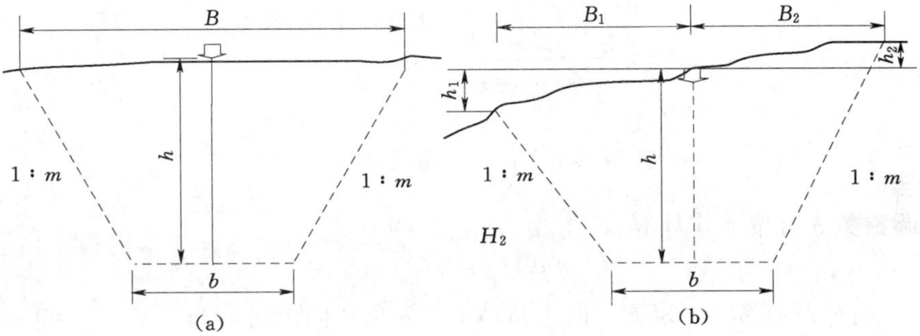

图13.4.1 开槽口边线

13.4.3 管道施工测量

管道施工中测量的主要任务就是依据工程的进度，及时测设出控制中心线位置及开挖深度的标志。

13.4.3.1 地下管道施工测量

管槽开挖及管道的安装和埋设等施工过程中，应根据进度的要求，反复进行中线、高程和坡度的测设。常用的方法有以下两种。

1. *龙门板法*

(1) 设置坡度板及测设中线钉。管道施工中的测量工作主要是控制管道中线设计位置和管底设计高程。为此，需要设置坡度板。坡度板跨槽设置，一般间隔10～20m，并编以板号，遇到检修井等构筑物时应加埋坡度板。根据中线控制桩，用经纬仪把管道中心线投测到坡度板上，用小钉作为标记，称为中线钉，以控制管道中心的平面位置。

开槽后，应设置坡度横板，以控制管道沟槽按照设计中线位置进行开挖。一般每隔10～20m设置一块坡度横板，并编以桩号。在中线控制桩上安置经纬仪，将管道中线投测到坡度横板上，钉上小铁钉（称中线钉）做标志。

(2) 测设坡度钉。为控制沟槽开挖的深度，要测量出坡度板板顶的高程。板顶高程与相应的管底设计高程之差，就是从板顶向下挖土的深度。如图13.4.2所示，在坡度横板上中线一侧钉高程板（也称坡度立板），在高程板上测设一无头小钉（称坡度钉），以控制沟底挖土深度和管子的埋设深度，使各坡度钉的连线平行于管道设计坡度线，并距管底设计高程为一整分米，这称为下反数。由于坡度钉是控制高程的标志，所以在坡度钉钉好后，应重新进行水准测量，检查结果是否有误。施工过程中，应随时检查槽底是否挖到设计高程，如挖深超过设计高程，绝不允许回填土，只能加高垫层。

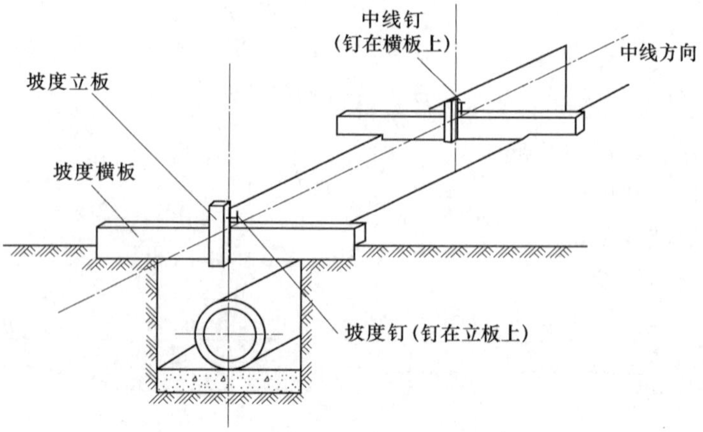

图 13.4.2　坡度板设置

高差调整数 δ 可按下式计算：

$$\delta = H_{顶} - H_{底} - C \tag{13.4.4}$$

式中　δ——高差调整数（δ 为正，向下量取；δ 为负，向上量取）；

$H_{顶}$——板顶实测高程；

$H_{底}$——管底设计高程；

C——下返数。

例如，预先确定下返数为 2.0m，某桩号坡度板的板顶实测高程为 176.115m，该桩号管底设计高程为 174.012m，则高差调整数为（176.115－174.012）－2.0＝＋0.103(m)，即从板顶沿立板往下量 0.128m，钉上坡度钉，则由这个钉下返 2.0m 即为设计管底位置。

由于施工中交通繁忙，容易碰动龙门板，有时大雨过后，龙门板还有可能产生下沉，因此应定期进行检查。

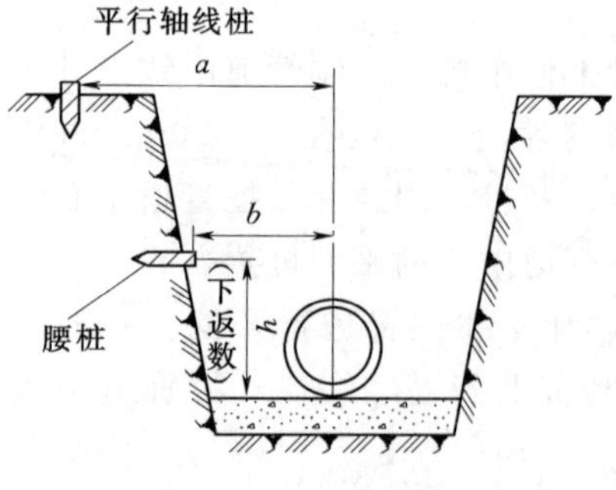

图 13.4.3　平行轴腰桩法

2. 平行轴腰桩法

当管径较小、坡度较大、精度要求较低，现场条件不便采用坡度板时，可采用平行轴腰桩法来测设中线、高程及坡度控制标志。如图 13.4.3 所示，开挖前，在中线一侧（或两侧）测设一排（或两排）与中线平行的轴线桩，平行轴线桩与管道中线的间距为 a，各桩间隔 10～20m，检查井位也相应地在平行轴线上设桩。当管槽开挖时至一定深度以后，为了控制管底高程，以地面上的平行轴线桩为依据，在高于槽底约 1m 的沟槽坡上钉一排与平行轴线相对应的桩，它们与管道中线的间距为 b，称为腰桩。在腰桩上钉一小钉，并用水准仪测出各腰桩上小钉的高程。用水准仪测出各腰桩上小钉的高程，小钉高程与该处相对应的管底设计高程之差，即为下返数。施工时，只需用水准尺量取小钉到槽底的距离，并与下反数相比，便可检查槽底是否挖到管底设计高程。

13.4.3.2 顶管施工测量

当管线穿越铁路、公路或其他重要建筑物时，如果不便采用开槽的方法施工，这时就需要采用顶管施工法。顶管时，须控制好管道中线方向以及管道的高程和坡度。如图13.4.4所示，顶管施工是在管道的一端和一定的长度内，先挖好工作坑，在坑内安放道轨（铁轨或方木），将管材放在导轨上，然后用顶镐将管材沿所要求的方向顶进土中，并挖出管内的泥土。顶管施工测量的目的是保证顶管按照设计中线和高程正确顶进或贯通。

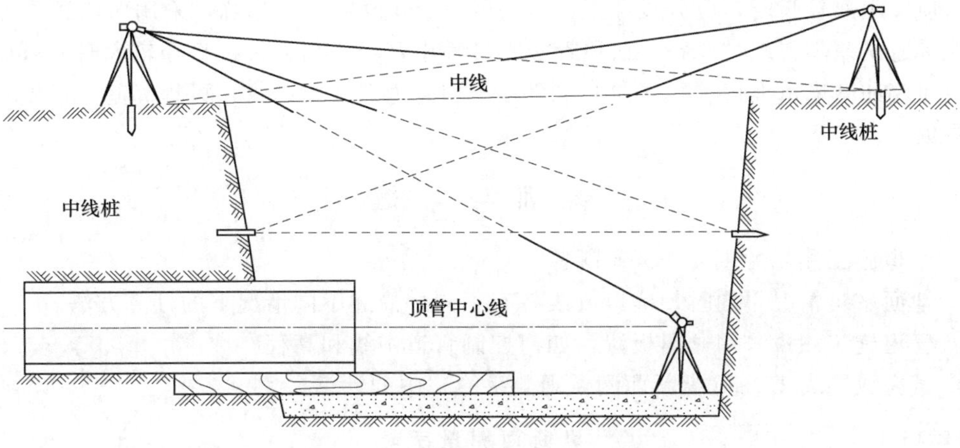

图 13.4.4　顶管中心线方向测设

1. 准备工作

先挖好顶管工作坑，根据地面的中线桩或中线控制桩，用经纬仪将中线桩分别测设在工作坑的前后，让前后两个中线桩互相通视，然后在坑外的这两个中线桩上安置经纬仪，将中线方向投测至坑壁两侧，分别打入大木桩，作为顶管中线桩。

为了控制管道按设计高程和坡度顶进，需将地面高程引入坑内，一般在坑内设置两个临时水准点，以便校核。

顶管时，坑内要安装导轨，以控制顶进方向和高程，导轨常用铁轨。导轨一般安装在方木或混凝土垫层上，垫层面的高程及纵坡应符合管道的设计值。根据导轨宽度安装导轨，根据顶管中线桩及临时水准点检查中心线和高程，无误后，将导轨固定。

2. 顶进过程中的测量工作

如果顶进距离不长，可在前后坑壁中线钉之间拉一条细绳，细绳上挂两个吊锤，两吊锤线的连线即为中线方向。在管内前端水平放置一把木尺，中央用小钉表示中心位置零，顶管时以水准器将尺放平，尺的中心点即位于管子的中心线上。通过拉入管内的细线与小水平尺的小钉比较，如细线通过水平木尺的零点，说明顶管顶进方向正确，如偏离，则在木尺上可读出偏离方向与数值，一般偏差允许值为±1.5cm，如超限须进行校正。中线测量以管子每顶进0.5～1.0m进行一次。用经纬仪可以测出管道中心偏离中线方向的数值，依此在顶进中进行校正。

如果使用激光经纬仪或激光准直仪，则沿中线发射一条可见光束，使顶管顶进中的校正更为直观和方便。

3. 高程测量

先在工作坑内布设好临时水准点，再在工作坑内安置水准仪，以在临时水准点上竖立的水准尺为后视，以在顶管内待测点上竖立的标尺（小于管径）为前视，可测得管底各点的高程。将测得的管底高程与管底设计高程值进行比较，即可得到顶管高程和坡度的校正数据，其差值超过±1cm时，需要校正。

在管道顶进过程中，为了保证施工质量，每顶进0.5m，应进行一次中线和高程的检查。当顶管距离较长时，应分段施工，可每隔100m设置一个基坑，采用对向顶管施工方法，其贯通误差不得超过3cm。在顶管施工过程中，当距离太长、直径较大时，可以使用激光经纬仪和激光水准仪进行导向，也可以使用管道激光指向仪，可提高施工进度，保证施工质量。

实训与习题

1. 管道施工测量的主要任务有哪些？
2. 地面平坦情况不同时，槽口放线各有不同，简述不同情况下的计算方法。
3. 管道施工测量采用龙门板法，如何控制管道中线和高程？
4. 试完成题表13.1（纵断面测量观测手簿）中的计算。

题表13.1 纵断面测量手簿

桩号	后视读数/m	视线高程/m	前视读数/m		高程/m	备注
			间视	转点		
BM_1	0.760					750.470（已知）
TP_1	0.546			1.542		
0+000	0.864			0.734		
0+050			1.01			
0+100			0.76			
0+150			1.06			
0+178			1.60			
0+200	1.100		0.90	1.101		
0+250						
0+300			1.15			
0+350			1.02			
0+400			1.11			
0+450			1.27			
0+500	1.133			1.232		
0+550			1.11			
0+600			1.09			
0+650			1.10			
0+700			1.01			
0+750			0.98			
0+800	1.455			0.482		
BM_2				0.430		750.820（已知）
校核						
闭合差计算						

第 14 章　建筑物的变形观测和竣工测量

学习目标：

通过本章的学习，了解建筑物变形观测的目的意义、任务和内容，掌握建筑物变形观测的基本方法，具有进行沉降、倾斜、裂缝、水平位移的观测和数据处理的一般能力。

14.1　概　　述

建筑物的变形观测是随着我国建设事业的发展而兴起的。为了利用自然资源造福人类，我国修建了大量的水工建筑物、工业建筑物、高大建筑物以及安装了许多精密的机械等。由于各种因素的影响，在这些工程建筑物及其设备的运营过程中，都会产生变形，这种变形在一定限度之内，应认为是正常的现象，但如果超过了规定的限度，就会影响建筑物的正常使用，严重时还会危及建筑物的安全。因此，在建筑物的施工和运营期间，为了保证施工质量及建筑物的安全使用，必须利用精密仪器，定期对监测对象的空间位置及自身形态的变化进行动态监测，并对观测结果进行综合分析，以了解建筑物及地基的变形情况，及时向有关部门做出预报，采取有效措施，避免安全事故的发生。

建筑物产生变形主要由两方面引起，一是自然条件及其变化，如地质水文、地基、大气温度、地震、洪水等。二是与建筑物本身相联系的原因，如建筑物本身荷载、建筑结构及动荷载（风力、人为机械振动等）。由于这些因素的影响，使得建筑物在空间位置或自身形态方面出现不良变化，如下沉、上升、倾斜、位移、开裂、挠曲等变形。

变形观测的任务是周期性地对设置在建筑物上的观测点进行重复的观测，求得观测点位置的变化量。

变形观测的内容，应根据建筑物的性质与地基情况来定，要有明确的针对性，以便正确反映建筑物的变形，主要内容有建筑物沉降观测、倾斜观测、裂缝观测、水平位移观测、挠度观测、滑坡监测等。变形观测的方法，应根据建筑物的性质、使用情况、观测精度、周围的环境以及对观测的要求来定。如沉降观测一般采用精密水准测量。

14.1.1　建筑物变形观测的目的和特点

14.1.1.1　建筑物变形观测的目的

为了保证施工质量及建筑物的安全使用，必须对某些建筑物定期进行观测，以了解建筑物及地基的变形情况，及时采取有效措施，避免安全事故的发生。对建筑物进行变形观测，已越来越广泛地被工程技术界所重视，建筑物变形观测的目的如下：

（1）为了掌握建筑物的实际性状，科学、准确、及时地进行变形分析。

（2）对各种工程建筑物在施工或使用过程中的异常变形作出预报，分析估计建筑物的安全程度，提供施工和管理方法，以便及时采取措施，保证工程质量和建筑物安全，延长其使用寿命，发挥其最大效益。

(3) 利用长期的观测资料，了解变形机理，验证建筑物设计与施工的合理性，为科学研究提供依据。

(4) 对采用新结构、新材料、新工艺性能作出客观评价。

(5) 建立准确的监测预报理论和方法。

为了达到以上目的，通常在建筑物的设计阶段，在调查建筑物地基负载性能、研究自然因素对建筑物变性影响的同时，就应该着手拟定变形观测的设计方案，并将其作为建筑物的一项设计内容，以便在施工时，就将标志和设备埋置在设计位置上。从建筑物开始施工就进行观测，一直持续到变形终止。

14.1.1.2　建筑物变形观测的特点

与一般的测量工作相比，变形观测有以下特点。

1. 精度要求高

建筑物的变形通常是很小、很慢的，要获得可靠的、精确的数据，必需采用精密的测量仪器、测量方法。如沉降测量必须使用精密水准仪进行一等或二等水准测量。一般位置精度为 1mm，相对精度为 1ppm。

2. 需要重复观测

用于变形监测的网必须相隔一定时间进行重复观测，只有重复观测，才能从坐标或高程值的变化中发现变形。测量时间跨度大，观测时间和重复周期取决于荷载的变化、变形的大小、速率以及观测的目的。在建筑物建成初期，变形的速度较快，因此观测频率也要大一些。经过一段时间后，建筑物趋于稳定，可以减少观测次数，但要坚持定期观测。近年来，由于工程的特殊要求，变形观测的时效性要求越来越强。

3. 综合应用各种观测方法

变形监测的方法一般分为四类：地面测量方法（几何水准测量、三角高程测量、方向和角度测量、距离测量等）、空间测量技术（空间卫星定位 GNSS/GPS、合成孔径雷达干涉）、摄影测量和地面激光扫描、专门测量手段（准直测量、倾斜仪监测、应变计测量等）。近年来，一种趋势是几何变形与物理参数同时监测。

4. 数据处理要求严密

变形体的变形量一般很小，有时甚至与观测精度处在同一量级，而观测数据量大、变形量小、变形原因复杂，要从含有误差的观测之中分离出变形信息，需要严密的数据处理方法。

5. 需要多学科知识的配合

要确定变形监测精度，优化设计变形监测方案，合理分析变形监测结果，测量工作者要熟悉所研究的变形体，就需要具备测绘学以及其他学科的知识。

6. 责任重大

由于变形观测量都是微观变化的，要从带有观测误差的观测值中找出规律，及时准确预报危害变形，使人们避免灾害，减少损失，就要求变形观测者必须认真工作。

14.1.2　建筑物变形观测方案的设计

14.1.2.1　方案设计原则

(1) 在确定监测方法方面，充分考虑地形、地质条件及监测环境，选择相适应的监测方法，人工直接检测和自动监测相组合。

(2) 在监测仪器选择方面，不要片面追求高、精、尖、多、全。检测仪器一般应满足精度、可靠度、牢固可靠三项要求，统筹考虑安排。

(3) 测点的布设不宜过多，但要保证观测质量。一般情况下，主要测点的布设应能控制结构的最大应力（应变）和最大挠度（或位移）。

(4) 各个不同的监测方案，需要进行方案的比较和验证工作，使监测工作做到技术上有保证，经济上可行，实施时安全，数据上可靠。

14.1.2.2 方案的设计内容

1. 监测内容

监测内容的确定主要根据监测工作的性质和要求，在收集和阅读工程地质勘察报告、施工组织计划的基础上，根据施工周围的环境确定变形监测的内容。

2. 监测方法和仪器的选择

变形监测方法和仪器的选择主要取决于工程地质条件、建筑物的性质、使用情况、观测精度、周围的环境以及对观测的要求，根据监测内容的不同可以选择不同的方法和仪器。如沉降观测一般采用精密水准测量。选择仪器时一般要注意必须从监测实际情况出发，选用的仪器能满足监测精度的要求；注意环境条件，避免盲目追求精度；要有足够的量程，一般要满足监测的要求；动态与静态观测的选择。

3. 变形监测精度的确定

制定变形监测的精度取决于变形的大小、速率、仪器和方法所能达到的实际精度，以及监测的目的等。确定合理的精度是很重要的，过高的精度要求使测量工作复杂，费用和时间增加，而精度太低又会增加变形分析的困难，使所估计的变形参数误差大，甚至得不出准确的结论。对于不同的建筑物，其变形观测的精度要求差别比较大，同一建筑物的不同部位在不同时间对观测精度的要求也有可能是不同的。

4. 监测部位和测点布置的确定

(1) 监测变形部位和测点布置的原则。

1) 在满足监测目的的前提下，测点数量和布置必须是充分的、足够的，同时测点宜少不宜多，不能盲目设置测点。测点的位置必须具有代表性，以便分析和计算。主要测点的布设应能反映结果的最大应力（应变）和最大挠度（或位移）。

2) 测点的布置对观测工作应该是方便的、安全的。

3) 应该布置一定数量的校核性测点，以保证观测结果绝对可靠，另一方面也可以提供多余观测数据，供分析时采用。

4) 观测点应该布置在点位稳定并能长期保存的地方，同时要求观测点与建筑物牢固地结合在一起，这样观测点的变形量，就代表了建筑物的变形。

(2) 变形监测的测量点。

1) 基准点。基准点是测定工作基点和变形点的依据，通常埋设在稳固的基岩上或变形区域外，长期保存稳定不动。一般应建立最少三个基准点，以便相互检校，确保坐标系统的统一。应定期复测，并对其稳定性进行分析。基准点的布设主要考虑测量的工作需要。

2) 工作基点。工作基点是现场设置的可以直接观测变形点，并且相对稳定的测量控制点。对通视条件较好的小型工作，可以不设工作基点。在观测期间要求保持工作基点点位稳定，其点位由基准点定期检测。

3）变形观测点。变形观测点是直接布设在变形体上的敏感位置，能反映建筑物变形特征的测量点。设置在能反映监测体变性特征的位置或监测断面上。需要时还应埋设一定数量的应力、应变传感器。点位布设后，应在稳定后才可以开始观测，一般宜不少于 15 天。

变形监测平面网是小型的、专用的、高精度的。通常由三种点、两种等级的网组成：①基准点；②工作点，工作点与基准点构成变形监测的首级网；③变形监测点，变形监测点与工作点组成次级网。

5. 变形监测频率的确定

变形监测的频率取决于变形的大小、速度以及观测的目的。通常，在高程建筑物建成初期，变形的速度比较快，因此观测频率要大些。经过一段时间后，建筑物趋于稳定，可以减少观测次数，但要坚持定期观测。对于周期性的变形，在一个变形周期内至少应观测两次。一个周期所有工作必须在所允许的时间间隔内完成，否则将歪曲目标点坐标值。

6. 变形网设计

变形监测控制网的原则为独立控制网。变形监测控制点埋设的位置最好选在沉降影响范围之外，又要考虑不能将基准点处于网的边缘。布网图形应与变形体的形状相适应；要考虑哪些点位在方向上的精度要求高些，应有所侧重；由于一般变形监测控制网边长较短，所以要尽可能减少测站和目标的对中误差。

14.2　建筑物的沉降观测

建筑物的沉降观测指建筑物及其基础在垂直方向上的变形即垂直位移，通过测定观测点与基准点之间的高差随时间而发生的变化量。被测的建筑物包括深基坑、高层建筑及地基不良的多层建筑、重要厂房柱基及主要设备基础、高大建筑物（水塔、烟囱、高炉等）、人工加固地基、大型护坡、大桥、大坝等。在建筑物施工初期，基坑开挖时表面荷重卸除，使基底产生回弹现象；随着建筑物施工进展，荷重不断增加，又使基础产生下沉；由于外界气温变化，建筑物本身在垂直方向上亦有伸缩。可见沉降观测（又称垂直位移观测）应该在基坑开挖之前开始进行，而贯穿于整个施工过程中，并继续到建成后若干年，直至沉陷现象基本停止。

建筑物的沉降观测是采用精密水准测量的方法进行的，为此应建立高精度的水准测量控制网，即在建筑物外围布设一条闭合水准环形路线，再由水准环中的固定点测定各测点的标高，这样每隔一定周期进行一次精密水准测量，将测量的外业成果进行严密平差，求出各水准点和沉降观测点的高程（最或是值）。

14.2.1　水准基点和观测点的布设

沉降观测监测网点包括基准点和监测点。

14.2.1.1　水准基点的标志和埋设

水准基点是沉降观测的高程基准点，所有建筑物及其基础的沉陷均根据它来确定，因此，它的布置和标志的埋设必须保证稳定和能长久保存。对于一些特大工程，如大型水坝等，水准基准点距变形点较远，无法根据这些点直接对变形点进行观测，所以还要在变形点附近相对稳定的地方，设立一些可以用来直接对变形点进行测定的点作为过渡点，这些点称为工作基点。为了测定变形观测点的沉陷，要在建筑物附近，既便于观测，又比较稳定的地点埋设工作基点，用来测定观测点的沉降。

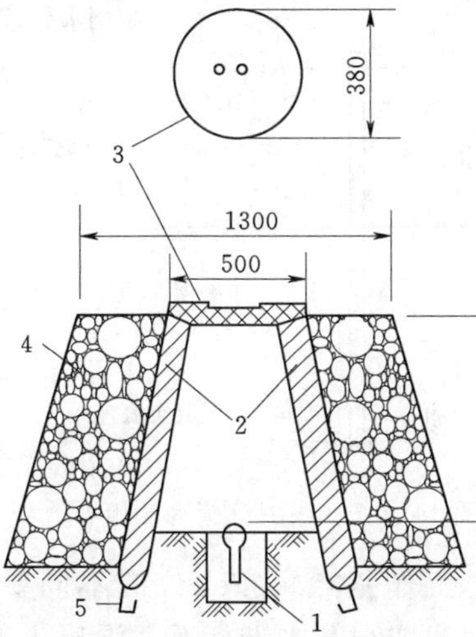

图 14.2.1　岩层水准点标石（单位：mm）
1—抗蚀的金属标志；2—钢筋混凝土井圈；
3—井盖；4—砌石土丘；5—井圈保护层

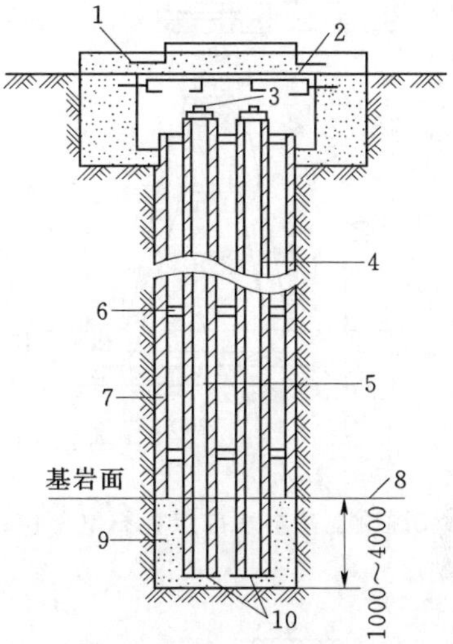

图 14.2.2　深埋双金属管水准基点标石（单位：mm）
1—钢筋混凝土标盖；2—钢板标盖；3—标心；4—钢芯管；5—铝心管；6—橡胶环；7—钻孔保护钢管；8—新鲜基岩面；9—M20 水泥砂浆；10—钢芯管底板与根络

水准基点的埋设根据地质条件的不同，选埋基岩水准基点标石，如图 14.2.1 所示，深埋双金属管水准基点标石如图 14.2.2 所示，深埋钢管水准基点标石，如图 14.2.3 所示，混凝土基本水准标石，如图 14.2.4 所示。在基岩壁或稳固的建筑上也可埋墙上水准标志。为保证基准点本身的稳定可靠，应尽量使标志的底部坐落在岩石上。工业建设场地大多位于平坦地区，由于覆盖土层较厚，往往采用深埋标志作为基准点。水准基点应尽可能埋设在基岩上，此时，如地面的覆盖层很浅，则水准基点可采用地表岩石标类型，如图 14.2.5 所示。为了避免温度变化的影响，有时还可采用平峒岩石标，如图 14.2.6 所示。在覆盖较厚的平坦地区，采用钻孔穿过土层和风化岩层达到基岩埋设钢管标志。在常年温度变化幅度很大的地方，当岩石上部土层较深时，为了避免由于温度变化对标志高程的影响，还可采用深埋双金属标，如果地质条件许可，也可以采用浅埋

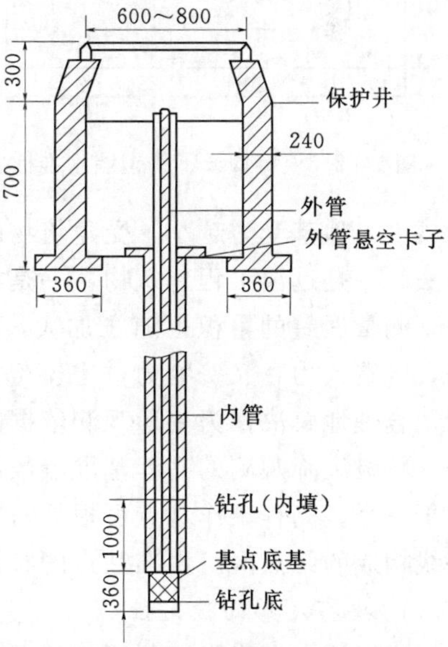

图 14.2.3　深埋钢管水准基点标石（单位：mm）

标志。

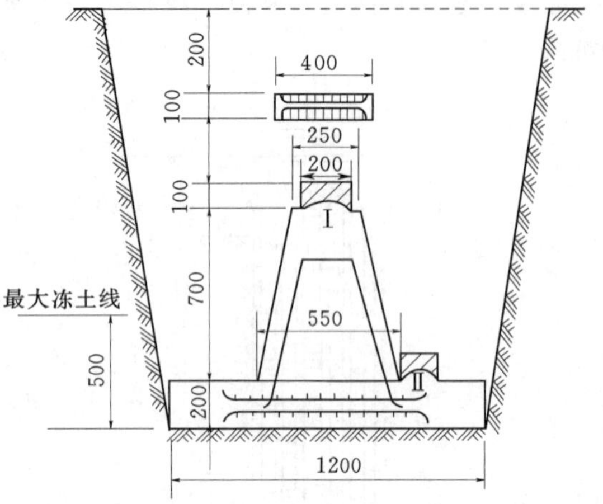

图 14.2.4　混凝土基本水准点标石（单位：mm）

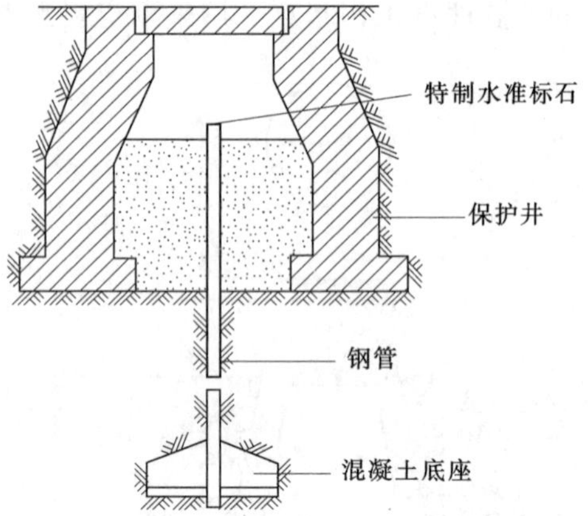

图 14.2.5　浅埋钢管水准标石

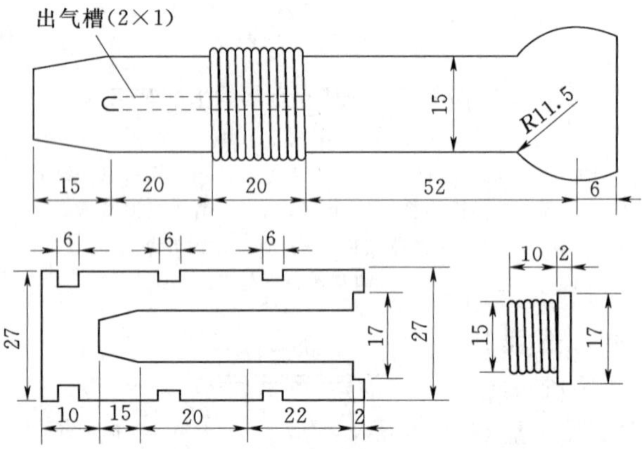

图 14.2.6　铸铁或不锈钢墙水准标志（单位：mm）

工作基点可按点位的不同要求，选用浅埋钢管水准标石、混凝土普通水准标石或墙上水准标志等。工作基点应布置在变形区附近相对稳定的地方，其高程尽可能接近监测点的高程，一般采用地表岩石标，当建筑物附近的覆盖层较深时，可采用浅埋标志，当新建建筑物附近有基础稳定的建筑物时，也可设置在该建筑物上。

建筑物兴建后，其周围地区受力的情况随着离开它的水平距离与深度的改变而变化。离开建筑物越远，深度越大，地基受力越小，受建筑物的影响越小。为了达到使基准点稳定的要求，可有两种方法：一是远离工程建筑物，一是深埋。但是如果基准点离建筑物较远，测量工作量就加大，测量误差的累积也随之加大，所测得的位移值的可靠程度就小；如果将标志埋设很深，既费人力，又费物力，也不经济。基准点的选择与控制网的布设，就是要全面地考虑、合理地解决作为变形观测依据的基准点的布设问题。

特级沉降观测的高程基准点数不应少于四个，其他级别沉降观测的高程基准点数不应少于三个。高程工作基点可根据需要设置。基准点和工作基点应形成闭合环或形成由附合路线构成的结点网。水准基点的布设应满足以下要求。

1. 要有足够的稳定性

应埋设在沉降影响范围之外，避开交通干道、地下管线、河岸等，不受施工影响的基岩层或原状土层中，地质条件稳定，附近没有震动源的地方，冰冻地区水准基点应埋设在冰冻线以下 0.5m。在建筑区内，与邻近建筑物的距离应大于建筑物基础宽度的 2 倍，其标石埋深应大于邻近建筑物基础的深度。对于建筑在土质基础上的建筑物，如工业与民用建筑物，在布设基准点时，应考虑到地基土层在受到建筑物荷载以后压力扩散的影响。它们必须布设在压力扩散范围以外的地区。

2. 要具备检核条件

一般将水准基点布设成闭合水准路线或附合水准路线，通常使用 DS_{05} 或 DS_1 型精密水准仪进行施测，应经常进行检核。为了保证水准基点高程的准确性，水准基点最少应布设三个，以便相互检核，可将其成组地埋设，通常每组三点，并形成一个边长约 100m 的等边三角形，在三角形的中心（与三点等距的地方）设置固定测站，由此测站上可以经常观测三点间的高差，这样便可判断出水准基点的高程有无变动。

3. 要满足一定的观测精度

水准基点和观测点之间的距离适中，相距太远会影响观测精度，一般应在 100m 范围内。要求距开挖边线 50m 之外，按二等、三等水准点规格埋石。

当考虑基准点的埋设深度时，应充分估计到地下水位变化以及冻土深度对它的稳定性的影响。基准点标志的底部不应设置在地下水位变化的范围内，而应该埋设至最低地下水位以下或与最低地下水位齐平；对于在冻土区埋设的标志，除了把它们埋设至冻土深度以下外，埋设的方法也应该注意。由于工作基点位于测区附近，应经常与水准基点进行联测，通过联测结果判断其稳定状况，保证监测成果的准确可靠。

14.2.1.2 监测点的标志和埋设

为了测定建筑物的沉陷，就要在最能反映建筑物沉陷的位置埋设监测点。监测点是垂直位移监测点的简称，布设在建（构）筑物等变形体上，布设时要使其位于建（构）筑物的特征点上，能充分反映建（构）筑物的沉降变形情况，点位应避开障碍物，并要考虑到在施工期间和竣工后，能顺利进行监测的地方，便于观测和长期保护，标志应稳固，不影响建筑物的美观和使用，还要考虑建筑物基础地质、建筑结构、应力分布等，位置和数量应根据地质情况、支护结构形式、基坑周边环境和建筑物（或构筑物）荷载等情况而定，对重要和薄弱部位应该适当增加监测点的数目。监测点点位埋设合理，就可全面、准确地反映出变性体的沉降情况。

深基坑支护结构观测点埋设在锁口梁上，一般间距 10～15m 埋设一点，在支护结构的阳角处和距基坑很近的原建筑物应加密设置监测点。在建筑物四角、中点及内部承重墙（柱）上，均需埋设观测点，并应沿外墙间隔 10～12m 布设一个点，但工业厂房的每根柱子均应埋设观测点。烟囱、水塔、电视塔、工业高炉、大型储物罐等高耸建筑物可在基础轴线对称部位设点，每一构筑物不得少于四个点。人工地基和天然地基接壤处，裂缝、伸缩缝处，不同高度建筑交接处，新旧建筑物交接处，均应埋设观测点。

观测点应埋设稳固，不易遭破坏，能长期保存。一般在室外地坪＋0.500m 较为合适，但在布置时应根据建筑物层高、管道标高、室内走廊、平顶标高等情况来综合考虑。监测点的高度、朝向等要便于立尺和观测。同时还应注意所埋设的监测点要避开柱子间的横隔墙、外墙上的雨水管等，以免所埋设的观测点无法观测而影响监测资料的完整性。在浇筑基础时，应根据沉降监测点的相应位置，埋设临时的基础观测点。若基础本身荷载很大，可能在基础施工时产生一定的沉降，即应埋设临时的垫层监测点，或基础杯口上的临时监测点，待永久监测点埋设完毕后，立即将高程引测到永久水准点上。锁口梁、设备基础上的观测点，可将直径 20mm 的铆钉或钢筋头（上部锉成半球状）埋设于混凝土中作为标志（图 14.2.7）。

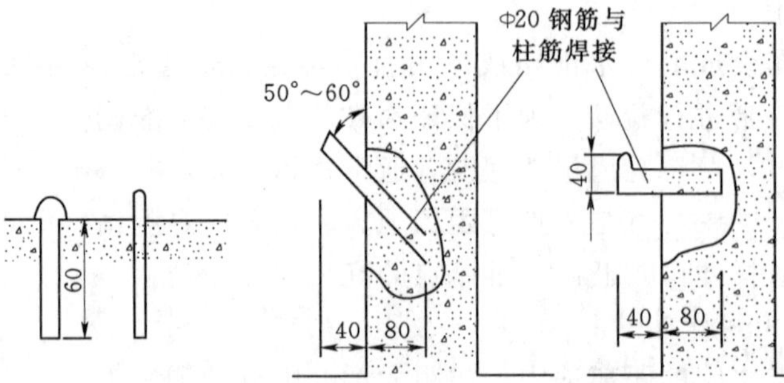

图 14.2.7　沉降观测点埋设

14.2.2　建筑物沉降观测

所谓沉降观测，就是定期地测量观测点相对于水准基点的高差以求得观测点的高程，并将不同时期所得的高程加以比较，得出建筑物的沉降情况的资料。沉降观测中最常采用的是水准测量方法。

14.2.2.1　观测的时间和次数的确定

建筑变形测量应按确定的观测周期与总次数进行观测。变形观测周期的确定应以能系统地反映所测建筑变形的变化过程，且不遗漏其变化时刻为原则，并综合考虑单位时间内变形量的大小、变形特征、观测精度要求及外界因素影响情况。沉降观测的周期应根据建筑物（构筑物）的特征、变形速率、观测精度和工程地质条件等因素综合考虑，并根据沉降量的变化情况适当调整。

深基坑开挖时，锁口梁会产生较大的水平位移，沉降观测的周期应较短，一般每隔 1～2天观测一次；浇筑地下室底板后，可每隔 3～4 天观测一次，至支护结构变形稳定。当出现暴雨、管涌、变形急剧增大时，要加密观测。

建筑物主体结构施工阶段的观测应随施工进度及时进行。一般建筑可在基础施工完或地下室砌完后开始观测，大型、高层建筑可在基础垫层或基础底部完成后开始观测。观测次数与间隔时间应视地基与加荷情况而定。民用建筑可每加高 1～5 层观测一次。工业建筑可按不同施工阶段分别进行观测。施工过程中如暂时停工，在停工时及重新开工时应各观测一次。停工期间可每隔 2～3 个月观测一次。

建筑物使用阶段的观测次数应视地基土类型和沉降速度大小而定。除有特殊要求外，一般情况下可在第一年观测 3～4 次，第二年观测 2～3 次，第三年后每年 1 次，直至稳定为止。在观测过程中，如基础附近地面荷载突然增减、四周大量积水、长时间连续降雨等情况，均应增加观测次数。当建筑物突然发生大量沉降、不均匀沉降或严重裂缝时，应立即进行逐日或几天一次的连续观测。

14.2.2.2　观测的精度要求

沉降观测的精度应根据建筑物的性质而定，可依照附录六。一等水准测量用 S_{05} 级水准仪和因瓦水准尺施测。每次沉降监测工作，均需采用环形闭合方法或往返闭合方法进行检查，闭合差大小应根据不同的建筑物的检测要求确定。当用精密水准仪往返监测时，闭合差为$\pm 0.3\sqrt{n}$mm（n为测站数），若精度不能满足要求，则需要重新监测。针对具体的监测工程，应当使用满足精度要求的水准仪，采用正确的测量方法。大坝基准点观测一般按一等水准测量规定进行。多层建筑物的沉降观测，可采用DS3水准仪，用普通水准测量的方法进行，其水准路线的闭合差不应超过$2.0\sqrt{n}$mm（n为测站数）；高层建筑物的沉降观测，用DS_1精密水准仪，用二等水准测量的方法进行，其水准路线的闭合差不应超过$1.0\sqrt{n}$mm。一般建筑物能反映2mm，主要建筑物能反映1mm，精密工程0.2mm。并且须连续进行监测，且全部测点需连续一次测完，并须按规定的日期、方法和既定的路线、测站进行。对二级、三级沉降观测，除建筑转角点、交接点、分界点等主要变形特征点外，允许使用间视法进行观测，但视线长度不得大于相应等级规定的长度。

无论使用何种仪器，开始工作前和结束后，应该按照测量规范要求对仪器进行检验。检验后应符合下列要求：对用于特级水准观测的仪器，i角不得大于10″；对用于一级、二级水准观测的仪器，i角不得大于15″；对用于三级水准观测的仪器，i角不得大于20″。补偿式自动安平水准仪的补偿误差绝对值不得大于0.2″；水准标尺分划线的分米分划线误差和米分划间隔真长与名义长度之差，对线条式因瓦合金标尺不应大于0.1mm，对区格式木质标尺不应大于0.5mm。

14.2.2.3 观测的方法及成果整理（举例）

采用精密水准测量方法进行垂直位移监测时，从工作基点开始经过若干监测点，形成一个或多个闭合或附合路线，其中以闭合路线为佳，特别困难的监测点可以采用支水准路线往返测量。整个监测期间，最好能固定检测仪器和监测人员，固定监测线路和测站，固定监测周期和相应时段。每次观测应记载施工进度、增加荷载量、仓库进货吨位、气象、建筑物倾斜等各种影响沉降变化和异常的情况。

成果整理如下。

1. 整理原始记录

每次观测结束后，应检查记录的数据和计算是否正确，精度是否合格，然后，调整高差闭合差，推算出各沉降点的高程，并填入“沉降观测表”中。

2. 计算沉降量

（1）计算各沉降观测点的本次沉降量。

本次沉降量＝本次观测所得高程－上次观测所得高程

（2）计算累积沉降量。

累积沉降量＝本次沉降量＋上次沉降量

将计算出的沉降观测点本次沉降量、累积沉降量和观测日期、荷载情况等记入“沉降观测成果表”中，见表14.2.1。

表 14.2.1　　沉降观测成果表

观测日期/（年．月．日）	荷载/（t/m²）	高程/m	1号观测点 本次下沉/mm	1号观测点 累计下沉/mm	2号观测点 高程/m	2号观测点 本次下沉/mm	2号观测点 累计下沉/mm	3号观测点 高程/m	3号观测点 本次下沉/mm	3号观测点 累计下沉/mm
2010.3.20	4.5	30.154	0	0	30.155	0	0	30.156	0	0
2010.4.5	5.5	30.153	−1	−1	30.153	−2	−2	30.155	−1	−1
2010.4.20	7.0	30.150	−3	−4	30.151	−2	−4	30.151	−4	−5
2010.5.5	9.5	30.148	−2	−6	30.147	−4	−8	30.148	−3	−8
2010.5.20	10.5	30.146	−2	−8	30.143	−4	−12	30.146	−2	−10
2010.6.20	10.5	30.145	−1	−9	30.141	−2	−14	30.145	−1	−11
2010.7.20	10.5	30.144	−1	−10	30.140	−1	−15	30.144	−1	−12
2010.8.20	10.5	30.142	−2	12	30.138	−2	−17	30.142	−2	−14
2010.9.20	10.5	30.140	−2	14	30.137	−1	−18	30.140	−2	−16
2010.12.20	10.5	30.139	−1	15	30.137	0	−18	30.139	−1	−17
2011.3.20	10.5	30.139	0	−15	30.136	−1	−19	30.138	−1	−18
2011.6.20	10.5	30.138	−1	−16	30.135	−1	−20	30.137	−1	−19
2011.9.20	10.5	30.138	0	−16	30.134	−1	−21	30.136	−1	−20
2011.12.20	10.5	30.138	0	−16	30.134	0	−21	30.136	0	−20

3．绘制沉降曲线

沉降曲线分为时间与沉降量关系曲线和时间与荷载关系曲线，如图 14.2.8 所示。

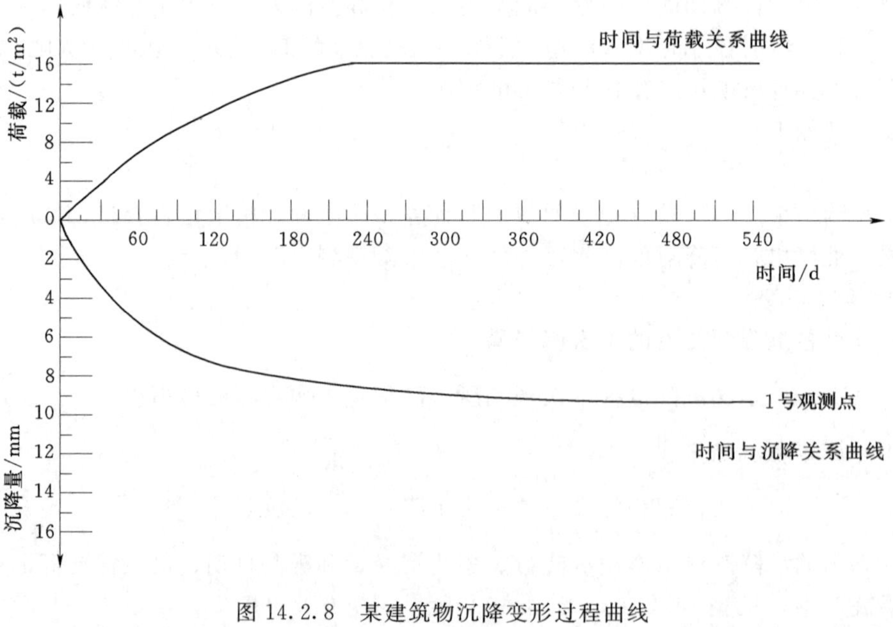

图 14.2.8　某建筑物沉降变形过程曲线

时间与沉降量关系曲线：以沉降量为纵轴，以时间为横轴，组成直角坐标系，然后以每次累积沉降量为纵坐标，以每次观测日期为横坐标，标出沉降观测点的位置。最后，用曲线将标出的各点连接起来，并在曲线的一端注明沉降观测点的号码。

绘制时间与荷载关系曲线：以荷载为纵轴，以时间为横轴，组成直角坐标系，然后以每次观测日期和相应的荷载标出各点，将各点连接起来。

为保证观测精度，沉降观测点首次观测的高程值是以后各次观测用以比较的依据，因此必须提高初次精度，首次（即零周期）观测应连续进行两次独立观测，并取观测结果的中数作为变形测量初始值。一个周期的观测应在短时间内完成。不同周期观测时，宜采用相同的观测网形、观测路线和观测方法，并使用同一测量仪器和设备。对于特级和一级变形观测，宜固定观测人员、选择最佳观测时段、在相同的环境和条件下观测。观测时仪器应避免安置在有空压机、搅拌机、卷扬机等振动影响的范围内，塔式起重机等施工机械附近也不宜设站。

14.3　建筑物的水平位移观测

根据平面控制点测定建筑物的平面位置随时间而移动的大小及方向，称为位移观测。位移观测首先要在建筑物附近埋设测量控制点，作为测站使用的控制点做成观测墩，如图14.3.1所示，以减少对中引起的误差，再在建筑物上设置位移观测点。水平位移分析主要用两点间的平距实施，所以在观测中若获取的是斜距，则需改算为平距，其原因是斜距会随着测站高、镜站高的不同而改变。

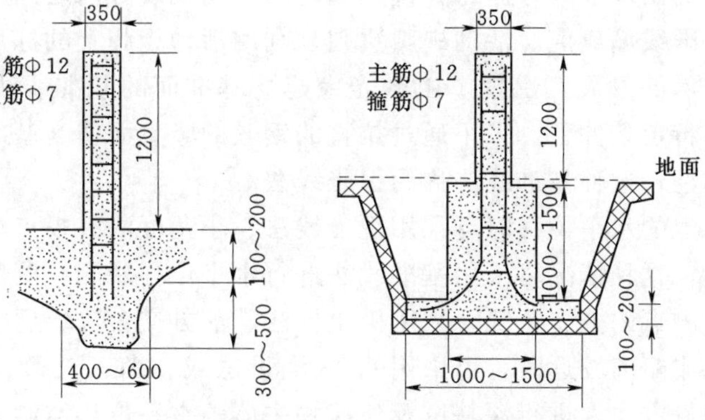

(a)岩石点观测墩　　(b)土层点观测墩

图 14.3.1　水平位移观测墩

建筑物的水平位移观测指建筑水平内的变形，表现为不同时期的平面坐标或距离的变化（移动的大小和方向）。产生水平位移的原因主要是建筑物及其基础受到水平应力的影响而产生的地基的水平移动。适时监测建筑物的水平位移量，能有效地监控建筑物的安全状况，并可根据实际情况采取适当的加固措施。需要进行水平位移观测的工程项目有护坡（壁）、大坝、大桥等。

14.3.1 观测的时间和次数的确定

水平位移观测的周期，对于不良地基土地区的观测，可与一并进行的沉降观测协调考虑确定；对于受基础施工影响的位移观测，应按施工进度的需要确定，可逐日或隔数日观测一次，直到施工结束；对于土体内部侧向位移观测，应视变形情况和工程进展而定。

14.3.2 观测的精度要求

由于建筑物的位移值一般来说是很小的，因此对位移值的观测精度要求很高（例如混凝土坝位移观测的中误差要求小于±1mm），因而在各种测定偏离值的方法中都采取了一些提高精度的措施。对基准线端点的设置、对中装置构造、觇牌设计及观测程序等均进行了不断的改进。目前，一般采用钢筋混凝土结构的观测墩，如图 14.3.1 所示。

平面控制测量的精度规定：测角网、测边网、边角网、导线网或 GPS 网的最弱边边长中误差，不应大于所选级别的观测点坐标中误差；工作基点相对于邻近基准点的点位中误差，不应大于相应级别的观测点点位中误差；用基准线法测定偏差值的中误差，不应大于所选级别的观测点坐标中误差。

14.3.3 观测的方法及成果整理

基准线法的原理是以建筑物轴线（例如大坝轴线）或平行于建筑物轴线的固定不变的铅直平面为基准面，根据它来测定建筑物的水平位移。例如，在进行大坝进行位移观测时，在坝两端选定的基准线的端点上一端点安置经纬仪，另外一端点安置标牌，则通过仪器中心的铅直线与安置标牌处固定标志中心所构成的铅直平面即形成基准线法中的基准面。这种由经纬仪的视准面形成基准面的基准线法，称之为视准线法。视准线法按其所使用的工具和作业方法的不同，又可分为“测小角法”和“活动觇牌法”。测小角法是利用精密经纬仪精确地测出基准线方向与置镜点到观测点的视线方向之间所夹的小角，从而计算观测点相对于基准线偏离值。活动觇牌法则是利用活动觇牌上的标尺，直接测定此项偏离值。随着激光技术的发展，出现了由激光束建立基准面的基准线法，根据其确定偏离值。在大坝廊道的特定条件下，采用通过拉直的钢丝的竖直面作为基准面来测定坝体偏离值具有一定的优越性，这种基准线法称为引张线法。

测定特定方向上的水平位移时可采用视准线法、小角度法、投点法等，如大坝在水压力方向上的位移量，这种情况可采用基准线法进行水平位移观测；测定监测点任意方向的水平位移时可视监测点的分布情况，采用极坐标法、前方交会法、后方交会法等；当测点与基准点无法通视或距离较远时，可采用 GPS 测量法或三角、三边、边角测量与基准线法相结合的综合测量方法。进行深基坑及建筑物主体的水平位移监测时，可根据施工现场的地形条件，一般选用基准线法（基准线法、小三角、活动觇标法、激光准直法、引张线法）、导线法、前方交会法。其中导线法和前方交会法常用于非直线建筑物。

1. *活动觇牌法*

活动觇牌法使用的主要仪器和设备，包括精密经纬仪、固定和活动觇牌。活动觇牌读数尺上最小分划为 1mm，用游标可以读到 0.1mm。转动微动螺旋时，游标随上部照准标志一齐移动，活动觇牌如图 14.3.3 所示。观测时将固定觇牌安置于端点墩上，固定觇牌如图 14.3.2 所示，通过望远镜的视准轴及固定觇牌中心，形成基准线，利用安置在观测点上的活动觇牌直接测定其偏离基准线的数值，然后，求出该点的水平位移。

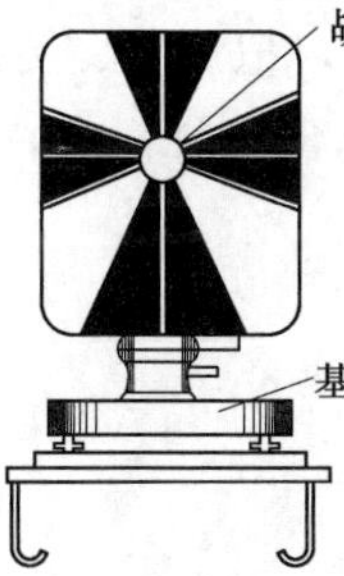

图 14.3.2 固定觇牌

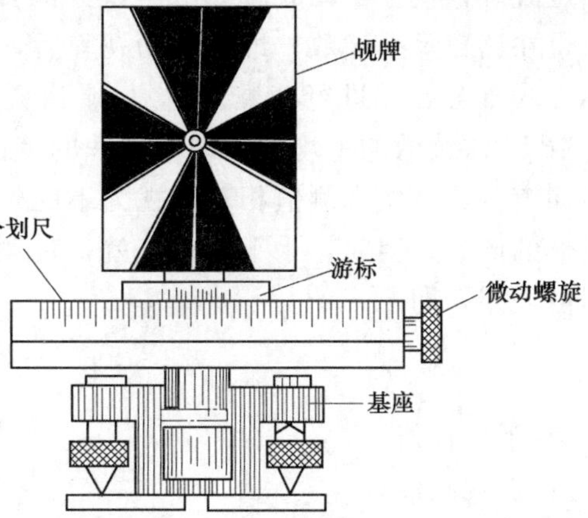

图 14.3.3 活动觇牌

活动觇牌法的观测程序如下：

(1) 如图 14.3.4 所示，将经纬仪安置在基准点 A，照准另一端基准点 B 上的固定觇牌中心线。

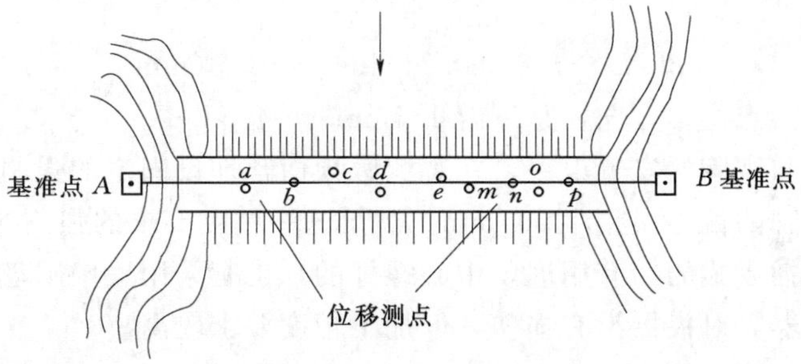

图 14.3.4 视准线观活动觇牌法观测大坝水平位移

(2) 将活动觇牌安置在 a 点，由观测员指挥 a 点处的作业员，用微动螺旋移动觇牌，待觇牌的中心线与望远镜十字丝的纵丝重合时，立即发出信号，停止移动觇牌。然后，由 a 点处的作业员读数，记入规定的表格中。

(3) 继续按 (2) 的移动方向移动觇牌，然后，再向相反方向移动觇牌，使觇牌中心线与十字丝纵丝再重合，再读一次数，与第一次读数之差不超过 0.7mm 时，取两次读数的中数为第一测回成果。

(4) 第二测回开始时，望远镜重新照准端点 B 进行定向，按上述 (2)、(3) 项操作观测 a 点 2～4 测回，测回互差不超过 0.5mm 时，取各测回平均值为 a 点的往测成果。

(5) 按上述 (1)、(2)、(3) 和 (4) 项操作观测 b、c、d 点等，称为往测，然后，仪器与固定觇牌互换位置，重复 (1)～(5) 项操作，是为返测。

活动觇牌在每次观测之前，应检验和测定其零位值。所谓零位值，即觇牌上照准标志的中心线与置中设备中心重合时的读数。测定零位值的方法是，在相距 20～40m 左右的两个观测墩上，一端安置经纬仪，另一端安置固定觇牌，照准后将望远镜视线固定。然后，取下固定觇牌，换上活动觇牌，由作业员将活动觇牌的照准中心线移动到望远镜十字丝的纵丝上，在读数尺上读数；继续移动觇牌后，再以相反方向使觇牌的照准中心线与十字丝纵丝第二次重合，并进行读数。重复 10 次并读数，再检查仪器的读数是否有变动，如果未动，取 10 次读数的平均数，即为觇牌的零位值。

由前述知道，将首次观测值相对的视为不受外界影响的数据，把温度、荷载或时间等因素作为变形的函数，因此，水平位移值就是观测点的首次观测值（往返各测回平均值）与本次观测值之差，即

$$\delta = L_i - L \tag{14.3.1}$$

式中　δ——水平位移值；

L——首次观测值；

L_i——第 i 次观测值，$i=1，2，3，\cdots，n$。

《混凝土坝安全监测技术规范》（DL/T 5178—2003）中规定，水平位移位向下游为正，向上游为负，向左岸为正，向右岸为负。

【例 14.3.1】 设某观测点的首次观测值为 $L=1.1\text{mm}$，本次观测值 $L_i=-0.2\text{mm}$，求某点的水平位移值。

解： 由式（14.3.1）得

$$\delta = L_i - L = -0.2 - 1.1 = -1.3(\text{mm})$$

由规范可知，某点位移方向，是下游 1.3mm。

为了减少仪器与觇牌的安置误差，在观测墩顶面常埋设固定的强制对中设备，通常要求它能使仪器及觇牌的偏心误差小 0.1mm。满足这一精度要求的强制对中设备式样很多，有采用圆锥、圆球插入式的，有用埋设中心螺杆的，也有采用置中圆盘的。置中圆盘的优点是适用于多种仪器，对仪器没有损伤，但加工精度要求较高。

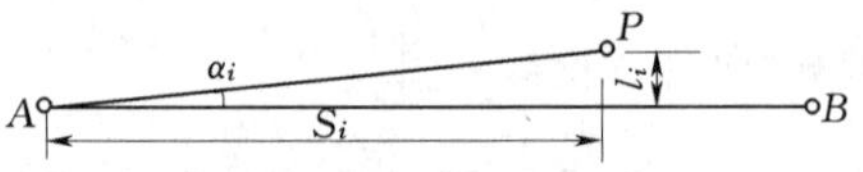

图 14.3.5　测小角法

2. 测小角法

如图 14.3.5 所示，测小角法是利用精密经纬仪精确地测出基准线与观测点之间所夹的微小角度 α_i，并按式（14.3.2）计算偏离值 l_i。

$$l_i = \frac{\alpha_i}{\rho} S_i \tag{14.3.2}$$

式中　S_i——测站 A 到观测点 P_i 的距离；

α_i——测站与测点 P_i 间的小角，（″）；

ρ——取 206265″。

由于视准线法观测中采用了强制对中设备，同时由于小角度只需利用测微器测定，所以主要误差来源是仪器照准觇牌时的照准误差。

当基准线很长时，偏离值测定的误差是很大的。此时，为了减少旁折光的影响，对于观测时间的选择要求更加严格，观测时间应尽量选择在阴天或晚上。在基准线很长时，为了能获得较高的观测精度，可以分段进行观测。即先测定基准线中间观测点相对基准线的偏离值，再将它们作为起始点，然后在各分段中测定测点相对分段基准线的偏离值，最后

归算到两端点的基准线上。在分段基准线法中，整条基准线仅需测定极少数分段点，由于视线缩短，就大大削弱了折光影响。为了提高分段点的测定精度，可以采用增加多余观测的方法。

3. 全站仪法

全站仪架设在已知点上，只要输入测站点、后视点的坐标，瞄准后视点定向，然后瞄准待测点，按下测量键，仪器将很快地计算出待测点的三维坐标，从而可得出位移值。使用全站仪坐标法时，要求有高精度的全站仪，也可以采用 TCA2003 自动监测系统，该系统主要由测量机器人、基点、参考点、目标点组成，可实现全天候的无人值守。监测前首先依据目标点及参考点的分布情况，合理安置 TCA2003 测量机器人。要求具有良好的通视条件，一般应选择在稳定处，使所有目标点与全站仪的距离均在设置的观测范围内，且避免同一方向上有两个监测点，给全站仪的目标识别带来困难。为了满足仪器的防护、保温等需要，并保证通视良好，应专门设计、建造监测站房。

14.4 建筑物裂缝观测

工程建筑物发生裂缝时，为了了解其现状和掌握其发展情况，应进行观测，以便根据这些资料分析其产生裂缝的原因和它对建筑物安全的影响，及时地采取有效措施加以处理。建筑物裂缝是常见的，但成因不一，危害程度不同。有些裂缝已是破坏的开始（如滑坡裂缝等），多数裂缝都会影响建筑物的整体性，严重的能引起建筑物的破坏。为了保证建筑物的安全，应对裂缝的现状和变化进行观测，查明裂缝情况，掌握变化规律，分析成因和危害，以便采取对策，保证建筑物安全运行。需要进行裂缝观测的工程项目有房屋、大桥、大坝、护坡和其他大型的混凝土工程。

当建筑物多处发生裂缝时，应先对裂缝进行编号，然后分别监测裂缝的位置、走向、长度、宽度、深度和错距等。对建筑物内部及表面可能产生裂缝的部位，应预埋仪器设备，进行定期观测或临时采用适宜方法进行探测。对于混凝土建筑物上裂缝的位置、走向及长度的监测，应在裂缝的两端用红色油漆画线作标志，或在混凝土表面绘制方格坐标，用钢尺丈量。根据裂缝分布情况，在裂缝观测时，应在有代表性的裂缝两侧各设置一个固定的观测标志，然后定期量取两标志的间距，即可得出裂缝变化的尺寸（长度、宽度和深度）。

14.4.1 观测标志的埋设

埋设的观测标志是用直径为 20mm、长约 80mm 的金属棒，埋入混凝土内 60mm，外露部分为标志点，其上各有一个保护盖，如图 14.4.1 所示。两标志点的距离不得小于 150mm，用游标卡尺定期测量两个标志点之间距离变化值，以此来掌握裂缝的发展情况。

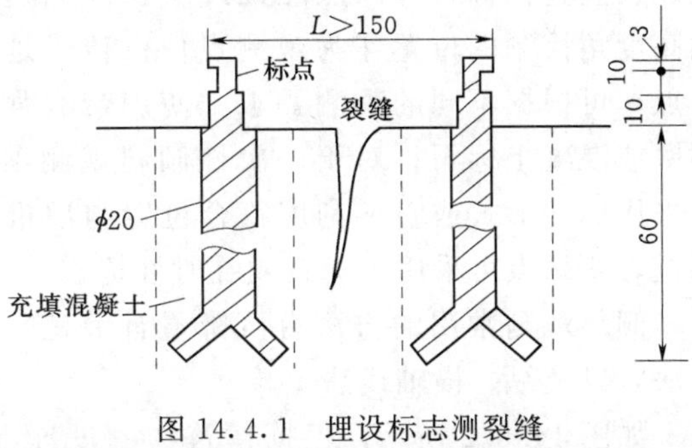

图 14.4.1 埋设标志测裂缝

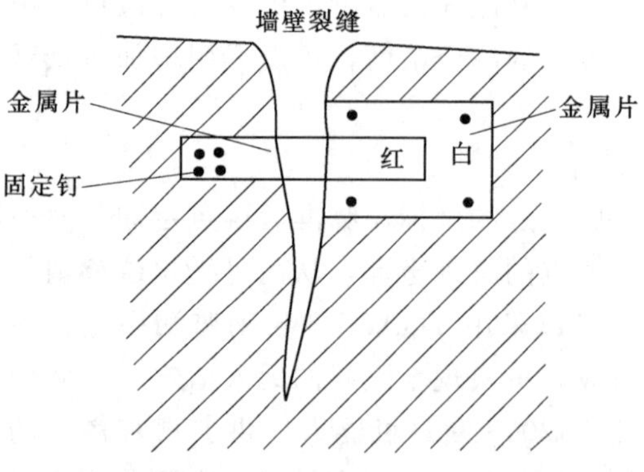

图 14.4.2　设置两金属片测裂缝

14.4.2　墙上裂缝标志的埋设与观测

墙面上的裂缝，常用石膏板标志和铁片标志。可采取在裂缝两端设置厚 10mm、宽 50～80mm 的石膏板（长度视裂缝大小而定），固定在裂缝的两侧，当裂缝继续发展时，石膏板也随之开裂，监测时可测定其裂口的大小和变化，还可以采用两铁片，如图 14.4.2 所示，一片固定在裂缝的一侧，另一片固定在裂缝的另一侧，使两块铁片的边缘相互平行，并使一片搭在另一片上，保持密贴。其密贴部分涂红色油漆，露出部分涂白色油漆。如果裂缝继续发展，两块铁片将逐渐拉开，这样即可定期测定两铁片错开的距离，以监视裂缝的变化。

对于比较整齐的裂缝（如伸缩缝），则可用千分尺直接量取裂缝的变化。若裂缝有显著发展时，均应增加观测次数。经过长期观测判明裂缝已不再发展方可以停止观测。

14.5　建筑物的倾斜观测

建筑物在施工和使用过程中由于某些因素的影响，可能会使建筑物的基础产生不均匀沉降，这会导致建筑物的上部主体结构产生倾斜，当倾斜严重时就会影响建筑物的安全使用，对于这种情况就应该进行倾斜观测。需要进行倾斜观测的工程项目有高耸的塔状建筑物及超高层房屋，如高大的烟囱、水塔、电视塔等，如图 14.5.1 所示。

图 14.5.1　斜塔

建筑物主体倾斜观测点位的标志设置应符合下列要求：建筑顶部和墙体上的观测点标志可采用埋入式照准标志，当有特殊要求时，应专门设计；不便埋设标志的塔形、圆形建筑以及竖直构件，可以照准视线所切同高边缘确定的位置或用高度角控制的位置作为观测点位；位于地面的测站点和定向点，可根据不同的观测要求，使用带有强制对中装置的观测墩或混凝土标石；对于一次性倾斜观测项目，观测点标志可采用标记形式或直接利用符合位置与照准要求的建筑特征部位，测站点可采用小标石或临时性标志。

倾斜观测常用的方法有沉降量计算法、直接投影法、测算法，以及纵、横轴线法。

如图 14.5.2 所示，根据建筑物的设计，A、B 点位于同一竖直线上，建筑物的高度 H，当该建筑物的主体发生倾斜时，则 A 点对 B 点移动了某一数值 ΔD（建筑物顶部观测点

相对于底部观测点的偏移值)，则建筑物主体的倾斜度为

$$i=\tan\alpha=\frac{\Delta D}{H} \tag{14.5.1}$$

式中 i——建筑物的倾斜度；

α——建筑物的倾斜角；

ΔD——建筑物的偏移值；

H——建筑物的高度。

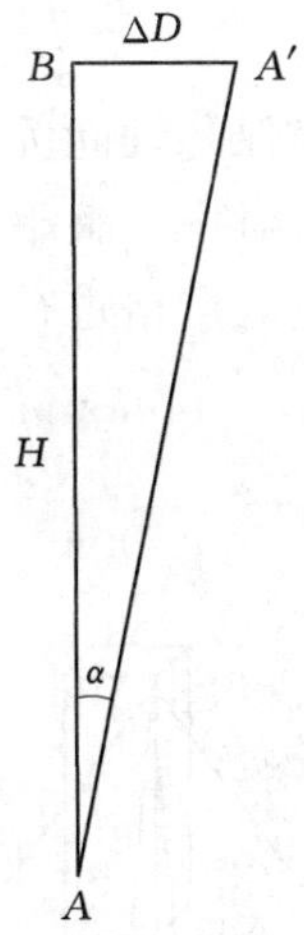

图 14.5.2 倾斜度观测

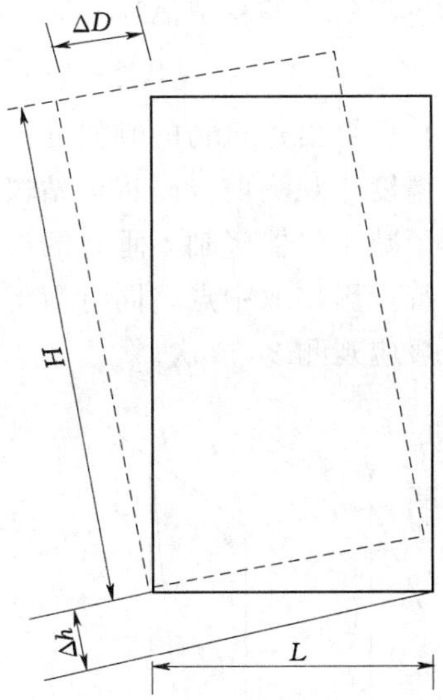

图 14.5.3 建筑物的偏移值

14.5.1 沉降量计算法

沉降量计算法适用于建筑物本身刚性强，且在确切掌握建筑物的不均匀沉降的方向和不均匀沉降量之后，方可采用。

由于建筑物发生倾斜，主要是地基的不均匀沉降造成的，如果通过观测测出了某建筑物的不均匀沉降量，就可以计算出倾斜位移值了。通常用水准仪观测。如图 14.5.3 所示，则倾斜位移值为

$$\Delta D=\frac{\Delta h}{L}H \tag{14.5.2}$$

式中 ΔD——建筑物的偏移值；

Δh——基础两端点的沉降量差值；

L——建筑物的宽度；

H——建筑物的高度。

14.5.2 直接投影法

直接投影法是在建筑物的上下每个墙角都设标志，然后用全站仪（或经纬仪）把建筑物的上下墙角都投影在同一水平面上，用图解的方法求出建筑物的偏移值。

如图 14.5.4 所示首先在待观测建筑物的两个相互垂直的墙面上各设置上、下两个观

测标志，两点应在同一竖直面内。然后利用仪器在距离建筑物高 1.5 倍的地方，确定一固定测站，在建筑物顶部确定一点 M，称为上观测点；在测站安置仪器（对中、整平），通过投点定出 M 点在建筑物室内地坪高度处的投测点 N，称为下观测点。同法，在与原观测方向成 90°角的方向的该楼角前定出另一固定测站，用同样的方法确定该墙面的上观测点 P 和下观测点 Q。间隔一段时间后，分别在两固定测站上，安置仪器，照准各面的上部观测点，投测出 M、P 点的下测点，若点与点不重合，则说明建筑物已经发生倾斜。量取上下标志投影点在 X 墙面的偏移值 ΔA，在 Y 墙面的偏移值 ΔB。然后用矢量相加的方法，计算出该建筑物的总偏移值 ΔD，即

$$\Delta D=\sqrt{\Delta A^2+\Delta B^2} \tag{14.5.3}$$

再利用式（14.5.1）可算出建筑物的倾斜度。

为了保证观测精度，观测前，先将全站仪全面检校，确保各轴间关系正常，特别是竖轴一定要垂直。为了减小仪器竖轴不垂直的误差，需要严格对中、整平，同时用盘左、盘右两个度盘分别进行投影，取中点，同时为了减小观测误差，严格进行多次观测，取平均数作记录结果，一般应观测 3～4 次。

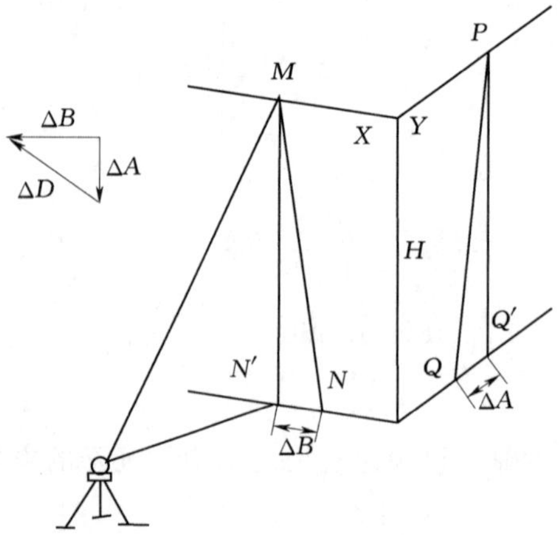

图 14.5.4　投影法测定偏离值

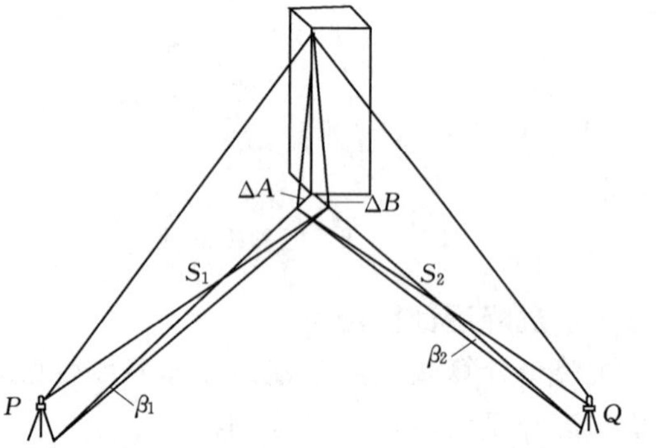

图 14.5.5　测算法测定建筑物倾斜度

14.5.3　测算法

测算法适用于精度要求较高，且需要长期重复进行的倾斜观测。在初始埋设观测标志时尽量使两标志位于同一铅垂线上，这样只需要动水平微动螺旋就可以进行角度测量，减小角度观测误差。测站点也尽量使用混凝土观测墩。

如图 14.5.5 所示将经纬仪设置在离建筑物 1.5H 以上的 P 点，观测建筑物上下两标志之间的水平夹角 β_1。P 点到下标志点的水平距离 S_1 可用刚尺量取或用全站仪测定。则上下标志之间的相对偏离值 L_1 可用下式计算：

$$L_1=\frac{\beta_1}{\rho}S_1 \tag{14.5.4}$$

设 P 点初始周期时观测的偏离值为 L_1^1，本次观测时的偏离值为 L_1^i，则 P 点到建筑物垂直方向上的水平位移分量为

$$\Delta A=L_1^i-L_1^1$$

用同样的方法在 Q 点进行观测上下两标志间的水平夹角 β_2 及 Q 点到下标志点间的水平距离 S_2，同理可以计算出 Q 点到建筑物垂直方向上的水平位移分量 ΔB，计算出合位移为

$$\Delta D=\sqrt{\Delta A^2+\Delta B^2}$$

然后，利用式（14.5.1）可算出建筑物的倾斜度。

14.5.4 纵、横轴线法

纵、横轴线法适用于邻近有空旷场地的塔式或圆形建筑物或构件的倾斜观测。由于这些建筑较高，不便于到顶部设置观测标志，故一般可以照准视线所切同高边缘认定的位置或用高度角控制的位置作为观测点。对于地面的测站点和定向点，可根据不同的观测要求，采用带有强制对中设备的观测墩或混凝土标石。

如图 14.5.6 所示首先在拟建建筑物的纵轴线方向上距建筑物 1.5H 以外的地方设置一个测站点 K，并选定远方通视良好的固定点 M 作为后视点，1、2、3、4 为监测点，且均为仪器视准线与底部或顶部投影圆的切点。

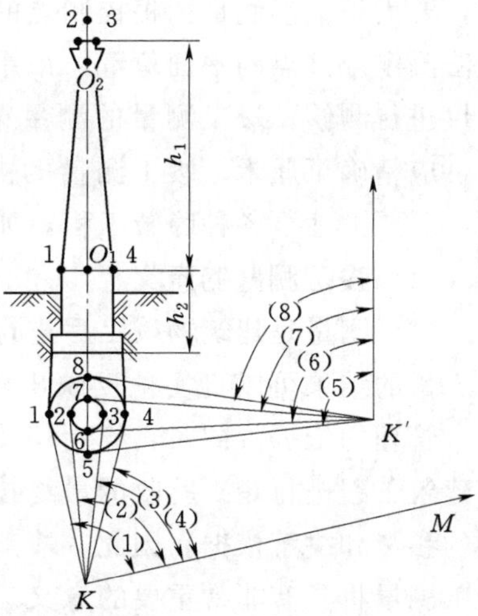

图 14.5.6 纵、横轴线法

观测时首先在测站点 K 上以后视点 M 为零方向，以 1、2、3、4 为观测方向，分别测得其方向值为（1）、（2）、（3）、（4），则 KO_1 方向的方向值为 $\frac{(1)+(4)}{2}$，KO_2 方向的方向值为 $\frac{(2)+(3)}{2}$，利用 KO_1、KO_2 两方向值，即可求得顶部中心 O_2 相对于底部中心 O_1 的偏移角度 β。

$$\beta=\beta_{KO_1}-\beta_{KO_2}=\frac{(1)+(4)-(2)-(3)}{2} \tag{14.5.5}$$

KO_1 与 KA 方向的夹角 α 可以用下式计算：

$$\alpha=\frac{(4)-(1)}{2} \tag{14.5.6}$$

除水平角观测外，还应测量测站点 K 到底部监测点 1（或 4）的平距 S。

由图 14.5.6 可知，KO_1 的距离为

$$S_{KO_1}=S\cdot\cos\alpha \tag{14.5.7}$$

则 O_1、O_2 两点在 KO_1 垂直方向上的水平位移分量 ΔD_1 为

$$\Delta D_1=S\cdot\cos\alpha\cdot\tan\beta \tag{14.5.8}$$

当 ΔD_1 为正值时表示 O_2 在 KO_1 方向的右边，反之在左边。

同理，在拟建建筑物的横轴线方向上设置测站点，也可以求出 O_1、O_2 两点在纵轴线方向上的水平位移分量 ΔD_2。

$$\Delta D=\sqrt{\Delta D_1^2+\Delta D_2^2} \tag{14.5.9}$$

然后，利用式（14.5.1）可算出建筑物的倾斜度。

14.6　工程竣工测量

竣工测量是指建（构）筑物工程项目完工后，规划管理部门对该项目进行验收时的测量工作，一般由具有国家测绘局认可的测绘单位进行实地测量，管理部门依据测绘报告实地验证，符合设计的通过验收，颁发竣工验收合格证明。在每一个单项工程完成后，必须由施工单位进行竣工测量，并提出该工程的竣工测量成果，作为编绘竣工总平面图的依据。

竣工测量的基本测量方法与地形测量相似，区别在于一般竣工测量图根控制点的密度，要大于地形测量图根控制点的密度；竣工测量一般采用经纬仪测角、钢尺量距的极坐标法测定碎部点的平面位置，采用水准仪或经纬仪视线水平测定碎部点的高程，也可用全站仪进行测绘；竣工测量的测量精度，要高于地形测量的测量精度，一般要满足解析精度，应精确至厘米；竣工测量的内容比地形测量的内容更丰富，不仅测地面的地物和地貌，还要测地下各种隐蔽工程，如上、下水及热力管线等。

14.6.1　竣工测量的意义

竣工测量是建筑物竣工后进行的测量工作，是实施城市规划管理的重要工作内容。竣工测量的结果可以真实地反映出建筑物的位置、结构外形，是后续建筑设计、改造、维修、管理的依据。同时，绘制相关竣工图，可以作为检验建筑设计和城市规划正确性以及对建筑工程进行竣工验收的最终技术资料，为城市规划的监督管理和后续城市规划提供重要的参考和决策依据。因此，竣工测量会直接影响到城市基础测绘信息的及时更新，做好竣工测量将具有非常重要的意义。

14.6.2　竣工测量的内容

1. 工业厂房及民用建筑物

测定各房角坐标、几何尺寸，各种管线进出口的位置和高程，室内地坪及房角标高，并附注房屋结构层数、面积和竣工时间，以及保留的建（构）筑物、道路、绿化用地、单独设立的配套设施等，并标注相关信息。

2. 地下管线

测定管线起终点、检修井、转折点、分支点、交叉点、变径点、变深点、出地点、入地点、预留口等的坐标，井盖、井底、沟槽和管顶等的高程，附注管道及检修井的编号、名称、管径、材质、埋深、断面尺寸、埋设年月、埋设方式、间距、坡度和流向等。

3. 架空管线

测定转折点、结点、交叉点和支点的坐标，支架间距、基础面标高等。

4. 交通线路

测定线路起终点、转折点和交叉点的坐标，路面、人行道、绿化带界线等。

5. 特种构筑物

测定沉淀池的外形和四角坐标、圆形构筑物的中心坐标、基础面标高、构筑物的高度或深度等。

14.6.3 竣工总平面图的编绘

工业与民用建筑工程是根据设计总平面图施工的。在施工过程中，由于种种原因，使建（构）筑物竣工后的位置与原设计位置不完全一致，所以，需要编绘竣工总平面图。竣工总平面图的编绘包括竣工测量和资料编绘两方面内容。编制竣工总平面图的目的一是为了全面反映竣工后的现状，二是为以后建（构）筑物的管理、维修、扩建、改建及事故处理提供依据，三是为工程验收提供依据。

14.6.3.1 竣工总平面图编绘的一般规定

(1) 竣工总平面图系指在施工后，施工区域内地上、地下建筑物及构筑物的位置和标高等的编绘与实测图纸。

(2) 对于地下管道及隐蔽工程，回填前应实测其位置及标高，作出记录，并绘制草图。

(3) 竣工总平面图的比例尺，宜为1：500。其坐标系统、图幅大小、注记、图例符号及线条，应与原设计图一致。原设计图没有的图例符号，可使用新的图例符号，并应符合现行总平面图设计的有关规定。

(4) 竣工总平面图应根据现有资料及时编绘。重新编绘时，应详细实地检核。对不符之处，应实测其位置、标高及尺寸，按实测资料绘制。

(5) 竣工总平面图编绘完后，应经原设计及施工单位技术负责人审核和会签。

14.6.3.2 竣工总平面图编绘的依据

(1) 设计总平面图，单位工程平面图，纵、横断面图，施工图及施工说明。

(2) 施工放样成果，施工检查成果及竣工测量成果。

(3) 更改设计的图纸、数据、资料（包括设计变更通知单）。

14.6.3.3 竣工总平面图的编绘方法

1. 准备工作

(1) 确定竣工总平面图的比例尺。竣工总平面图的比例尺，应根据企业的规模大小和工程的密集程度参考规定。

(2) 在图纸上绘制坐标方格网。绘制坐标方格网的方法、精度要求，与地形测量绘制坐标方格网的方法、精度要求相同。

(3) 展绘控制点。坐标方格网画好后，将施工控制点按坐标值展绘在图纸上。展点对所临近的方格而言，其容许误差为±0.3mm。

(4) 展绘设计总平面图。根据坐标方格网，将设计总平面图的图面内容，按其设计坐标，用铅笔展绘于图纸上，作为底图。

2. 现场实测

对于直接在现场指定位置进行施工的工程、以固定地物定位施工的工程及多次变更设计而无法查对的工程等，只好进行现场实测，这样测绘出的竣工总平面图，称为实测竣工总平面图。

有下列情况之一者，必须进行现场实测，然后再编绘竣工总平面图。

（1）由于未能及时提供建筑物或构筑物的设计坐标，而在现场指定施工位置的工程。

（2）设计图上只标明工程与地物的相对尺寸而无法推算坐标和标高。

（3）由于设计多次变更而无法查对设计资料。

（4）竣工现场的竖向布置、围墙和绿化情况，施工后尚保留的大型临时设施。

3. 展绘竣工总平面图

对凡按设计坐标进行定位的工程，应以测量定位资料为依据，按设计坐标（或相对尺寸）和标高展绘。对原设计进行变更的工程，应根据设计变更资料展绘。对凡有竣工测量资料的工程，若竣工测量成果与设计值之比差，不超过所规定的定位容许误差时，按设计值展绘；否则，按竣工测量资料展绘。

14.6.3.4　竣工总平面图的绘制

1. 分类竣工总平面图

对于大型企业和较复杂的工程，如将厂区地上、地下所有建筑物和构筑物都绘在一张总平面图上，这样的图面线条密集，不易辨认。为了使图面清晰醒目，便于使用，可根据工程的密集与复杂程度，按工程性质分类编绘竣工总平面图。

2. 综合竣工总平面图

综合竣工总平面图即全厂性的总体竣工总平面图，包括地上、地下一切建筑物、构筑物和竖向布置及绿化情况等。

3. 竣工总平面图的图面内容和图例

竣工总平面图的图面内容和图例，一般应与设计图一致。图例不足时可补充编绘。

4. 竣工总平面图的附件

为了全面反映竣工成果，便于生产、管理、维修和日后企业的扩建或改建，与竣工总平面图有关的一切资料，应分类装订成册，作为竣工总平面图的附件保存。

5. 工业企业竣工总平面图

工业企业竣工总平面图的编绘，最好的办法是随着单位或系统工程的竣工，及时地编绘单位工程或系统工程平面图，并由专人汇总各单位工程平面图编绘竣工总平面图。

14.6.3.5　竣工总平面图的整饰

（1）竣工总平面图的符号应与原设计图的符号一致。有关地形图的图例应使用国家地形图图示符号。标注的尺寸必须是检测计算和实量的尺寸。所测的楼、围墙灯线状地物可不标点名，应标注楼号。

（2）对于厂房应使用黑色墨线，绘出该工程的竣工位置，并应在图上注明工程名称、坐标、高程及有关说明。

（3）对于各种地上、地下管线，应用各种不同颜色的墨线，绘出其中心位置，并应在图上注明转折点及井位的坐标、高程及有关说明。

（4）对于没有进行设计变更的工程，用墨线绘出的竣工位置，与按设计原图用铅笔绘出的设计位置应重合，但其坐标及高程数据与设计值比较可能稍有出入。随着工程的进展，逐渐在底图上将铅笔线都绘成墨线。

图 14.6.1 为××安置小区竣工总平面图。

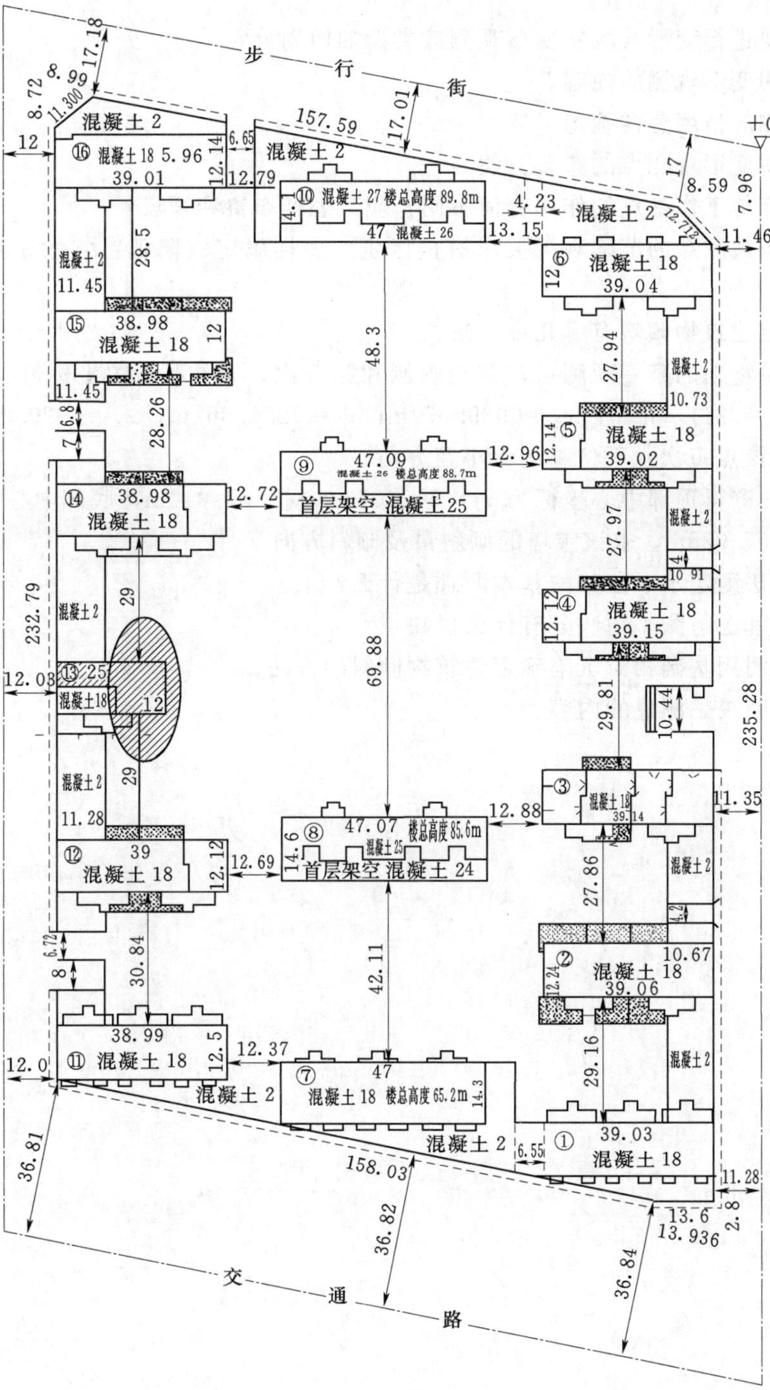

图 14.6.1 ××安置小区竣工总平面图

实 训 与 习 题

1. 为什么要进行变形观测？变形观测按类型如何划分？

2. 举例说明变形观测的内容。

3. 变形观测的精度怎样确定？

4. 举例说明变形观测点的布置方法。

5. 水准基点与工作基点的作用有何不同？应当怎样布置和埋设？

6. 基准点与观测点的沉陷观测要求有何区别？怎样确定沉陷值？它的正负号是怎样规定的？

7. 直接测定建筑物倾斜有哪几种方法？

8. 观测建筑物上的某一观测点，首次观测和第 2 次、3 次观测的坐标值分别为 $x_1=6929.090$m，$y_1=7211.973$m；$x_2=6929.079$m，$y_2=7211.962$m；$x_3=6929.071$m，$y_3=7211.875$m。求该点每次水平位移的大小及方向。

9. 某宝塔，测得顶部中心坐标为 $x_1=54.407$m，$y_1=57.010$m，底部中心坐标为 $x_2=54.443$m，$y_2=57.028$m，求该宝塔的倾斜量及倾斜方向。

10. 基准线法测定水平位移的基本原理是什么？

11. 活动觇牌法与测小角法各有什么优缺点？

12. 举例说明用基础相对沉陷确定建筑物倾斜的方法。

13. 举例说明竣工测量的内容。

第15章　GPS测量原理与应用

学习目标：

通过本章节的学习，了解GPS定位技术的发展概况和GPS系统以外的一些其他定位系统；理解GPS测量与传统测量方法的区别、特点；GPS定位的误差来源、影响及相应的措施；GPS控制网的布设与技术设计。掌握GPS测量技术基本理论、定位原理、定位方法；具备外业实施的相关知识，熟练的运用RTK进行点位的测量与测设，具备GPS外业工作和内业数据处理的能力。

全球定位系统（Global Position System，GPS），它是继阿波罗登月计划、航天飞机后的美国第三大航天工程。该系统可向人类提供高精度的导航、定位、授时服务。经过十几年我国测绘等部门的使用，GPS以全天候、高精度、自动化、高效益等显著特点赢得广大测绘工作者的信赖并成功地应用于大地测量、工程测量、航空摄影测量、运载工具导航和管制、地壳运动监测、工程变形监测、资源勘察、地球动力学等多种学科，从而给测绘领域带来一场深刻的技术革命。

15.1　概　　述

1957年10月苏联将世界上第一颗人造地球卫星成功发射，是人类致力于现代科学技术发展的结晶，它使空间科学技术的发展迅速跨入了一个崭新的时代。世界各国争相利用人造地球卫星为军事、经济和科学文化服务。

15.1.1　早期的定位技术

卫星定位技术是指人类利用人造地球卫星确定测站点位置的技术。早期，人造地球卫星仅仅作为一种空间观测目标，由地面上的观测站对卫星的瞬间位置进行摄影测量，测定测站点至卫星的方向，建立卫星三角网。同时也可以利用激光技术测定观测站至卫星的距离，建立卫星测距三角网。这两种方法均可实现地面点的定位。由于卫星三角测量受天气和可见条件影响，观测和成果换算需要大量的时间，精度也不太理想，并且得不到点位的地心坐标。因此，卫星三角测量技术很快被多普勒技术所取代。

15.1.2　卫星多普勒定位系统

1958年年底，美国海军武器实验室就着手实施建立为美国军用舰艇导航服务的卫星系统，即“海军导航卫星系统”，简称NNSS系统。该系统中卫星的轨道都通过地极，即卫星轨道面倾角为90°，故也称“子午卫星系统”。1964年该系统建成，并开始在美国军方启用，1967年美国政府批准该系统解密，并提供民用。20世纪70年代中期，我国开始引进卫星多普勒接收机进行西沙群岛的联测。但由于子午仪卫星高度较低，地面覆盖面积较小，卫星数目不够多，故平均间隔约1.5小时才能进行一次定位，并且只能断续地提供二维导航，其导航精度对有些用户而言还不够高。为满足军事及民用部门对连续实时三维导航和定位的需要，第二代卫星导航系统——GPS 应运而生。子午卫星导航系统也于 1996 年 12 月 31 日停止发射信号。

15.1.3　全球卫星定位系统

全球定位系统是美国从上世纪 70 年代开始研制，历时 20 年，耗资近 300 亿美元，于 1994 年全面建成的利用导航卫星进行测时和测距，具有在海、陆、空进行全方位实时三维导航与定位能力的新一代卫星导航与定位系统（Navigation Satellite Timing And Ranging/Global Positioning System）简称 GPS 系统。

GPS 实施计划共经历了三个阶段：

第一阶段为方案论证和初步设计阶段。从 1973—1979 年，共发射了 4 颗试验卫星。研制了地面接收机及建立地面跟踪网。

第二阶段为全面研制和试验阶段。从 1979—1984 年，又陆续发射了 7 颗试验卫星，研制了各种用途接收机。实验表明，GPS 定位精度远远超过设计标准。

第三阶段为实用组网阶段。1989 年 2 月 4 日第一颗 GPS 工作卫星发射成功，表明 GPS 系统进入工程建设阶段。1993 年底实用的 GPS 网即（21＋3）GPS 星座已经建成，今后将根据计划更换失效的卫星。到目前为止卫星数量超过 32 颗。

15.1.3.1　GPS 系统的组成

GPS 由三大子系统构成：空间卫星系统、地面监控系统、用户接收系统。

1. 空间卫星系统

如图 15.1.1 所示为 GPS 卫星主体，图 15.1.2 所示为 GPS 卫星星座，空间卫星系统由均匀分布在 6 个轨道平面上的 24 颗高轨道工作卫星（21 颗工作卫星＋3 颗备用卫星）构成，各轨道平面相对于赤道平面的倾角为 55°，轨道平面间距 60°。在每一椭圆轨道平面内，各卫星升交角距差 90°，任一轨道上的卫星比西边相邻轨道上的相应卫星超前 30°。卫星距离地球表面平均高度为 20200km，运行速度为 3800m/s，运行周期为 11h 58min，每颗卫星覆盖地球表面约 38%的面积，卫星的分布保证在地球任何地方、任何时刻同时能观测到 4 颗卫星。目前，全世界的民用客户均可不受限制地免费使用。

图 15.1.1　GPS 卫星主体

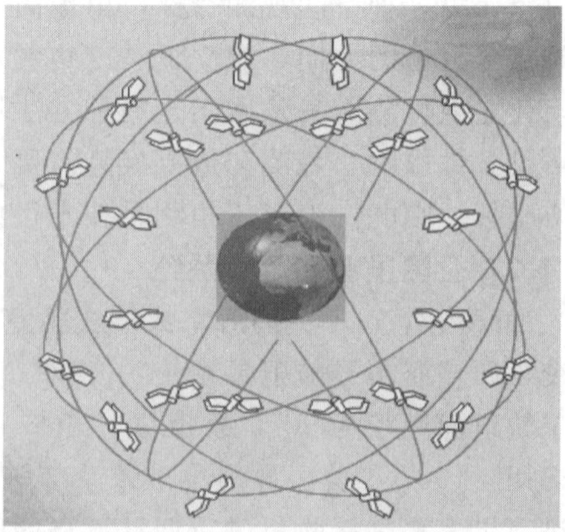

图 15.1.2　GPS 卫星星座

2. 地面监控系统

地面监控系统由均匀分布在美国本土和三大洋的美军基地上的五个监测站、一个主控站和三个注入站构成。该系统的功能是对空间卫星系统进行监测、控制，并向每颗卫星注入更新的导航电文。

(1) 监测站。用 GPS 接收系统测量每颗卫星的伪距和距离差，采集气象数据，并将观测数据传送给主控点。五个监控站均为无人守值的数据采集中心。

(2) 主控站。主控站接收各监测站的 GPS 卫星观测数据、卫星工作状态数据、各监测站和注入站自身的工作状态数据。根据上述各类数据，完成以下几项工作：

1) 及时编算每颗卫星的导航电文并传送给注入站。

2) 控制和协调监测站间、注入站间的工作，检验注入卫星的导航电文是否正确以及卫星是否将导航电文发给了 GPS 用户系统。

3) 诊断卫星状态，改变偏离轨道的卫星位置及姿态，调整备用卫星取代失效卫星。

(3) 注入站。接受主控站送达的各卫星导航电文并将其注入飞越其上空的每颗卫星。

3. 用户接收系统

如图 15.1.3 所示 GPS 用户接收系统，用户接收系统主要由以无线电传感和计算机技术支撑的 GPS 卫星接收机和 GPS 数据处理软件构成。GPS 卫星接收机的基本结构是天线单元和接收单元两部分。

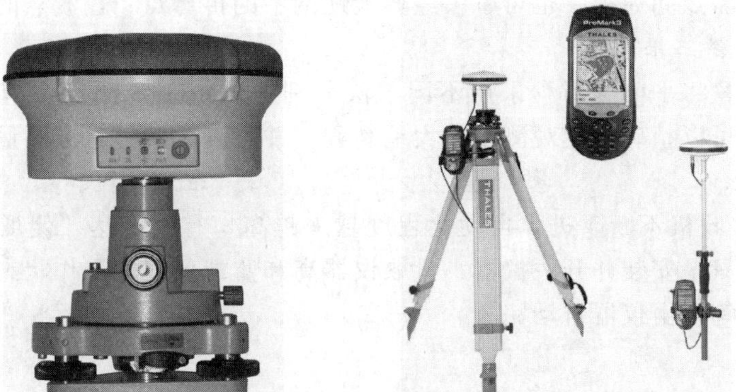

图 15.1.3 GPS 用户接收系统

(1) 天线单元。天线单元主要作用是当 GPS 卫星从地平线上升起时，能捕获、跟踪卫星，接收放大 GPS 信号。

(2) 接收单元。接收单元的主要作用是记录 GPS 信号并对信号进行解调和滤波处理，还原出 GPS 卫星发送的导航电文，解求信号在站星间的传播时间和载波相位差，实时地获得导航定位数据或采用测后处理的方式，获得定位、测速、定时等数据。微处理器是 GPS 接收机的核心，承担整个系统的管理、控制和实时数据处理。

15.1.3.2 GPS 系统的特点

GPS 系统是目前在导航定位领域应用最为广泛的系统，它以高精度、全天候、高效率、多功能等特点著称，比其他导航定位系统和传统测量方法具有更强的优势。

1. 全球地面连续覆盖

由于 GPS 卫星的数目较多且分布合理，所以地球上任何地点均可在连续同步地观测到至少 4 颗卫星。从而保障了全球、全天候连续地实时导航与定位。

2. 功能多、精度高

GPS 可为各类用户连续地提供动态目标的三维位置、三维速度和时间信息。目前其单点实时定位精度可达 5～10m，静态相对定位精度可达 1～0.1ppm，测速精度为 0.1m/s，而测时精度约为数十纳秒。

3. 实时定位速度快

利用全球定位系统一次定位和测速工作在一秒至数秒钟内便可完成（NNSS 约需 8～10min）。随着 GPS 系统的不断完善，软件的不断更新，目前，20km 以内相对静态定位，仅需 15～20min；快速静态相对定位测量时，15km 以内时，流动站观测时间只需 1～2min，然后可随时定位，每站观测仅需几秒钟。

4. 抗干扰性好、保密性强

由于 GPS 采用了数字通信的特殊编码技术，即伪随机噪声技术。因而 GPS 卫星所发送的信号，具有良好的抗干扰性和保密性。

5. 观测站间无需通视

GPS 不要求观测站之间相互通视，只需测站上空开阔即可，也使点位的选择变得甚为灵活。由于无需点间通视，也可省去经典大地网中的传算点、过渡点的测量工作。

6. 可直接提供三维坐标

经典大地测量将平面与高程采用不同方法分别施测。GPS 测量在精确测定观测站平面位置的同时，可以精确测定观测站的大地高程，并可满足四等水准测量的精度。

7. 操作简便

随着 GPS 接收机不断改进，自动化程度越来越高，有的已达“傻瓜化”的程度，测量员的主要任务只是安装并开关仪器、量取仪器高和监视仪器的工作状态，而卫星信号的捕获、跟踪观测等均由仪器自动完成。

8. 全天候作业

目前 GPS 观测可在一天 24h 内的任何时间进行，在任何地点连续地进行，不受阴天黑夜、起雾刮风、下雨下雪等气候的影响。

15.2　卫星运动及卫星信号

15.2.1　卫星信号

GPS 卫星发射的信号由载波、测距码、导航电文三部分组成，如 15.2.1 图所示。

15.2.1.1　载波

可运载调制信号的高频震荡波称为载波。GPS 卫星发射两种频率的载波信号，它们均位于微波 L 波段，分别为频率 1575.42MHz 的 L1 载波和频率 1227.60MHz 的 L2 载波，是由卫星上的原子钟所产生的基准频率 f_0＝10.23MHz 的 154 倍和 120 倍产生。它们的波长分别为 19.03cm 和 24.42cm。

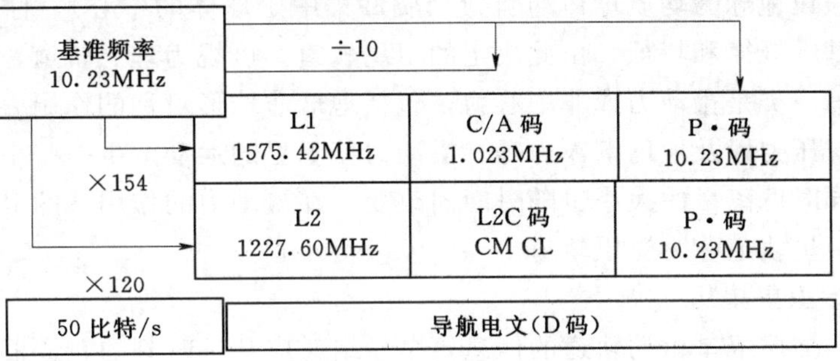

图 15.2.1　GPS 卫星信号构成及产生

15.2.1.2　测距码

1. C/A 码

C/A 码也叫粗捕获码，它被调制在 L1 载波上，是 1.023MHz 的伪随机噪声码（PRN 码），由卫星上的原子钟所产生的基准频率 f_0 降频 10 倍产生。每颗卫星的 C/A 都不一样，因此我们经常用它的 PRN 号来区分它们。C/A 码是普通用户用以测定站到卫星间的距离的一种主要信号。如图 15.2.2 所示为 C/A 码、P 码的特点。

2. P 码

P 码也叫精码，它被调制在 L1 和 L2 载波上，是 10.23MHz 的伪随机噪声码，直接使用卫星上的原子钟所产生的基准频率，其周期为 7 天。P 码是一种结构保密的军用码，目前美国政府不提供给民用，用于精密的导航和定位。

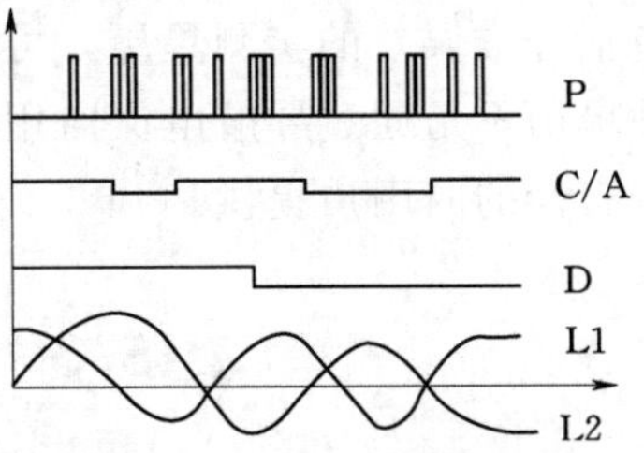

图 15.2.2　C/A 码、P 码的特点

3. L2C 码

L2C 码称为城市码，它被调制在 L2 载波上，L2C 信号包括 2 个 PRN 码：即 CM 码和 CL 码。L2C 码同样可以提供高质量的数据来进行导航定位。

15.2.1.3　导航电文

GPS 卫星的导航电文（简称卫星电文）是用户用来定位和导航的数据基础。它主要包括卫星星历、时钟改正、电离层时延改正、工作状态信息等内容。这些信息是以二进制码的形式，按规定格式组成，按帧向外播送，卫星电文又叫数据码（D 码）。

15.2.2　卫星运动

15.2.2.1　概述

人造地球卫星在空间绕地球运行，除了受地球重力场的引力作用外，还将受到太阳、月亮和其他天体引力的影响，以及太阳光压、大气阻力和地球潮汐力等因素的影响。所以卫星实际运行轨道十分复杂，难以用简单而精确的数学模型加以描述。在各种作用力对卫星运行轨道的影响中，地球引力场的影响为主，其他作用力的影响相对要小得多。若假设地球引力场的影响为 1，其他引力场的影响均小于 10^{-5}。

为了研究工作和实际应用的方便，通常把作用于卫星上的各种力按其影响的大小分为两类：一类是假设地球为均质球体的引力（质量集中于球体的中心），称为中心力，决定着卫星运动的基本规律和特征，由此决定的卫星轨道，可视为理想轨道，是分析卫星实际轨道的基础。另一类是摄动力或非中心力，包括地球非球形对称的作用力、日月引力、大气阻力、光辐射压力以及地球潮汐力等。摄动力使卫星的运动产生一些小的附加变化而偏离理想轨道，同时偏离量的大小也随时间而改变。在摄动力的作用下的卫星运动称为受摄运动，相应的卫星轨道称为受摄轨道。

15.2.2.2　GPS 卫星星历

卫星星历是描述卫星运动轨道的信息，是一组对应某一时刻的轨道根数及其变率。根据卫星星历可以计算出任一时刻的卫星位置及其速度。GPS 卫星星历分为预报星历和后处理星历。

预报星历是通过卫星发射的含有轨道信息的导航电文传递给用户，经解码获得所需的卫星星历，也称广播星历，包括相对某一参考历元的开普勒轨道参数和必要的轨道摄动项改正参数。通过卫星广播星历可以获得的有关卫星星历参数共 17 个，其中包括 1 个参考时刻和星历数据龄期，6 个相应参考时刻的开普勒轨道参数和 9 个反映摄动力影响的参数。

后处理星历是根据地面跟踪站所获得的精密观测资料计算而得到的星历，它是一种不包括外推误差的实测星历，可为用户提供观测时刻的卫星精密星历，精度可达到米级。这种星历不是通过导航电文向用户传递，而是利用磁带或电视、电传、卫星通信等方式在事后有偿的向用户提供。

15.3　GPS 的坐标系统及时间系统

15.3.1　GPS 的坐标系统

GPS 测量技术是通过安置在地球表面的 GPS 接收机接收来自 GPS 卫星信号来测定地面店的位置。观测站固定在地球的表面，其空间位置随地球自转而变动，而 GPS 卫星围绕地球质心旋转且与地球的自转无关。因此，在卫星定位中，需要建立两类坐标系统和统一时间系统，即天球坐标系和大地坐标系。天球坐标系是一种惯性坐标系，其坐标原点及各坐标轴指向在空间不变，用于描述卫星的运行位置和状态。大地坐标系则是与地球相关联的坐标系，用于描述地面点的位置。

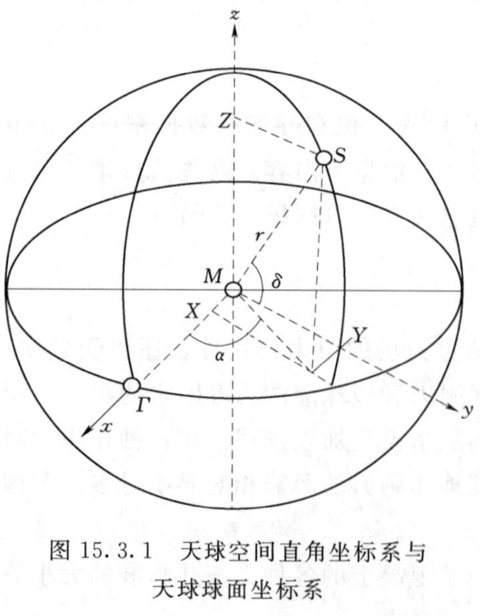

图 15.3.1　天球空间直角坐标系与天球球面坐标系

15.3.1.1　天球坐标系

所谓天球，是指以地球质心 M 为中心，半径 r 为任意长度的一个假想的球体。常用的天球坐标系有天球空间直角坐标系和天球球面坐标系，如图 15.3.1 所示。

天球空间直角坐标系原点位于地球的质心，z 轴指向北天极 Pn，x 轴指向春分点 Γ，y 轴垂直于 xMz 平面，与 x 轴和 z 轴构成右手坐标系。在天球空间直角坐标系中，任一天体的位置可用天体的三维坐标（x，y，z）表示。

天球球面坐标系的坐标原点也位于地球质心，天体所在天球子午面与春分点所在天球子午面之间的夹角为天体的赤经，用 α 表示；天体到原点 M 的连线与天球赤道面之间的夹角称为赤纬，用 δ 表示；天体至原点的距离称为向径，用 r 表示。这样，天体的位置也可用三维坐标（α，δ，r）唯一确定。对同一空间点，天球空间直角坐标系与天球球面坐标系参数转换可按式（15.3.1）和式（15.3.2）天球空间直角坐标系与天球球面坐标系参数转换。

$$\begin{pmatrix} x \\ y \\ z \end{pmatrix} = r \begin{pmatrix} \cos\delta \cdot \cos\alpha \\ \cos\delta \cdot \sin\alpha \\ \sin\delta \end{pmatrix} \tag{15.3.1}$$

$$\left.\begin{aligned} r &= \sqrt{x^2+y^2+z^2} \\ \alpha &= \arctan \frac{y}{x} \\ \delta &= \arctan \frac{z}{\sqrt{x^2+y^2}} \end{aligned}\right\} \tag{15.3.2}$$

上述坐标系的建立，是基于假设地球为均质的球体，且没有其他天体摄动力影响的理想情况，即假定地球的自转轴在空间的方向是固定的，因而春分点在天球上的位置保持不变。但是，实际上地球的形体接近于一个赤道隆起的椭球体，因此，在日月引力和其他天体引力对地球隆起部分的作用下，地球在绕太阳运行时，自转轴的方向不再保持不变，从而使春分点在黄道上产生缓慢的西移，这种现象在天文学中称为岁差。

如果把观测时的北天极称为瞬时北天极（或称真北天极），而与之相应的天球赤道和春分点称为瞬时天球赤道和瞬时春分点（或称真天球赤道和真春分点），那么在日月引力等因素的影响下，瞬时北天极将绕瞬时平北天极产生旋转，大致成椭圆形轨迹，其长半径约为9.2″，周期约为18.6年。这种现象称为章动。

15.3.1.2 地球坐标系

确定卫星位置用天球坐标系比较方便，而确定地面点的位置用地球坐标系比较方便。常用的地球坐标系有地球空间直角坐标系和大地坐标系如图15.3.2所示。大地坐标系是通过一个辅助面（参考椭球面）定义的。大地坐标系中的参考面是长半轴为 a，以短半轴 b 为旋转轴的椭球面。椭球面几何中心与直角坐标系原点重合，短半轴与直角坐标系的 z 轴重合。

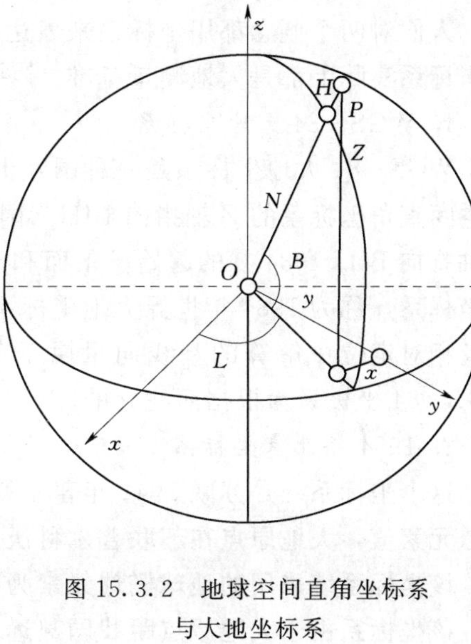

图15.3.2 地球空间直角坐标系与大地坐标系

大地坐标系的第一个参数——大地纬度 B

为过空间点 P 的椭球面法线与 xOy 平面的夹角，自 xOy 面向 Oz 轴方向量取为正。第二个参数——大地经度 L 为 zOx 平面与 zOP 平面的夹角，自 zOx 平面起算右旋为正。第三个参数——大地高程 H 为过 P 点的椭球面法线上自椭球面至 P 点的距离，以远离椭球面中心方向为正。对同一空间点，地球空间直角坐标系与大地坐标系参数间的转换可按式（15.3.3）和式（15.3.4）计算。

$$\left.\begin{aligned}x&=(N+H)\cos B\cos L\\y&=(N+H)\cos B\sin L\\z&=[N(1-e^2)+H]\sin B\end{aligned}\right\}\qquad(15.3.3)$$

$$\left.\begin{aligned}L&=\arctan\frac{y}{x}\\B&=\arctan\frac{z+Ne^2\sin B}{\sqrt{x^2+y^2}}\\H&=\frac{z}{\sin B}-N(1-e^2)\end{aligned}\right\}\qquad(15.3.4)$$

其中

$$N=\frac{a}{\sqrt{1-e^2\sin^2 B}}$$

$$e^2=(a^2-b^2)/a^2$$

式中　N——法线长度；

　　e——子午圈第一偏心率。

15.3.1.3　GPS 测量中常用坐标系

当涉及到坐标系的问题时，有两个相关概念应当加以区分。一是大地测量的坐标系，它是根据有关理论建立的，不存在测量的误差。同一个点在不同坐标系中的坐标转换也不影响点位。二是大地测量基准，它是根据测量数据建立的坐标系，由于测量数据有误差，所以大地测量基准也有误差，因而同一点在不同基准之间转换将不可避免产生误差。通常，人们对两个概念都用坐标系来表达，不加严格区分。如 WGS-84 坐标系和北京 1954 年坐标系实际上都是大地测量基准。

1. WGS-84 大地坐标系

WGS-84 大地坐标系是一种国际上采用的地心坐标系。坐标原点为地球质心，其地心空间直角坐标系的 Z 轴指向 BIH（国际时间）1984.0 定义的协议地球极（CTP）方向，X 轴指向 BIH 1984.0 的起始子午面和 CTP 赤道的交点，Y 轴与 Z 轴、X 轴垂直构成右手坐标系，称为 1984 年世界大地坐标系统，它是一个地固坐标系。GPS 单点定位的坐标以及相对定位中解算的基线向量属于 WGS-84 大地坐标系，因为 GPS 卫星星历是以 WGS-84 坐标系为根据而建立的。

2. 1954 年北京坐标系

这个坐标系统是苏联 1942 年普尔科沃大地坐标系的延伸，它采用的是克拉索夫斯基椭球元素值，大地原点在苏联普尔科沃天文台。

该坐标系统采用的地球椭球元素为：$a=6378245$m，$\alpha=1/298.3$。

该坐标系由于大地原点距我国甚远，在我国范围内该参考椭球面与大地水准面存在着明显的差距。

3. 1980国家大地坐标系

自1980年起，我国采用1975年国际第三推荐值作为参考椭球，并将大地原点定在西安附近（陕西省泾阳县永乐镇，距西安约60km），由此建立了我国新的国家大地坐标系——1980国家大地坐标系。该坐标系统采用的地球椭球元素为$a=6378140$m，$\alpha=1/298.257$，原来的1954年北京坐标系的成果都改算为1980国家大地坐标系。

15.3.1.4 高程系统

1. 正高

系统以大地水准面为高程基准面，地面上任一点的正高是指该点沿垂线方向至大地水准面的距离。要推算这种平均重力值，必须知道地面和大地水准面之间岩层的密度分布，这是不能用简单方法来推求的。所以过去都是采用近似的数据，只能求得正高的近似值。

2. 正常高

1945年苏联的M.C.莫洛坚斯基提出了“正常高”的概念，即将正高系统中的分母gm改用平均正常重力值γm来代替，γm是可以精确计算的，因此正常高也可以精确地计算出来。由各地面点沿正常重力线向下截取各点的正常高，所得到的点构成的曲面，称为似大地水准面，它是正常高的基准面。似大地水准面很接近于大地水准面，在海洋上两者是重合的，在平原地区两者相差不过几厘米，在高山地区两者最多相差2m。

3. 大地高

地面点在三维大地坐标系中的几何位置，是以大地经度、大地纬度和大地高程表示的。大地高程以椭球面为基准面，是由地面点沿其法线到椭球面的距离。大地高程可直接由卫星大地测量方法测定，也可由几何和物理大地测量相结合来测定。采用前一种方法时，直接由卫星定位技术测定地面点在全球地心坐标系中的大地高程；采用后一种方法时，大地高程分为两段来测定，其中由地面点至大地水准面或似大地水准面的一段由水准测量结果加上重力改正而得，由大地水准面或似大地水准面至椭球面的一段由物理大地测量方法求得。

15.3.2 GPS测量的时间系统

在GPS卫星定位中，时间系统有着重要的意义。作为观测目标的GPS卫星以每秒几公里的速度运动。对观测者而言卫星的位置（方向、距离、高度）和速度都在不断地迅速变化。因此，在卫星测量中，例如在由跟踪站对卫星进行定轨时，每给出卫星位置的同时，必须给出对应的瞬间时刻。为了保证观测量的精度，对观测时刻要有一定的精度要求。

时间系统与坐标系统一样，应有其尺度（时间单位）与原点（历元）。只有把尺度与原点结合起来，才能给出时刻的概念。理论上，任何一个周期运动，只要它的运动是连续的，其周期是恒定的，并且是可观测和用实验复现的，都可以作为时间尺度（单位）。

15.3.2.1 世界时系统

地球的自转运动是连续的，且比较均匀。最早建立的时间系统是以地球自转运动为基准的世界时系统。由于观察地球自转运动时所选取的空间参考点不同，世界时系统包括恒星时、平太阳时和世界时。

1. 恒星时（Sidereal Time，ST）

以春分点为参考点，由春分点的周日视运动所确定的时间称为恒星时。春分点连续两次经过本地子午圈的时间间隔为一恒星日，含 24 个恒星小时。恒星时以春分点通过本地子午圈时刻为起算原点，在数值上等于春分点相对于本地子午圈的时角，同一瞬间不同测站的恒星时不同，具有地方性，也称地方恒星时。由于岁差和章动的影响，地球自转轴在空间的指向是变化的，对于同一历元，所相应的真北天极和平北天极，也有真春分点和平春分点之分。相应的恒星时就有真恒星时和平恒星时之分。

2. 平太阳时（Mean Solar Time，MT）

由于地球公转的轨道为椭圆，根据天体运动的开普勒定律，可知太阳的视运动速度是不均匀的，如果以真太阳作为观察地球自转运动的参考点，则不符合建立时间系统的基本要求。假设一个参考点的视运动速度等于真太阳周年运动的平均速度，且在天球赤道上作周年视运动，这个假设的参考点在天文学中称为平太阳。平太阳连续两次经过本地子午圈的时间间隔为一平太阳日，包含 24 个平太阳时。

3. 世界时（Universal Time，UT）

以平子夜为零时起算的格林尼治平太阳时称为世界时。世界时与平太阳时的时间尺度相同，起算点不同。1956 年以前，秒被定义为一个平太阳日的 1/86400，是以地球自转这一周期运动作为基础的时间尺度。由于自转的不稳定性，世界时不是一个严格均匀的时间系统。在 GPS 测量中，主要用于天球坐标系和地球坐标系之间的转换计算。

15.3.2.2　原子时（Atomic Time，AT）

物质内部的原子跃迁所辐射和吸收的电磁波频率，具有很高的稳定度，由此建立的原子时成为最理想的时间系统。为此，国际上大约 100 座原子钟，通过相互比对，经数据处理推算出统一的原子时系统，称为国际原子时。在卫星测量中，原子时作为高精度的时间基准，普遍用于精密测定卫星信号的传播时间。

15.3.2.3　协调世界时（Coordinate Universal Time，UTC）

在进行大地天文测量、天文导航和空间飞行器的跟踪定位时，仍然需要以地球自转为基础的世界时。但由于地球自转速度有长期变慢的趋势，近 20 年，世界时每年比原子时慢约 1s，且两者之差逐年积累。为避免发播的原子时与世界时之间产生过大偏差，从 1972 年采用了一种以原子时秒长为基础，在时刻上尽量接近于世界时的一种折中时间系统，称为世界协调时或协调时。

15.4　GPS 定位原理

15.4.1　GPS 定位原理

测量学中的交会法测量里有一种测距交会确定点位的方法。与其相似，GPS 的定位原理就是利用空间分布的卫星以及卫星与地面点的距离交会得出地面点位置。简言之，GPS 定位原理是一种空间的距离交会原理。设想在地面待定位置上安置 GPS 接收机，同一时刻接收 4 颗以上 GPS 卫星发射的信号。通过一定的方法测定这 4 颗以上卫星在此瞬间的位置以及它们分别至该接收机的距离，据此利用距离交会法解算出测站 P 的位置及接收机钟差δ_t。

如图15.4.1所示，设时刻t_i在测站点P用GPS接收机同时测得P点至4颗GPS卫星S_1、S_2、S_3、S_4的距离ρ_1、ρ_2、ρ_3、ρ_4，通过GPS电文解译出4颗GPS卫星的三维坐标（X^j，Y^j，Z^j），$j=1，2，3，4$用距离交会的方法求解P点的三维坐标（X，Y，Z）的观测方程为

$$\left.\begin{aligned}\rho_1^2&=(x-x^1)^2+(y-y^1)^2+(z-z^1)^2+c\delta_t\\\rho_2^2&=(x-x^2)^2+(y-y^2)^2+(z-z^2)^2+c\delta_t\\\rho_3^2&=(x-x^3)^2+(y-y^3)^2+(z-z^3)^2+c\delta_t\\\rho_4^2&=(x-x^4)^2+(y-y^4)^2+(z-z^4)^2+c\delta_t\end{aligned}\right\}\tag{15.4.1}$$

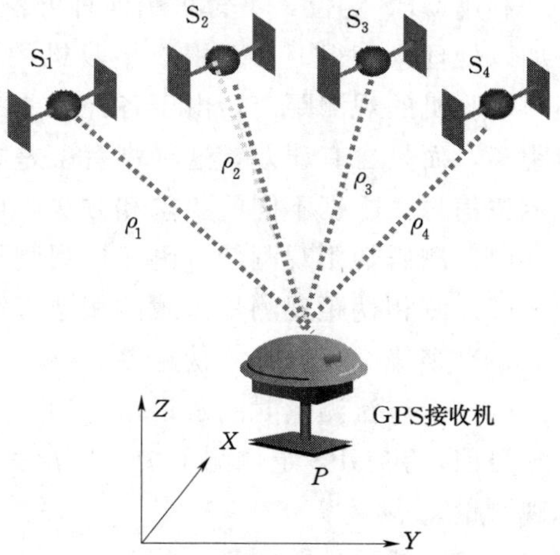

图15.4.1　GPS定位原理

式中　c——光速；

δ_t——接收机钟差。

由此可见，GPS定位中，要解决的问题就是两个：一是观测瞬间GPS卫星的位置。我们知道GPS卫星发射的导航电文中含有GPS卫星星历，可以实时地确定卫星的位置信息。二是观测瞬间测站点至GPS卫星之间的距离。站星之间的距离是通过测定GPS卫星信号在卫星和测站点之间的传播时间来确定的。

15.4.2　GPS定位方法分类

1. 按参考点的位置分类

利用GPS进行定位的方法有很多种。按照参考点的位置不同，则定位方法可分为两种。

（1）绝对定位。即在协议地球坐标系中，利用一台接收机来测定该点相对于协议地球质心的位置，也叫单点定位。这里可认为参考点与协议地球质心相重合。GPS定位所采用的协议地球坐标系为WGS-84坐标系。因此绝对定位的坐标最初成果为WGS-84坐标。

（2）相对定位。即在协议地球坐标系中，利用两台以上的接收机测定观测点至某一地面参考点（已知点）之间的相对位置，也就是测定地面参考点到未知点的坐标增量。由于星历误差和大气折射误差有相关性，所以通过观测量求差可消除这些误差，因此相对定位的精度远高于绝对定位的精度。

2. 按用户接收机在作业中的状态分类

按用户接收机在作业中的运动状态不同，则定位方法可分为两种。

（1）静态定位。即在定位过程中，将接收机安置在测站点上并固定不动。严格说来，这种静止状态只是相对的，通常指接收机相对与其周围点位没有发生变化。

（2）动态定位。即在定位过程中，接收机处于运动状态。

GPS绝对定位和相对定位中，又都包含静态和动态两种方式。即动态绝对定位、静态绝对定位、动态相对定位和静态相对定位。

3. 按测距原理分类

若按测距的原理不同，又可分为测码伪距法定位、测相伪距法定位、差分定位等。

15.4.2.1　GPS 测量的基本观测量

利用 GPS 定位，不管采用何种方法，都必须通过用户接收机来接收卫星发射的信号并加以处理，获得卫星至用户接收机的距离，从而确定用户接收机的位置。GPS 卫星到用户接收机的观测距离，由于各种误差源的影响，并非真实地反映卫星到用户接收机的几何距离，而是含有误差，这种带有误差的 GPS 观测距离称为伪距。由于卫星信号含有多种定位信息，根据不同的要求和方法，可获得如下不同的观测量。

（1）测码伪距观测量（码相位观测量）。

（2）测相伪距观测量（载波相位观测量）。

（3）多普勒积分计数伪距差。

（4）干涉法测量时间延迟。

目前，在 GPS 定位测量中，广泛采用的观测量为前两种，即码相位观测量和载波相位观测量。

15.4.2.2　测码伪距测量

测码伪距测量是通过测量 GPS 卫星发射的测距码信号到达用户接收机的传播时间，从而计算出接收机至卫星的距离，即

$$\rho=\Delta t\cdot c \tag{15.4.2}$$

式中　Δt——传播时间；

　　c——光速。

15.4.2.3　测相伪距测量

把 GPS 信号中的载波作为量测信号，由于载波的波长短，$\lambda_{L1}=19\text{cm}$，$\lambda_{L2}=24\text{cm}$，所以对于载波 $L1$ 而言，相应的测距误差约为 1.9mm；而对于载波 $L2$ 而言，相应的测距误差约为 2.4mm。可见测距精度很高。通过测量 GPS 卫星发射的载波信号从 GPS 卫星发射到 GPS 接收机的传播路程上的相位变化，从而确定传播距离。因而又称为测相伪距测量。

15.4.3　绝对定位

GPS 绝对定位又叫单点定位，即以 GPS 卫星和用户接收机之间的距离观测值为基础，并根据卫星星历确定的卫星瞬时坐标，直接确定用户接收机天线在 WGS－84 坐标系中相对于坐标原点（地球质心）的绝对位置。

根据用户接收机天线所处的状态不同，绝对定位又可分为静态绝对定位和动态绝对定位。因为受到卫星轨道误差、钟差以及信号传播误差等因素的影响，静态绝对定位的精度约为米级，而动态绝对定位的精度约为 10～40m。因此静态绝对定位主要用于大地测量，而动态绝对定位只能用于一般性的导航定位中。

15.4.3.1　静态绝对定位

接收机天线处于静止状态下，确定观测站坐标的方法，称为静态绝对定位。这时，接收机可以连续地在不同历元同步观测不同的卫星，测定卫星至观测站的伪距，获得充分的观测量，通过测后数据处理求得测站的绝对坐标。根据测定的伪距观测量的性质不同，静态绝对定位又可分为测码伪距静态绝对定位和测相伪距静态绝对定位。

15.4.3.2　动态绝对定位

将 GPS 用户接收机安装在载体上，并处于动态情况下，确定载体的瞬时绝对位置的

定位方法，称为动态绝对定位。一般动态绝对定位只能获得很少或者没有多余观测量的实数解，因而定位精度不是很高，被广泛应用于飞机、船舶、陆地车辆等运动载体的导航。

根据观测量的性质分，可以分为测码伪距动态绝对定位和测相伪距动态绝对定位。

15.4.4 GPS 相对定位原理

15.4.4.1 相对定位原理概述

不论是测码伪距绝对定位还是测相伪距绝对定位，由于卫星星历误差、接收机钟与卫星钟同步差、大气折射误差等各种误差的影响，导致其定位精度较低。虽然这些误差已作了一定的处理，但是实践证明绝对定位的精度仍不能满足精密定位测量的需要。为了进一步消除或减弱各种误差的影响，提高定位精度，一般采用相对定位法。

相对定位，是用两台 GPS 接收机分别安置在基线的两端，同步观测相同的卫星，通过两测站同步采集 GPS 数据，经过数据处理以确定基线两端点的相对位置或基线向量，如图 15.4.2 所示。这种方法可以推广到多台 GPS 接收机安置在若干条基线的端点，通过同步观测相同的 GPS 卫星，以确定多条基线向量。相对定位中，需要多个测站中至少一个测站的坐标值作为基准，利用观测出的基线向量，去求解出其他各站点的坐标值。

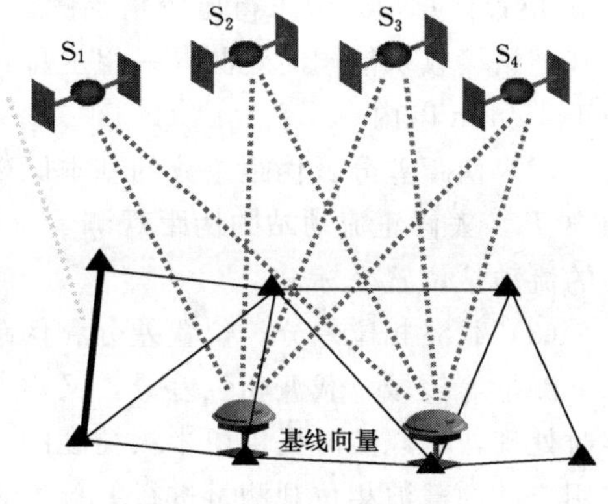

图 15.4.2 GPS 相对定位

在相对定位中，两个或多个观测站同步观测同组卫星的情况下，卫星的轨道误差、卫星钟差、接收机钟差以及大气层延迟误差，对观测量的影响具有一定的相关性。利用这些观测量的不同组合，按照测站、卫星、历元三种要素来求差，可以大大削弱有关误差的影响，从而提高相对定位精度。

根据定位过程中接收机所处的状态不同，相对定位可分为静态相对定位和动态相对定位（或称差分 GPS 定位）。

15.4.4.2 静态相对定位

设置在基线两端点的接收机相对于周围的参照物固定不动，通过连续观测获得充分的多余观测数据，解算基线向量，称为静态相对定位。

静态相对定位，一般均采用测相伪距观测值作为基本观测量。测相伪距静态相对定位是当前 GPS 定位中精度最高的一种方法。在测相伪距观测的数据处理中，为了可靠的确定载波相位的整周未知数，静态相对定位一般需要较长的观测时间（1～3h），称为经典静态相对定位。

15.4.4.3 差分定位

动态相对定位，是将一台接收机设置在一个固定的观测站（基准站 T_0），基准站在协议地球坐标系中的坐标是已知的。另一台接收机安装在运动的载体上，载体在运动过程中，其上的 GPS 接收机与基准站上的接收机同步观测 GPS 卫星，以实时确定载体在每个观测历元的瞬时位置。

在动态相对定位过程中，由基准站接收机通过数据链发送修正数据，用户站接收该修正数据并对测量结果进行改正处理，以获得精确的定位结果。由于用户接收基准站的修正数据，对用户站观测量进行改正，这种数据处理本质上是求差处理（差分），以达到消除或减少相关误差的影响，提高定位精度，因此 GPS 动态相对定位通常又称为差分 GPS 定位。

按照提供修正数据的基准站的数量不同，又可以分为单基准站差分、多基准站差分。而多基准站差分又包括局部区域差分、广域差分和多基准站 RTK 技术。

1. *单基准站 GPS 差分*

根据基准站所发送的修正数据的类型不同，又可分为位置差分，伪距差分，载波相位差分。

（1）位置差分。位置差分的基本原理是：使用基准站 T_0 的位置改正数去修正流动站 T_i 的位置计算值，以求得比较精确的流动站位置坐标。位置差分要求流动站用户接收机和基准站接收机能同时观测同一组卫星，这些只有在近距离才可以做到，故位置差分只适用于 100km 以内。

（2）伪距差分。伪距差分的基本原理：利用基准站 T_0 的伪距改正数，传送给流动站用户 T_i，去修正流动站的伪距观测量，从而消除或减弱公共误差的影响，以求得比较精确的流动站位置坐标。

（3）载波相位差分。位置差分和伪距差分能满足米级定位精度，已经广泛用于导航、水下测量等领域。载波相位差分，又称 RTK 技术，通过对两测站的载波相位观测值进行实时处理，可以实时提供厘米级精度的三维坐标。基准站坐标信息一同发送到用户站，并与用户站的载波相位观测量进行差分处理，适时地给出用户站的精确坐标。

载波相位差分定位的方法又可分为两类：一种为测相伪距修正法，一种为载波相位求差法。

2. *多基准站差分*

（1）局部区域差分。在局部区域中应用差分 GPS 技术，应该在区域中布设一个差分 GPS 网，该网由若干个差分 GPS 基准站组成，通常还包含一个或数个监控站。每个基准站与用户之间均有无线电数据通信链。

（2）广域差分。广域差分 GPS 的基本思想是对 GPS 观测量的误差源加以区分，并单独对每一种误差源分别加以模型化，然后将计算出的每种误差源的数值，通过数据链传输给用户，以对用户 GPS 定位的误差加以改正，达到削弱这些误差源，改善用户 GPS 定位精度的目的。GPS 误差源主要表现在三个方面：星历误差，大气延迟误差，卫星钟差。

（3）多基准站 RTK。多基准站 RTK 技术也叫网络 RTK 技术，是对普通 RTK 方法的改进。目前应用于网络 RTK 数据处理的方法有：虚拟参考站法、偏导数法、线性内插法、条件平差法，其中虚拟参考站法技术（Virtual Reference Station，VRS）最为成熟。

15.5　GPS 测量的误差来源及其影响

15.5.1　GPS 测量主要误差分类

GPS 测量是通过地面接收设备接收卫星传送的信息来确定地面点的三维坐标。测量结果的误差主要来源于 GPS 卫星、卫星信号的传播过程和地面接收设备。在高精度的

GPS 测量中（如地球动力学研究），还应注意到与地球整体运动有关的地球潮汐及相对论效应等的影响。

为了便于理解，通常均把各种误差的影响换算成观测站至卫星的距离，以相应的距离误差表示，并称为等效距离偏差。

由上面的分析可知：在 GPS 测量中，影响观测精度的主要误差来源可分为三类：①与 GPS 卫星有关的误差；②与信号传播有关的误差；③与接收设备有关的误差。如图 15.5.1 所示。

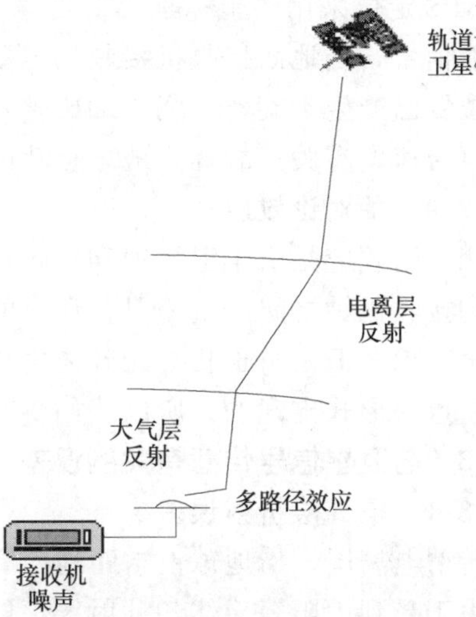

图 15.5.1 GPS 测量主要误差

如果根据误差的性质，上述误差可分为系统误差与偶然误差两类。

偶然误差主要包括信号的多路径效应、天线姿态误差等，系统误差主要包括卫星的星历误差、卫星钟差、接收机钟差以及大气折射的误差等。其中系统误差无论从误差的大小还是对定位结果的危害性讲都比偶然误差要大得多，它是 GPS 测量的主要误差源。同时，系统误差有一定的规律可循，可采取一定的措施加以消除。如建立误差改正模型对观测值进行改正，或选择良好的观测条件，采用恰当的观测方法等。

15.5.2 与 GPS 卫星有关的误差

15.5.2.1 星历误差

1. 星历误差的来源

GPS 卫星星历误差是指卫星星历所提供的卫星空间位置与实际位置的偏差。由于卫星的空间位置是由地面监测系统根据卫星测轨结果计算而得，因此也称卫星轨道误差。卫星星历是 GPS 卫星定位中的重要数据，卫星星历误差将严重影响单点定位的精度，也是精密相对定位中的主要误差来源之一。

2. 削弱星历误差的对策

（1）建立卫星跟踪网独立测轨。

（2）同步观测值求差。

（3）采用轨道改进法处理观测数据。

15.5.2.2 卫星钟差

1. 卫星钟差的来源

卫星钟差是 GPS 卫星上所安装的原子钟（铯钟和铷钟）的钟面时间与 GPS 标准时间之间的误差。在 GPS 测量中，无论是码相位观测或载波相位观测，均要求卫星钟和接收机钟保持与 GPS 时间系统严格同步。尽管 GPS 卫星均设有高精度的原子钟，但与理想的 GPS 时之间仍存在着偏差或飘移。

2. 削弱卫星钟误差的对策

（1）采用钟差改正法。

（2）采用差分技术。

15.5.2.3　地球自转影响的产生

GPS 定位采用的坐标是协议地球坐标系，若某一时刻该卫星从该瞬时空间位置向地面发射信号，当地面接收机接收到卫星信息时，与地球固连的协议坐标系相对卫星发射瞬间的位置已产生了旋转（绕 z 轴旋转）。这样，接收到的信号会有时间延迟，这个延迟与地球自转速度有关，故称为地球自转的影响。

15.5.2.4　相对论效应

相对论效应是由于卫星钟和接收机钟所处的状态（运动速度和重力位）不同而引起卫星钟和接收机钟之间产生相对钟误差的现象。所以严格地说，将其归入与卫星有关的误差不完全准确。但是由于相对论效应主要取决于卫星的运动速度和重力位，并且是以卫星钟的误差这一形式出现的。所以我们将其归入此类误差。

15.5.3　与卫星信号传播有关的误差

15.5.3.1　电离层折射误差

所谓电离层，指地球上空距地面高度在 50～1000km 之间的大气层。电离层中的气体分子由于受到太阳等天体各种射线辐射，产生强烈的电离形成大量的自由电子和正离子。当 GPS 信号通过电离层时，如同其他电磁波一样，信号的路径会发生弯曲，传播速度也会发生变化。所以用信号的传播时间乘上真空中光速而得到的距离就会不等于卫星至接收机间的几何距离，这种偏差叫电离层折射误差。削弱电离层折射影响的对策如下：

（1）利用双频观测。

（2）利用电离层模型加以修正。

（3）利用同步观测位求差。

15.5.3.2　对流层折射的影响

对流层是高度为 40km 以下的大气底层，其大气密度比电离层更大，大气状态也更复杂。对流层与地面接触并从地面得到辐射热能，其温度随高度的上升而降低，GPS 信号通过对流层时，也使传播的路径发生弯曲，从而使测量距离产生偏差，这种现象叫做对流层折射。关于对流层折射的影响，一般有以下几种处理方法：

（1）定位精度要求不高时，可以简单地忽略。

（2）采用对流层模型加以改正。可取数学式计算距离观测值的改正量。

（3）引入描述对流层影响的附加待估参数，在数据处理中一并求解。

（4）同步观测量求差。

（5）观测量求差。

15.5.3.3　多路径效应的影响

所谓多路径效应，也称多路径误差，即接收机天线除直接收到卫星的信号外，还可能收到经天线周围地物一次或多次反射的卫星信号。两种信号叠加将会引起测量参考点（相位中心）位置的变化，使观测量产生误差。在一般反射环境下，对测码伪距的影响达米级，对测相伪距影响达厘米级。关于多路径效应的影响，一般有以下几种处理方法：

（1）选择合适的站址，远离大面积平静水面，不宜架设在山坡、山谷、盆地中。灌木丛、草地、翻耕后的土地等反射信号能力较差，适宜建站。

(2) 在天线中设置抑径板和选择造型适宜且屏蔽良好的天线，如扼流圈天线。

(3) 用较长观测时间的数据取平均值，削弱周期性影响。

15.5.4 与接收设备有关的误差

与用户接收设备有关的误差主要包括：观测误差、接收机钟差、天线相位中心误差以及接收机软件和硬件造成的误差。

15.5.4.1 观测误差

这类误差除观测的分辨误差之外，还包括接收机天线相对测站点的安置误差。如当天线高度为1.6m，置平误差为0.10时，可能会产生对中误差3mm。因此，在精密定位时，必须仔细操作，以尽量减少这种误差的影响。

15.5.4.2 接收机的钟差

GPS接收机设有高精度的石英钟，精度最高也只能达到约为$1\times10^{-9}\sim5\times10^{-8}$。如果接收机钟与卫星钟之间的同步差为1μs，则由此引起的等效距离误差约为300m。处理接收机钟差比较有效的方法，是在每个观测站上引入一个钟差参数作为未知数，在数据处理中与观测站的位置参数一并求解。

15.5.4.3 天线的相位中心位置偏差

在GPS测量中，无论是测码伪距或测相伪距，观测值都是以接收机天线的相位中心位置为准的，而天线的相位中心与其几何中心，在理论上应保持一致。可是实际上天线的相位中心随着信号输入的强度和力间不同而有所变化，即观测时相位中心的瞬时位置（一般称视相位中心）与理论上的相位中心将有所不同。

15.5.4.4 接收机软件和硬件造成的误差

在进行GPS定位时，定位结果还会受到诸如数据处理与控制软件和硬件的影响。包括GPS控制部分或计算机造成的影响和数据处理软件的算法不完善对定位结果的影响。

15.6 GPS 控制测量

15.6.1 GPS控制网的布设形式

GPS控制网是由同步图形作为基本图形扩展得到的。采用的连接方式不同，网形结构的形状也不同。GPS控制网的布设就是如何将各同步图形合理地衔接成一个整体，使其达到精度高、可靠性强、效率高的目的。根据不同的用途，GPS网的布设按网的构成形式可分为星形连接、附合导线连接、三角锁连接、点连式、边连式、网连式及边点混合连接等。选择怎样的组网，取决于工程所要求的精度、外业观测条件及GPS接收机数量等因素。

15.6.1.1 星形网

星形网的几何图形简单，其观测边间不构成任何图形，如图15.6.1所示。作业中只需要两台GPS接收机，是一种快速定位作业方式，常用于快达静态定位和准动态定位。然而，由于基线间不构成任何同步闭合图形，其抗粗差能力极差。因此，星形网广泛地应用于精度较低的工程测量、地质调查、边界测量、地籍测量和地形测图等领域。

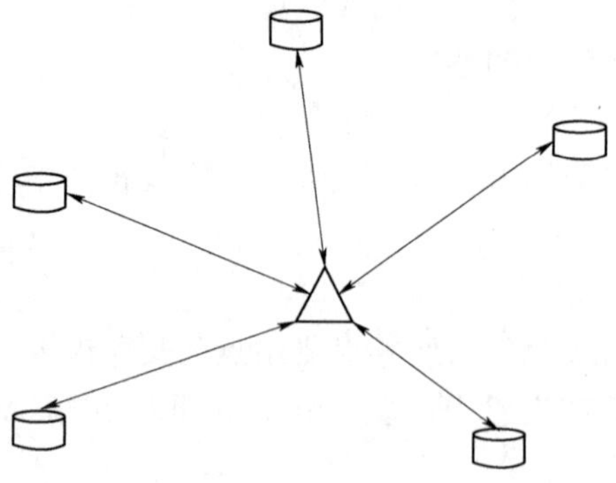

图 15.6.1 星形网

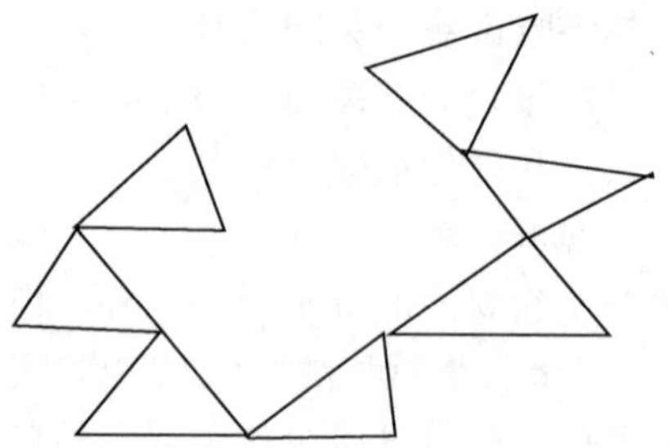

图 15.6.2 点连式

15.6.1.2 点连式

点连式是指相邻同步图形之间仅由一个公共点连接，如图 15.6.2 所示。这种布网方式构成的图形几何强度较弱，没有或极少有非同步图形闭合条件，一般在作业中不单独采用。若在这种网的布设中，在同步图形的基础上，加测几个时段，增加网的异步图形闭合条件个数和几何强度，可改善网的可靠性指标。

15.6.1.3 边连式

边连式是指同步图形之间由一条公共基线连接，如图 15.6.3 所示。这种布网方案，网的几何强度较高，有较多的复测边和非同步图形闭合条件。在相同的仪器台数条件下，观测时段数将比点连式大大增加。

15.6.1.4 网连式

网连式是指相邻同步图形之间有两个以上的公共点相连接，这种方法需要 4 台以上的接收机。显然，这种密集的布图方法，它的几何强度和可靠性指标相当高，花费的经费和时间也较多，一般仅适于较高精度的控制测量。

15.6.1.5 边点混合连接式

边点混合连接式是指把点连式和边连式有机地结合起来，如图 15.6.4 所示。组成 GPS 网以保证网的几何强度，提高网的可靠性，这样既减少了外业的工作量，又降低了成本，是一种较为理想的布点方法。

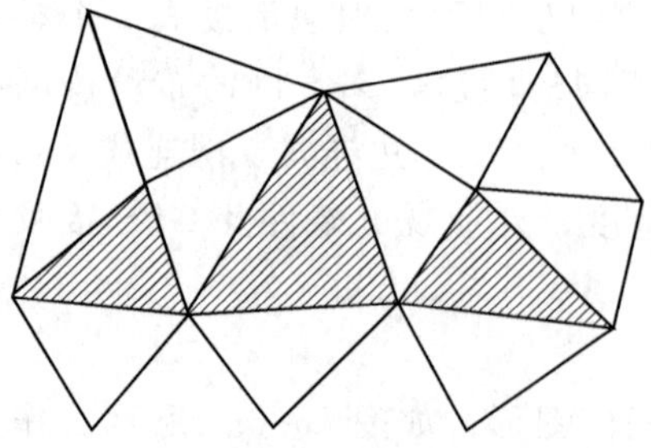

图 15.6.3 边连式

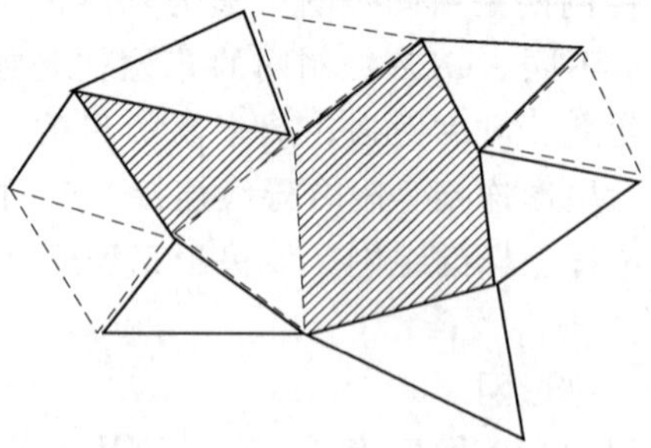

图 15.6.4 边点混合式连接

15.6.1.6 三角锁（或多边形）连接

用点连式或边连式组成连续发展的三角锁同步图形，如图 15.6.5 所示。此连接形式适用于狭长地区的GPS布网，如铁路、公路及管线工程勘测等。

15.6.1.7 导线网形连接（环形网）

将同步图性布设为直伸状，形如导线结构式的GPS网，如图15.6.6所示。各独立边应构成封闭状，形成非同步图形，用以检核GPS点的可靠性，适用于精度较高的GPS布网。该布网方法也可与点连式结合起来布设。

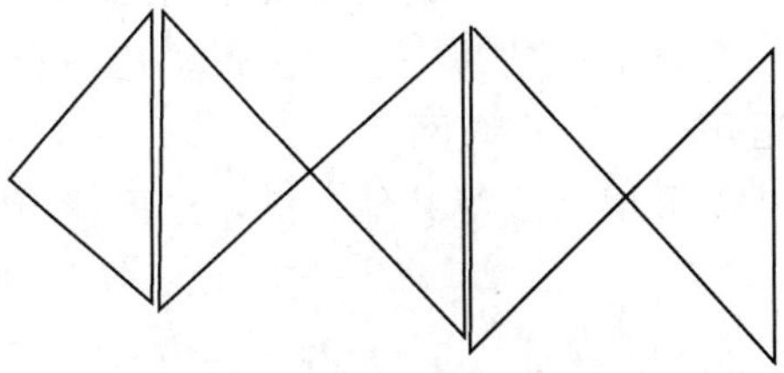

图15.6.5 三角锁连接图形

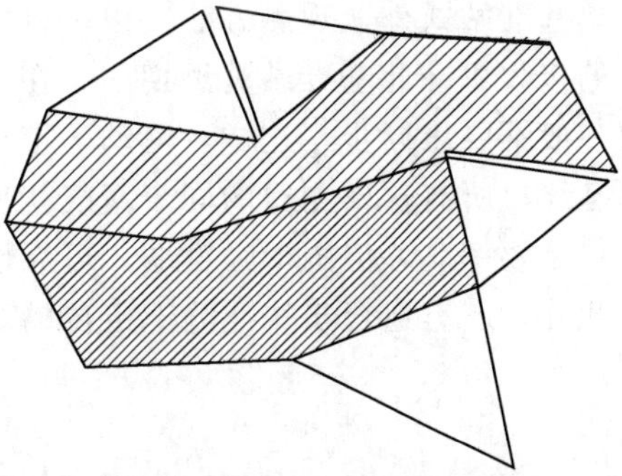

图15.6.6 导线网式连接图形

15.6.2 GPS控制网的外业观测

根据GPS控制网的布设形式，GPS控制网的外业观测归结起来主要有以下几种情况。

1. 跟踪站式

跟踪站式外业观测方法是将若干台接收机长期固定安放在测站上，进行常年、不间断的观测，即一年观测365天，一天观测24小时，这种观测方式很像是跟踪站，因此，这种布网形式被称为跟踪站式（实际上就是跟踪站）。数据处理通常采用精密星历。这种形式的优点是精度极高，具有框架基准特性。但需建立专门的永久性建筑即跟踪站的做法使观测成本很高。主要用于建立GPS跟踪站（AA级网）、永久性的监测网（如用于监测地壳形变、大气物理参数等的永久性监测网络）。

2. 会战式

会战式外业观测方法是在布设GPS网时，一次组织多台GPS接收机，集中在一段不太长的时间内共同作业。在作业时，观测分阶段进行，在同一阶段中，所有的接收机，在若干天的时间里分别各自在同一批点上进行多天、长时段的同步观测，在完成一批点的测量后，所有接收机又都迁移到另外一批点上采用相同方式，进行另一阶段的观测，直至所有点观测完毕。这种形式的优点是可以较好地消除传递过程中的因素影响，因而具有很好的尺度精度。适用于A、B级网。

3. 多基准站式

多基准站式外业观测方法是将若干台接收机在一段时间里长期固定在某几个点上进行长时间的观测，这些测站称为基准站，在基准站进行观测的同时，另外一些接收机则在这些基准站周围相互之间进行同步观测。这种观测形式的优点是各基准站间基线向量精度高，可作为整个GPS网的骨架。其余同步观测图形与各个基准站之间也存在有同步观测基线，图形结构强。适用于B、C、D级网的测量。

4. 同步图形扩展式

同步图形扩展式外业观测方法是将多台接收机在不同测站上进行同步观测，在完成一个时段的同步观测后，又迁移到其他的测站上进行同步观测，每次同步观测都可以形成一个同步图形，在测量过程中，不同的同步图形间一般有若干个公共点相连，整个 GPS 网由这些同步图形构成。这种观测形式的优点是扩展速度快、图形强度较高，且作业方法简单。适用于 C、D 级网的测量。

5. 单基准站（星形网）式

单基准站式外业观测方法是以一台接收机作为基准站，在某个测站上连续开机观测，其余的接收机在此基准站观测期间，在其周围流动，每到一点就进行观测，流动的接收机之间一般不要求同步，这样，流动的接收机每观测一个时段，就与基准站间测得一条同步观测基线，所有这样测得的同步基线就形成了一个以基准站为中心的星形。这种观测形式的优点是效率高，但图形强度弱、可靠性低。适用于 D、E 级网。

此外，还有适合于快速静态定位的双基准站菱形架站法等其他方法，这里就不一一列举了。

15.7　华测 X 系列 GNSS 接收机 RTK 操作说明

15.7.1　接收机外观

以下操作说明所覆盖仪器包括华测公司 X 系列 GNSS 产品，所有外观资料及操作以 X91 为例，其他型号产品参照该仪器。仪器各部分具体如图 15.7.1 所示。

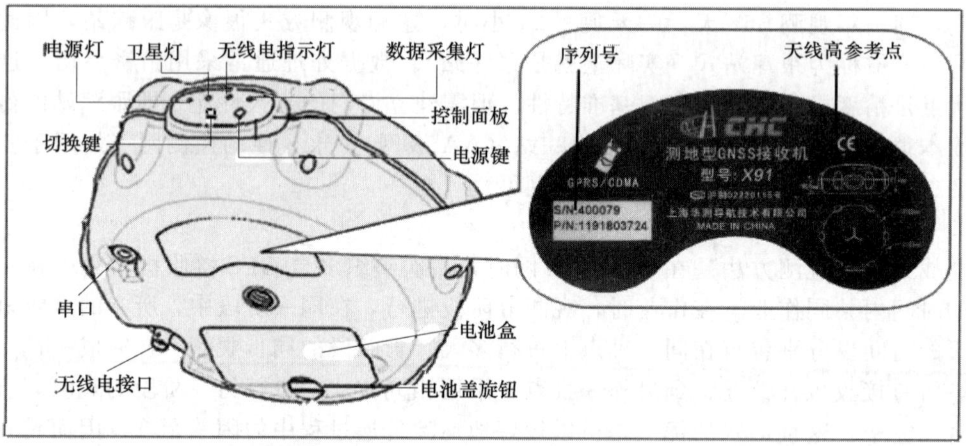

图 15.7.1　接收机外观

(1) 电源灯。电源灯工作状态说明见表 15.7.1。

表 15.7.1　　电源灯工作状态

工作状态	基准站或移动站接收机	工作状态	基准站或移动站接收机
长亮	电量正常	闪烁	电量不足

(2) 卫星灯。卫星灯工作状态说明见表 15.7.2。

表15.7.2 卫星灯工作状态

工作状态	基准站或移动站接收机	工作状态	基准站或移动站接收机
熄灭或间隔5s闪一次	正在收星	间隔5s闪*N*次	收到*N*颗卫星

(3) 差分信号灯。差分信号灯工作状态说明见表15.7.3。

表15.7.3 差分信号灯工作状态

工作状态	基准站接收机	移动站接收机
间隔1s闪烁	正在发送差分数据(port2端口发射)	正在接收差分数据

(4) 数据采集灯。数据采集灯工作状态说明见表15.7.4。

表15.7.4 数据采集灯工作状态

工 作 状 态	基准站或移动站接收机	工 作 状 态	基准站或移动站接收机
静态模式下*N*s间隔闪烁	正在按*N*s采样间隔采集静态数据	与外部设备连接时闪烁	正在与外部设备有数据通信

(5) 切换键。RTK仪器开机默认RTK模式，如需切换到静态采集模式，按住切换键不放，直到数据灯熄灭时松开，切换为静态模式。若需从静态采集模式切换到RTK模式，按住切换键不放，直到4个灯同时闪烁时松开，切换为RTK模式。

15.7.2 RTK工作模式

RTK (Real Time Kinematic) 是一种差分GPS数据处理方法。主要构成包括：基准站、移动站、数据链、控制软件。

RTK测量时，分为CORS工作模式和传统RTK工作模式，前者单移动站就可以作业，而后者则至少需要两台接收机，一台接收机做基准站，另一台做移动站，基准站实时地通过数据链将差分改正信息通过数据链发送给移动站，移动站通过数据链接收差分数据，并实时进行解算处理，从而实时得到移动站的高精度位置，而传统RTK工作模式根据数据链的不同，采用电台传输数据的称为电台工作模式，采用GPRS传输数据的称为GPRS工作模式。

15.7.2.1 电台作业模式

电台作业模式指的是数据链通过无线电进行发射和接收，电台的频率一般采用超高频率 (Ultra High Frequency，UHF，频率300～300kMHz)，一般市场上的频率范围在450～470MHz属于高频，当然也有用410～430MHz属于低频，而华测无线电发射采用华测自制DL5电台，频率在450～470MHz。

1. 基准站架设

基准站架设要求为：基站脚架和天线脚架之间应该保持至少3m的距离，避免电台干扰GPS信号。基准站应架设在地势较高、视野开阔的地方，避免高压线、变压器等强磁场，以利于UHF无线信号的传送和卫星信号的接收。若移动站距离较远，还需要增设电台天线加长杆。基准站架设如图15.7.2所示，电台模式连接如图15.7.3所示。

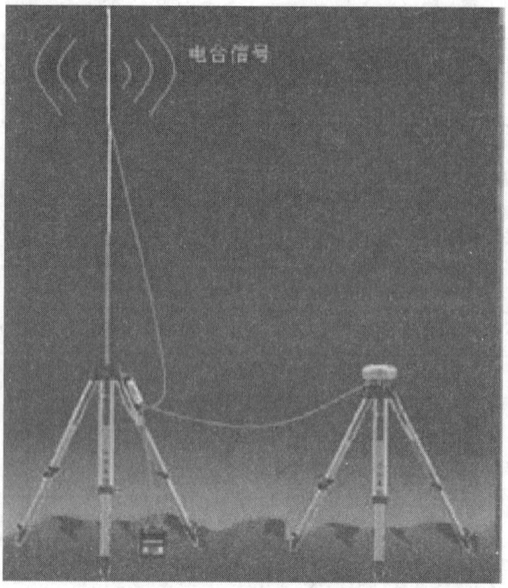

图 15.7.2　基准站架设

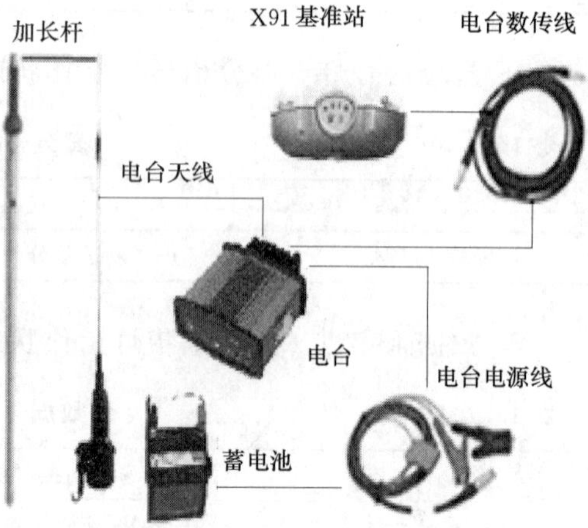

图 15.7.3　电台模式连接

2. 基准站设置

（1）工作模式的设置。打开测地通，点击【配置】→【手簿端口配置】，连接类型选择“蓝牙”，点击【配置】，点击【⊙⊙】或【搜索】，搜索蓝牙，绑定主机，点击【确定】，然后退出测地通。

打开 HCGpsSet 图标，选中“用蓝牙”→【打开端口】，自启动基准站的设置方法如图 15.7.4 所示。

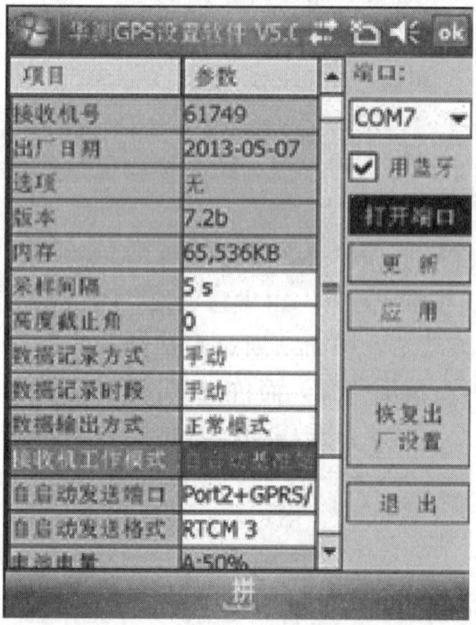

图 15.7.4　基准站工作模式设置

连上后设置为“正常模式、自启动基准站、Port2＋GPRS/CDMA、CMR”，点击【应用】即可，其他默认。设置完后，打开测地通，【配置】→【手簿端口配置】→【配置蓝牙】，将基准站的绑定取消，后将接收机重新开关机，基准站搜完星后将自动发射差分信号。工作模式设置需注意如下两点：

1）一定要把蓝牙绑定取消，否则当基站重启后，手簿打开测地通还会默认绑定基站，这将导致基站不发送差分信号。

2）如果基站设置成“自启动基准站”，以后无论在何处只要开机连上电台即可工作，无需其他设置，方便快捷，定位精度高。

（2）DL5 电台的设置。在电台模式下作业时，使用电台面板开关键打开电台，使用信道切换键和功率切换键对功率和频率进行相应设置，如图 15.7.5 所示。

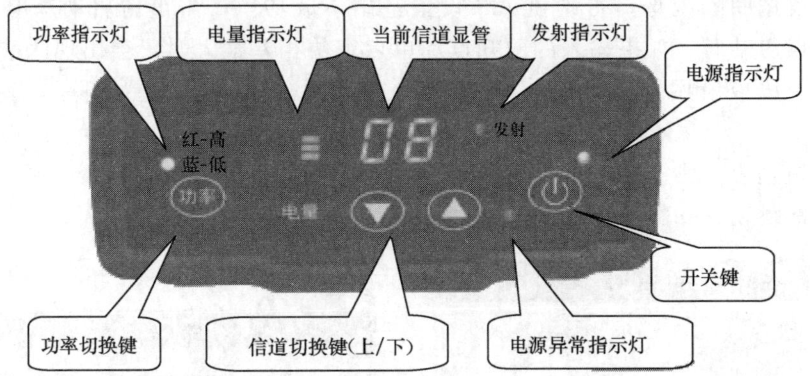

图 15.7.5 电台面板及各功能示意图

注：每个信道对应唯一频率，可以通过华测电台写频软件对电台信道的频率进行设置。出厂各信道默认设置可参阅电台侧面标贴。

使用【功率切换键】设置电台的功率。【红-高】灯亮起，默认功率 20W（通过写频软件可设置 28W)；【蓝-低】灯亮起，默认功率 5W（通过写频软件可设置 10W)；功率跟作业距离有关，一般设置为【蓝-低】，默认功率为 5W。空旷地区作业距离即可达到 10 公里左右，功率越大作业距离越远，但长时间大功率作业会导致电台过热而缩短电台的使用寿命，故在满足作业距离的条件下，功率越小越好。

当基准站启动成功，连接线都正常的情况下，电台发射指示灯一秒闪烁一次，表明数据在正常发射。

以上方法是最方便的基准站自启动模式，也是最常用的启动方法。也可以采用手簿启动，手簿启动可采用已知点启动和未知点启动。首先打开测地通【配置】→【基准站参数】→【基准站选项】，设置基站广播格式、天线类型等信息。然后点击【测量】→【启动基准站接收机】。

未知点启动时，点击【选项】，选择 WGS-84 经纬度坐标，后【确定】，输入基准点名称，点击【此处】，以任意单点定位值启动基准站，如图 15.7.6 所示。

已知点启动时，点击【列表】，从已知坐标点中选择点，启动基准站（已知点启动，基准站架设需要严格的对中整平)。

代码、天线高根据实际情况输入，或默认空，设置好启动坐标后点击【确定】。

基准站启动成功后，显示“成功设置了基站!”如图 15.7.7 所示。这时电台发

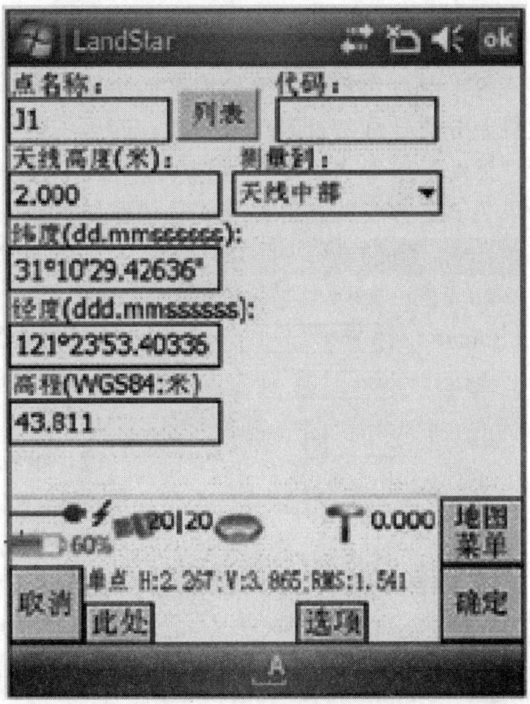

图 15.7.6 基准站未知点启动

射灯也会随发送间隔闪烁。否则显示“设置基站不成功!”，需重新启动基准站（一般来说，用已知点启动时，如果输入的已知点和单点定位相差很大时，会出现此情况，原因一般为中央子午线或所用坐标错误）。对于电台不需要经常进行设置，除非调节其功率或频率。

对于基站是否正常工作，可通过查看 DL5 电台发射指示灯，是否一秒一次地闪烁，电压是否正常跳动（一般功率在 20W 以内，电压跳动在 1V 以内）。

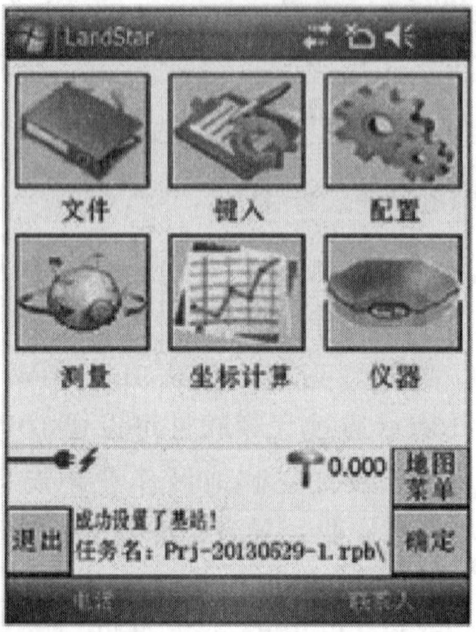

图 15.7.7 成功设置了基站

图 15.7.8 自启移动站设置

3. 移动站的操作

对于电台作业模式下如果基准站发射成功，移动站会收到差分信号，通过查看移动站主机差分信号灯是否闪烁来判断，如果一秒一次，表示收到差分信号，如果手簿上没有显示“浮动”或者“固定”，则要点击【测量】→【启动移动站接收机】，如图 15.7.8 所示。如果仍不正常或没获得差分信号，作如下操作：

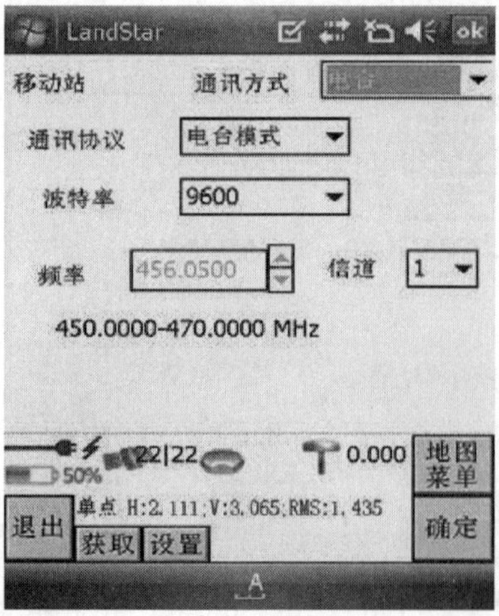

图 15.7.9 移动站电台模式设置

打开测地通，点击【配置】→【手簿端口配置】，连接类型选择【蓝牙】，点击【配置】，点击【⊙⊙】或【搜索】，搜索蓝牙，绑定主机退出测地通，自启动移动站的设置。

打开 HCGpsSet，选中【用蓝牙】→【打开端口】，根据更改接收机的设置。

设置结束后，点击应用，将接收机重新开关机，再打开手簿中测地通，点击【配置】→【移动站参数】→【移动站内置电台】，设置移动站的工作频率与基准站电台的发射频率一致。1～9 为固定频率信道，0 为自定义信道，可以设置频率，如图 15.7.9 所示。

点击【设置】→【确定】，退出到测地通初始界面，点击【配置】→【移动站参数】→【移动站选项】，查看广播格式是否与基准站差分格式保持一致。

点击【测量】→【启动移动站接收机】，当移动站信号灯一秒闪烁一次，表示收到差分数据。

移动站收到差分信号后会有一个“单点定位”→“浮动”→“固定”的RTK初始化过程。

单点定位——接收机未使用任何差分改正信息计算的3D坐标。

浮动——移动站接收机使用差分改正信息计算的当前相对坐标。但对于浮点解来讲，相位的整周模糊度参数未能固定为一整数，而是用浮点的估值来替代它。不建议在此情况下测点。

固定——在RTK模式下，整周模糊度参数固定后，移动站接收机计算的当前相对坐标。达到固定解后即可开始测量。

RTK初始化时间，根据卫星PDOP值、周围环境、基站距离，或长或短，正常一般在开机后90s左右，如图15.7.10所示。

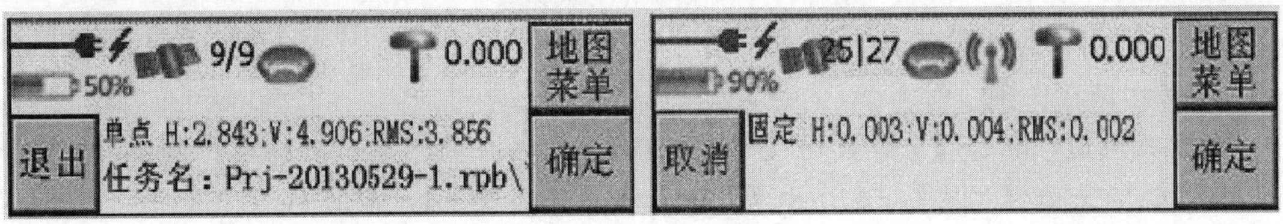

图15.7.10 RTK初始化

4. 测量

移动站在固定状态下，打开测地通，点击【测量】→【点测量】，在实际作业过程中，一般都采用当地坐标，在移动站得到固定解进行测量时，手簿“测地通”里所记录的点是未经过任何转换得到的平面坐标。若要得到和已有成果相符的坐标，需要做“点校正”，获取转换参数。下面以一个常用例子作演示。

假设测区内有$K4$、$K5$、$K7$三个已知点具有地方坐标，但不具有WGS-84坐标，已知条件如下：

(1) 坐标系统：北京54坐标。

(2) 中央子午线：120度。

(3) 投影高度：0。

(4) 已知点数据。

$K4$	X：3846323.456	Y：471415.201	h：116.345
$K5$	X：3839868.970	Y：474397.852	h：109.932
$K7$	X：3840713.658	Y：473917.956	h：108.419

1. 确定坐标系统

打开测地通，点击【配置】→【坐标系管理】，如图15.7.11所示。根据已知点选取所需要的坐标系，一般来说地方坐标系也是用北京54椭球。主要是修改中央子午线（标准的北京 54 坐标系一定要根据已知点坐标计算出 3 度带或 6 度带的中央子午线），而【基准转换】【水平平差】【垂直平差】都无须设置，当点校正后参数将自动保存到此处。

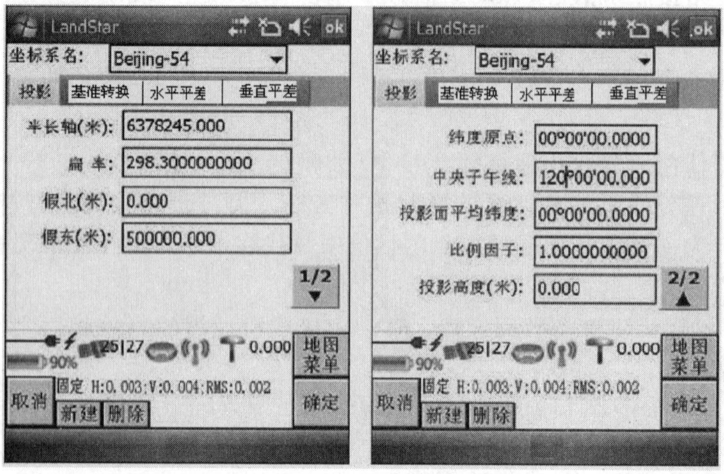

图 15.7.11　坐标系统管理

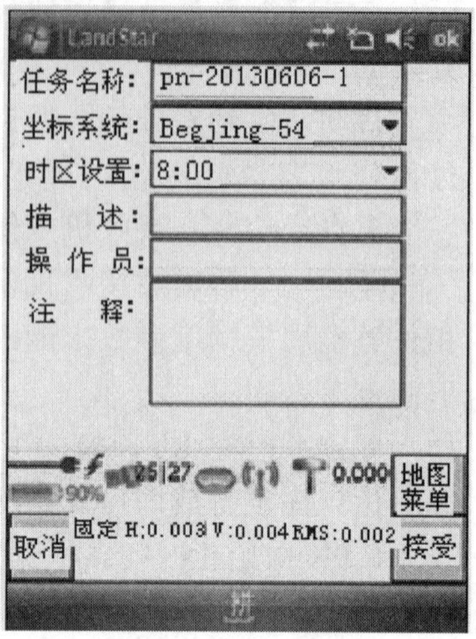

图 15.7.12　新建保存任务

2. 新建保存任务

打开测地通，点击【文件】→【新建任务】，输入任务名称，选择跟已知点相匹配的“坐标系统”，点击【确定】，再打开【文件】→【保存任务】，如图 15.7.12 所示。

3. 键入已知点

打开测地通，点击【键入】→【点】，输入已知点 $K4$ 坐标，控制点打上√，点击【保存】。再继续输入 $K5$、$K7$ 的已知点坐标。

4. 点校正

测量已知点，找到 $K4$、$K5$、$K7$ 的实地位置，选择【测量】→【测量点】，输入天线高度和测量到的位置，测量出三个点的坐标，分别命名为 $K4-1$、$K5-1$、$K7-1$，三个点必须在同一个基准站坐标 BASE 下，测量后开始进行点校正。

校正方法如下：

点击【测量】→【点校正】，如图 15.7.13 所示。

点击【增加】，在网格点名称和 GPS 点名称两项控件里分别选中已知当地平面坐标 $K4$ 和实测的 WGS－84 坐标 $K4-1$，校正方法选中“水平和垂直”。

点击【增加】，依次分别加入校正点 $K5$、$K7$ 和 $K5-1$、$K7-1$。

点击【计算】得出校正参数，再点击【确定】（会出现两个对话框，第一个提示是是否将当前坐标系替换成校正后的坐标系，第二个提示是是否将所有的坐标系统都替换成校正后的坐标系统，一般两个都默认点击【确定】），完成校正。

注意：有三个或以上控制点参与平面“点校正”后才有水平参差，水平参差一般不要大于 0.015m；有四个或以上的控制点参与垂直“点校正”后才有垂直参差，垂直参差一般不要大于 0.02m，如图 15.7.14 所示。

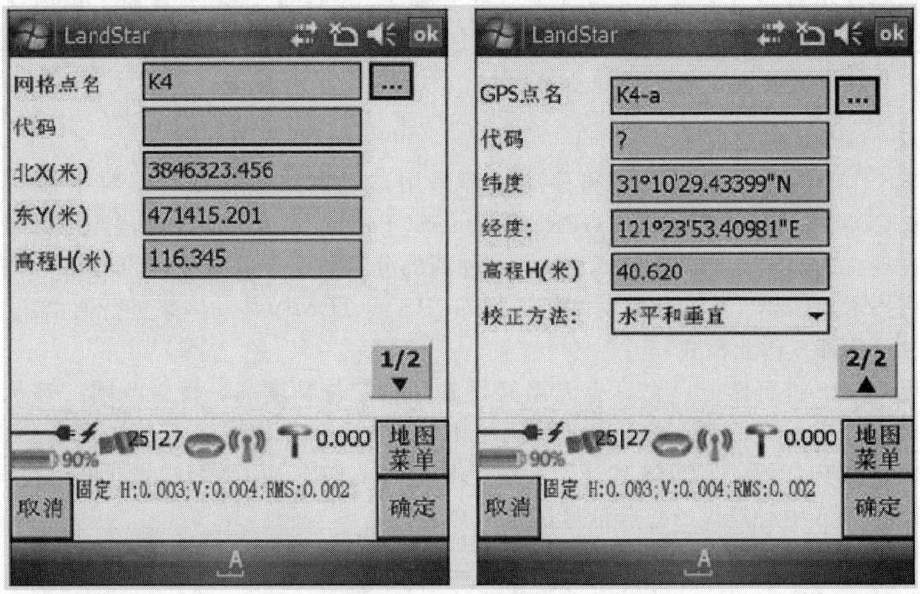

图 15.7.13　点校正

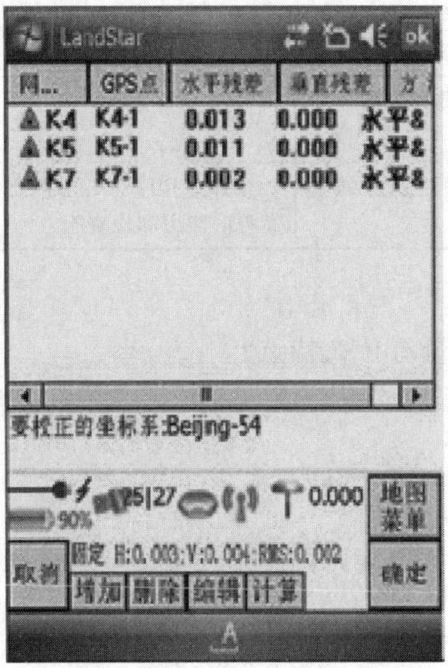

图 15.7.14　点位校正参差

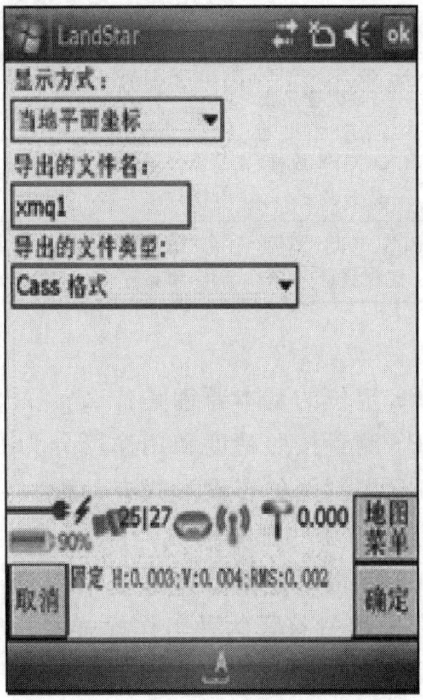

图 15.7.15　数据导出

点校正结束后，就可以直接进行测量工作。

5. 数据导出

打开测地通，点击【文件】→【导出】，根据所需要的格式，导出坐标，一般选用“点坐标导出”，输入文件名，显示方式和导出的文件类型一般选用默认，导出数据，再将手簿和电脑连接通信（需先安装微软同步软件或 USB 驱动），打开我的电脑的【移动设备】，进入【我的 Windows 移动设备】→【ProgramFiles】→【RTKCe】→【Projects】，找到相应的任务文件夹，将文件拷出来即可，如图 15.7.15 所示。

15.7.2.2　GPRS 作业模式

GPRS 作业模式是指基准站和移动站都采用移动网络进行通信，对于移动通信有 GPRS 和 CDMA 两种通信方式：GPRS（General Packet Radio Service，通用分组无线业务）是在现有的 GSM 系统上发展出来的一种新的分组数据承载业务；CDMA 为码分多址数字无线技术。GPRS 基站和移动站可通过 GPRS 或 CDMA 移动网络进行通信。

15.7.2.3　CORS 作业模式

采用 CORS 进行作业，它具有无需架设基站、定位精度高、覆盖范围广等优势，其应用越来越广泛。CORS 系统采用的是网络 RTK 技术，如虚拟参考站技术（VRS）、主辅站技术以及 FKP 等。CORS 移动站一般也是通过 GPRS 或 CMDA 移动网络进行通信，从而获得 CORS 中心提供的差分信号进行差分。

实 训 与 习 题

1. 实训任务、内容、方法步骤与能力目标

任务		要求	能力目标
1	RTK - GPS 数据采集	仪器的设置，点校正、案例中的地物地貌特征点数据采集，检核方法	具有数字测图的数据采集能力
2	用 RTK - GPS 放样一建筑物	仪器的设置，点校正、放样方法，检核方法	具有放样建筑物的能力和检查能力
3	用 RTK - GPS 图根控制测量	用 RTK - GPS 测定图根控制点的坐标和高程	具有用 RTK - GPS 测定图根点坐标和高程的能力和检查能力

2. 习题

（1）GPS 定位的基本原理是什么？GPS 测量有什么特点？

（2）GPS 测量按照精度和用途可分为哪些等级？

（3）GPS 控制网的布设形式有几种？

（4）RTK 由哪些部分构成？

（5）GPS 测量误差来源有哪些？

（6）RTK 测量有哪两种工作模式？

（7）CORS 作业模式的优点有哪些？

参 考 文 献

1. 顾孝烈，鲍峰，程效军．测量学［M］．上海：同济大学出版社出版，2012
2. 宁津生．测量学概论［M］．武汉：武汉大学出版社，2004
3. 蓝善勇．建筑工程测量［M］．北京：中国水利水电出版社，2007
4. 蓝善勇，王万喜，鲁有柱．工程测量［M］．北京：中国水利水电出版社，2009
5. 朱林．工程测量基础［M］．北京：中国水利水电出版社，2010
6. 谷如香．建筑工程测量［M］．北京：中国水利水电出版社，2013
7. 中国有色金属工业协会．工程测量规范（GB 50026—2007）［S］．北京：中国建筑工业出版社，2007
8. 中华人民共和国国家质量监督检验检疫总局．1∶500、1∶1000、1∶2000 地形图图式（GB/T 202571—2007）［S］．北京：中国标准出版社，1998
9. 建设部综合勘察设计研究院．建筑变形测量规程（JGJ/T 8—97）［S］．北京．中华人民共和国建设部．1997
10. 北京市测绘设计研究院．城市测量规范（CJJ/T 8—2011）［S］．北京：中华人民共和国住房和城乡建设部发布，2011
11. 武汉测绘科技大学《测量学》编写组．测量学［M］．北京：测绘出版社，2000
12. 国家电力公司大坝安全监察中心．混凝土大坝安全监测技术规范（DL/T 5178—2003）［S］．北京：中国电力出版社，2003
13. 靳祥升．水利工程测量［M］．郑州：黄河水利出版社，2008
14. 周建郑．建筑工程测量［M］．北京：中国建筑工业出版社，2008
15. 李聚方，赵杰．地形测量［M］．郑州：黄河水利出版社，2004
16. 曹志勇．工程测量实训指导书［M］．北京：中国水利水电出版社．2010
17. 杨中利，汪仁银．工程测量［M］．北京：中国水利水电出版社，2007
18. 国家测绘局人事司，国家测绘局职业技能鉴定指导中心．工程测量［M］．哈尔滨：哈尔滨地图出版社，2007
19. 中华人民共和国行业标准．建筑变形测量规范（JCJ 8—2007）［S］．北京：中国建筑工业出版社，2007
20. 国家测绘局人事司，国家测绘局职业技能鉴定指导中心．工程测量［M］．哈尔滨：哈尔滨地图出版社，2007
21. 牛志宏，徐启祥，蓝善勇．水利工程测量［M］．北京：中国水利水电出版社，2005
22. 郝海森．工程测量［M］．北京：中国水利水电出版社，2010
23. 邓洪亮．土木工程测量学（下册）［M］．北京：北京工业大学出版社，2005